FOOD

and Chinese

CULTURE

饮食与中国文化

王仁湘

——著——

GUANGXI NORMAL UNIVERSITY PRESS

广西师范大学出版社

·桂林·

YINSHI YU ZHONGGUO WENHUA

饮食与中国文化

图书在版编目（CIP）数据

饮食与中国文化 / 王仁湘著. --桂林：广西师范
大学出版社，2022.10（2023.11 重印）

ISBN 978-7-5598-5299-1

Ⅰ. ①饮… Ⅱ. ①王… Ⅲ. ①饮食－文化－中国
Ⅳ. ①TS971.2

中国版本图书馆 CIP 数据核字（2022）第 149791 号

广西师范大学出版社出版发行

（广西桂林市五里店路 9 号　邮政编码：541004　）
　网址：http://www.bbtpress.com

出版人：黄轩庄

全国新华书店经销

广西民族印刷包装集团有限公司印刷

（南宁市高新区高新三路 1 号　邮政编码：530007）

开本：889 mm×1 194 mm　1/16

印张：40.5　　字数：525 千字

2022 年 10 月第 1 版　　2023 年 11 月第 3 次印刷

定价：168.00 元

目录

五味、六和、十二食，还相为质也……

故人者，天地之心也，五行之端也，

食味、别声、被色而生者也。

——

《礼记·礼运》

重版前言

在本书又一次再版之际，编辑嘱我为新版写个新序。想起这本书写成于三十年前，记忆中很辛苦、很下力写了几年。当初我并没有想到，时至今日它居然还能焕发出一些生机，还有再版的机遇。它1994年由人民出版社印出首版，而且加印过三次，后来接着在中国台湾印过两版，不久由铃木博先生译作日文在东京青土社出版，又有青岛出版社印成全彩版。这次广西师范大学出版社又再次彩印，单就印刷而言，本书让我有了越来越完善的感觉。

这本书前后诸版印出了多少册，现在没有也不会有准确的统计。我知道还有盗版，它居然值得盗版，让我也受到一些意外的鼓舞。此次广西师范大学出版社针对图片和文字做了调整，也给本书带来一些新的面貌。我和出版社都相信，本书应当还有读者，所以我们鼓起勇气，这次又重版了一回，让一部旧书换了新颜。最早读过本书的读者，他们的后代也到了可以饱读的年龄，他们兴许也会喜欢这本书的吧。

回想起来，写作开始于三十多岁时，那是人民出版社的约稿，我很认真地一边读书，一边写作，许多章节成稿于旅途中。吃着四方滋味，写着古今文章，陶醉了四年之久，交出了一部不算太大却耗去了许多精力的书稿。

我与往古飘香的滋味不期而遇，这一句话，可以用来说明我介入饮食文化研究的来由，想起还曾以这一句话为题，写了我介入这个圈子的起因。真的是不期而遇，就是又因为这一部书稿，伴着我寻味，提示我识味，让我体验到至味的感觉。

至味何在？孟子曰："饥者甘食，渴者甘饮，是未得饮食之正也，饥渴害之也。"（《孟子·尽心上》）孟子是说："饥饿的人觉得什么食物都好吃，口渴的人觉得什么水都好喝，这并没有尝到饮食的正常味道，而是受了饥渴损害的缘故。"甘食甘饮，至味的感觉，有时也会受到口腹的误导。所以甘食甘饮，不应当只是单限于口腹之欲的。

想到宋人林洪在《山家清供》中的话："食无定味，适口者珍。"他也是在说类似的道理，同一种滋味，在不同的场景中会有不同的感受，有时不一定是常规美味，而在特定的时刻会有至珍至味的感受。

什么样的滋味最美，何味为至味？仅限于口舌的辨味，恐怕还不能算是真正的知味者，真正的知味应当是超越动物本能的味觉审美。研究饮食要入知味的境界，《中庸》说："人莫不饮食也，鲜能知味也。"能分出好吃与不好吃，未必是真正的知味者。知味者还要掌握判断至美之味的标准，或以浓为至味，或以淡为至味。许多崇尚淡泊明志的人，认为至味皆在淡中，也即明代陆树声在《清暑笔谈》中所说的"五味主淡，淡则味真"的意思。

至味的道理，虽然可以各有各的理解，但我们常常还是饥者甘食、渴者甘饮，所以进入知味的境界还是很难。但是由历史与文化的层面多多了解一些，入境的途径大抵会更加顺畅一些。

饮食文化研究，一直并不热火，似乎近些年才涌起一些高潮，出现了舌尖话题。研究饮食文化，我与许多学者有一个明显的区别。我是通过考古研究饮食，可以称为"饮食考古"，这是因为我是考古出身。前几年在中央电视台的《开讲啦》节目，与主持人撒贝宁一起谈论饮食考古，是第一次向公众谈论这样的话题。

我的饮食考古研究，开始于四十年前，也即本书写成之前，是由进食具筷子、勺子和叉子的考古开始的。不期而遇，就这样遇上了，由器具到物产研究文化，研究礼俗与观念，也就有了领受至味的机遇。这也是本书的一个特色所在，由考古谈论饮食文化，让考古成为一门有滋有味的学问。

甘食甘饮，岂唯口腹之欲？有了饮食考古，饮食的文化味就有了更具体、更本真的呈现。

作者

2022 年 7 月 30 日于京中寓所

北京人用火图

第一章 ——

饮食与中国远古文化

　　饮食之道，似乎本无什么深奥的学问，酸甜苦辣咸淡香，谁人不知盘中味？知其味还是比较容易的，但大多是浅尝辄止，未必是深知。真正的知味，还应当知源晓流。饮食之道，体现的文化内涵丰富多彩、博大精深。由历史长河中沉积下来的饮食文化遗存，可以清楚地观察到它的远源和长流。回望这浩荡的文化源流，可以深刻感受到中华文明雄厚根基之所在。

　　饮食是人类的本能需要。人类自出现在地球上的那个时代起，正是在不断开发食物资源的过程中得到进步与发展，同时在这个过程中也创造和发展着璀璨的文化。食物资源的开发，在远古即史前时代，涉及采集渔猎、谷物栽培、家畜驯育等生产活动。围绕这些生产活动，人类又发现和发明了许多相关的知识与技能，包括天文地理、生物自然等方面的知识，以及工具制作和烧陶冶金等方面的技能。事实上，这些知识与技能已包纳了人类远古文化的若干主要内容。开发食物资源过程中人类表现出的创造才能无穷无尽，这也是人类文化发展的泉源之一。

一、黄土与大河的养育

人类早期的历史，是一部以开发食物资源为主要内容的历史。正是在这个过程中，人类形成了一定的社会结构，促进了社会向前发展，创造了悠久的史前文化。

寻找食物是动物的本能，人类正是在寻找食物的漫长岁月中，逐渐脱离动物界而成其为人的。由于气候环境的变迁，由丛林群居变为在地面生活的猿类，在寻找食物的过程中出现了简单的劳动行为，促使前肢分化为手臂，后肢分化为腿脚，最终站起身来直立行走。这一走就走出了猿群，走成了顶天立地的人。直立行走的人，视野大大扩展了，大脑逐渐发达起来。早期的直立人已能制作简单的石器，晚期直立人则已开始用火。再往前进化，就到了早期智人阶段，发明了人工取火技术。到晚期智人阶段，他们已掌握了雕刻和绘画技能，开始制作装饰品，这时已是考古学家所划定的旧石器时代晚期。

中国发现的古人类化石及其文化遗迹相当丰富，在北京、云南、四川、陕西、山西、河南、湖北、安徽、广东、广西、内蒙古和辽宁等地，都有一些重要发现，最著名的有属于早期直立人元谋人、晚期直立人蓝田人和北京人、早期智人丁村人、晚期智人山顶洞人的化石等。这些古人类生活的时代在一百多万年至一万年前，他们是一群群、一代代饥饿的猎民。为了维持自己的生存，古人类要与形体和力量上远远超出自己的许多动物搏斗，庞大的犀牛、凶猛的剑齿虎、残暴的鬣狗，都曾经是人类的腹中之物。其他温顺柔弱的禽兽，还有江河湖沼的游鱼虾蚌，就更是逃脱不了这些原始的猎人和渔人的搜寻。

蓝田人复原像　　　　　　　　　北京人复原像

北京人头盖骨化石　　　　　北京人背鹿像（复原雕塑）

除动物而外，古人类更可靠的食物来源是植物，是长在枝头、结在藤蔓与埋在土中的各类果实和菜蔬。在连这些果蔬也寻觅不到的时候，人类不由自主地把注意力转向植物茎秆花叶，选择品尝那些适合自己胃口的东西。不知经过多少世代的尝试，也不知付出了多少生命的代价，才筛选出一批批可食植物。

在距今一万年前后，随着农业的产生和制陶术的出现，人类社会进入到考古学家所说的新石器时代。新石器时代的几项重要文化成就，包括农耕、畜养和制陶等，都是围绕食物的生产而产生的。

在中国大地上发现的新石器时代遗址数以千计，星罗棋布，其中以黄河两岸分布最为密集。黄土地带和黄土冲积地带，在距今一万年至八千年的新石器时代早期，已经有了一些原始的农耕部落，创造了粟作农业文明。这些农耕部落赖以生存的就是黄土与黄河，它们创造的文化被考古学家们分别命名为白家村文化、磁山文化、裴李岗文化和北辛文化等。人们熟知的仰韶文化和大汶口文化，正是在这些早期文化的基础上发展起来的，主要生产手段仍然是粟类种植。

长江同黄河一样，是养育中国史前居民的父与母，也是中国史前文化的摇篮。长江流域的开发史也与黄河流域一样古老，在距今近一万年前，这里也有了原始农耕文化，不同的是它不是北方那样的旱作，其主要农作物是水稻。长江流域有代表性的农耕文化有彭头山文化、河姆渡文化、马家浜文化和大溪文化等。

在东南沿海、西南高原和北方草原，也都活跃着许多新石器时代部落，它们或从事农耕，或从事游牧与渔猎，按照自然地理环境的特点决定自己获取食物的方式。

地球上农耕的产生，被学者们称为"绿色革命"或"新石器时代革命"，这种革命的目的，就是解决饥饿问题，寻求新的、更稳定的食物来源。在旧石器时代，无论采集、渔猎，都是以向大自然索取的方式获得食物。随着环境变迁和人口增殖，这种索取方式已越来越不能保证稳定的生活来源，于是，新的寻求就在这种紧迫感中开始了。据研究，农业种植的诞生，可能是妇女的功劳。她们在采集植物种实的过程中，有可能最先认识到自然生长规律，终于在从无意到有意的反复种植中获得了成功。农耕时代到来了，妇女不仅由此为人类创造了新的生机，也由此将人类社会推进到了一个全新的发展时代。

原始农业的垦殖方式经历了由火耕发展到锄耕的过程，锄耕大约出现在新石器时代早期的稍晚阶段，在中国至迟出现在距今八千年前。这时的农耕活动已有较大规模，已培育出了比较好的栽培物种，收获量也大体可以满足生活需要，并且有了一定的粮食储备。据现有考古资料研究，中国原始农业的出现大约是在距今近万年前，最早种植成功的谷物主要是粟、黍和水稻。在气候温暖湿润的南方地区，发现了许多史前稻作遗存，最早的已有九千年以上的历史。在距今七千年前后，长江流域的水稻栽培已比较普遍，并且已培育成功粳、籼两个品种。这些发现证实中国南方是稻谷的原产地之一，国外发现的稻作遗存最早的距今仅六千年上下。在黄河流域的广大干旱地区，早期新石器时代遗址发现了栽培粟的遗存，年代也超过九千年，是世界上所见最早的栽培粟的遗存，表明北方是粟的原产地。在北方，与粟同样古老的栽培作物还有黍，种植规模及产量可能没有粟那样大。

中国新石器时代的栽培谷物还有小麦和高粱。过去的研究认为，小麦最早是在西亚培植成功的，传入中国的时间是西汉初年；高粱则是赤道非洲的作物，晚到公元3—4世纪才传入中国。可是中国西部的新石器遗址却同时发现过小麦和高粱遗存，年代不晚于距今五千年。最新的估计是，中国小麦最早有可能是在西部高原驯化成功的，至迟在五千年前便引种到了黄河流域，只是种植不很普遍。黄河流域植麦早而又不普遍，主要可能是受到食用方式的限制。中国自古有粒食的传统，麦子粒食口感不佳，赶不上小米，所以人们以粟为主要农作物。而高粱在中国也是独立起源的，起源地是干旱的黄土高原，与非洲高

稻谷遗存，湖南澧县八十垱遗址出土

粟米遗存，陕西西安半坡遗址出土

梁没有什么关系。

中国古代将栽培谷物统称为"五谷"或"百谷",主要包括谷（粟）、黍、麦、菽（豆）、麻、稻等,除麦和麻以外,都有七千年以上的栽培史。原始农业的发生和发展,使人类获取食物的方式有了根本改变,变索取为创造,变山林湖海养育为黄土大河养育,饮食生活有了全新的内容。

原始农耕的发展,同时还使得另一个辅助性的食物生产部门——家畜饲养业产生了。家畜中较早驯育成功的是狗,由狼驯化而来。中国多数新石器时代遗址都有狗的遗骸出土,有的年代可早到距今近八千年。农耕部落最重要的家畜是猪,驯化成功的年代与狗基本同时。中国许多地点的新石器时代墓葬中都可见到用作随葬品的猪骨,有时甚至是一头完整的猪,表明猪的饲养比较普遍。猪和狗在新石器时代的北方和南方都有饲养,北方还有家鸡,南方则有水牛。到新石器时代晚期,又驯化成功家马、家猫、家山羊绵羊。也就是说,中国传统家畜的"六畜",即马、牛、羊、鸡、犬、豕,在新石器时代均已驯育成功,我们当今享用的肉食品种的格局,早在史前时代便已经形成了。

以猪随葬的兴隆洼人

二、悠久的火食传统

对于人类来说，有了食物原料，并不等于有了美味佳肴。人类文明越是发达，追求美味的品位也就越高，那么所要掌握的烹饪技艺也就越来越精。反之，在人类文明初期，特别是在刚脱离动物界的蒙昧时代，食物原料就等于美味佳肴，不用经过什么烹饪过程，或者只有最简单的烧烤过程。

人类最初的饮食方式，自然同一般动物并无多大区别，那时人类还不知烹饪为何，获得食物时，生吞活剥而已，古人谓之"茹毛饮血"。对于人类社会这一段艰难而漫长的历程，中国汉代及汉代以前的许多学者曾有精辟的论说，虽不是十分科学，却也道出了许多规律性的东西。如《白虎通义》卷一说："古之时，未有三纲六纪，民人但知其母，不知其父。能覆前而不能覆后。卧之詓詓，行之吁吁，饥即求食，饱即弃余，茹毛饮血，而衣皮革。"《礼记·礼运》也说："昔者先王未有宫室，冬则居营窟，夏则居橧巢。未有火化，食草木之实，鸟兽之肉，饮其血，茹其毛。"又见《淮南子·修务训》说："古者，民茹草饮水，采树木之实，食蠃蚌之肉，时多疾病毒伤之害。"古人推测最早的人类社会，尚不晓用火之道，所以都是生吃鸟兽之肉和草木之实，渴了饮动物的血和溪里的水，冷了就披上兽皮。由于吃生冷腥臊之物，对肠胃造成很大损害，所以身体健康的人极少。

这些说法，或将早期人类的生活描绘成丰衣足食的景象，似乎人人都那么自得其乐；或又将早期人类说成受尽伤害，似乎人人都因食生冷而成疾病缠身的样子。这是不很符合实际的，或者说这样讲并不全面。最初的人类所享用的食物，完全凭借大自然的安排和赐予，有丰盛之时，也有短缺之时。尤其在严冬的北方，结果实的草木都凋零了，如果捕获不到聊以充饥的禽兽，那就只好饿肚子。至于初民会因生食而闹肚子，担心可能是多余的。我想初民的肠胃应当还保留有动物一样的功能，不会很快有不适宜生食的感觉，在多数情况下，也不会出现消化不良的症状。我们不能用人类现在已经退化的肠胃功能，去为我们的先民担忧。《礼记·王制》中曾提及南方有不火食的"雕题交趾"民，注家认为当地的地气较暖，虽不火食，亦无大害，也许会感觉生食更美。生活在东北地区的鄂伦春人，他们在学会火食以后，烤肉煮肉都只做到五六分熟，认为熟透了反而不好吃，实际上他们的胃口是适宜生食的。此外的例子还有：贵州地区的苗族喜食生肉，东北的赫哲族爱吃生鱼。这似乎表明了这样一点：进入火食时代以后，人类或多或少地还怀念着过去那种茹毛饮血的生活，常常要体味先民所实行过的那种生活方式。不知这种茹毛饮血时代的传统烙印，还要经过多少岁月才能完完全全磨平。

虽然生食并没那么可怕，人类也并不甘愿长久生食，当他们认识了火以后，就跨入一个新的饮食时代，这便是火食时代。掌握了用火技能的人类，接着又发明了取火和保存火种的方法，这样就有了光明，有了温暖，也有了熟食。人类最早使用的是天然火，包括火山熔岩火、枯木自然火、闪电雷击和陨石落地所燃之火等。人类起初见到熊熊烈火，同其他动物一样，总要避而远之，逃之夭夭。但是人与动物毕竟不同，恐惧过后，他们在余烬中感到了温暖，可能会有意收集一些柴草，让火种保存下来，以便借此度过难熬的寒冬。有时在烈焰吞噬的森林中，也会发现一些烧死的野兽和烤熟的坚果，待取过一尝，别有一番滋味，可能由此受到启发，开始走上火食之路，不知不觉地就将烹饪发明出来了。

中国史前时代最早用火的确凿证据还没有找到，所以开始用火的年代尚不能知晓。周口店北京人洞穴遗址发现过用火遗迹，考古发掘见到厚四至六米的灰烬层，中间夹杂着一些烧裂的石块和烧焦的兽骨，还有烧过的朴树籽，这是确定不移的庖厨垃圾，也是明确的用火证据，年代在距今五十万年以上。此外，在其他更早的一些人类化石和旧石

北京人用火的灰烬层

北京人洞穴遗址发现的烧骨和朴树籽

器地点，例如蓝田人遗址、元谋人遗址、西侯度遗址，都发掘到一些炭屑和烧骨，但还不能确定是否为人工用火遗迹。在距今一百万年前，人工用火应当已经开始，至于何时能找到考古学证据，还要中国田野考古学家去细心发掘，现在还无法预料。

在火成了必不可少的生产生活资料以后，人类又发明了一些人工取火的方法，可以创造出火种来。人工火照亮了人类文化的进步之路，如果没有火，古人今人的饮食是不可想象的，现代的一切文明成就也恐怕不会是事实了。人类成了火的主人，也就等于成了这个世界的主人。这是人类支配自然力的第一次尝试，它揭开了人类改造自然、征服自然的辉煌篇章。

有了火以后，熟食的比重逐渐增加，火熟的方式也由简单向复杂演进，烹饪技艺逐渐发展和完善起来。最初的熟食，也就是最原始的烹饪方式，那是最简单不过的了。既无炉灶，也无锅碗，陶器尚未发明，这时的烹饪方式主要还是烧烤，将食物在火中直接烤熟，这方法流传使用到现代，仍可制出美味佳肴。后来还进一步发明了"炮"法，是用黏泥包住食物后隔火烤熟，这方法现代也还在使用。

不论烤法或炮法，都不会使人类产生制作釜灶的动机。当石板石块被用作烹饪辅材以后，这种契机就出现了。例如古今所见的"石板烧"，起源一定很早，早在陶器发明之前。现代一些少数民族仍有用石板烙饼的，这是远古遗风。还有些民族有用烧热的石块烫熟食物的历史，或以兽皮为锅烹煮食物。这些无陶烹饪法，在世界上许多晚进民族中都有例证，可以肯定是人类早期烹饪采用的比较普遍的方式，原始的美味大餐正是通过这些原始的方法烹成的。

陶釜、铜鼎、铁锅，是后来常见的炊具。最早出现的陶釜，当是受了这类原始烹法的启示而造出来的，铜鼎和铁锅的铸造也一脉相承。陶釜之前有"皮釜"，还可能有"竹釜"，盛产竹子的南方地区，截竹盛水米等，煨在炭火中，同样能做出香美的馔品，这便是古代文人所

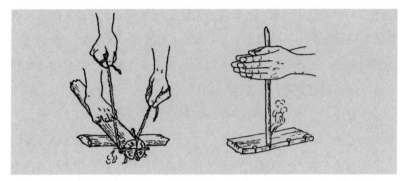

人工钻木取火图（示意图）

无陶石烹图（示意图）

说的竹釜，现代仍在沿用，别具风味。原始烹法像这样的例子，可能还有不少。也就是说，专用炊具发明之前，比较标准的烹饪早已开始，不要以为陶器出现之后，人类才进入准烹饪时代。

将烹饪时代的开端，追溯到陶器发明之前，也不能抹杀陶器的发明给人类饮食生活带来的深刻变化。我以为，陶器的发明，应当是绿色革命的一个重要的副产品。谷物种植成为人类主要的食物获得手段，饮食结构发生了根本的变化。谷物成为主要食物，但是如何食用，成了一大难题。谷物一般不宜于生食，起初大概是将谷粒放在热石板上烤熟，或放在竹筒中烹熟，类似方法可能沿用了许多世纪。这样的早期烹法，也见于古人的论述，如《礼记·礼运》郑玄注说："中古未有釜、甑，释米捭肉，加于烧石之上而食之耳。"《古史考》也说："神农时，人方食谷，加米于烧石之上而食之。"这当然并不是理想的吃法，人类还在寻求烹饪谷物的新方法，陶器的发明正是这种迫切寻求的结果。

关于陶器的起源，学术界有过一些推论，认识并不一致，或者说没有可靠的结论。陶器是以黏土为原料，塑形后经高温焙烧而成。人类为何突发奇想，变泥土为器具，这还是一个谜，我们在此不便展开讨论。这确实不是一件轻而易举的事，这是人类自发明人工火以后完成的又一项以火为能源的科学革命。陶器在很大程度上是为谷物烹饪发明的，是原始农耕部落的创造。农耕部落有比较稳定的生活来源，不再频繁迁徙，开始有了定居生活，陶器正是在这个时候来到人类世界。最初的陶器多为炊器，也有食器，证实它确实是饮食生活发展到高一级阶段的产物。制炊器的陶土掺和有沙粒或谷壳、蚌壳末等，具有耐火、不易烧裂和传热快等优点。制食器的陶土经过淘洗，由于不直接接触火源，所以一般不加沙粒，表面较为光滑。有了陶器，火食之道才较为完善起来，陶烹时代也就到来了。

中国史前陶器大约创始于距今一万年前，南方和北方都发现了将近有一万年历史的破碎陶器，而且多是所谓的夹砂陶器。早期的夹砂陶器多为敞口圜底的样式，都可以称作釜。陶釜的发明在烹饪史上具有非常重要的意义，后来的釜不论质料和造型产生过多少次变化，它们煮食的原理都没有改变。更重要的是，许多其他类型的炊器几乎都是在釜的基础上发展改进而成的。例如陶甑，是有了釜才会有的蒸器。釜熟是指直接利用火的热能，谓之"煮"；甑熟则是指利用火烧水产生的蒸汽能，谓之"蒸"。有了甑熟作为烹饪手段后，人类至少可以获得超出煮食一倍的馔品。

中国新石器时代已制成了陶甑，不过不是陶器发明之初的那个年代的成果。在中原地区，陶甑在仰韶文化时期已开始见到，但数量不是太多，器形也不算很规范，说明使用不很普遍。到了龙山文化时期，

龙山居民制陶图（示意图）

陶甑的使用已十分广泛，黄河中游地区几乎每个发掘调查过的遗址都能见到陶甑。但是在黄河上游和下游地区，这个时代用甑比较少，发现的线索不多。在水稻产区长江流域，陶甑的出现较仰韶文化要早出若干个世纪。中游地区的大溪文化居民已开始用陶甑蒸食，至屈家岭文化时使用更加普遍，最早使用的年代在公元前 3800 年上下。长江下游三角洲地区，马家浜文化和崧泽文化居民都用甑蒸食，著名的浙江余姚河姆渡遗址和杭州跨湖桥遗址发现了年代较早的陶甑，其年代为公元前 5000 年上下。从目前的发现看，新石器时代的陶甑出土地点多集中在黄河中游和长江中游地区，这似乎表明华中地区史前居民饭食对粥食的比重，可能要大大超过其他地区。

　　新石器时代的陶甑与一般陶器在外形上并无多大区别，不过有的会在器底刺上一些孔洞，以便蒸汽自下上达。使用时将甑底套在釜口

古老的陶釜，湖南永州玉蟾岩遗址出土

七千年前的陶甑，浙江杭州跨湖桥遗址出土

上，下煮上蒸，常可收两用之功。崧泽文化居民所用陶甑略有不同，通常做成无底的筒形，然后用竹木编成箅子，嵌在甑底。蒸食时，将甑套入三足鼎口，而不是套入釜口。这样就形成了一种复合炊具，考古学家们称其为"甗"。龙山文化时期，甗的下部由实足的鼎改为空足的鬲，并且上下两器常常连塑为一体，应用更加普遍。甗在商周时代又以铜铸成，成为重要的青铜炊具和礼器。

值得提到的是，蒸法是东方烹饪术所特有的技法。它的创立已有不下七千年的历史。西方古时烹饪无蒸法，直到当今，欧洲人也极少使用蒸法。像法国这样在烹调术上享有盛誉的国家，据说厨师们连"蒸"的概念都没有，更不用说实际应用了。西方人后来发明了蒸汽机，人类由此进入蒸汽时代，但是中国人利用蒸汽能的历史是西方所不能比拟的，东方早在史前时代即已进入了自己的"蒸汽时代"。

在史前时代火食普及过程中起过重要作用的陶器，不只是釜甑之类，还有陶鼎，这又是一种兼作食器的重要炊具，在此不能不述及。

商代蒸器鬲式陶甗

商代青铜甗

鼎在商周以青铜铸为重器，是最重要的礼器，甚至被作为王权的象征。青铜鼎的原型是陶鼎，七千年前的黄河中下游地区，原始陶鼎的使用已相当普遍，几个最早的农耕文化共同体都以鼎类器为饮食器，它们所用之鼎的造型和制法都有惊人的相似之处。鼎在长江流域较早见于三角洲地区的马家浜文化，时代稍晚的崧泽文化、良渚文化、晚期河姆渡文化，以及中游地区的大溪、屈家岭和薛家岗文化，也都时兴用鼎。到新石器时代晚期，陶鼎流行的地域已超出黄河和长江，扩展到北方和南方。鼎是一种三足器，使用比较方便，比起圜底的釜更为实用。后来以鼎为根据造出的三足器还有许多，如鬲、斝、鬶、鏊等。鏊为具三扁足的圆形平板炊器，用于烙饼，见于仰韶文化晚期。

新石器时代的炊具，还有炉与灶。炉以陶土塑成，与陶器一样入窑烧成。仰韶文化和龙山文化居民比较喜爱用陶炉烹饪，仰韶陶炉比较矮小，而龙山陶炉则较高大，甚至将釜炉连塑为一体，匠心独具。陶炉是活动的灶，机动性较大。火灶本身会固定住，其重要性远在陶炉之上。

生活在关中地区的仰韶文化居民，已经有了稳固的定居传统，一座座简陋的房屋聚合成村落，人们按一定的社会和家族规范生活其间。这些或大或小的住所，既是卧室兼餐厅，同时又是厨房，没有更多的设备，但几乎无一例外都有一座灶坑，再就是不多的几件陶器。有的灶坑旁还埋有一个陶罐，那是专用于储备火种的。时代更早的裴李岗文化居民和白家村文化居民，在半地穴式小屋内已开始设置小火塘，发掘过程中可以看到有的陶炊器就放置在火塘内。黄河上游地区的马家窑文化居民，常在室内建双联灶和三联灶，较为特别。更为特别的是大溪文化的三联排灶，一个房址内建有三组并排的三联灶，每组底部有火道相通，前部有一个共用的灶门。灶上每个火眼上都可置放陶釜，设想九釜并列，一定非常壮观。这可能是一间大厨房，是很重要的发现。

大汶口文化陶鼎

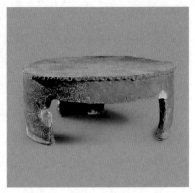

仰韶文化陶鏊

龙山文化陶鬶

商代兽面纹斝

西周青铜器大克鼎

西周青铜器杜伯鬲

新石器时代双釜陶灶

河姆渡文化陶炉

庙底沟文化陶炉

  新石器时代的火灶多为凹下地面的灶坑，或者称作火塘。火塘在中原地区沿用到了青铜时代，不过那时高台火灶已经出现，烹调设备又有了改进。高台火灶的使用至今已有了近三千年的历史，尽管燃料有柴草、煤块、天然气这些品种的改变，灶台形状变化却并不很大。现代饮食生活中，烹饪炊具出现了一些新的发展趋势，有了红外烤箱、

陶寺文化居民使用陶炉图（示意图）

半坡文化圆形房子（复原图）。中部建有火塘

汉代陶灶

微波炉、电炉之类。科学技术发展了，火食之道又被推进到了一个新的发展阶段。

中国悠久的火食传统，是我们引为骄傲的中国烹饪发达的根基之所在。古今厨师喻烹饪为"火中取宝"，运用火候功夫的高低，是能否取到真宝的关键。火候功夫的练成，不是一代人或几代人的努力所能办到的，是靠了千万年经验的积累，靠了悠久的火食传统。

中国远古文化的发达，其主要成就相当大程度表现在饮食上，表现在食物的生产和烹饪上，也表现在进食方式上（参见本书第八章《独具一格的进食方式》）。人类的创造与发明，多半也是围绕饮食生活展开的，这是史前时代社会发展的固定法则之一。随着一个个创造发明的完成，人类饮食生活被推向一个又一个新的高度，人类社会也因此进入一个个更新更高的发展阶段。

各类烹调佐料，古今都讲究五味调和

第二章 —— 五味调和

古代的饮食同现代一样，都是很讲究滋味的，中国是如此，世界其他地区也是如此。我们常以中餐味型的丰富而看不起西餐，这也可以算作一种偏见。外国菜也很讲究味道，只是因为不符合我们的口味，所以才使我们中的一些人不以为然。中国菜的优势，在于它独特的历史文化传统，精湛的烹调工艺。我们有至少经数千年实践积累起来的调味理论，至今开发出的调味品数以百计，菜肴的味型不可胜计。古今都讲的五味调和，既是我们的传统，也是我们的理论，更是我们的实践。

从皇宫到僻壤，从显贵到平民，饮食都遵循着五味调和这个原则。我们还引进了不少域外物种及烹调方法，以丰富自己的食谱，从古到今，努力都不曾中断。

一、从大羹玄酒到五味调和

饮食，人类的饮食，自人类一出现自然就有了。但是调味不是与饮食一同出现的，调味由实践到理论的形成经历了一个漫长的发展过程。

可以做出这样一种推论，人类最初的饮食，与动物大概不会有太大区别，在多数情况下，人类所维持的还是动物性的生活。进入火食阶段后，随着原始烹饪技术的发展，人类也开始有了调味实践。初级调味工艺，当是以一种具有某种特别滋味的食料，与另一种食料组配一起，达到变化和丰富滋味的目的。这实际是为了增强食欲，许多调味品应当都是通过这样的实践筛选出来的。等调味品的其他作用被认识以后，它的运用也就越来越广了，这一点我们在后面还将谈到。

虽然推论总归是推论，证据不是太充分，但也可以列举一二。有关的民族学资料暂且不论，从古代文献记载上也可寻得蛛丝马迹。先秦文献提及的"大羹玄酒"，正透露出了调味工艺出现之前人类饮食生活的重要信息。

先说"玄酒"。

《礼记·礼运》曰，"玄酒在室，醴、盏在户，粢醍在堂，澄酒在下"；又曰，"玄酒以祭"；《礼记·玉藻》曰，"凡尊必上玄酒"；《礼记·乡饮酒义》曰，"尊有玄酒，教民不忘本也"。何谓"玄酒"？清水而已，以酒为名，古以水色黑，谓之"玄"；太古无酒，以水为饮，酒酿成功后，水就有了玄酒之名。周礼用清水作为祭品，表现了当时对无酒时代以水作饮料的一种追忆，并且以此作为不忘饮食本源的一种经常性措施。这祭法的施行，可能在周代以前就有了很久远的历史，应当是产生于史前时代。

再说"大羹"。

《仪礼·士昏礼》云,"大羹湆在爨";《仪礼·公食大夫礼》云,"大羹湆不和,实于镫"。《周礼·天官·亨人》云,"祭祀,共大羹、铏羹。宾客亦如之"。何谓"大羹"?注家以为是煮肉汁,而且是不加调味料的肉汁。用大羹作祭品,同用玄酒一样,也是为了让人能回忆饮食的本始,同时也是为了以质朴之物交于神明,以讨得神明的欢心。招待宾客用的大羹,则是很尊贵的馔品,而且还要放在火炉上,以便在用餐时能趁热食之。由于大羹不调五味,热食味道略好一些,所以须"在爨"。考古发现过不少周代的炉形鼎器,器中可燃炭,可能就是用作温热大羹的,考古学家称它们为"温鼎"。

甲骨文和金文中的酒器象形字

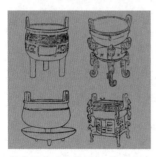

周代温鼎(线描图),陕西宝鸡等地出土。类似于今天的火锅

半坡文化小口尖底瓶,陕西西安出土。有研究认为这可能是一种专用酒器,汉字"酒"的象形字可能取自这种酒器

我们不知道史前人类只限于享用大羹玄酒的时代延续了多久，恐怕要以百万年计。换句话说，人类历程中的绝大部分时光都是在无滋无味中度过的。当以甜、酸、苦、辣、咸这五味为代表的滋味成为人类饮食的重要追求目标时，烹饪才又具有了烹调的内涵，一个新的饮食时代也就开始了。这个时代的开端并没有导致大羹玄酒完全从饮食生活中退出，但它确实是个重要的开端，意义重大，值得研究。

五味调和的饮食时代，可能发端于原始农耕文化。谷物食用时更需要佐餐食物，多变的滋味能使进食过程变得更加顺利。相反，狩猎游牧时代的肉食，本身可以提供稍为丰富的滋味，不大容易使人产生变化味道的动机。

人类最早追求添加的滋味，应当是咸味。人饿了会找东西吃，渴了会找水喝，但人对盐的需求并非本能，是什么决定了人要吃盐呢？迄今为止这仍是一个未解之谜。狩猎民族饮血可以为身体补充一定的盐分，我们知道的茹毛饮血，可能是食盐的开始，动物血液中含有一定的盐分。人类从农耕时代到来之初，便开始寻找盐，以便添加到缺少盐的食物中。许多动物都有寻找盐的本领，人类最早可能是从动物那里学到了找盐的方法。传说有猎人跟随白鹿在大江边找到了盐泉，人们便开始了对井盐的开发。先民品尝海水、咸湖水、盐岩、盐土等，尝到了咸卤的滋味，并将自然生成的盐添加到食物中去，发现有些食物带有咸味比本味要香，便逐渐用盐作调味品。

盐给人类最初的味觉一定是非常美好的。而盐在人不知不觉中带来了强健体魄和健全心智，那感觉一定更加美好。谷物的营养是无法与肉食的营养相提并论的，可是摄食谷物的人类在数量上大大超越了摄食肉食的祖先，原因一定是有了稳定的食盐。谷物栽培与摄食，需要食盐供给。找到了食盐，也就找到了健康体魄的一把新钥匙。人类开始了自己全新的旅程，科学技术和文化艺术因此得到飞速发展。

在古人所摄的五味中，至少酸、苦、辣、咸本来是不能列为美味

自贡城市雕塑《盐泉》。演绎了发现
盐泉的传说

自贡盐井东源井天车

的，可在被适度使用后，却都能变为受欢迎的滋味，人类味感的多重
性、多变性与兼容性，一定在五味使用的初期就形成了。

　　根据文献记载得知，商周时代已有了比较成熟的调味理论，确立
了常用的调料品种，还制成了复合调料。商代采用的调味品主要是盐
和梅，取咸酸两味为主味，正如《尚书·说命下》所言："若作和羹，
尔惟盐梅。"到了周代，调味虽少不了仍用盐梅，但又采用了一些新
味型的原料，而且有了比较严格的配伍法则。据《礼记·内则》说：
"脍，春用葱，秋用芥。豚，春用韭，秋用蓼。脂用葱，膏用薤，三牲
用藙，和用醯，兽用梅。"烹饪不同的肴馔，使用不同的调料；烹饪同
一肴馔，还要根据季节变换改用别的调料。

　　周代更重视的似乎是复合调料的制备与使用。《礼记·曲礼上》说
"献孰食者操酱齐"，"孰食"即熟肉食，"酱齐"便是复合调料。经学
家的注解是："酱齐为食之主，执主来，则食可知，若见芥酱，必知献

汉代脍鱼图，山东嘉祥出土。食者直接用刀割生鱼佐酒

鱼脍之属也。"也就是说，吃什么肉，一定要配什么酱，有经验的吃客只要看到侍者端上来的是什么酱，便知会吃到什么美味了。

据《周礼·天官·膳夫》所记，周天子祭祀或宾客用羞"百有二十品"，用酱"百有二十瓮"，这百二十瓮酱包括醢物六十瓮、醯物六十瓮，都是动植物食料加调味品炮制的复合调料。看馔百二十品配酱百二十瓮，一看配一酱，这是周王创下的前所未有的饮食制度。在《礼记·内则》的记载中，可以读到不少这样的配餐实例。如食雉羹要配以蜗醢和菰米饭，烧鱼要配以卵酱，并在鱼腹中塞入蓼菜，食干脯则配蚳醢（用蚁卵做的酱），食脯羹要配以兔醢，食鱼脍用芥酱，食麋腥（生肉）用醢酱。孔子的名言"不得其酱，不食"，正是这种调味原则的最好体现。

大约到了汉代，酱已不作醢醯的指称，而成了面酱和豆酱的专称。做酱的方法见于许多史籍的记载，有时甚至被看得相当神秘，弄得不巧，那酱是做不成的。汉代人对酱十分偏好，《汉书·货殖传》说"张氏以卖酱而隃侈"，便是一个证明。桓谭《新论》说有个乡下人得到一

汉代"齐盐鲁豉"陶盒。盒上的文字不仅证实汉代时重视调味品的生产，而且有了明确的品牌意识

碗鲢酱，十分高兴，到吃饭时生怕别人要他的酱吃，竟公开在酱碗中先吐了一口唾沫。众人看着心里气不过，于是都向酱碗中擤了一把鼻涕，结果弄得谁也没吃成。这虽不过是个寓言，汉代人嗜酱由此是可以认定的。

中国历代厨师和美食家都十分看重酱的作用。宋代陶谷的《清异录》说："酱，八珍主人也。醋，食总管也。"这意思是说，如果没酱的话，饮食也就没什么体统了。

关于调味的作用，据烹饪界学者的研究，主要有以下几个：

第一，矫除原料异味。水产品的腥味，畜产品的膻臊味，烹调过程中用酒、醋、葱、姜、蒜和香料可以矫正或去除；有苦味的原料，则用糖进行矫正。

第二，无味者赋味。调味品大多都具有提鲜、添香、赋予菜肴美味的作用，而不少食料——包括一些名贵食料，如鱼翅、海参、猴头、燕窝等，本身并无显味，须用调味鲜汤烹制，才能使滋味鲜美。

第三，确定菜肴口味。不少菜肴的特有味型，都要依靠调味品确定，否则就成千菜一味了。

第四，增加食品香味。各种香料类调味品的应用，正是出于这种需要，香美的食物更容易激发人的食欲。

第五，赋予菜肴色泽。含有色素的调味品，能增加和改变菜肴的颜色，对增进食欲有明显作用。

第六，可以杀菌消毒。如大蒜、葱、姜、盐、醋，是凉拌菜肴必用的调味料。

调味的方法也变化多样，主要有基本调味、定型调味和辅助调味三种，以定型调味方法运用最多。所谓定型调味，指原料加热过程中的调味，是为了确定菜肴的口味。基本调味在加热前进行，属预加工处理的调味。辅助调味则在加热后进行，或在进食时调味。[①]

中国烹饪精于调味，不仅是因为有高超的调味手段，也因为有大量可供使用的调味原料，这些原料除了本土原产的外，还有不少是由域外输入或引进的，如胡椒和辣椒便是引进的品种。据研究，自然界能产生气味的物质有二十万至四十万种，一般人所能辨识的有两百至四百种。

有文章说，中国烹饪采用的调味品多达五百种，但真正固定的味型远没有这么多。人们将看馔的味型分为基本型和复合型两类。基本型大约可区分为九种，即咸、甜、酸、辣、苦、鲜、香、麻、淡。复合型难以胜计，大体可归纳为五十种左右。如酸味型有酸辣味、酸甜味、姜醋味、茄汁味；甜味型有甜香味、荔枝味、甜咸味；咸味型有咸香味、咸酸味、咸辣味、咸甜味、酱香味、腐乳味、怪味；辣味型有胡辣味、香辣味、芥末味、鱼香味、蒜泥味、家常味；香味型有葱香味、酒香味、糟香味、蒜香味、椒香味、五香味、十香味、麻酱味、花香味、清香味、果香味、奶香味、烟香味、糊香味、腊香味、孜然味、陈皮味、咖喱味、姜汁味、芝麻味、冷香味、臭香味；鲜味型有咸鲜味、蚝油味；麻味型有咸麻味、麻辣味；苦味型有咸苦味、苦香

① 聂凤乔：《调味原料》，王义民、林若君：《调味》，收入《中国烹饪百科全书》，中国大百科全书出版社，1992年。

味；淡味型有淡香味、本味。①

这么说来，五味调和中的"五味"，是一种概略的指称。我们所享用的菜肴，一般都是具备两种以上滋味的复合味型，而且是多变的味型。《黄帝内经·素问》云："五味之美，不可胜极。"《文子·道原》则说："五味之变，不可胜尝也。"说的都是五味调和可以给人带来美好的享受。不过，滋味虽美，却又不可不加节制地随意享受，弄不好不仅不能获益，反而会对身体造成损害。这涉及五味养生的食养食疗内容，让我们留待第七章再谈。

二、八珍百羞说御膳

帝王享用美食，谓之进膳。为帝王烹制的美食，则称为御膳。在绝大多数情况下，御膳均为至美至嘉之膳，御膳显示的烹饪水平自然也是至精至巧的。

贵居天子之位，饮食之丰盛，无以复加，这当是周代时所创下的定例。周天子的饮馔分饭、饮、膳、羞、珍、酱六大类，据《周礼·天官·膳夫》所记，王之食用稌（稻）、黍、稷、粱、麦、苽六谷，膳用马、牛、羊、豕、犬、鸡六牲，饮用水、浆、醴、凉、医、酏六清，羞共百二十品，珍用八物，酱则百二十瓮。这些指的大多是原料，实际饮馔品名还要多得多。请看《礼记·内则》所列天子的饮食品名：

· 饭：黍、稷、稻、粱、白黍、黄粱、稰、穛，计八种。
· 膳：膷、臐、膮、牛炙，盛在四个高足盘中，列为第一行；醢、牛胾、醢、牛脍，计四盘，列为第二行；羊炙、羊胾、醢、豕炙，计

---

① 李常友：《中国烹饪调味规律初探》，收入《首届中国饮食文化国际研讨会论文集》，1991年。

四盘，列为第三行；醢、豕胾、芥酱、鱼脍，又是四盘，列为第四行。共计为十六盘。还可加四盘，分盛雉、兔、鹑、鷃四野味，列为第五行，总计为二十盘。

·饮：重醴，稻醴清、糟，黍醴清、糟，梁醴清、糟。稻、黍、梁都可做成醴，没过滤的为糟，过滤过的为清，所以这三种醴都有清、糟两样，清、糟相配称"重醴"。也有酿粥做的醴。另有黍酏、浆、水、醷、滥。

·酒：有清酒和白酒。清酒用于祭祀，白酒用于宴饮。白酒因色白而名，并不是现代意义的烧酒。

·羞：糗饵、粉糍。指干饭捣粉后做的米面饼和撒有豆面的稻米饼，都是点心类馔品。

天子之羞，多至百二十品，不可胜数。有时另加"庶羞"，包括牛脩、鹿脯、田豕脯、麋脯、麇脯，还有爵（雀）、鷃、蜩（蝉）、范（蜂）、芝栭（小栗）、菱、枳椇（拐枣）、枣、栗、榛、柿、瓜、桃、李、梅、杏、楂、梨、姜、桂等，瓜果辛物，应有尽有。

八珍，乃王室庖人精心烹制的八种珍食，制作方法完整地记载在《礼记·内则》中，是古代典籍中所见的最古老的一份菜谱。现将八珍

西周青铜器伯定盉　　　　　　　西周青铜器井季史尊

分述于后：

·一珍——淳熬。煎好肉酱，浇在稻米饭上，再淋上熟油，类似今天的盖浇饭。

·二珍——淳母。煎肉酱浇于黍米饭上，再淋上油，法同一珍，唯主料不同。

·三珍、四珍——炮豚、炮牂。整只小猪小羊宰杀后，在腹内塞上枣果，用苇子包裹妥当，再涂上草拌泥，然后放在猛火中烧烤，此谓之"炮"。待草泥烤干，除去泥壳苇草，净手揭掉猪羊表面烤皱的膜皮。接着用调好的稻米粉糊遍涂猪羊外表，放入油锅内煎煮，油面须没过猪羊。末了，将猪羊及香脂等调料合盛小鼎内，将小鼎置大汤锅中，连续烧煮三日三夜，中途不能停火。食用时，再另调五味。实际上这全猪全羊的烹制经过了炮、煎、蒸三个程序，到能放入口中时，一定是肉烂如泥、香美无比了。

·五珍——捣珍。用牛、羊、麋、鹿、麕等动物的夹脊肉，反复捶捣，剔净筋腱，烹熟后调味食用。主要功夫表现在肉料的预加工上，这是以加工方法而不是以烹法命名。

·六珍——渍。用新宰的鲜牛肉，薄切为片，绝其肌理。浸在美酒内，渍一昼夜。食时以肉酱或者米醋、梅浆调和，这是一种生吃肉片。

·七珍——熬。将牛、羊、麋、鹿、麕等肉捶打去皮膜，晾于苇席上，撒上盐及姜、桂等调料细末，待风干后食用。食时既可煎以肉酱，也可直接干食。

·八珍——肝膋。取狗肝用肠间脂包好，放火上炙烤，待肠脂干焦即成。

在描述八珍制法的同时，《内则》还述及"糁食"和"酏食"的制法，似乎也包纳在八珍之内。糁食是取牛、羊、豕肉等量，切成小块，再用多一倍的稻米粉拌成饼，入油锅煎成。酏特指以稻米粉为主料做饼，用狼膏煎成。有些经学家以糁食为八珍之一，而将炮豚、炮牂合

西周青铜簋，陕西宝鸡出土

称一珍，也自有道理。实际上作为一珍二珍的淳熬、淳母，也是一回事，制作方法完全相同，仅主料有区别。或者八珍的排列并不完全是上面所写的顺序，而应当是淳熬、炮豚、捣珍、渍、熬、糁、肝膋、酏。

从八珍的制作可以看出，周代的烹调无论在选料、加工，还是在调味和火候的掌握上，都有了一定的章法，形成了一套套固定的模式。汉唐时代，习惯于将美味佳肴称为八珍。大约从宋代开始，八珍具体指称八种珍贵的烹饪原料。到了清代，各种系列的八珍不胜枚举，主要指的是八种珍稀原料组合的宴席。如满汉全席的四八珍，即指四组八珍组合的宴席。四八珍即山八珍、海八珍、禽八珍、草八珍，共三十二种珍贵的原料，具体是：

· 山八珍——驼峰、熊掌、猴脑、猩唇、象拔（鼻）、豹胎、犀尾、鹿筋。

· 海八珍——燕窝、鱼翅、大乌参、鱼肚、鱼骨、鲍鱼、海豹、狗鱼（大鲵）。

·禽八珍——红燕、飞龙（花尾榛鸡）、鹌鹑、天鹅、鹧鸪、彩雀、斑鸠、红头鹰。

·草八珍——猴头、银耳、竹荪、驴窝菌、羊肚菌、花菇、黄花菜、云香信。

满汉全席本出清宫，亦属御膳。当然八珍席并不仅限皇上享用，后来各地都有独具特点的八珍席了。民国初出现了上、中、下八珍，山东烟台地区的这三种八珍是这样的：

·上八珍——猩唇、燕窝、驼峰、熊掌、猴头、凫脯、鹿筋、黄唇胶。

·中八珍——鱼翅、广肚、鱼唇、鲥鱼、银耳、果子狸、蛤士蟆、裙边。

·下八珍——川竹笋、海参、龙须菜、大口蘑、乌鱼蛋、赤鳞鱼、干贝、蛎黄。[①]

我们前面已经提到，周天子不仅享用八珍、羞百二十品，还有酱百二十瓮。这百二十瓮酱实际是分指"五齑、七醢、七菹、三臡"之类，以腌渍方法制成。现分列于下：

·五齑：细切的昌本（菖蒲根）、脾析（牛百叶）、蜃（大蛤）、豚拍（猪肋）、深蒲（蒲芽），都是腌制的酱菜。

·七醢：醓（肉汁）、蠃（螺）、蠯、蚳（蚁卵）、鱼、兔、雁，均属荤酱。

·七菹：韭、菁（蔓青）、茆（莼菜）、葵、芹、箔（嫩笋）、笋，是不必细切的素腌菜。

·三臡：鹿、麇、麋，均为野味。臡为带骨的肉块，有骨为臡，

---

① 聂凤乔：《八珍》，收入《中国烹饪百科全书》，中国大百科全书出版社，1992年。2020年，全国人大常委会审议通过了《关于全面禁止非法野生动物交易、革除滥食野生动物陋习、切实保障人民群众生命健康安全的决定》，明确规定了禁止食用的野生动物的类别。古时的许多珍品、名菜原材料在当代属禁止食用之列。

无骨为醢，制法相同，均为干肉渍曲和酒腌百日而成。

历代御膳大多应当是极丰盛的，典籍所见清以前御膳膳单却极少。《清异录》抄录有谢讽《食经》中的五十三种看馔，是十分珍贵的资料。谢讽为隋炀帝的尚食直长，他的《食经》实际是御膳膳单，现在让我们来看看隋炀帝吃的是些什么。五十三种看馔名称如下：

北齐武威王生羊脍	细供没葱羊羹	急成小饼
飞鸾脍	咄嗟脍	剔缕鸡
爽酒十样卷生	龙须炙	千金碎香饼子
花折鹅糕	修羊宝卷	交加鸭脂
君子饤	越国公碎金饭	云头对炉饼
剪云析鱼羹	虞公断醒酢	鱼羊仙料
紫龙糕	十二香点臛	春香泛汤
滑饼	象牙𩝐	汤装浮萍面
金装韭黄艾炙	白消熊	恬乳花面英
加料盐花鱼屑	专门脍	拖刀羊皮雅脍
折箸羹	香翠鹑羹	朱衣饼
千日酱	露浆山子羊蒸	加乳腐
天孙脍	添酥冷白寒具	金丸玉菜臛鳖
暗装笼味	高细浮动羊	乾坤奕饼
干炙满天星	含浆饼	撮高巧装坛样饼
杨花泛汤糁饼	天真羊脍	鱼脍
烙羊	无忧腊	藏蟹
新治月华饭	连珠起肉	

这个食单读起来很费劲，我们现在已无法完全弄清它们的配料及烹法，不过全是美味倒是不必怀疑的。值得提一提的是其中一款"加

乳腐"，可能指加奶的豆腐脑，如果真是如此，关于豆腐的文字记载便可由过去所说的五代提早到隋代，足足可以提早三个世纪。

御膳膳单只有清代的保留较为完整。清代档案中有大批皇帝皇族膳单，膳单不仅写明每次膳食的品种，有时还注明用膳时间，指明厨师名姓，注明哪道肴馔用哪种餐具盛送，非常详细。清代皇帝平日用膳的地点并不固定，多在寝宫、行宫等经常活动的地方。每天用膳分早晚两次：早膳为卯时，约六七点钟，应当说是比较早的；晚膳在午未时之间（十二点至午后两点），实际算是午餐。晚餐吃得太早，显然不易挨到天黑，所以还要进一次晚点（大约在晚上六点）。皇上一般是单独用膳，任何人都不能与他同桌，除非特别允许。丰盛的馔品，皇上一人无论如何是吃不完的，剩下的食物都赐给大臣、妃嫔、皇子、公主，嫔妃们再剩的食物，又转赐宫女和太监们。现在让我们看看皇帝日常和岁时的御膳到底有些什么。

咸丰十一年（1861年）十二月三十日，即位不久的小皇帝载淳（同治）的除夕晚膳是：

　　大碗菜四品：燕窝"万"字金银鸭子、燕窝"年"字三鲜肥鸡、燕窝"如"字锅烧鸭子、燕窝"意"字什锦鸡丝。怀碗菜四品：燕窝溜鸭条、攒丝鸽蛋、鸡丝翅子、溜鸭腰。碟菜四品：燕窝炒炉鸭丝、炒野鸡爪、小炒鲤鱼、肉丝炒鸡蛋。片盘二品：挂炉鸭子、挂炉猪。饽饽二品：白糖油糕、如意卷。燕窝八仙汤。

咸丰十一年十月初十日，皇太后慈禧所用的一桌早膳是：

　　火锅二品：羊肉炖豆腐、炉鸭炖白菜。大碗菜四品：燕窝"福"字锅烧鸭子、燕窝"寿"字白鸭丝、燕窝"万"字

清宫膳桌

红白鸭子、燕窝"年"字什锦攒丝。中碗菜四品：燕窝肥鸭丝、溜鲜虾、三鲜鸽蛋、烩鸭腰。碟菜六品：燕窝炒熏鸡丝、肉片炒翅子、口蘑炒鸡片、溜野鸭丸子、果子酱、碎溜鸡。片盘二品：挂炉鸭子、挂炉猪。饽饽四品：百寿桃、五福捧寿桃、寿意白糖油糕，寿意苜蓿糕。燕窝鸭条汤、鸡丝面。[1]

看样子慈禧太后极爱吃燕窝、鸭子，给儿皇帝吃的也多是这两样。乾隆十二年（1747 年）十月初一日所进晚膳，膳单上有如下记述：

万岁爷重华宫正谊明道东暖阁进晚膳，用洋漆花膳桌摆。燕窝鸡丝香蕈丝火熏丝白菜丝馏平安果一品，红潮水碗。续

---

[1]　转引自王树卿《清代宫中膳食》,《故宫博物院院刊》1983 年第 3 期。

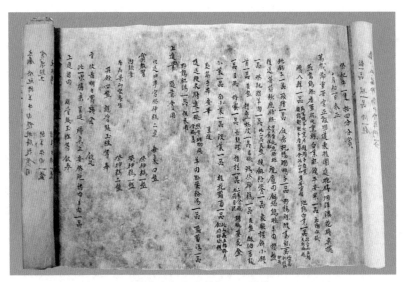

乾隆十二年十月初一日膳单

八鲜一品，燕窝鸭子火熏片脂子白菜鸡翅肚子香蕈，合此二
品，张安官做。肥鸡白菜一品，此二品五福大珐琅碗。肫吊
子一品，苏脍一品，饭房托汤鹏鸭子一品，野鸡丝酸菜丝一
品，此四品铜珐琅碗。后送芽韭炒鹿脯丝，四号黄碗，鹿脯
丝太庙供献。烧狍肉锅煽鸡丝晾羊肉攒盘一品，祭祀猪羊肉
一品，此二品银盘。糗饵粉糍一品，象眼棋饼小馒首一品，
黄盘。折叠奶皮一品，银碗。烤祭神糕一品，银盘。酥油豆
面一品，银碗。蜂蜜一品，紫龙碟。拉拉一品，二号金碗，
内有豆泥，珐琅葵花盒。小菜一品，南小菜一品，菠菜一品，
桂花萝卜一品，此四品五福捧寿铜胎珐琅碟。匙箸、手布安
毕进呈。随送粳米膳进一碗，照常珐琅碗、金碗盖。羊肉卧
蛋粉汤一品，萝卜汤一品，野鸡汤一品。[①]

———————
① 转引自徐启宪《清代皇帝怎样用膳》，收入《古代礼制风俗漫谈》，中华书局，1983 年。

不论帝后妃嫔及皇子、公主、福晋们吃不吃得了那么多,每日膳食总是那么丰盛。膳食所需物料,都按吃不了的分例备办,浪费十分惊人。

皇帝每日恭备的分例是:盘肉二十二斤,汤肉五斤,猪油一斤,羊两只,鸡五只,鸭三只,白菜、菠菜、香菜、芹菜、韭菜等共十九斤,大萝卜、水萝卜和胡萝卜共六十个,包瓜、冬瓜各一个,茎蓝、干闭蕹菜各五个(六斤),葱六斤。玉泉酒四两,酱和清酱各三斤,醋两斤。早晚随膳饽饽八盘,每盘三十个。例用乳牛五十头,每头牛每天交乳两斤,共一百斤。每日用玉泉水十二罐,乳油一斤,茶叶七十五包(每包二两)。

皇后每日的分例是:盘肉十六斤,菜肉十斤,鸡、鸭各一只,白菜、香菜、芹菜共二十斤十三两,水萝卜、胡萝卜共二十个,冬瓜一个,干闭蕹菜五个,葱两斤,酱一斤八两,清酱两斤,醋一斤。早晚随膳饽饽四盘,每盘三十个。皇后例用乳牛二十五头,每天共得乳五十斤。每日用玉泉水十二罐,茶叶十包。

皇贵妃的分例是:盘肉八斤,菜肉四斤,每月鸡、鸭各十五只。[①]

清代的皇室成员除了享用御膳房供给的膳食,皇太后、皇后、贵妃等人还有自己的小厨房。慈禧听政后,也设有私厨,即西膳房。西膳房能做点心四百余种、菜品四千多种。慈禧爱吃的肴馔,主要有以下几种:

小窝头	饭卷子	油性炸糕	烧麦
黄色蛋	糕炸三角	荷叶粥	藕粥
小米粥	薏仁米粥	菜包鸽松	和尚跳墙
清炖肥鸭	烧猪肉皮	樱桃肉	清炖鸭舌

---

① 转引自王树卿《清代宫中膳食》,《故宫博物院院刊》1983 年第 3 期。

清宫帝后膳食用具　　　　　　　　　清宫食盒

　　慈禧用膳，一日三顿。传膳前，厨房将菜肴装入膳食盒，放在廊下几案上。盛菜的用具是木制淡黄色膳盒，外描蓝色二龙戏珠图案。盛菜器皿下附锡座，座内有热水，外包棉垫，能保温一段时间。传膳时，膳房学徒的小太监们身穿蓝布袍，手腕上套白套袖，排队于廊下候旨。传旨开膳，小太监们各将膳盒搭在右肩上，依次入内，由内侍太监接膳盒，将菜肴摆上膳桌。总管李莲英先用银筷试尝，避免有人下毒。用膳时，太后眼光向着哪道菜，太监就将那道菜送到她面前。吃剩的饭菜，自然还是赏给皇后、近侍乃至王公们。[1]

　　清宫御膳以满族风味为主，也包括一些江南、山东和四川风味的菜肴，制作精致，色美味佳，擅长熘、炒、蒸、炸，以清、鲜、酥、嫩风味为主要特色。现在北京的几处仿膳和御膳饭庄，有仿制的正宗清宫御膳，不少菜肴得自老御厨的真传，值得一尝。

---

① 　参见林永匡、王熹《清代饮食文化研究》，黑龙江教育出版社，1990年。

三、乡味与菜系

谁都会说自己的家乡好，山好水好，风俗民情无一处不好，最好的还是那熟识的乡味。尤其那些少小离家的人，更有乡音难改、乡味难忘的感受。同乡聚会，乡味所同。还有不少人离了乡味便吃不饱肚子，好像没有什么别的东西能把肚子哄住。我就常听四川人有这样的抱怨，好像除了川味就没什么滋味可言了，一出四川，就必定要挨饿了。

这感觉是很可以理解的，也是很自然的。乡味的天天品尝，就是一种传统的熏陶过程，惯了，也爱了，不易改变了。中国幅员辽阔，各地区的自然气候、地理环境和物产都有特色，各地人民的生活习惯与传统风俗也多有差异，所以在吃什么和怎么吃的问题上，各有各的创造发明，形成了各自的许多特点。由于历史的发展与文化积累，不同的菜系也就逐渐形成了。

关于菜系的形成时代，烹饪史专家研究的结果出入很大。一种意见认为，菜系的形成有古老的历史。由于菜肴特色的表现是以物产为依据的，各地物产时代越早差别越大，基本口味就有了差异，这种差异的形成，可能时代很早。晋人张华的《博物志》说："东南之人食水产，西北之人食陆畜。食水产者，龟蛤螺蚌以为珍味，不觉其腥臊也。食陆畜者，狸兔鼠雀以为珍味，不觉其膻也。"这里讲的正是物产上的差异。此外，烹调方法的不同，也是菜系形成的一个重要条件，口味的定型，离不开这一个条件。根据相关文献研究，中国菜系的起源可以上溯到商代初期，已有了三千多年的发展历史。先秦时代菜系的南北分野已非常明显，北方以齐鲁风味为代表，南方以荆吴风味为代表。唐宋以后，各地方菜系相继形成，以后逐渐增加，现在已有了以各省区命名的几十种菜系。①

　　另一种意见认为，秦汉时代各地菜肴才有明显的风味特色，如北方重咸鲜，蜀地好辛香，荆吴喜甜酸，有了传统习惯上的明显差别。菜系的初步形成，是在宋代才开始的，当时的市肆菜肴有了明确的"南食"和"北食"之名，还有所谓"川饭"。到明清时代，主要菜系大体都已形成，正如《清稗类钞·各省特色之肴馔》所说："肴馔之有特色者，为京师、山东、四川、广东、福建、江宁、苏州、镇江、扬州、淮安。"这里已包纳了我们现在所说的几大菜系了。

　　中国的大菜系究竟有多少，研究者们的意见并不统一，有四大菜系说、八大菜系说，也有十二大菜系说等，争议很大。其中公认的有四大菜系，即鲁菜、川菜、苏菜、粤菜，其他比较著名的还有京菜、沪菜、闽菜、湘菜、鄂菜、浙菜、皖菜、秦菜等。

　　让我们先来看看四大菜系的形成及特点。

1. 鲁菜

　　即山东菜，主要由济南和胶东两个地方的风味菜构成。鲁菜选料考究，刀工精细，调味适中，工于火候。烹调技法以爆、炒、烧、炸、熘、煿、焖、扒等见长，具有鲜咸适度、清爽脆嫩的特色。鲁菜技法流入宫中，成为御膳主干之一。鲁菜也在华北、东北和津京地区民间广为流传，影响很大，成为各大菜系之首。

　　鲁菜的孕育可以追溯到春秋战国时代，经元明清三代大发展，成为公认的一大流派。鲁菜讲究丰满实惠，大盘大碗，从筵席命名上也可看出这一点。如所谓"三八席"，为八碟、八盘、八大碗加两大件；又如胶东"四三六四席"，为四冷荤、三大件、六行件、四饭菜；还有所谓"十全十美席"，为十盘十碗。具体到每一道菜，也十分精到，如

---

① 邱庞同、陈光新：《菜肴史》，收入《中国烹饪百科全书》，中国大百科全书出版社，1992年。

一款八宝布袋鸡，制法是将鸡剔下骨架，往鸡腹中装入海参、大虾、口蘑、火腿、香菇、海米、玉兰片、精猪肉等八种馅料，不仅肉嫩馅香，而且量大菜多。

煸，是鲁菜独有的烹调方法，先将主料用调料腌渍入味，或夹入馅料，再沾粉或挂鸡蛋糊，用油两面煸煎，煎至金黄色时放入调料和清汤，以慢火煸尽汤汁，如锅煸豆腐、锅煸鱼片等，都是鲁菜名品。

甜菜拔丝，也是鲁菜独具的技法，除了苹果，山药、蜜橘、香蕉、葡萄等也都可用于拔丝，甜丝缕缕，香脆可口。

鲁菜还精于制汤，十分讲究清汤、奶汤的调制。清汤色清而鲜，奶汤色白而醇。清汤用肥鸡、肥鸭、猪肘子为主料，急火沸煮，撇去浮沫，鲜味融于汤中，汤清见底，味道鲜美。奶汤用大火烧开，慢火缓煮，然后用纱布滤过，待汤为乳白色即成。用这些汤制作的菜肴有清汤燕菜、奶汤蒲菜、奶汤鸡脯等，都是高档筵宴上的珍味。

鲁菜善用葱香调味，什么菜都要以葱花爆锅，很多馔品要以葱段佐食。大葱除味香刺激食欲外，还有畅风顺气、疏散油腻和健胃抑菌的功效。

胶东系鲁菜烹制海鲜有独到之处，讲究清鲜风味，多采用能保留原味的烹调方法，如清蒸、清煮、扒、烧、炒等，名品有红烧海螺、炸蛎黄、清蒸蟹合、蟹黄鱼翅、绣球海参、爆大虾等。

2. 川菜

即四川菜，以成都菜、重庆菜、自贡菜为主构成。当代川菜已发展到有近五千种菜肴，取材广泛，调味多样，清鲜与醇浓并重，以善用麻味、辣味著称。川菜影响广泛，不仅流行于南北大都市，还流传到欧美和东南亚广大地区，是辐射面较大的菜系之一。

川菜发端于先秦，汉时已具雏形，至宋代已有很大的影响。清末民初，川菜麻辣、鱼香、怪味等独到的味型已成熟定型。川菜烹法注重烧、熏、燀、干煸，调味不离辣椒、胡椒、花椒这三椒及鲜姜，品味重酸辣麻香。川菜味型相当丰富，有咸鲜微辣的家常味型，有咸甜酸辣兼备的鱼香味型，有咸甜麻辣酸鲜香并重的怪味型，有咸鲜辣香的冷拼红油味型，有典型的麻辣厚味的麻辣味型，有酸菜和泡菜的酸辣味型，还有胡辣味、陈皮味、椒麻味、椒盐味、酱香味、五香味、甜香味、糟香味、烟香味、咸鲜味、荔枝味、糖醋味、姜汁味、蒜泥味、麻酱味、芥末味、咸甜味等二十多种味型，享有"一菜一格，百菜百味"的美誉。我们一般的川外人，印象最深的是麻辣味型，常常免不了误以为川味便等于麻辣味，这也难怪，麻辣两味给人的刺激太强烈了。形成这种嗜好辛辣味习惯的主要原因是蜀地潮湿的自然环境，辛辣味客观上有利于人体健康。

川菜适应性较强，雅俗共赏，既有工艺精湛的一品熊掌、樟茶鸭子、干烧岩鲤、香酥鸡、红烧雪猪、清蒸江团等名菜，又有大众化的清蒸杂烩、酥肉汤、扣肉、扣鸡鸭、扣肘子等的"三蒸九扣"，以及宫保鸡丁、怪味鸡、鱼香肉丝、麻婆豆腐、干煸鳝鱼、回锅肉、毛肚火锅等家常风味。此外还有不少风味独特的传统民间小吃，如赖汤圆、夫妻肺片、灯影牛肉、棒棒鸡、小笼牛肉、五香豆腐干等。

3. 苏菜

即江苏菜，系由淮扬、金陵、苏锡、徐海四个地方的风味菜构成，以清鲜淡雅著称，制作精致，以烹制河鲜、湖蟹、菜蔬见长，也很注重吊汤。

先秦时期吴地已有一些见诸文献的著名菜肴，可以看作江苏菜的渊源。经过两汉隋唐时代的发展，地方风味更加浓厚，江南菜肴有了"东南佳味"的美誉。元明清三代，江苏菜南北沿运河、东西沿长江迅速发展，便利的交通和商贸条件促进江苏菜进一步向四方皆宜的特色发展，在海内外产生了较大影响。

江苏菜以炒、熘、煮、烩、烤、烧、蒸为主要烹法，擅长炖、焖、煨、焐，具有鲜、香、酥、脆、嫩等特点。名菜有炖生敲、炖菜核、炖鸡孚的"南京三炖"，还有扒烧整猪头、拆烩鲢鱼头、清炖狮子头的"镇扬三头"，均采用宜兴砂锅焖钵制作。又如"清汤三套鸭"，采用家鸭、野鸭、菜鸽整料去骨，用火腿冬笋相隔，三味套为一体，文火宽汤炖焖，造成家鸭肥嫩、野鸭香酥、家鸽细鲜、火腿酥烂、冬笋鲜脆的效果。

江苏菜刀法富于变化，花刀考究，制作精细，滋味与口感皆妙。如糖醋鳜鱼的制作，先将鳜鱼剞上牡丹花刀，粘上淀粉糊，分三次下油锅炸透、炸熟、炸酥，起锅时浇汁，得到皮脆、肉松、骨酥的效果。

江苏菜强调突出本味，调料的使用也以增强本味为目的。此外还注意用调料增色，或用配料加色。这些方法的运用还考虑到节令的变化，如夏季色泽清淡，冬季色泽浓艳，灵活多变。例如夏季做清炖鸡，汤汁清澈见底，鸡块鲜嫩洁白，再衬以火腿的鲜红，菜心的翠绿，香菇的黑色，使人有悦目清爽的感觉。

江苏菜造型美观，通过运用切配、烹调、装盘、点缀手法，以及卷、包、酿、刻等技法，使菜肴达到色香味形俱佳的艺术境地。冷菜拼盘尤其讲究造型之美，如萝卜花雕，刻成梅、兰、竹、菊等花卉样式，技艺高超。冷盘的代表作有"逸圃彩花篮"，篮中有用萝卜雕刻的牡丹、玫瑰、菊花、马蹄莲、白兰花等，艳丽多姿，十分可爱。

4. 粤菜

即广东菜，由广州菜、潮州菜、东江菜三大流派构成。广东菜追求生猛，原料广博，口味清纯鲜活。

岭南地区远古时代就有独特的饮食传统，在历代与中原的交流和对海外的通商中，吸收了外来的饮食文化精华，唐宋时期广东菜即开始形成，至清代便发展到鼎盛期。到清代后期，"食在广州"的赞誉已传播至海外，可见广东菜的影响之大。

广东菜在风味上夏秋求清淡，冬春取浓郁。如八宝鲜莲冬瓜盅的制作，用夏令特产鲜莲和冬瓜，配以田鸡肉、鲜虾仁、夜来香花炖制，清淡鲜美。

广东菜的调味品也别具一格，常采用的有蚝油、糖醋、豉汁、果汁、白卤水、酸梅酱、沙茶酱、鱼露、珠油等，大都是专门配制的。如糖醋，为白醋、片糖、精盐、茄汁、辣酱油等混合煮溶而成，酸甜咸辣，味味俱全，别称"怪味汁"。

独特的烹调技法有熬汤、煲、爆、泡、焗等。熬汤以鸡、瘦猪肉、火腿为主料，汤成后用于菜肴烹调时的加汤提味。煲是以汤为主的烹法，用瓦罐慢火熬成。爆则是将几种动植物原料配合起来，加进调料，爆出色鲜味浓的佳肴。泡分油泡与汤泡两种，不加配料。焗分镬焗和瓦焗两种，将原料放入锅内，经油炸或水浸，加盖以文火焗成浓汁，上盘再淋汁，风味别致。

广东菜有香、松、臭、肥、浓"五滋"和酸、甜、苦、咸、辣、鲜"六味"的区别。名肴有脆皮鸡、烤乳猪、盐焗鸡、酥炸三肥、叉烧肉、出水芙蓉鸭等。

除了上述四大菜系，其他地方菜系也有自己的鲜明特色。我们再选择八种分述于后，它们是京菜、沪菜、闽菜、湘菜、鄂菜、浙菜、皖菜、秦菜。

5. 京菜

即北京菜，集全国众菜之长，尤其是吸收山东菜系及北方少数民族烹技的优点，逐步形成了自己的风格。

北京菜选料考究，调味多变，具有酥、脆、鲜、嫩、清鲜爽口的特点。京菜时令风味独到，有关菜肴声誉极高，如涮羊肉、烤鸭即是。

吃涮羊肉，最好是在立秋后开涮，这时不仅羊肥肉美，而且气温下降，适于享用热腾腾的火锅。吃春卷，则要待立春时节才吃。水晶肘子、水晶虾之类，要到夏季才能品尝到。

北京菜讲究菜肴馔品的配伍，吃什么菜就要配什么点心。如吃涮羊肉，便有许多规矩，开涮之先汤中要下口蘑、海米，准备的佐料有香菜末（绿色）、葱白末（白色）、芝麻酱（黄色）、辣椒油（红色）、酱豆腐、卤虾油（青色）、腌韭菜花、桂花糖蒜、绍兴酒、芥末等，点心则配热的芝麻酱烧饼。

北京菜最擅长的技法是爆、烤、涮、熘和拔丝，名肴有酱爆鸡丁、烤填鸭、熘鸡脯、糟熘鱼片、拔丝山药、涮羊肉等。其中烤法源于御膳房，十分精到，用特制的挂炉烤鸭、烤乳猪，被称为"双烤"。

6. 沪菜

即上海菜，融合了各地方菜肴及西菜的一些技法，风味多样，以清淡为主，有酸、辣、糖醋等多种复合味，口感较为平和。名菜有虾子大乌参、扣三丝、贵妃鸡、松仁鱼米、酱爆茄子、椒盐排骨等。

7. 闽菜

即福建菜，由福州、漳州、厦门、泉州菜组成。烹调技法以清汤、干炸、爆炒为主，常用红糟调味，偏重甜酸。闽菜名品有淡糟炒香螺片、佛跳墙、小糟鸡丁、雪花鸡、炒西施舌、鸡汤氽海蚌等。

8. 湘菜

即湖南菜，由湘江流域、洞庭湖区和湘西山区菜组成，采用熏腊原料较多，烹法重蒸、熏、烧、炖、干炒，味偏酸辣。名肴有腊味合蒸、永州血鸭、剁椒鱼头、麻辣子鸡、红煨鱼翅、冰糖湘莲、吉首酸肉等。

9. 鄂菜

即湖北菜，由武汉、荆南、襄郧和鄂东南菜组成，烹法重烧、煨、蒸、炒、炸，油厚、味重、清鲜。名菜有红烧鲴鱼、清蒸武昌鱼、皮条鳝鱼、茄汁鳜鱼、冬瓜鳖裙羹、瓦罐鸡汤、沔阳三蒸等。

10. 浙菜

即浙江菜，由杭州、宁波、绍兴菜构成，烹法以爆、炒、烩、烧、软熘见长，菜肴具有清鲜、香脆、细嫩的风味特色。名品有西湖醋鱼、生爆鳝片、叫化鸡、龙井虾仁、东坡肉、荷叶粉蒸肉、宋嫂鱼羹、西湖莼菜汤等。

11. 皖菜

即安徽菜，由皖南、淮北和沿江菜构成，以烹制山珍野味见长，善于运用炖、烧、蒸、熏技法，讲究重油、重酱色、重火工的"三重"，原汁原味，较为醇厚。名菜有火腿炖甲鱼、无为熏鸭、腌鲜鳜鱼、符离集烧鸡、毛峰熏鲥鱼、奶汁肥王鱼、徽州丸子等。

12. 秦菜

即陕西菜，由关中、陕北、汉中菜组成，长于蒸、炸、炒、烩、拌，味重咸鲜酸辣。名菜有葫芦鸡、芥末肘子、带把肘子、茄汁牛舌、酸辣肚吊、白雪团鱼、炒羊羔肉、金边白菜等。

中国菜之所以丰富多彩，除了因为有这许多的地方菜系，还因为有不分明显地域的素菜和清真菜，关于素菜，我们留待下一节去谈。此外还有蔚为壮观的少数民族菜，也很值得一提。

中国是个多民族国家，五十多个民族的区别也表现在饮食习俗上。

各民族都有一些风味食品，不少已融入相关的地方菜系，为各菜系的发展增添了活力。各民族比较独特的食品，重要的有满族的打糕、洒糕、柿糕、白煮肉，朝鲜族的米肠、泡菜、冷面，蒙古族的醍醐、马奶酒、手把肉、全羊席、馅饼，回族的油香、卷果、白水羊肉，维吾尔族的手抓饭、烤羊肉串、烤全羊、爆炒拉面，哈萨克族的手扒肉，藏族的青稞酒、酥油茶、糌粑、火烧蕨麻猪、虫草炖雪鸡、蘑菇炖羊肉，白族的生皮（烤猪肉）、炖梅、雕梅，傣族的竹筒糯米饭、腌鱼、竹烧鱼，彝族的坨坨肉、泡水酒，苗族的血灌肠、五香鱼，壮族的团圆结（豆腐圆）、大肉粽子、五色饭，侗族的腌鸭肉酱、酸鱼、泡米油茶、糯米苦酒等。

这么大的地域，这么多的民族，这么久的传统，造就了这么美的佳肴。不论吃到哪个菜系，都有一种新鲜感，它们都具独特的个性；同时也有一种熟识感，它们都具明确的共性，都是中国菜。

四、素食清供

有人爱荤食，在经济比较宽裕的条件下，吃鱼肉的机会要多一些。有人喜素食，即便经济条件许可，还是以菜蔬为主要副食，于鱼肉盘中也许不动一下筷子。素食主义者，一部分是生活习惯使然，一部分则是宗教信仰使然。素食作为一个菜系的形成与发展，与历史上的素食主义者不能说没什么关系。

关于素菜素食的起源，研究者的看法很不一致，或以为与佛教传入有关，或又笼统地认为起源于史前社会。首先在素食的定义上就不大一致，或指肉食之外的蔬食，或指佛教徒的斋食。实际上，佛教创始人释迦牟尼及其弟子，他们在沿门托钵时，常常是遇荤食荤，遇素食素，并无什么禁忌。最早的佛教教义也没有规定绝对不吃荤，如释迦牟尼《四分律》云:"不故见、不故闻、不故疑应食。"指凡特地为僧众杀生的种种肉不可吃,其他"净肉"则可以吃,也就是说"借光"吃肉是允许的。在中国,在佛门首倡食素的据说是梁武帝萧衍,他是一个十分虔诚的佛教徒。天监十年(511年),梁武帝集诸沙门,作《断酒肉文》,立誓永断酒肉,并以之告诫天下沙门。他又集僧尼一千四百四十八人于华林殿,请法云法师讲解《涅槃经》中"食肉者,断大慈种"之文。实际上,在此之前的刘宋时期开始流行的《梵网经》,就已明确规定"不得食一切众生肉,食肉得无量罪","不得食五辛:大蒜、革葱、慈葱、兰葱、兴渠",这是两条比较严格的戒律。佛教传入中国后,对素食的发展起了推动作用,但最早的素食并不源于佛教。

与佛教相关的素食之风,自萧梁时刮起,至唐代已愈刮愈烈,客观上推动了素食烹调工艺的发展。孙光宪《北梦琐言》卷三有这样一则记载,很值得一读:

> 唐崔侍中安潜,崇奉释氏,鲜茹荤血。……镇西川三年,唯多蔬食。宴诸司,以面及蒟蒻之类染作颜色,用象豚肩、羊臑、脍炙之属,皆逼真也。时人比于梁武。

崔安潜发明的,是素菜荤做的方法。这种花样素馔,可能是用于满足那些想吃又不敢吃荤食的佛教徒的。崔氏身居高位,甘愿素食度日,与朝廷风气很有关系,当时的朝野便盛行素食之风。在他之前约半个世纪,唐文宗开成二年(837年)八月甲申有一道诏书,透露出有关的重要线索:

> 诏曰:"庆成节朕之生辰,天下锡宴,庶同欢泰。不欲屠宰,用表好生,非是信尚空门,将希无妄之福。恐中外臣庶

不谕朕怀，广置斋筵，大集僧众，非独凋耗物力，兼恐致惑生灵。自今宴会蔬食，任陈脯醢，永为常例。"（《旧唐书·文宗本纪》）

皇上过生日，不事屠牲，只用斋食，却说这并不是信佛的缘故。也许真是如此，可臣下并不理解，到处大摆素筵，大集僧众，结果耗费大量物力。从这字里行间看，素筵比荤筵开销还大，可见素食制作水平已相当高了。

何谓素食？素食是相对肉食而言，是指完全以植物类原料制作的食品。唐代颜师古《匡谬正俗》卷三对素食的解释是："谓但食菜果糗饵之属，无酒肉也。"无肉食的蔬食，是农耕民族的主要饮食，从这个意义上说，农耕一发明，蔬食也就出现了。农耕文化经历近万年的发展，到了现代，中国广大从事农业生产的人口中，依然以蔬食为主。在古代，肉食者是统治者，而平民百姓则是当然的蔬食者。蔬食并不是后来所说的素食，百姓们更不是素食主义者，因为肉食对他们来说是可望而不可得的，所以他们并非甘心于素食，也不是有意在选择素食，而是处于一种被动的素食状态。真正的素食，应当是有肉不吃，处于主动的素食状态。历史上的素食倡导者是甘心于素食，不过出发点却未必一样。我们在这些素食主义者之中，既可以看出佛教徒的慈悲之心，也可以看到山居高士的淡泊之志，还可以看到吃腻了的贵族们的尝鲜之趣。

虽然素食有久远的历史渊源，但作为一个菜系的形成，当是在唐宋之际才开始的。北魏贾思勰的《齐民要术》虽提到一些素菜的制作方法，但那些蔬食不能与后来的素食相提并论。到唐代有了花样素食，北宋都市有了市肆素食，即专营素食素菜的店铺，仅《梦粱录》记述的汴京素食即有上百种之多。宋代有了较多的素食研究著作和素食谱，林洪的《山家清供》和《茹草纪事》，陈达叟的《本心斋蔬食谱》，都是提倡素食的力作。

明清两代是素食素菜进一步发展的时期，尤其是到清代时，素食已形成寺院素食、宫廷素食和民间素食三个支系，风格各不相同。宫廷素菜质量最高，清宫御膳房专设素局，能制作两百多种美味素菜。寺院素菜或称佛菜、释菜、福菜，僧厨则称香积厨；寺院素菜制作十分精细，蔬果花叶皆能入馔。民间素菜在各地市肆菜馆制作，各地都有一些著名的素菜馆，吸引着众多的食客。

同今人一样，古人对素食的态度有很大差别。清代的袁枚，写了《随园食单》，在"杂素菜单"和"小菜单"中列有八十余种蔬素菜品的制作方法。他说，"菜有荤素，犹衣有表里也。富贵之人嗜素，甚于嗜荤"，看来他是提倡荤素结合的人，似乎还主张多用素食。

清末还有一位佛教徒叫薛宝辰，撰有《素食说略》一书，记述了当时流行的一百七十余种素食的制作方法。他是一位绝对的素食主义者，反对杀生，反对食荤，他认为肉食者都是昏庸之徒，而品德高尚、才能出众的人，无不以淡泊明其心志。他还特别指出，素菜如果烹调得法，味美不会亚于珍羞。他劝人食素，可谓情真意切。他说一碗肉羹，是许多禽兽的生命换来的，喝下去又能美到哪里呢？试想这些动物飞翔跳跃时的自在样子，再想想它们被捕获后挣扎的样子，再看看它们被送到刀砧上的可怜样子，真让人难过得不忍心动一下筷子。佛教徒的慈悲心肠，大概都是薛宝辰这个样子。

当然，素食者并不都是佛教徒。明代陈继儒的《读书镜》有一语云："醉醴饱鲜，昏人神志，若疏食菜羹，则肠胃清虚，无滓无秽，是可以养神也。"其中所追求的是另一番清净的境界，代表着相当一部分文人的思想。清人顾禄有《题画绝句》一首云："绿蔬桑下淡烟拖，嫩甲连膴两又过。试把菜根来大嚼，须知真味此中多。"表达的也是这样一种境界，是一种追求。

素菜以绿叶菜、果品、菇类、豆制品、植物油为原料，易于消化，富于营养，利于健康。现代医学证明，许多素菜如香菇、萝卜、大蒜、竹笋、芦笋等，还具有一定的治病作用，属健康食品。素食能调节人体脏器功能，降低胆固醇，净化血液。其实古人有的也正是这么看待素食的，与现代医学恰相吻合，在后面的有关章节我们还会谈到这一点。

素菜以时鲜为主，清雅素净。清人李渔的《闲情偶寄·饮馔部》说："论蔬食之美者，曰清，曰洁，曰芳馥，曰松脆而已矣。不知其至美所在，能居肉食之上者，只在一字之鲜。"素菜除了清鲜的特点，还有花色品种多、制作技法考究等不亚于荤菜的优点。

中国现代的素菜已发展到数千款之多，烹调技法也有很大进步。这些技法大体可归纳为三大类：一曰卷货，用油皮包馅卷紧，以淀粉勾芡，再烧制而成，名品有素鸡、素酱肉、素肘子、素火腿等；二是卤货，以面筋、香菇为主料制成，有素什锦、香菇面筋、酸辣片等；三是炸货，过油煎炸而成，有素虾、香椿鱼、咯炸盒等。

各地素菜名厨辈出，有一些比较著名的素菜馆。如北京的"全素刘"，源出宫廷御膳房的素厨，能烹制两百多种名素菜，采用的主要原料为面筋、腐竹、香菇、口蘑、木耳、玉兰片、竹笋等七十多种，汤料有十多种，全是素菜荤做，别具一格。上海玉佛寺的素斋，名菜有素火腿、素烧鸡、素烤鸭、红梅虾仁、银菜鳝丝、翡翠蟹粉等，全采用素料，色味俱佳。又如重庆慈云寺素菜，以素托"荤"，所有热菜冷拼全取素料烹制，命以荤名，制作绝妙。自唐代发明的素菜荤做的技艺，到现代已发展到十分完美的境地，素菜是中国烹饪的骄傲。

说到素菜，不能不说到豆腐和豆制品，这是各地素菜所采用的主料之一。豆腐菜被称为"国菜"，这是因为豆腐不仅起源于中国，而且受到国人的普遍喜爱，也受到了世界各地人们的欢迎。关于豆腐的发明年代，曾有过比较热烈的讨论。有一种说法认为孔子的时代就有了豆腐，清代汪汲也曾有类似说法，他的《事物原会》说："豆腐名'鬼食'，孔子不食。"他把豆腐的发明认定在春秋时代，根据不足。

由于豆腐在宋代已较多地见诸文献，说那时豆腐已经比较普及是没有什么疑问的。我们在前面已谈及隋人谢讽《食经》中的"加乳腐"当为豆腐，指出它可能是有关豆腐的最早文献，那么说隋唐时代已经有了豆腐制作工艺也应当没什么问题。不过按朱熹的说法，豆腐为西汉淮南王刘安所发明，朱熹有写素食的诗说："种豆豆苗稀，力竭心已腐。早知淮南术，安坐获泉布。"（《次刘秀野蔬食十三诗韵·豆腐》）诗中有自注云："世传豆腐本乃淮南王术。"后来李时珍著《本草纲目》，也沿袭了这个说法。由于没有更早的文献谈到豆腐的发明时代，所以很多学者不认为汉代已有了这个技术。作为炼丹家的刘安，在炼制长生不死药和进行动植物药理研究的过程中，也许能发现豆乳可凝的特性，从而制成豆腐。不过又有人将这种推论看作道家的附会，不足为据。

汉代能否做豆腐，文献虽无确证，考古学家却从地下出土文物的研究中找到了重要线索。1959—1960 年，河南密县打虎亭村发掘了两座汉墓，其中一号墓所见画像石有庖厨图，图中就有做豆腐的画面。画面描绘的似为一豆腐作坊，表现的是制作豆腐的主要工艺流程。据有关专家认定，这"豆腐作坊图"中有浸豆、磨豆、滤浆、点浆、榨水几个做豆腐的主要过程，所缺的只是一个煮浆的画面。整个画面很容易让人误解为酿酒场景，不过酿酒无须用磨磨浆，也不必滤渣和榨水，所以它与酿造活动无关，只能是制作豆腐的写实画面。[①]

打虎亭一号墓的年代定为东汉晚期，说明早在公元 2 世纪时，豆腐工艺已在中原地区得到普及，所以才会在画像石上被表现出来，这距淮南王刘安生活的时代仅晚两个世纪。考虑到豆腐生产工艺并不太复杂，而大豆在战国时代即已普遍种植，石磨在西汉也很普及，那么豆腐虽不一定是刘安的发明，他的那个时代却是有可能造出豆腐来的，也许朱熹的说法真有所本也未可知。

---

① 参见陈文华《豆腐起源于何时》，《农业考古》1991 年第 1 期。

汉代酿造与制豆腐图，河南密县出土

　　豆腐在烹调中应用广泛，既可作主食，也可制菜肴、小吃及馅料。豆腐制成的豆制品，在烹调中的运用亦很广泛。有名的豆腐品种有南豆腐、北豆腐、冻豆腐、油豆腐、腐乳、臭豆腐、霉豆腐；豆制品则有豆腐干、千张、豆腐皮、香干、油丝、卤干、豆泡、素什锦、素鸡、辣块、熏干、豆腐粉等。以豆腐和豆制品制作的荤素菜肴数以千计，家常用和筵宴用名菜有小葱拌豆腐、白菜熬豆腐、麻婆豆腐（四川）、镜箱豆腐（江苏）、炒豆腐松（上海）、砂锅鱼头豆腐（浙江）、锅煸豆腐（山东）、葵花豆腐（湖北）、包子豆腐（湖南）、发菜豆腐（福建）、蚝油豆腐（广东）、兰花豆腐（河南）、清蒸豆腐圆（广西）、豆腐饺子（山西）等。

　　有些烹调师经过研究，创制了豆腐宴，满桌全是豆腐菜肴，很有特色。我在四川考察，曾两次经过剑阁名胜剑门关，剑门关一条街上的几十家餐馆，全部供应豆腐菜，花色品种极多，味道也很好，两次饱餐，留下很深印象。剑门关豆腐菜肴以鲜豆腐为主料，一般不用豆制品。那里豆腐的品质很好，据说是因为当地水质很美。在第二次用过豆腐餐后，我还下了一点功夫，走遍了邻近的几个餐馆，整理了一份豆腐菜谱，特抄录于次：

麻辣豆腐	锅贴豆腐	家常豆腐	熊掌豆腐
菱角豆腐	葵花豆腐	鱼香豆腐	烂肉豆腐
口袋豆腐	姜汁豆腐	凉拌豆腐	灯笼豆腐
怀胎豆腐	葱烧豆腐	金银豆腐	白油豆腐
椒盐豆腐	鱼皮豆腐	银花豆腐	雪花豆腐
桂花豆腐	双色豆腐	夹沙豆腐	神仙豆腐
红烧豆腐	六味豆腐	灯塔豆腐	四喜豆腐
响铃豆腐	全蛋豆腐	锅煸豆腐	樱桃豆腐
东坡豆腐	砂锅豆腐	芙蓉豆腐	罗汉豆腐
虎皮豆腐	金钱豆腐	盖霜豆腐	崩山豆腐
狮子豆腐	卷帘豆腐	三鲜豆腐	蝴蝶豆腐
香辣豆腐	一品豆腐	如意豆腐	龟板豆腐
什锦豆腐	麻婆豆腐	锅巴豆腐	杂拌豆腐
珍珠豆腐	宫保豆腐	粘糖豆腐	千张豆腐
烹边豆腐	八宝豆腐	吉庆豆腐	金钩豆腐
鱿鱼豆腐	海参豆腐	火锅豆腐	南煎豆腐
桃花豆腐	豆芽豆腐	红白豆腐	上熘豆腐
蜜汁豆腐	香菇豆腐	酱汁豆腐	云片豆腐
素烧豆腐	番茄豆腐	竹笋豆腐	醋熘豆腐
鸳鸯豆腐	绣球豆腐	荷花豆腐	滑熘豆腐
口蘑豆腐	抓炒豆腐	白水豆腐	

现在出版了一些豆腐菜谱，剑门关的风味豆腐菜也值得推而广之，大都市也该有这样的豆腐餐馆。

虽说豆腐的发明与道教不一定有直接的联系，素菜的缘起与佛教的传入也不一定有必然的联系，不过饮食与宗教信仰有时确有不可分割的联系，宗教信仰的相关教条会在饮食生活上以十分明显的方式表现出来。在素菜的发展及豆腐菜的推广中，佛教所起的作用不可低估，更明显的例子是清真菜的出现，它简直就是伊斯兰教的产物。

据研究，清真菜在中国当出现于唐代。唐代对外通商，信仰伊斯兰教的阿拉伯人由丝绸之路和香料之路大量涌入中国，带来了他们的商品，带来了他们的宗教，同时也带来了穆斯林独有的饮食习俗与禁忌。伊斯兰教在中国先被称作回教，所制菜肴则称作回回菜。明末清初译作"清真教"，于是就有了清真食品。元代的食谱中已有详细的回回菜谱，清代时清真菜进入宫廷，有了御膳的资格，也因此得到提高和发展。

伊斯兰教最突出的饮食戒律是，忌食猪肉、猪油，也不吃狗、驴、骡、鹰及无鳞鱼，不许饮酒。虽然饮食禁忌相同，但清真菜在中国经过长期发展，已有了自己的风味特色，与域外明显不同。中国的清真菜有不同的地区流派，大体可划分为三个这样的流派：西北清真菜，取料多为牛羊肉奶；华北清真菜，取料较广，除牛羊外，还有海味、河鲜、禽蛋和大量果蔬；西南清真菜，采用较多的还有家禽和菌类。有名的清真菜有数百种之多，如酱爆里脊丁、油爆肚仁、炸羊尾、扒羊肉条、焦熘肉片、黄焖牛肉、手抓羊肉、透味油鸡等，还有涮羊肉、烤羊肉串等，这些都是深受大众欢迎的风味独特的名品。许多清真菜流传很广，已不限于伊斯兰教徒享用，成了适应性极广的大众化菜肴。

五、羌煮貊炙话"胡食"

所谓"胡食",是出自汉代人的一种说法,主要指当时域外的食品,包括边远地区的一些少数民族的食品。上面谈到的清真菜,最早也该属胡食范畴,后来的西餐,自然就更不能例外了。我们现在能见到的汉堡包、三明治,乃至热狗、面包之类,也可以说都是胡食。古人将中央王朝统治以外(主要是北部、西部)的人种称作胡人,他们所穿的衣叫胡衣,所跳的舞叫胡舞,所吃的饭叫胡食,所说的话叫胡话,这胡食、胡话自然不能翻作现代语的"胡吃"和"胡说",否则就不知所云了。

不论喜不喜欢西餐的口味,我们都无法否认这样一个事实,许多的或者说大部分的中国人,现在已经无法摆脱与胡食的联系。且不说吃过进口米面,也不说进过合资餐馆,就说我们所享用的诸多美味,包括不少调味品在内,都是历史上不断由域外引进的。这种引进不仅增进了内外的交流与了解,更促进了我们饮食文化的发展,这是一种取长补短的发展。历史上发生过许多次胡食引进浪潮,上至天子,下至文人市民,都曾卷进这个漩涡,一趁风流。现在让我们看看汉唐时代掀起的这股胡食浪潮的规模,也看看浪潮过后留下的是什么。

自秦始皇一统六合,结束了西周以后开始的诸侯割据局面,建立起专制主义的中央集权国家,到汉代时这统一大业得以完全巩固,中国历史的发展便始终都处在这面大一统的旗帜下。中国文化的发展不仅具备了统一性,还有了开放性,对域外的交流开始表现出高度的主动性,这种交流很快便突破了长城关隘,通向遥远的国度。其中最著名的交流通道,就是影响深远的丝绸之路。

汉代把玉门关(敦煌以西)、阳关(敦煌西南)以西的中亚西亚以至欧洲,统称为广义上的西域。而将天山以南、昆仑山以北、葱岭以东广大的塔里木盆地,称为狭义的西域,这一带有小国三十六个之多,先后为汉王朝所征服。汉武帝刘彻为了联络西迁的大月氏，以与匈奴相周旋，募人出使西域。应募的使臣就是后来大名鼎鼎的探险家张骞。当时不及三十岁的张骞于公元前138年自长安出发，不料中途被匈奴俘获，拘禁达十年之久，并娶一女奴为妻，生有孩子。张骞后来得便脱逃，好不容易到了大月氏，而人家并不愿结盟，他不得已又经历千辛万苦回到了长安。经过前后十三年的艰难险阻，出发前的一百多人，只剩下包括张骞在内的两个人了。这第一次的失败，并没使汉武帝丧失信心，张骞的生还，带来了西域各国风俗、物产的许多信息。于是五年之后，武帝又令张骞为首，率领三百人的大探险队，每人备马两匹，带牛羊一万头，金帛货物价值一万万，出使乌孙国，同时与大宛、康居、大月氏、大夏等国建立了交通联系。（《汉书·张骞传》）

后来，汉王朝连年派遣使官到安息（波斯）、身毒（印度）诸国，甚至派出像李广利那样的战将进行武力征伐。文交武攻的结果是，不仅汉文化被输送到遥远的西方，由这个途径从西方传入的文化、艺术、

敦煌壁画张骞出使西域图

宗教，对古老中国人的精神文化生活产生了深远的影响；同时传入的大量物产及饮食风尚，对人们的物质文化生活也产生了深远的影响。虽然在张骞之前，丝绸商队可能早已往来于西域，然而正式的国际交往，只能从张骞出使算起。张骞的凿空，在中西文化交流史上具有划时代的意义。

从西域传来的大量物产，使得汉武帝新奇不已，兴奋不已。他命令在都城长安以西的上林苑修建一座别致的离宫，离宫门前耸立着按安息狮模样雕成的石狮，宫内排列着画有印度孔雀开屏的画屏，燃着西域香料，摆设着千涂国的水晶盘和安息的鸵鸟蛋。离宫外不远，栽种着由大宛引进的紫花苜蓿和葡萄。上林苑里还喂养着西域狮子、孔雀、大象、骆驼、汗血马等珍禽异兽，完全是一派异国风光。

汉代引进物种的风气一开，后代也都跟着仿效。汉晋引种中原的品种有黄瓜（胡瓜）、大蒜（葫）、芫荽（胡荽）、芝麻（胡麻）、核桃（胡桃）、石榴（安石榴）、无花果（阿驵）、蚕豆（胡豆）、葡萄（蒲桃）、苜蓿（木粟）、茉莉（末利）、槟榔、杨桃（五敛子）等；南北朝至唐代引进的有海棠、海枣、茄子、莴苣、菠菜（菠薐菜）、洋葱（浑提葱）、苹果（奈）；五代至明代引进的有辣椒（番椒）、番茄、番薯、玉米、西瓜、笋瓜、西葫芦、花生、胡萝卜、菠萝、豆薯、马铃薯、向日葵、番鸭、苦瓜、菜豆等；清代以后传入的有洋姜、芦笋、花菜、抱子甘蓝、凤尾菇、玉米笋、牛蛙、菜豆等；历代传入的还有八角、胡椒、荜拨、草果、豆蔻、丁香、砂仁等调味品种。

从域外传进这么多的物产，给古代中国人带来了许多实惠，我们现代人依然领受着这些实惠，同时也继续着引种引进的事业，继续创造着实惠。

历史上引进的这些物种，有些是当时的一些优良品种，并不是说中国没有这些作物。例如胡麻（芝麻）来自大宛，但浙江两处新石器时代良渚文化遗址都出土了芝麻种子，表明它在中国本来就有生长，现在的云南地区还有野生芝麻生长，当地居民还采作食用。又如胡桃（核桃），四川的一些旧石器时代晚期遗址曾有出土，在长江黄河流域的早期新石器时代遗址也有发现，在稍晚的史前遗址甚至还发现过核桃果做的玩具，表明中国为核桃原产地之一。这些都说明，汉代引进的一些物种，有的只是品种更为优良而已。

汉代的饮食生活发生了重大变化，其原因除了物产的大量引进外，还在于引入了一些不合传统的饮食方式和不合潮流的烹饪技法。尤其在东汉后期，由此引发了一次规模不小的饮食变革浪潮，带头进行这种变革的，还是高高在上的皇帝，汉灵帝刘宏。

史籍记载说，东汉末年，由于桓、灵二帝的荒淫不政，宦官外戚专权，祸乱不断。灵帝不顾经济凋敝、仓廪空虚的事实，一味享乐，而且对"胡食狄器"有特别的嗜好，算得上是一个少见的"胡食天子"。《后汉书·五行志》说，灵帝喜爱胡服、胡帐、胡床、胡坐、胡饭、胡箜篌、胡笛、胡舞，京师贵戚都学他的模样，穿胡人服装，用胡式器具，吃胡人饭食，一时间蔚为风气。灵帝还喜欢亲自驾御四匹白驴拉的大车，到皇家花园西园兜风，以为一大快事。他还命令在西园开设一些饮食店，让后宫采女充当店老板，而他自己则换上商人装束，扮作远方来的客商，进入食店，"采女下酒食，因共饮食以为戏乐"。灵帝如此行为，又是一个少见的风流天子了。

灵帝和京师贵戚喜爱的胡食，主要有胡饼、胡饭等，烹饪方法较为完整地记述在《齐民要术》等书中。胡饼，按刘熙《释名》的解释，是一种形状很大的饼食，或者指表面敷有胡麻的面饼，在炉中烤成。唐代白居易有一首写胡饼的诗，其中两句说"胡麻饼样学京都，面脆油香新出炉"（《寄胡麻饼与杨万州》），似乎指的是油煎饼。不论怎么说，其制法当是汉代以前所没有的，属北方游牧部落或西域人的发明。胡饭也是一种饼食，并非米饭之类。将酸瓜菹切成长条，再与烤肥肉一起卷在饼中，卷紧后切成二寸长的一段段，吃时蘸以醋芹。胡饼和胡饭之所以受到欢迎，主要是滋味超过了当时传统的蒸饼。尤其是那些未经发酵的蒸饼，更没法与胡饼胡饭相提并论。

胡食中的肉食，滋味之美，首推"羌煮貊炙"，是用特别方法烹制而成的。羌和貊代指古代西北地区的少数民族，煮和炙则指的是具体的烹饪技法。据《齐民要术》说，羌煮就是煮鹿头肉，选上好的鹿头煮熟、洗净，将皮肉切成两指大小的块；然后将斫碎的猪肉熬成浓汤，加一把葱白和适量姜、橘皮、花椒、盐、醋、豆豉等调好味，将鹿头肉蘸着这肉汤吃。貊炙按《释名》的记述是烤全羊和全猪之类，吃时各人用刀切割，原本是游牧民族惯常的吃法。《齐民要术》所述烤全猪的做法是，取尚在吃乳的小肥猪，宰杀煺毛洗净，在腹下开小口取出内脏，用茅塞满腹腔，并取柞木棍穿好，用慢火缓烤。一面烤一面转动猪体，使受热均匀，面面俱到。烤时还要反复涂上滤过的清酒，同时还要抹上鲜猪油或洁净麻油。这样烤出的乳猪色如琥珀，又如真金，吃到嘴里，立时融化，如冰雪一般，汁多肉润，风味独特。

这羌煮和貊炙，味道一定是很美的，在汉代所见的胡食中，大约是属最高等级的一类，所以羌煮貊炙就成了胡食的一个代称。尤其是貊炙，历来的大餐都将其列为美味，甚至列为御膳。元人忽思慧的《饮膳正要》就列有烤全羊的具体制法，那便是地道的貊炙。烤全羊现代仍属新疆地区的传统风味之一，而烤乳猪亦被列为现代名肴，传统的影响十分明显。

胡食中的肉食较为重要的还有胡炮肉和胡羹，均见于《齐民要术》的记载。胡羹用羊肋羊肉加葱、胡荽、安石榴汁煮成，有点像手抓羊肉，却以羹为名。胡炮肉亦用羊，取一岁嫩肥白羊，宰杀后立即切成薄片，羊板油同切，加上豆豉、盐、葱白末、生姜、花椒、荜拨、胡椒调味；将羊肚洗净翻过，把切好的羊肉、羊油和调料灌进羊肚缝好；在地上掘一坑，用柴烧热后除去炭火，将羊肚放入热坑，再盖上炭火，继续点火烧烤，一顿饭工夫就熟了，香美异常。这类烹法实际上是古代少数民族在缺少应有炊器时不得已所为，或者就是自远古无陶时代传下的一种原始熟食方法。这种由野蛮时代遗留下来的饮食传统，反而为比较发达的古代文明社会所欣羡、所追求，是一件很耐人寻味的事。显然，我们不能简单地把这说成是一种倒退，否则烤猪烤羊到现代依然还受欢迎就太不好解释了。现实生活中常常可以见到将古老传统当作时髦追求的例证，这类古为今用的文化回炉现象，一般是不会产生文化倒退的。拿胡炮肉来说，尽管烹饪方法极其原始，却采用了比较先进的调味手段，这样的美味炮肉，原始人是绝不能吃得到的。方法虽旧，实质上是进步了、发展了。

用胡人烹调术制成的胡食深受欢迎，有些直接从域外传进的美味更是如此，例如葡萄酒的引进，就曾引起过广泛的关注。葡萄酒有许多优点，存放期很长便是优点之一，可长达十年而不败。《博物志》卷五便有记述："西域有蒲萄酒，积年不败，彼俗云：'可十年饮之，醉弥月乃解。'"可汉代的粮食酒却不能久存，极易酸败。葡萄酒还有香美醇浓的特点，也是当时的粮食酒比不上的。《古今图书集成》引魏文帝曹丕《与朝臣诏》说："葡萄酿以为酒，过之流涎咽唾，况亲饮之。"那葡萄酒让人一闻便会流口水，更何况亲自饮上一口？可见在汉魏人眼中，葡萄酒究竟有多美了。汉灵帝时的宦官张让，官至中常侍，封列侯，倍受宠信，他对葡萄酒也有特别的感情。据传当时有个叫孟佗的人，因为送了一斛葡萄美酒给张让，张便授任他为凉州刺史。(《太平御览》引《续汉书》)由此既可窥见汉季的荒政，也可估出葡萄酒的珍贵了。

胡食天子汉灵帝治政极为昏庸，史学家们经常批评他，对他喜爱胡食也有指责。古人也有过批评，如《太平御览》引《续汉书》："灵帝好胡饼，京师皆食胡饼，后董卓拥胡兵破京师之应。"这是将灵帝爱胡食，当作了汉室灭亡的先兆。董卓之乱，断然不是灵帝爱胡饼的结果。尽管历史上有一些因饮食纷争亡国灭族的例子，但对汉代的灭亡不能作如是观。很明显，当时的危险主要是内乱而不是外患。

汉代引进的胡食，不仅刺激了天子和权贵们的胃口，而且促进了饮食文化的内外大交流。这种交流充分体现了汉文明形成发展的多源流特征，表现为文化上的兼收并蓄。不论是明君武帝时代，还是昏君灵帝时代，汉代都有比较突出的成就。不论后人怎么对这两个具有代表性的帝王进行评说，在吸收外来文化这一点上，他们都有着共通之处，而且也并不仅仅表现在饮食文化一个方面。汉灵帝虽然是那么昏暴，可他在过之外亦有功，他不仅在文学艺术上是一个有力的改革者，在饮食方式上也是一个倡导变革的皇帝。

唐代是又一个对外文化交流的极盛时代，较之汉代，这种交流又有了许多新的内容。交流以国都长安为中心，它是东西方文化的交会点，同时波及广州、扬州、洛阳等主要都会。长安是当时最大的国际开放城市，来往这里的有四面八方的各国使臣，包括远在欧洲的东罗马外交官。他们带来了使命，也带来了本国的文化精粹，甚至还朝献

唐代彩绘胡人文吏俑

了许多方物特产。唐太宗时，中亚的康国献来金桃银桃，植育在皇家园囿；尼婆罗国遣使带来菠薐菜、浑提葱，后来均得到广泛种植。

流寓长安的有外国王侯与贵族近万家，还有一些在唐王朝供职的外国官员，他们世代留住长安，有的建有赫赫战功，甚至娶皇室公主为妻，位列公侯。各国还派有许多学生留学长安，专门研习中国文化，国子监接待的留学生便有八千之众。长安作为一个宗教中心，还吸引着许多外国学问僧和求法僧前来传经取宝。长安又是一个文化中心，会集着大批外国乐舞人和画师，他们将各自国家的艺术带到了中国。长安还是一个商贸中心，城中来往着许多西域商人，其中以大食和波斯人最多，有时多达数千人。

外来文化的交流，激起了巨大波澜。一时间，在长安和洛阳等都市内，人们的衣食住行都崇尚西域风气，正如诗人元稹《法曲》诗所云："自从胡骑起烟尘，毛毳腥膻满咸洛。女为胡妇学胡妆，伎进胡音务胡乐。"饮食风味、服饰装束、音乐舞蹈，都以外国的为美，"崇外"成为一股不小的浪潮。域外文化使者们带来的各国饮食文化，如一股股清流，汇进了中国这个汪洋，使我们悠久的文明经受了一次前所未有的震撼。

长安城东西两部各有周回约四公里的大商市，即东市和西市，各国商人多聚于西市。考古学家们对长安东西两市遗址曾进行过勘察，并多次发掘过西市遗址。西市周边建有围墙，内设沿墙街和井字形街道与巷道，街道两侧建有排水明沟和暗涵。在西市南大街，还发掘到珠宝行和饮食店遗址。在西市中有不少外商开办的酒店，唐人称其为"酒家胡"，也就是胡人酒家。文学家王绩善饮酒，日饮一斗，被称为"斗酒学士"，他爱上酒家胡饮酒，所作诗有一首《过酒家》云："有客须教饮，无钱可别沽。来时长道赏，惭愧酒家胡。"写的便是闲饮胡人酒家的事。酒家胡竟还允许赊欠酒账，这为酒客们提供了极大的方便，也说明各店可能都有一批熟识的老顾客。

唐代三彩胡姬俑

　　酒家胡中的侍者，多为外商从本土携来，女子被唐人称为"胡姬"。这样的异国女招待，打扮得花枝招展，服务热情周到，备受文人雅士们的青睐。我们来读读唐人写胡姬的几首诗：

　　　　为底胡姬酒，长来白鼻䯀。
　　　　摘莲抛水上，郎意在浮花。

　　　　　　　　　　　　——张祜《白鼻䯀》

　　　　琴奏龙门之绿桐，玉壶美酒清若空。
　　　　催弦拂柱与君饮，看朱成碧颜始红。
　　　　胡姬貌如花，当垆笑春风。
　　　　笑春风，舞罗衣，君今不醉将安归？

　　　　　　　　　　　　——李白《前有一樽酒行》

酒家胡的胡姬不仅侍饮，且以歌以舞劝酒，难怪文人们流连忘返，异国文化情调深深地吸引了他们。著名诗人李白也是酒家胡的常客，他另有几首诗也写了进饮酒家胡的事：

银鞍白鼻駒，绿地障泥锦。
细雨春风花落时，挥鞭直就胡姬饮。

——李白《白鼻駒》

书秃千兔毫，诗裁两牛腰。
笔踪起龙虎，舞袖拂云霄。
双歌二胡姬，更奏远清朝。
举酒挑朔雪，从君不相饶。

——李白《醉后赠王历阳》

何处可为别？长安青绮门。
胡姬招素手，延客醉金樽。

——李白《送裴十八图南归嵩山》

五陵年少金市东，银鞍白马度春风。
落花踏尽游何处，笑入胡姬酒肆中。

——李白《少年行》

春游之后，要往酒家胡喝一盅；瑞雪纷飞，也要去酒家胡听曲观舞；朋友饯别，酒家胡自然更是个好去处。杨巨源有一首《胡姬词》，对酒店胡姬另有出神入化的描绘：

妍艳照江头，春风好客留。

当垆知妾惯，送酒为郎羞。

香渡传蕉扇，妆成上竹楼。

数钱怜皓腕，非是不能留。

　　酒家胡经营的饮料和肴馔，当主要为胡酒胡食，也有兼营唐菜的。贺朝《赠酒店胡姬》诗说："胡姬春酒店，弦管夜锵锵。……玉盘初鲙鲤，金鼎正烹羊。"所云鲤鱼脍，当是唐菜。

　　唐代时能饮到的胡酒，主要有高昌葡萄酒、波斯三勒浆和龙膏酒等。据《册府元龟》记载，唐太宗时破高昌国，收马乳葡萄籽植于苑中，同时还引进了葡萄酒配制方法。唐太宗亲自过问酿酒工艺，还建议做了一些改进，当时酿成功八种成色的葡萄酒，"芳辛酷烈，味兼缇盎"，滋味不亚于粮食酒。唐太宗将在京师酿的葡萄美酒颁赐群臣，京师一般市民不久也都尝到了甘醇美味。虽然汉魏以来的帝王权臣早已享受到这种美味，但那都是西域献来的贡品，到唐代才在内地有了酿造。虽然有推测说中原汉代时已掌握了葡萄酒酿造技术，但证据还欠充分，或者说生产量很少，否则就不会发生一斛酒换一个刺史的事了。

　　波斯三勒浆也是一种果酒，是用庵摩勒、毗梨勒、诃梨勒三种树的果实酿成的酒。龙膏酒也是西域贡品，苏鹗《杜阳杂编》说它"黑如纯漆，饮之令人神爽"。

　　与胡酒同从西域传来的胡食，也极为唐人所推崇。从开元年间开始，富贵人家的肴馔，几乎都是胡食，老少全都改吃"西餐"了。[①]唐时流行的胡食主要有馅饦、饆饠（古时也作"毕罗"）、烧饼、胡饼、搭纳等。馅饦为油煎饼，唐以前制法已传入中原，《齐民要术》载有制法。烧饼与胡饼可能区别不大，都可包葱肉为馅，炉中烤熟。唐代皇帝还曾用胡饼招待外宾，视之为上等佳肴。日本僧人圆仁《入唐求法

---

① 《旧唐书·舆服志》提到，开元以来，"贵人御馔，尽供胡食"。

巡礼行记》记载说："六日，立春节。赐胡饼、寺粥。时行胡饼，俗家皆然。"饆饠究竟为何物，曾使古今学人穷思而不得其解。一说是馅饼之类，一说为抓饭之属，后一说出于现在学者的考证。段成式《酉阳杂俎》记唐长安至少有两处饆饠店，一在东市，一在长兴里，饆饠卖时以斤计，主要佐料有蒜。又据《太平广记》引《卢氏杂说》云："翰林学士每遇赐食，有物若毕罗，形麤大，滋味香美，呼为'诸王修事'。"形状麤大的美味，显然不是抓饭。不过饆饠为胡食是肯定的，唐人释玄应《一切经音义》早有明说。饆饠传到中原和南方，制法和用料都有了改进，唐宋时代有蟹黄饆饠、猪肝饆饠、羊肾饆饠、羊肝饆饠等新品种，成了一种风味独特的饼食。

在唐代引进的最重要的胡食，论说起来应当是蔗糖，同时得到的熬糖工艺，其意义不会亚于葡萄酒酿法的引进。孟加拉国人祖先居住的恒河下游，唐代时有一个小邦叫摩伽陀国，在唐太宗时曾遣使来长安。当摩伽陀使者谈及印度沙糖时，皇帝非常感兴趣。中国古代甘蔗虽多，却不大会熬蔗糖，只知制糖稀和软糖。太宗专派使者去摩伽陀求取蔗糖技术，在扬州试验榨糖，结果所得蔗糖不论色泽还是味道都超过了发明它的国度。(《新唐书·西域列传》)蔗糖的制成，使得中国食品又平添了几多甜蜜。

西方饮食不断通过各种途径传入中国，古代、近代和现代都是如此。从 17 世纪以后，西方传教士涌入中国，西洋烹调技巧也被带入中国，冲击着古老的东方饮食文化。西洋饼、西洋蛋卷、西洋蛋糕、洋炉鹅在上流社会成为时髦的美食。繁华都市相继出现了一些西式餐馆，即所谓"番菜馆"。甚至在宫廷、王府和政府要员的官邸，也设有番菜馆，或聘有番菜烹调师。更重要的是，一些介绍西洋烹饪的书籍也开始出版，如 1866 年上海美华书馆刊印的《造洋饭书》，就是一部流行较广、影响较大的书，它是由美国传教士高弟丕的夫人编撰的，二人在中国居住了数十年之久。国内也有一些文化人编写了不少介绍西餐烹饪的书籍，如卢寿筊的《烹饪一斑》（1917 年）、李公耳的《西餐烹饪秘诀》（1922 年）、王言纶的《家事实习宝鉴》（1918 年）、梁桂琴的《治家全书》（1919 年）等，都或多或少地记载了一些西洋菜点的烹调方法。

西方饮食文化的引入，引起了烹饪技巧的一些变革，西菜中做和中菜西做就是这变革的集中表现形式。20 世纪初叶中国食单上见到的西洋鸭肝、西法大虾、纸包鸡、铁扒牛肉、羊肉扒、牛肉扒、华洋里脊等，便都是熔中西烹法为一炉的佳肴。

现代的中国人中，还会有许多人对西餐不以为然，对一些少数民族饮食不感兴趣，一旦明白了中国烹调——中餐——在历史上从没停止过融进非传统文化因素以后，知道我们自以为调和的五味原来也包纳远国文化的贡献以后，可能在咀嚼时会感到更加有滋有味，而思想时则会更加感受到中国文化的博大精深。

年画灶王爷

第三章 岁时饮馔

任何一个民族，都拥有自己独具特色的节日。但是就节日的意义而论，又以农耕民族的最为重要，也最实在。农耕文化牢固地建立在天文气象学的基础之上，没有发达的天文气象知识，也就不会有发达的农耕文明。以农业立国的中国，在史前时代即已有了较完善的宇宙认识体系，所以在黄河和长江流域产生了发达的农耕文明。《尚书·尧典》说，上古有主历象授时的官员，名叫羲和，他"历象日月星辰，敬授人时"。《古今图书集成·历象汇编·岁功典》第一卷载："夏后氏以建寅为正朔，定岁时节候之宜。"最早的岁时节候系统，显然是与农耕同时出现的，是为农耕服务的。人类就是在万物春生、夏长、秋收、冬藏的自然法则中，认识到宇宙运行规律。古代中国形成的"四时七十二候"学说，正是这种认识论的杰出成就。

伴随"七十二候"出现的，还有许多与之相关的特别节日。这些节日的形成，有着深刻的历史文化背景，而中国独特的节日体系，便是古代中国文化长期积淀的结果。例如春节、寒食、端午、中秋、重阳、除夕，古人就认定它们是逐渐形成的，都带着深刻的历史文化印记。罗颀《物原》即说：

> 伏羲初置元日，神农初置腊节，轩辕初置二社，巫咸始置除夕节，周公始置上巳，秦德公初置伏日，晋平公始置中秋，齐景公始置重阳、端午，楚怀王初置七夕，秦始皇初置寒食，汉武帝始置三元，东方朔初置人日，唐李泌始置中和节。

这些有关节日起源的说法，有些是很牵强的，不必完全相信它，自然也并不是很容易完全弄得明白的。每个节日，都有很充实的活动内容，而且往往以多彩的饮食活动来体现节日气氛。节日里的饮食活动，自然就变成了一种高雅的文化活动，是一种更高层次的享受。从宋人张鉴的《赏心乐事》所记，可知当时一年中的节日及节日饮食活动大体是这样的：正月，岁节家宴，立春日春盘，人日煎饼；二月，社日社饭；三月，生朝家宴，曲水流觞，寒食郊游，尝煮新酒；四月，初八早斋，食糕麋；五月，观鱼摘瓜，端午解粽，夏至鹅脔；六月，赏荷食桃；七月，乞巧；八月，社日糕会；九月，重九登城，尝时果金橘，畅饮新酒；十月，暖炉，尝蜜橘；十一月，冬至馄饨；十二月，赏雪，除夜守岁。

今人与古人一样，在节日变化多样的饮食活动中，寄托自己的希望，抒发自己的情怀，享受自然的乐趣，品味多变的人生。这里，就让我们由春、夏、秋、冬四季的变化，来窥探中国岁时饮食文化丰富的内涵。

一、迎春

春光明媚，万物生发。人们热爱春天，春天有万千气象，使人充满活力，充满希望。还在寒冷的冬末，人们已听见春的步伐，于是忙碌起来，迎接春的到来。一年之中最隆重的节日，对中国人来说就是春节，是一个迎春的节日。中国人对春天的深厚感情，由春节及其他一系列节日淋漓尽致地表达出来。

属于春天的节日，大小都有，如立春、元日、人日、上元、填仓、中和、春社、寒食、清明、上巳等，让我们来看看这些节日及其他特别日期的饮食活动，从某种程度上也可以揣度出这些节日意义之所在。

1. 立春

我们现在的农历中，列有二十四节气名，立春为第一个。这个节气往往赶在春节之前，所以它是与春天相关的第一个节日。当今的立春仅是一个节候名称，已不再有什么与之相称的文化活动。不过，古代立春之日，远不像现代这么冷清，古人正是在这一天前后开始迎接春的到来，享用以"春"命名的食品，举行以"春"命名的筵宴。

立春日的特别食物，主要有萝卜（芦菔）、春饼、生蔬，号为"春盘"，春盘为盘餐，非为大宴。唐代《四时宝镜》说："立春日，食芦菔、春饼、生菜，号'春盘'。"①《摭遗》也如是说："东晋李鄂，立春日命芦菔、芹芽为菜盘馈贶。"并说春盘最早是在江淮流传起来，后

---

① 转引自（宋）陈元靓编撰《岁时广记》。本章所引书目如未在书末"参考文献"中列出，则为转引自《岁时广记》。

来传入宫廷。《日下旧闻考》引《燕都游览志》说，明代时"凡立春日，于午门赐百官春饼"；明人申时行有《立春日赐百官春饼》诗曰："紫宸朝罢听传餐，玉饼琼看出大官。斋日未成三爵礼，早春先赐五辛盘。"五辛指的五种生菜，也可以是七种，无非芹、韭、萝卜之类，也有粉皮等。明人田汝成《西湖游览志余·熙朝乐事》说到"立春之仪"，要"缕切粉皮，杂以七种生菜，供奉筵间"。生蔬在寒时不宜食用，更不宜多食，所以《齐人月令》为此还告诫人们："凡立春日食生菜，不可过多，取迎新之意而已。"辛亦新，生亦新，迎新而食生，迎春用春盘。

春盘也兴在立春先一日享用。《皇朝岁时杂记》即云："立春前一日，大内出春盘并酒，以赐近臣。盘中生菜，染萝卜为之，装饰置奁中。"立春筵宴也有在前一日举行的，如清代江苏高邮地区，即在立春先一日率宴娱乐，称为"迎春宴"。

今天的北京人，冬春喜食一种翠皮紫心萝卜，俗名"心里美"。这紫红萝卜是古代北京人的心爱之物，立春日以为美食，它也是早先春盘的内容之一。《燕京岁时记》说，立春日"妇女等多买萝卜而食之，曰'咬春'，谓可以却春困也"。清甜凉齿，清心却困，难怪要名为"心里美"了。《北平风俗类征》引《燕都杂咏》注说："立春食紫萝卜，名'咬春'。"当今这心里美仍是北京人的冬令佳品。

吃萝卜称"咬春"，食春饼也有这个意义。《北平风俗类征》引《陈检讨集》说："立春日啖春饼，谓之'咬春'。立春后出游，谓之'讨春'。"咬便是尝，"咬春"也可以称"尝春"。清代河北南皮人即称食春饼春盘为"尝春"。

东坡先生有诗曰："渐觉东风料峭寒，青蒿黄韭试春盘。"（《送范德孺》）料峭寒中，春意微融，透出春意的，正是东坡先生吟咏的春盘。立春之食，古时也不限于春饼生蔬，还可以用稀粥，吃猪肉。《齐人月令》说"凡立春日，进浆粥以导和气"，这就完全是从人体健康方面考虑的了。《岁时杂记》说"都人立春日尚食烹豚"，猪肉因此为之暴贵。猪肉要切得细如发丝，朝中此日为朝官一人供给一盘，大概是与春盘同食的。

2. 元日

《荆楚岁时记》说，正月一日，为"三元之日"；《岁华纪丽》亦说，元日为"八节之端，三元之始"。古时所说的元日，即今人说的大年初一，为春节的第一天。

北方人大年初一，以饺子为美食。饺子内还暗包钱物一二，用卜一年吉祥。现在事实上还是以大鱼大肉为尚，饺子是不能打发这快乐时光了。

古时元日，最初不用饺子，也不尚鱼肉，所用的食物，用现代眼光看，味道并不算太好，却是于身于心皆有补益的健康食品。如椒柏酒、屠苏酒、桃汤、胶牙饧、却鬼丸等，很有特色。元日也食五辛盘，与立春日春盘相同。

《荆楚岁时记》述及南朝元日食俗时说，正月一日，"长幼悉正衣冠，以次拜贺。进椒柏酒，饮桃汤。进屠苏酒、胶牙饧。下五辛盘，进敷于散，服却鬼丸。各进一鸡子"。《岁时广记》引《风土记》也说："正元日，俗人拜寿，上五辛盘、松柏颂、椒花酒、五熏炼形。"用的是健康食品，为的也正是健身强体。例如椒花酒，即有祛病之功，有晋人成公绥《椒花铭》为证："厥味惟珍，蠲除百疾。肇惟岁首，月正元日。"治病有效，味亦珍美。白居易的《七年元日对酒》诗曰："三杯蓝尾酒，一楪胶牙饧。"所云蓝尾酒，正是椒花酒。

又如五辛盘，元日食用，就不限于迎新之意了，也为的是健身。《正一旨要》说，"五辛者，大蒜、小蒜、韭菜、芸薹、胡荽是也"，均为辛香之物。孙思邈《食忌》云："正月之节，食五辛以辟疠气。"还是这位孙真人，在《养生诀》中又说："元日取五辛食之，令人开五脏，去伏热。"可见古人大年初一，首先想到的并不是滋味享受，他们把对健康体魄的追求，寄托在新年的第一天。

大约自唐代起，元日的大吃大喝已成风气，而且是不限初一，天天你邀我请，互为主宾。《云仙杂记》及《法苑珠林》都提到，唐长安风俗，"元日以后，递饮食相邀，号'传坐'"。

初一吃饺子，《酌中志》提及，称为"扁食"。云正月初一，"饮椒柏酒，吃水点心，即扁食也。或暗包银钱一二于内，得之者以卜一年之吉"。《燕京岁时记》也说，初一"无论贫富贵贱，皆以白面作角（饺）而食之，谓之'煮饽饽'，举国皆然，无不同也"。这话就有些夸张了，改成"北国皆然"就妥帖多了。

新年还有其他一些食物，也多寓吉祥之意，表达人们对美好生活的向往与追求。如《琐碎录》说："京师人岁旦用盘盛柏一枝，柿橘各一枚，就中擘破，众分食之，以为一岁百事吉之兆。"又据《酌中志》说，初一"所食之物，如曰百事大吉盒儿者，柿饼、荔枝、圆眼、栗子、熟枣共装盛之"。

与新年食俗有关的，古时还有名为"破五"的风俗。《北平指南》说："初五日谓之'破五'，'破五'之内，不得以生米为炊。"北人不兴吃米饭，倒也无所谓，煮饺子就解决了。《天咫偶闻》云："正月元日至五日，俗名破五。旧例食水饺子五日，北方名'煮饽饽'。今则或食三日二日，或间日一食，然无不食者。自巨室至闾阎皆遍，待客亦如之。"《清稗类钞》对此有一个解释，说："元日至上元，商肆例闭户半月或五日。此五日中，人家无从市物，故必于岁杪烹饪，足此五日之用，谓之'年菜'。"这说法恐怕不一定确切，应当还有别的什么原因。

3. 人日

人日，即正月初七日。《荆楚岁时记》引董勋《问礼俗》曰："正月一日为鸡，二日为狗，三日为羊，四日为猪，五日为牛，六日为马，七日为人。"人与马牛羊鸡犬豕平列，原始用意不明，或说古时以正月初七日为人的生日。

晋人《述征记》说："北人以人日食煎饼于庭中，俗云'薰天'。"薰天用意不明，此俗缘起亦不可知。不过这个食法一直传到唐宋以后，《岁时广记》引《唐六典》提到膳部食料中就有"正月七日煎饼"；所引《文昌杂录》也说："唐岁时节物，人日则有煎饼。"

北人食煎饼，南人有菜羹。《荆楚岁时记》说："人日，以七种菜为羹。"湖北云梦地区，在清代时以人日食"七宝羹"，采七种菜和米粉食之。七菜羹又可称为"六一菜"，《清异录》记述长安张手美家"六一菜（人日）"即是。初七日吃七合一的菜，除了数字上的符合以示吉祥外，可能并无更多的含义。关于数字在食物命名上的妙用，我在后面还要提及。

4. 上元

上元即正月十五，今称元宵节。古时上元节食除了元宵（汤团），还有豆粥、焦䭔、科斗羹、蚕丝饭等。

豆粥，见《荆楚岁时记》："正月十五日，作豆糜，加油膏其上，以祠门户。"

元宵，作为上元节食，或以为始于宋代，如周密《武林旧事》卷二说："节食所尚，则乳糖圆子……澄沙团子……"这是汤团之类，类似食品似在唐时已经出现，《开元天宝遗事》说，唐宫中曾"造粉团角黍，贮于金盘中。以小角造弓子，纤妙可爱，架箭射盘中粉团，中者得食"。粉团当即汤团，不同的是唐代是在端午食用。

周必大有《再赋元宵煮浮圆子》诗曰："时节三吴重，匀圆万颗同。"汤团成了南北都爱的元宵节食，南称汤团或汤圆，而北方则径称元宵，所以《天咫偶闻》说，正月"十五食汤团，俗名'元宵'"。

焦䭔，见《岁时杂记》："京师上元节食焦䭔，最盛且久。又大者名'柏头焦𥣟'。凡卖𥣟必鸣鼓，谓之'𥣟鼓'。"捶鼓卖食，今日已不多见。《膳夫录》也说，汴中节食，"上元油𥣟"，可知焦𥣟当是油炸的一种面食。

蚕丝饭，为南人节食。《岁时杂记》曰："京师上元日，有蚕丝饭，捣米为之，朱绿之，玄黄之，南人以为盘餐。"这是一种捣米染色的年糕之类的食品，从南土传入汴京，也成了北人的上元节食。

科斗羹和盐豉汤，亦见《岁时杂记》所述："京人以绿豆粉为科斗羹；煮糯为丸，糖为臛，谓之'圆子'；盐豉捻头，杂肉煮汤，谓之'盐豉汤'……皆上元节食也。"

馄饨和椒汤，只于部分地区作为元宵节食。河南襄城，上元吃馄饨汤，谓之"团圆茶"。湖南常德地区，上元家家户户以椒为汤，入斋菜馓果诸物，谓之"时汤"。这都是清代时的情形，不知现在是否还保留着这样的饮食传统。

上元果品，在宋代看重黄柑。刘贡父《诗话》说："上元夜登楼，贵戚宫人以黄柑遗近臣，谓之'传柑'。"东坡《上元侍饮楼上三首呈同列》："归来一盏残灯在，犹有传柑遗细君。"

按现在的说法，上列元宵节食，充其量也只能入小吃点心之列，照例还须美酒佳肴，才能过得去这个隆重的灯节。广东阳江在清代时，上元要邀亲朋聚饮，谓之"饮灯酒"。明人李梦阳有一首《汴中元夕》诗说："细雨春灯夜色新，酒楼花市不胜春。和风欲动千门月，醉杀东西南北人。"可见元宵节里的人们，并不是只用元宵就能打发得了的。

5. 填仓

填仓节有大小之分，古时各地行仪的日期也不尽相同，但在这个节日所寄予的期望大体是相同的。现代已无此节，不过回味一下古代的情形，也还是很有意思。

《拾遗记》说："江东俗号正月二十日为天穿日，以红缕系煎饼饵置屋上，谓之'补天穿'。"相传女娲氏在这一天补天。《岁时广记》还引用了"一枚煎饼补天穿"的诗句。清代陕西富平还保留有这个风俗，在正月二十日这一天，屋宇上下都放置面饼，称为"补天地"，不仅补天穿，还要补地洞。

我怀疑，大约起于明代的以正月二十五日为期的填仓节，与天穿日的风俗有关，"天穿"与"填仓"，有音转的可能。《酌中志》说："二十五日曰'填仓'，亦醉饱酒肉之期也。"不过，对于填仓节，古人已有成说，似乎也不一定与天穿日有什么瓜葛。《帝京岁时纪胜》是这样写的："念五日为填仓节。人家市牛羊豕肉，恣餐竟日，客至苦留，必尽饱而去，名曰'填仓'。……当此新正节过，仓廪为虚，应复置而实之，故名其日曰'填仓'。"《燕京岁时记》的说法又稍有不同，认为这个节日实际是用于祭仓神的，书中说："每至（正月）二十五日，粮商米贩致祭仓神，鞭炮最盛。居民不尽致祭，然必烹治饮食以劳家人，谓之'填仓'。"

正月二十五日为"大填仓"，二十三日还有"小填仓"。《北平指南》说："二十五日粮商米贩，致祭仓神。居民不尽致祭，然亦均烹调盛馔，以劳家人，谓'打大填仓'。乃别于二十三日之小填仓也。"清代山西马邑一带，称填仓为"天仓"，也有大小之分。以正月二十日为"小天仓"，吃荞面窝窝；二十五日为"老天仓"，吃荞面煎饼。

还有些地方，填仓节定在大年初一那天。山东宁阳地区，初一家人共食馄饨；江南太和地区，初一男女聚食，都称为"填仓"。

填仓节的食品，除了上述的馄饨、煎饼、窝窝和酒肉外，各地可能还有一些别的什么。清代河北吴桥人，此时要吃一种"顺风糕"，算是较特别的一例。

6. 中和

中和节为二月初一日，清代以后又一度以初二日为此节，也被称为"龙抬头"。中和为祀日之节，应当说起源很早，但以"中和"为节名，则是晚到唐代才有的事。《漱石闲谈》说："二月初一日为中和节，以其揆三阳之中，配仁义之和，唐德宗时李泌置。"《新唐书·李泌传》有载："（泌请）以二月朔为中和节……民间以青囊盛百谷瓜果种相问遗，号为'献生子'。"这是唐德宗贞元五年（789 年）的事。春日融融，正是播种季节，这个中和节表达了大众祈求五谷丰登、人丁兴旺、国泰民安的愿望。

据《乾淳岁时记》说，中和节唐人最重，宋时已较淡默。据其他史料，明清时仍有"献生子"之举，还是以青囊盛五谷瓜果种子互相馈赠。另外，自唐代起，各地都有一些中和节物，如撑腰糕、富贵果子、太阳糕等。

撑腰糕，见《清嘉录》，二月二日"以隔年糕油煎食之，谓之'撑腰糕'"。清人徐士铉《吴中竹枝词》有一首是吟诵这吴糕之美的，形象而诙谐，词云："片切年糕作短条，碧油煎出嫩黄娇。年年撑得风难摆，怪道吴娘少细腰。"

富贵果子，见《岁时广记》引《文昌杂录》："唐岁时节物，二月一日则有迎富贵果子。"

太阳糕，见《燕京杂记》："二月初一，街上卖太阳糕，岁一次，买之以祀日也。"这是一种祭品，有的上面还有彩塑的小鸡，如《燕京岁时记》说："二月初一日，市人以米面团成小饼，五枚一层，上贯以寸余小鸡，谓之'太阳糕'。"不过，《燕京岁时记》却指明中和节是二月初二日，不知这种说法根据何在，书中说："二月二日，古之中和节也。今人呼为'龙抬头'。是日食饼者谓之'龙鳞饼'，食面者谓之'龙须面'。"《京都风俗志》也说："此日饭食，皆以龙名，如饼，谓之'龙鳞'；饭，谓之'龙子'；条面为'龙须'；扁食为'龙牙'之类。"

7. 春社

古有春社、秋社，为一种地母崇拜仪式，当产生于原始农人的土地崇拜。春社祈谷，秋社报神，分别在仲春和仲秋举行。《礼记·月令》说，仲春之月，"择元日，命民社"。《周礼·地官·州长》说，"以岁时祭祀州社"，注云："春祭社以祈膏雨，望五谷丰熟；秋祭社者，以百谷丰稔，所以报功。"春社在春分前后的戊日，秋社则在秋分前后。

唐代诗人王驾的《社日春居》诗，生动描述了社日的快乐："鹅湖山下稻粱肥，豚栅鸡栖半掩扉。桑柘影斜春社散，家家扶得醉人归。"社日饮社酒，食社饭、社肉，还有社糕、社粥、社面等，都是祭品，祭神之后，分而食之。

明代张翀《春社图》

社饭，见《古今图书集成》所引《风土记》："荆楚社日，以猪羊调和其饭，谓之'社饭'，以葫芦盛之相遗送。"

社肉，《史记·陈丞相世家》记陈平在乡里主持分社肉甚均，受到乡亲们的称赞。陆游有《社肉》诗："社日取社猪，燔炙香满村。饥鸦集街树，老巫立庙门。虽无牲牢盛，古礼亦略存。醉归怀余肉，沾遗遍诸孙。"吃到社肉，被认为是享受到神的恩惠，所以社肉、社酒都被认作是"神惠"。

社酒，陆游亦作《社酒》诗，有"社瓮虽草草，酒味亦醇酽"的句子。农人终年劳作，社日酒食虽草草，却也醇厚有滋味。

社面，清代山西阳曲春社日，食社面，佩社线。

社糕，清代山西潞安社日食社糕，饮社酒。

社粥，清代福建建阳社日早晨，乡里有人做粥散给家家户户，计口而授，谓之"社粥"。

8. 寒食

清明节前数日，古有寒食节。《荆楚岁时记》说："去冬节一百五日，即有疾风甚雨，谓之'寒食'。"这个节又称为"百五节"，或又称"冷节"①。

寒食节的起源，多以为春秋时期介子推焚骸之故。《后汉书·周举传》说："太原一郡，旧俗以介子推焚骸，有龙忌之禁。至其亡月，咸言神灵不乐举火，由是士民每冬中辄一月寒食，莫敢烟爨，老小不堪，岁多死者。"后来又改一月为三日寒食，相沿成习。说寒食习俗起源于纪念介子推，可能是一种附会。也有人说起于周代的禁火令，为的是保护森林。实际上可能起源于古代盛行的"改火"习俗。周时有禁烟之旧制，《周礼·秋官·司烜氏》云仲春"以木铎修火禁于国中"，注

---

① 见《四民月令》："齐人呼寒食为'冷节'。"

宋代苏轼《寒食帖》

"为季春将出火也"。寒食在仲春之末，清明改新火，当季春之初。要改新火，必得断旧火，寒食的出现也就不足为怪了。改火的例子，远的不说，唐时还有。《辇下岁时记》说："长安每岁清明，内园官小儿于殿前钻火，先得上进者，赐绢三匹，金碗一口。"还有杜甫《清明》诗句"朝来新火起新烟"，也是说的改火之事。

既名寒食，也就是吃预先置备的熟食。《提要录》说："秦人呼寒食为熟食日，言其不动烟火，预办熟食过节也。"古时也有不守成规，在寒食节偷偷生火的，如《岁时杂记》所说："庆历中，京师人家庖厨（寒食）灭火者三日，各于密室中烹炮。"

寒食在现代早已不算什么正规节日了，可在宋代时还曾列为三大节之一，与冬至、元日并列。

寒食节的食物以冷熟食为主，不同时代、不同地区的食物不尽相同，兹列举如下。

大麦糖粥，见《荆楚岁时记》，寒食"禁火三日，造饧、大麦粥"。寒食吃麦粥，唐宋时仍很盛行。《岁时广记》引《唐六典》记有"寒食麦粥"；《玉烛宝典》也说："今人寒食悉为大麦粥，研杏仁为酪，引饧以沃之。"杏仁糖麦粥，还见于《邺中记》。唐柳中庸《寒食戏赠》

诗也提到这粥："春暮越江边，春阴寒食天。杏花香麦粥，柳絮伴秋千。酒是芳菲节，人当桃李年。不知何处恨，已解入筝弦。"

麦糕、乳酪、乳饼，见《东京梦华录》，寒食"节日，坊市卖稠饧、麦糕、乳酪、乳饼之类"最盛。

杨桐饭，《零陵总记》说："杨桐叶细冬青，临水生者尤茂，居人遇寒食，采其叶染饭，色青而有光。食之资阳气，谓之'杨桐饭'。"

杨花粥，见《云仙杂记》，洛阳人家"寒食装万花舆，煮杨花粥"。

枣糕，见《遵生八笺》："寒食日，煮粳米及麦为酪，捣杏仁煮作粥。以面裹枣蒸食，为之'枣糕'。"

菜叶饭、姜豉冻肉、新腊肉，见《岁时杂记》，"寒食以糯米合采菜叶裹以蒸之，或加以鱼鹅肉、鸭卵等，又有置艾一叶于其下者"；"寒食煮豚肉并汁露顿，候其冻取之，谓之'姜豉'。以荐饼而食之，或剜以匕，或裁以刀，调以姜豉，故名焉"；"去岁腊月糟豚肉挂灶上，至寒食取以啖之，或蒸或煮，其味甚珍"。

香椿面筋、柳叶豆腐，见《帝京岁时纪胜》："香椿芽拌面筋，嫩柳叶拌豆腐，乃寒食之佳品。"这是两款时味，属尝新的节物。

在山东邹平，家家户户将正月积攒的面食面点磨成粉，合家共食，亦不举火。

到了清代，寒食节的冷食传统在一些地区基本消失，大烧大煮已不是偷偷进行的事了，有徐达源《吴门竹枝词》一首为证："相传百五禁厨烟，红藕青团各荐先。熟食安能通气臭，家家烧笋又烹鲜。"

9. 清明

清明在古今都是个隆重的祭祖节日，唐代杜牧《清明》诗云："清明时节雨纷纷，路上行人欲断魂。借问酒家何处有，牧童遥指杏花村。"诗中抒发了清明悲伤的感触，让我们记牢了清明的雨和清明的情。春日的生机，还由插柳风俗得到体现，陆游《春日绝句》即咏此

唐墓壁画马球图

俗："吏来屡败哦诗兴，雨作常妨载酒行。忽见家家插杨柳，始知今日
是清明。"清明并无独特节物，与寒食没什么区别。《西清诗话》即云：
"唐朝清明宴百官，肴皆冷食。"这是一种名副其实的冷餐会。张籍有
《寒食内宴》诗咏其事："廊下御厨分冷食，殿前香骑逐飞球。"冷餐会
上，还有马球助兴，这是帝王才有的排场。

　　宋代的情形也是如此，单就饮食而言，清明与寒食可以算是同一
个节日。《岁时杂记》说："清明节在寒食第三日，故节物乐事，皆为
寒食所包。"个别地区也有例外，如江西新建地区，清代时清明俗尚春
饼，城里人用麦面，乡下人用米面，以薄为佳。浙江嘉兴和桐乡地区，
清代在清明晚餐时要吃青螺，名为"挑青"。苏州人清代的清明节物，
有青团和熟藕，也是寒食节的食物。

10. 上巳

　　时下城里的年轻人，有一种春游的传统，择一个风和日丽的日子，

到大自然里感受春的气息。古时也有类似传统，游春多在三月三日这一天，谓之"上巳"。严有翼《艺苑雌黄》即说："三月三日谓之'上巳'，古人以此日禊饮于水滨。"可见古人春游多在水滨。所谓"禊饮"，禊是一种以水洁身的仪式，禊罢而饮，是为禊饮。《唐文粹》所载《鲁令三月三日宴序》云："以酒食出于野，曰'禊饮'。"这是一个比较确切的解释。今人的春游，一定同古人的上巳禊饮有渊源关系。

古人禊饮，以曲水流杯为趣。《荆楚岁时记》说："三月三日，四民并出江渚池沼间，临清流，为流杯曲水之饮。"曲水流杯的由来，汉晋人大多不甚清楚，按晋人束皙的说法，当起于周秦。他说："昔周公城洛邑，因流水以泛酒，故逸诗云：'羽觞随波。'又秦昭王三日置酒河曲，有金人自泉而出，捧水心剑曰：'令君制有西夏。'及秦霸诸侯，乃因其处立为曲水祠。二汉相沿，皆为盛集。"（《续齐谐记》）曲水流杯之雅，是历代文人的一种享受，这里主要提及古代上巳的有关食物。上巳固定食物不算多，可以列举出的有黍曲菜羹、龙舌饼、乌米饭等。

黍曲菜羹，见《岁时广记》引《荆楚岁时记》："三月三日……取黍曲菜汁和蜜为食，以厌时气。一云用黍曲和菜作羹。"

龙舌饼，亦见《岁时广记》引《荆楚岁时记》："三月三日，或为龙舌饼。"

乌米饭，清代福建罗源和建宁等地流行，取南烛木茎叶或枫木叶捣汁，上巳日染饭成绀青色，称"青饭"或"乌饭"，云食之可延年益寿。

严格说来，上巳日的这类食物，可入药膳之列，非为果腹，实为防病健身。

古人在上巳日不仅食用这些健身食品，还要在水滨大摆筵宴，举办盛大的野餐活动。有东汉杜笃《祓禊赋》为证："王侯公主，暨乎富商，用事伊雒，帷幔玄黄。于是旨酒嘉肴，方丈盈前，浮枣绛水，酹酒酿川。"又有晋人张华《上巳篇》说:"伶人理新乐,膳夫然时珍。八音硼磕奏,肴俎从横陈。"描述的都是上巳日的野餐活动。还有《云仙杂记》引《妆楼记》说:"洛阳人有妓乐者,三月三日结钱为龙、为帘,作'钱龙宴'。"隋唐时代此日的盛况,由此可见一斑了。再读读杜甫的《丽人行》:"三月三日天气新,长安水边多丽人。……紫驼之峰出翠釜,水精之盘行素鳞。犀箸厌饫久未下,鸾刀缕切空纷纶。黄门飞鞚不动尘,御厨络绎送八珍。"可知唐时贵族上巳野宴节食之丰盛。

迎得春来,春光令人陶醉。阳春去矣,又让人流连不已。于是又有一些"送春"和"留春"的主意,自然还是借助饮食活动来表达这种心境。如清代湖广宝庆地区,在三月的最后一天,人们要饮酒,谓之"送春";福建仙游地区,三月晦夜人们聚钱畅饮,击鼓狂歌,谓之"留春"。

春光是留不住的,接着到来的将是火热的夏天。

二、消夏

炎夏给人们带来的欢欣,远没有阳春那么多。不过从饮食这个角度来说,夏季为人们带来的口福,倒是并不亚于春天的。重要的是这个季节的人们,已经开始了收获,收获大自然奉献的果实。果实虽没有秋天的丰硕,却透着新鲜清香之气。这果实送人清凉,助人度过炎热。人们也制成了许多传统食品饮品,为消减酷暑的煎熬精心设计饮食生活。

夏令食物种类很多,大都与一些传统节日相联系。属于夏季的节日主要有立夏、佛节、端午、夏至、伏日、七夕等,现在还保留的只有端午节了。

11. 立夏

立夏是一个重要的节候，但没有立春那样受古人关注，没有特别的仪典，节令食物却并不算少。在南方的广大地区，立夏是一个尝新的节日，这一天可以品尝到一年中最早的收获物，如李子、樱桃、青梅、蚕豆、新茶、百草饼等。

立夏食李，见《玄池说林》："立夏日俗尚啖李。时人语曰：'立夏得食李，能令颜色美。'故是日妇女作李会。取李汁和酒饮之，谓之'驻色酒'。一曰是日啖李，令不疰夏。"[①]古人以入夏眠食不服为"疰夏"，又写作"蛀夏"。

七家茶，见《西湖游览志余·熙朝乐事》："立夏之日，人家各烹新茶，配以诸色细果，馈送亲戚比邻，谓之'七家茶'。富室竞侈，果皆雕刻，饰以金箔，而香汤名目，若茉莉、林禽、蔷薇、桂蕊、丁檀、苏杏，盛以哥、汝瓷瓯，仅供一啜而已。"饮七家茶也是为防备疰夏，如《清嘉录》所说："凡以魇注（疰）夏之疾者，则于立夏日，取隔岁撑门炭烹茶以饮，茶叶则索诸左右邻舍，谓之'七家茶'。"《清嘉录》还引钱思元《吴门补乘》说："立夏饮七家茶，免疰夏。"

七家饭，可能由七家茶演化而来，都是江南立夏盛行的饮食之物。清代，江苏无锡人立夏合七家米食之，以为夏日可防暑热伤身。嘉定人亦是乞邻家麦为饭，用以解疰夏之疾。

五色饭，清代浙江宁波地区，立夏日炊五色米为"立夏饭"，是用五色米，不是染饭为五色。

醉夏饼，清代浙江台州地区，立夏日家家户户磨面做薄饼，裹肉菹而食，谓之"醉夏"。桐乡地区立夏日吃新梅、蚕豆、樱桃、粉饼，以为食后夏天无病。杭州人立夏食腊肉、海蛳，饮火酒，也有烧

---

① 《遵生八笺》引《本草图经》说："五月收杏，去核，自朝蒸之，至午而止，以微火烘之收储，少加糖霜可食，驻颜，故有'杏金丹'之说。不宜多食。"

饼之类。

百草饼，清代浙江嘉兴地区，立夏以百草芽揉粉为饼，邻里互相馈送。

麦豆羹，清代江苏常熟地区，立夏煮麦豆和糖而食，亦谓之"不疰夏"。

樱桃、青梅、穤麦——"三新"，见《清嘉录》："立夏日，家设樱桃、青梅、穤麦，供神享先，名曰'立夏见三新'。宴饮则有烧酒、酒酿、海蛳、馒头、面筋、芥菜、白笋、咸鸭蛋等品为佐，蚕豆亦于是日尝新。酒肆馈遗于主顾以酒酿、烧酒，谓之'馈节'。"

看来，南方人还比较看重立夏这个日子，过这一天不敢马虎，认为否则夏日就过不顺当。夏天的炎热并不会马上到来，人们已经感到有些紧张了，为了"不疰夏"，就制出了这些特别的饮食。北方人对夏日显然没有这样的恐惧感，虽然初夏也有尝新之物，却并不一定在立夏日享用，也并非为了"不疰夏"。如《燕京岁时记》说："三月榆初钱时，采而蒸之，合以糖面，谓之'榆钱糕'。四月以玫瑰花为之者，谓之'玫瑰饼'。以藤萝花为之者，谓之'藤萝饼'。皆应时之食物也。"又说："四月麦初熟时，将面炒熟，合糖拌而食之，谓之'凉炒面'。"又如《酌中志》所说，四月"尝樱桃，以为此岁诸果新味之始。……取新麦穗煮熟，剥去芒壳，磨成细条食之，名曰'稔转'，以尝此岁五谷新味之始也"。北人仅仅是尝新而已。

12. 佛节

这是一个佛教徒的节日，在四月初八日。相传佛祖诞生于此日，清人在此日有包括浴佛在内的一系列佛事活动。实际上，佛节在一段时期内，曾是一个重要的民间节日，在一些地区甚至并不称其为佛节，或以为城隍神诞日，甚至此日还有祭关公的。佛节节物有不落夹、糕麋、笋鸡、包儿饭、结缘豆、糖豆、黑豆饭、百和菜、青精饭、枣糕、甘草汤等，名目还不少。

糕糜，见《岁时广记》引《文昌杂录》："唐岁时节物，四月八日则有糕糜。"糕糜当是一种糖粥。

不落夹，见《日下旧闻考》引《燕都游览志》："先是，四月八日，梵寺食乌饭，朝廷赐群臣食不落夹，盖缘元人语也。嘉靖十四年，始赐百官于午门食麦饼宴。"不落夹似粽，说见《酌中志》："（四月）初八日，进不落夹，用苇叶方包糯米，长可三四寸，阔一寸，味与粽同也。"

笋鸡、包儿饭，见《酌中志》，四月八日"吃笋鸡，吃白煮猪肉，以为冬不白煮，夏不�也。又以各样精肥肉，姜蒜挫如豆大，拌饭，以莴苣大叶裹食之，名曰'包儿饭'"。

结缘豆，又叫"舍缘豆"，见《燕京岁时记》："四月八日，都人之好善者，取青黄豆数升，宣佛号而拈之。拈毕煮熟，散之市人，谓之'舍缘豆'。预结来世缘也。"《余墨偶谈》也有类似说法："京都浴佛日，内城庙宇及满洲宅第，多煮杂色豆，微漉盐豉，以叵箩列于户外，往来人撮食之，名'结缘豆'。"清代江南的崇明地区，四月八日人们要遍走街巷送糖豆，以为小儿食之可稀痘，这糖豆实际上也是一种结缘豆。

黑豆饭，清代江西都昌地区，四月八日僧家作佛会，民家用黑豆造饭，邻里亲友相互馈送。

百和菜，清代江西建昌地区，四月八日家家用百果做百和菜，亲邻互馈，岁以为常。

青精饭，清代湖北蕲州地区，四月八日造青精饭献父师。青精饭以熟饭曝干，便于久贮。

枣糕，清代山西洪洞地区，四月八日蒸枣糕，不是用于敬佛，而是用于祭祀关公关云长。

甘草汤，清代福建尤溪地区，四月八日以甘草汤浴佛，浴毕让儿童饮汤，认为可消灾避难。

四月八日这一天，人们借助佛节交谊，联络感情，不落夹、结缘豆、黑豆饭、青精饭、百和菜等食物，都是人们协调关系的润滑剂。

还需提到的是，有些地区以四月八日为节，并不与宗教信仰发生什么联系。如湖北通山地区，清代时在这一日人人要饱吃饱喝，以这一日为"歇夏节"。尚处初夏，不知歇它作甚？

13. 端午

五月初五，是为端午。端午节的起源，有各种说法，在此我们不准备做什么辩证，重要的是古今都有这个节日，至迟它是自汉代就有了的，到今天依然是一个比较重大的民间节日。龙舟竞渡和吃粽子，是端午节的两个重要内容，很多人认为这都是为了纪念楚国诗人屈原，不论最初是不是这么回事，后来一直都把端午与屈原联系在一起，我们何不就接受这个既定的事实呢？

端午节物，一般人只知有粽子和菖蒲酒之类，其实古代的食物还有不少，就是粽子的名目也是极多的。除粽子外，端午节物尚有烹鹜、菹龟、粉团、糯米粥、枣糕、酿梅、术羹艾酒、五毒饽饽、雄黄菖蒲酒、加蒜过水面等，大都是很精致的食饮。

粽子，古称"角黍"，是因为粽形如角状。《岁时杂记》说："端五因古人筒米，而以菰叶裹粘米，名曰'角黍'相遗，俗作'粽'。"《岁时广记》引《风土记》又说："端午烹鹜。先节一日，以菰叶裹粘米，用栗枣灰汁煮令极熟。"鹜即野鸭，节令用野味不很固定，这是个例外。

百索粽子，见《岁时广记》引《文昌杂录》："唐岁时节物，五月五日有百索粽子。"何谓百索，不甚明了。

九子粽等，见《岁时杂记》："端五粽子，名品甚多，形制不一，有角粽、锥粽、茭粽、筒粽、秤锤粽，又有九子粽。"九子粽在唐代已经是御宴之物，唐玄宗一首写端午的诗，就提到过它，诗句为："四时

花竞巧，九子粽争新。方殿临华节，圆宫宴雅臣。"（《端午三殿宴群臣探得神字》）

组合粽，这是我们的即兴命名，本出宋代。《西湖老人繁胜录》说："天下惟有是都城将粽揍（凑）成楼阁、亭子、车儿诸般巧样。"古代杭州如此壮观的组合粽，现代还不曾见到过。

粉团，又名"水团"，类似汤圆。前引《开元天宝遗事》提到，宫女端午有使角弓射粉团之戏。又《岁时杂记》说："端五作水团，又名'白团'。或杂五色人兽花果之状，其精者名'滴粉团'，或加麝香。又有干团不入水者。"清代的山西潞安地区，端午仍要以麦面为白团，互相馈送。古时食粉团有弓射之戏，食粽子也有特别之处，如《岁时杂记》说："京师人以端五日为'解粽节'，又解粽为献，以叶长者胜，叶短者输，或赌博，或赌酒。"清代河北一些地区，端午男女姻家互馈粽子，称为"追节"；湖南一些地区，互馈粽子，又称为"探节"。

枣糕、糯米粥，见《岁时杂记》，"自寒食时，晒枣糕及藏稀饧，至端五日食之，云治口疮。并以稀饧食粽子"；"京都端五日，以糯米煮稠粥，杂枣为糕"。

酿梅，同见《岁时杂记》："都人以菖蒲、生姜、杏、梅、李、紫苏皆切如丝，入盐曝干，谓之'百草头'。或以糖蜜渍之，纳梅皮中，以为酿梅，皆端午果子也。"

五毒饽饽，见《京都风俗志》，五月五日，"富家买糕饼，上有蝎、蛇、虾蟆、蜈蚣、蝎虎之像，谓之'五毒饽饽'，馈送亲友称为'上品'"。

菖蒲酒、过水面，见《酌中志》，五月"初五日午时，饮朱砂、雄黄、菖蒲酒，吃粽子，吃加蒜过水面"。菖蒲酒还见于《岁时杂记》，"端五以菖蒲或镂或屑泛酒"，这酒名为"菖华酒"。

术羹艾酒，见《金门岁节》："洛阳人家，端五作术羹艾酒。"

菹龟，见《岁时广记》引《风土记》，五月五日"煮肥龟令极熟，去骨加盐豉蒜蓼，名曰'菹龟'"。

端午食物，有一些是为祛病强身设计的，至少表达了人们的这种愿望。粽子则又被赋予一种特别的含义，有一定的历史文化背景。当然粽子的出现，与传说的救助屈原大概没有多大关系。它可能起源于史前时代的一种原始的烹饪方式，用草叶包裹食料烹烤至熟，或可称其为"苞苴"之法。现代部分地区仍有以蕉叶裹食进行烹煮的例子，粽子最早应属此类。

14. 夏至

夏至是个重要节候，却并不曾是个普遍的节日。不过南方部分地区还是较为看重夏至的，甚至视其在端午之上。夏至标志炎热的开始，南方人重视正在情理之中。夏至日也有一些专门的食品和特别的饮食风俗，节物包括烤鹅、冰酒、百家饭、玄冰丸、飞雪散、冷淘面、碾转、麦豆饭、馄饨，还有粽子等。

烤鹅，见《岁时杂记》："濒江州郡皆重夏至，杀鹅为炙以相遗，村民尤重此日。"

粽子，《岁时杂记》引《图经》说："池阳风俗，不喜端午，而重夏至，以角黍舒雁往还，谓之'朝节'。"《吴郡志》也说："夏至复作角黍以祭，以束粽之草系手足而祝之，名'健粽'，云令人健壮。"夏至食粽，最早见于《荆楚岁时记》："夏至节日，食粽。"其后按语说："周处《风土记》谓为'角黍'。人并以新竹为筒粽。"

冰酒，《会要》说："唐学士……夏至颁冰及酒，以酒味浓，和冰而饮。……禁中有郓酒坊。"

百家饭，见《岁时杂记》："京辅旧俗，皆谓夏至日食百家饭则耐夏。然百家饭难集，相传于姓柏人家求饭以当之。有医工柏仲宣太保，每岁夏至日，炊饭馈送知识家。又云，求三家饭以供晨餐，皆不知其所自来。"夏至百家饭、三家饭，佛节百和菜，端午九子粽，立夏百草饼、七家茶，人日七宝羹，以及立春五辛盘，除少数有一定健身作用外，大多具和睦吉祥的象征意义。百家饭、七家茶的制作过程，就是一种邻里增进感情、协调关系的过程。

玄冰丸、飞雪散，见《朝野佥载》："或问不热之道，答曰：'夏至日服玄冰丸、飞雪散、六壬六癸符，暑不能侵。'"

冷淘面，见《帝京岁时纪胜》，夏至，"京师于是日家家俱食冷淘面，即俗说'过水面'是也。乃都门之美品。……谚云：'冬至馄饨夏至面。'京俗无论生辰节候，婚丧喜祭宴享，早饭俱食过水面。省妥爽便，莫此为甚"。夏日食用，当然极美，冬天就不是这么回事了，所以要代之以馄饨。

碾转，北方麦熟稍晚，以青麦磨碾转是在夏至日，不像南方是在四月。如清代山东福山，就有夏至制碾转的习俗。

麦豆饭，南方人夏至食麦豆，清代江南嘉定人用蚕豆小麦煮饭，名为"夏至饭"，无锡人则是煮麦豆粥食之。

馄饨，夏至不食面而食馄饨，清代江苏金坛人有此俗，并食李。

15. 伏日

俗言寒在三九，热在三伏。六月三伏，避暑为一要事，饮食则以清暑之物为尚。《岁时广记》引《史记·秦本纪》说："德公二年（公元前 676 年），初作伏祠。"这当是伏日作为节日的开始。《汉书·东方朔传》记有东方朔在伏日筵宴上自割肉怀归的事，表明汉代已有固定的伏日饮食活动。汉杨恽《报孙会宗书》说："田家作苦，岁时伏腊，烹羊炰羔，斗酒自劳。"（《汉书·杨恽传》）这也是一个明证。唐宋之际，伏日活动更为丰富，《东京梦华录》说："都人最重二伏（一作'三伏'），盖六月中别无时节，往往风亭水榭，峻宇高楼，雪槛冰盘，浮瓜沉李，流杯曲沼，苞鲊新荷，远迩笙歌，通夕而罢。"在有些地区，有以六月六日为期的所谓"六日节"，与伏日同义。伏日食物，以清凉为特征，主要有辟恶饼、凉冰、冰麨、绿荷包子、绿豆汤、鳝羹、过水面、银苗菜、冰果、暑汤、新莲、烙饼摊鸡蛋等。

凉冰，古以凌阴或冰井藏冰，至伏天使用。西周时代有藏冰、颁冰史实。《邺中记》说："石季龙于冰井台藏冰，三伏之日赐大臣。"帝王赐冰，历代有之。《燕京岁时记》说："京师自暑伏日起至立秋日止，各衙门例有赐冰。届时由工部颁给冰票，自行领取，多寡不同，各有等差。"南方人更爱在伏天食冰，《清嘉录》说："土人置窖冰，（三伏）街坊担卖，谓之'凉冰'。或杂以杨梅、桃子、花红之属，俗呼'冰杨梅''冰桃子'。"

冰果，《清嘉录》所说的冰杨梅、冰桃子，便是冰果，又见《清稗类钞》记及："京师夏日之宴客，饤盘既设，先进冰果。冰果者，为鲜核桃、鲜藕、鲜菱、鲜莲子之类，杂置小冰块于中，其凉彻齿而沁心也。其后则继以热荤四盘。"

冰麨，见《岁时杂记》："京师三伏唯史官赐冰麨，百司休务而已。自初伏日为始，每日赐近臣冰，人四匣，凡六次。又赐冰麨面三品，并黄绢为囊，蜜一器。"伏日食蜜冰麨，唐代时已经成为传统，《辇下岁时记》说："伏日赐宰相学士醍汁，京尹、公主、驸马蜜麨及浆水。"

汤饼，《荆楚岁时记》："伏日，并作汤饼，名为'辟恶饼'。"

绿荷包子，见《膳夫录》，汴中节食，"伏日绿荷包子"。

绿豆汤，清代河北任丘地区，伏日早食绿豆汤，午食刀切面。清代山东朝城地区，初伏早晨以麦仁豇豆绿豆作饭，水淘食之以祛暑。

鳝羹，清代江苏句容一带，六月六日啜鳝羹。

暑汤，见《京都风俗志》："伏日，人家有食盛馔异于平日者，谓之'贴伏膘'。或以此日起，有舍冰水者，或有煎苏叶、藿香叶、甘草等汤，于市中舍之，谓之'暑汤'。"

新莲，见《北平俗曲十二景》："六月三伏好热天，什刹海前正好赏莲。男男女女人不断，听完大鼓书，再听'十不闲'。逛河沿，果子摊儿全,西瓜香瓜杠口甜。冰儿振的酸梅汤,打冰乍买,了把子莲蓬,转回家园。"又见《帝京岁时纪胜》说:"盛暑食饮,最喜清新。……京师莲实种二:内河者嫩而鲜,宜承露,食之益寿;外河坚而实,宜干用。"

烙饼摊鸡蛋,见《北平指南》:"入伏亦有饮食期,初伏水饺,二伏面条,至三伏则为饼,而佐以鸡蛋,谓之'贴伏膘'。谚云:'头伏饽饽二伏面,三伏烙饼摊鸡蛋。'"

新稻,南方六月早稻开镰,故夏日又有尝新之举。清代湖北石首一带,称六月六日为"清暑之节",采新谷、宰子鸡,名曰"尝新";清代湖南衡州一带,六月稻熟食新,试新宴客忌讳用鸡,因鸡与"饥"同音,不吉利。

伏日食物,不同地区有不同特色,以防暑降温为目的者居多。

16. 乞巧

七月初七日,为乞巧节,又曰"七夕"。民间神话传说以此日为牛郎织女过鹊桥越银河相会之期,《贾氏说林》又有七夕为双星节或双莲节的说法。《物原》说"楚怀王初置七夕",未知确否。唐宋间较重乞巧节,有较为盛大的活动。如《开元天宝遗事》说:"帝(玄宗)与贵妃每至七月七日夜,在华清宫游宴。时宫女辈陈瓜花酒馔列于庭中,求恩于牵牛、织女星也。……宫中以锦结成楼殿,高百尺,上可以胜数十人,陈以瓜果、酒炙,设坐具,以祀牛、女二星。"严格说来,七夕实为女人节,女人乞巧求福,盼在此时。七夕祭星与享用的节物,大略有汤饼、同心鲙、斫饼、煎饼、油饳、巧水、巧饼、巧果等。

汤饼,见《岁时广记》引《风土记》:"魏人或问董勋云:'七月七日为良日,饮食不同于古,何也?'勋云:'七月黍熟,七日为阳数,故以糜为珍。今北人唯设汤饼,无复有糜矣。'"可知在汤饼之前,古人七夕是用糜粥。

砑饼，见《岁时广记》引《唐六典》："七月七日进砑饼。"砑饼当为切饼，熟饼切后再吃。

煎饼，见《岁时杂记》："七夕，京师人家亦有造煎饼供牛女及食之者。"

油馓，清代江西建昌地区，七夕女子作乞巧会，罗拜月下，用米粉煎油馓食之。

巧水，清代江西广昌地区，七月七日妇女作乞巧会，罗拜月下，以各种果实置糖水蜜水中，露一宿后，天明饮之，谓之"巧水"。

果茶，清代福建罗源地区，七夕家家户户以桃仁杂果点茶，相互递饮。

巧饼，清代福建邵武地区，七月七日做面饼，谓之"巧饼"。

熟豆，清代福建漳州地区，七夕女儿乞巧，持熟豆相馈，谓之"结缘"，与佛节的结缘豆相同。

巧果，清代江苏武进地区，士大夫家馈赠，七月七日必以巧果相饷。

同心鲙，见《金门岁节》："七夕装同心鲙。"

古代乞巧活动，还有所谓"斗巧宴"。《元氏掖庭记》说："九引台，七夕乞巧之所。……至大中，洪妃宠于后宫，七夕诸嫔妃不得登台。台上结彩为楼，妃独与宫官数人升焉。剪彩散台下，令宫嫔拾之，以色艳淡为胜负。次日设宴大会，谓之'斗巧宴'，负巧者罚一席。"

炎夏的暑热尽管让人难以忍受，清新的饮食却给人美好的享受。炎夏确实不会让人留恋，人们盼望凉爽的秋季送得金风来。

三、爽秋

秋高气爽，一个收获的季节。萧瑟秋风，大雁南归，友朋伤离别，恋人苦相思。但金秋给人们带来的喜悦，其实并不亚于阳春。在四季分明的地域居住的人们，之所以特爱春暖和秋凉，是因为饱受了冬寒夏暑的煎熬。许多节日的设置传播，与季节的变换有着紧密的联系。秋天的节日虽不是太多，却十分重要，例如中秋和重阳，古今都很重视。秋季节日的食物也很丰富，注重天产，人们尽情享受大自然的赐予。

17. 立秋

立秋之日，历来不曾有太隆重的庆祝仪式，但相应的饮食活动还是有的，如食瓜吃藕，在一些地区就是比较固定的传统项目。

吃莲蓬和藕，见《酌中志》："立秋之日，戴楸叶，吃莲蓬、藕，晒伏姜，赏茉莉、栀子、兰、芙蓉等花。"

吃西瓜，见《清嘉录》，立秋"或食（西）瓜饮烧酒，以迎新爽"。

18. 中秋

八月十五日，秋已过半，是为中秋。中秋仪节，先秦时代当已有之。《礼记·月令》说，仲秋之月，"养衰老，授几杖，行糜粥饮食"。这里并没明指某一天，当包括望日（十五日）在内。枚乘所作《七发》，则明确提到了八月十五结友观涛的事，有"将以八月之望，与诸侯远方交游兄弟，并往观涛乎广陵之曲江"之句。

中秋之夜赏月，并享用与月亮有关的食物，至迟在唐代已成风气，这是名副其实的中秋节。唐人爱中秋月色，可举两诗为证。一为司空图的《中秋》："闲吟秋景外，万事觉悠悠。此夜若无月，一年虚过秋。"一为曹松的《中秋对月》："无云世界秋三五，共看蟾盘上海涯。直到天头天尽处，不曾私照一人家。"中秋不见月，是件很遗憾的事。《隋唐嘉话》说："李恕隐首阳山，中秋夕与友人携酒望月。恕曰：'若无明月，岂不愁杀人也！'"中秋赏圆月，思亲会友，风雅度良宵。《开元天宝遗事》记载说："苏颋与李乂对掌文诰，玄宗顾念之深也。八月十五夜，于禁中直宿诸学士玩月，备文字之酒宴。时长天无云，月色如昼，苏曰：'清光可爱，何用灯烛！'遂使撤去。"赏月之时，月光月影最是可爱，用不着灯烛争辉。苏东坡中秋欢饮达旦，大醉之时，抒发思亲之情，作《水调歌头》，铸就千古名篇，"明月几时有，把酒问青天"，"人有悲欢离合，月有阴晴圆缺，此事古难全。但愿人长久，千里共婵娟"。这些句子也就成了千古绝唱。

中秋节物，主要有玩月羹、月饼、桂花酒等。

玩月羹，见《膳夫录》，汴中节食，"中秋玩月羹"。

月饼，《元氏掖庭记》中有"仲秋之夜……当其月丽中天，彩云四合，帝乃开宴张乐，荐蜻翅之脯，进秋风之鲙，酌玄霜之酒，啖华月之糕"的句子，其中"华月之糕"当与月饼相似。又《西湖游览志余·熙朝乐事》说："八月十五日谓之'中秋'，民间以月饼相遗，取团圆之义。"《帝京景物略》则说："八月十五日祭月，其祭果饼必圆；分瓜必牙错瓣刻之，如莲华。……月饼月果，戚属馈相报，饼有径二尺者。女归宁，是日必返其夫家，曰'团圆节'也。"月饼也谓之"团圆饼"，《酌中志》说："至（八月）十五日，家家供月饼、瓜果，候月上焚香后，即大肆饮啖，多竟夜始散席者。如有剩月饼，仍整收于干燥风凉之处，至岁暮合家分用之，曰'团圆饼'也。"《燕京岁时记》也说："中秋月饼……大者尺余，上绘月宫蟾兔之形。有祭毕而食者，有留至除夕而食者，谓之'团圆饼'。"

桂花酒，见《帝京岁时纪胜》："中秋桂饼之外，则卤馅芽韭稍麦、南炉鸭、烧小猪、挂炉肉，配食糟发面团、桂花东酒。"

中秋节饮食活动，多以家庭为单位进行，增进长幼亲情；也要在亲邻间互赠节物，联络彼此感情。《北平风俗类征》引《月令广义》云："燕都士庶，中秋馈遗月饼、西瓜之属，名'看月会'。"清代江苏句容地区，八月中秋办饼筵，大会亲朋。《京都风俗志》则述及家庭赏月宴，中秋夜拜月礼毕，"家中长幼咸集，盛设瓜果酒殽，于庭中聚饮，谓之'团圆酒'"。

19. 重阳

九月九日谓之"重阳"，也是一个古老的节日，是可与春日三月三日上巳相提并论的重要秋节。重阳登高思亲，饮菊酒、食花糕，在古代是极重的节仪。据《物原》说，春秋齐景公始为登高之节。重阳登高，唐宋时极盛。《千金月令》说："重阳之日，必以肴酒登高眺远，为时宴之游赏，以畅秋志。酒必采茱萸、甘菊以泛之，既醉而还。"更早的《荆楚岁时记》也提到："九月九日，四民并籍野饮宴。"野宴成为秋节一种重要的饮食活动。古人还借登高抒发思乡思亲的情怀，如唐人韦庄《婺州水馆重阳日作》诗："异国逢佳节，凭高独苦吟。一杯今日醉，万里故园心。"可谓情真意切。又如王维名篇《九月九日忆山东兄弟》，更是真切动人："独在异乡为异客，每逢佳节倍思亲。遥知兄弟登高处，遍插茱萸少一人。"

重阳时节，秋菊盛开。不仅要赏菊，还要饮菊花酒，吃菊花糕，或者吟菊诗。白居易有《禁中九日对菊花酒忆元九》诗："赐酒盈杯谁共持，宫花满把独相思。相思只傍花边立，尽日吟君咏菊诗。"

重阳菊花酒，制法见《西京杂记》："戚夫人侍儿贾佩兰，后出为扶风人段儒妻，说在宫内时……九月九日，佩茱萸、食蓬饵、饮菊花酒，令人长寿。菊花舒时，并采茎叶，杂黍米酿之，至来年九月九日始熟，就饮焉，故谓之'菊花酒'。"《古今图书集成》所引《风土记》也提及菊花酒："汉俗九日饮菊花酒，以被除不祥。"

重阳食糕，是很重要的传统，糕与"高"同音，寓意吉祥。重阳糕品种很多，主要有菊花糕、万象糕、狮蛮糕、食禄糕和花糕等，各具特色。

菊花糕，见《岁时广记》引《文昌杂录》："唐岁时节物，九月九日则有茱萸酒、菊花糕。"

万象糕，见《皇朝岁时杂记》："国家大礼，常以九月宗祀明堂，故公厨重九作糕，多以小泥象糁列糕上，名曰'万象糕'。"

狮蛮糕，见《东京梦华录》："（都人重九）前一二日，各以粉面蒸糕遗送。上插剪彩小旗，糁钉果实，如石榴子、栗子黄、银杏、松子肉之类。又以粉作狮子蛮王之状，置于糕上，谓之'狮蛮'。"《岁时杂记》也有类似记载："都人遇重九，以酒、果、糕等送诸女家，或遗亲识。其上插菊花，撒石榴子、栗黄。或插小红旗，长二三寸。又埴泥为文殊菩萨骑狮子像，蛮人牵之，以置糕上。"这么说来，狮蛮糕确实与佛教有些关系了。

食禄糕，见《岁时杂记》："民间（九月）九日作糕，每糕上置小鹿子数枚，号曰'食禄糕'。"

花糕，见《帝京景物略》："九月九日，载酒具、茶炉、食榼，曰登高。……面饼种枣栗其面，星星然，曰'花糕'。糕肆标纸彩旗，曰'花糕旗'。"《京都风俗志》所记又有不同："重九日，人家以花糕为献。其糕以麦面作双饼，中夹果品，上有双羊像，谓之'重阳花糕'。"这两种花糕，同见于《燕京岁时记》："花糕有二种：其一以糖面为之，中夹细果，两层三层不同，乃花糕之美者；其一蒸饼之上星星然缀以枣栗，乃糕之次也。每届重阳，市肆间预为制造以供用。"《帝京岁时纪胜》所记花糕又稍有不同："京师重阳节花糕极胜。有油糖果炉作者，有发面累果蒸成者，有江米黄米捣成者，皆剪五色彩旗以为标帜。市人争买，供家堂，馈亲友。小儿辈又以酸枣捣糕，火炙脆枣，糖拌果干，线穿山楂，绕街卖之。"

古代重阳节物，还有迎霜兔、酒糟蟹、羊肝饼、九品羹和毛豆等。

迎霜兔，见《北平风俗类征》引《燕都杂咏》注："九月食迎霜兔。"所引秦徵兰《天启宫词》注也说："重阳前后，内官设宴相邀，谓之'迎霜宴'，席间食兔，谓之'迎霜兔'。"

酒糟蟹，见《燕京岁时记》："重阳时以良乡酒配糟蟹等而尝之，最为甘美。良乡酒者，本产于良乡，近京师亦能造之。其味清醇，饮之舒畅，但畏热不能过夏耳。"秋蟹正肥，可糟食，亦可蒸食，《天咫偶闻》有云，"都人重九喜食蒸蟹"。糟蟹之法，按清人《调鼎集》的记述，有多种多样，其中一法曰："团脐肥蟹十斤洗净候干，用麻皮丝扎住脚，椒末、大小茴香各一两，甘草、陈皮末各五钱，炒盐半斤，一半放入糟内，一半放入脐内，一层蟹一层糟，蟹仰纳糟上，灌白酒娘浸后，炒盐封口，宜霜降后糟。"

羊肝饼，见《金门岁节》："洛阳人家重阳作迎凉脯、羊肝饼。"

九品羹，清代无锡地区，九月九日吃重阳糕和九品羹。羹法不明。

毛豆，清代福建长汀地区，重阳家家蒸栗糕，采田中毛豆相馈，美其名曰"毛豆节"。

九九重阳，次日亦谓重阳，称为"小重阳"。《岁时杂记》说："都城士庶，多于重九后一日，再集宴赏，号'小重阳'。"李白也有诗云："昨日登高罢，今朝更举觞。菊花何太苦，遭此两重阳。"（《九月十日即事》）

秋日给人们带来的不仅仅是萧瑟的秋风，还有累累的果实，是一个让人十分留恋的季节。

四、暖冬

秋去冬来，又步入一个寒冷的世界，正所谓"冬日烈烈，飘风发发"（《诗经·小雅·四月》）。雪地冰天，万物闭藏。越是在寒冷的季节，人们越是能创造出热烈的气氛，同自然抗争，与严冬斗趣。许多热烈的气氛，都通过节令饮食活动体现出来。

冬季有一些隆重的节日，其中以冬至和除夕最为重要。冬节食物也很丰富，人们有较多的闲暇来从事烹饪制作，不像春夏秋三季关注的重点在尝新。寒冬中透着温暖，温暖出自炉中，出自餐桌，人们用丰富多彩的饮食活动，驱走严寒，温暖自己的身，也温暖自己的心。

20. 暖寒

这不是一个节日的名称，古代是指十月一日进行的饮食活动，古人通常是在自己制造的火热的氛围中，迎接寒冬的到来，这正是"暖寒"意义之所在。岂止在十月一日如此，整个冬季也都是如此，气候越是寒冷，人心越是火热，冬日要过得暖暖的，"暖冬"之谓也。

古代的黄河流域，以农历十月为冬季首月，十月一日则被当作冬季到来的首日。尽管还有"立冬"这一节候（一般在十月一日以后数日），但古人更重视十月一日这一天，有一些特别的饮食活动，最有特点的是所谓"暖炉会"。是日始生火御寒，饮酒作乐，所以有"暖炉"之名。《东京梦华录》说，十月朔，"有司进暖炉炭。民间皆置酒作暖炉会"。《岁时杂记》也说："京人十月朔沃酒，及炙脔肉于炉中，围坐饮啖，谓之'暖炉'。"不仅在北方，就是在较为温暖的南方，暖炉会也照样少不得。清代湖北钟祥地区，"十月朔日，民间饮酒，作暖炉会"。清代江南太平府地区，十月一日"始以火御寒，市糕作供，曰'暖炉'，亲戚相馈"。（《古今图书集成·历象汇编·岁功典》第八十二卷）

十月朔日的节物尚有粔籹、焦糖、黍臛等。《山家清供》说："杜甫十月一日，乃有'粔籹作人情'之句。……考朱氏注《楚辞》'粔籹蜜饵'……粔籹乃蜜面之干者，十月开炉，饼也。"蜜面炉饼，趁热食用，一定会让人觉得暖融融的。《唐杂录》说："十月一日，夔俗作蒸裹燋（焦）糖为节物。"蒸裹不明为何物，焦糖当为粮食熬制的脆糖，今北方人称为"关东糖"，是常见的冬令节物。

至于黍臛，实际是黍子羹，在古代被视作粗食。《荆楚岁时记》说：

"十月朔日，黍臛。"作者接着说："未详黍臛之义。今北人此日设麻羹、豆饭，当为其始熟尝新耳。"此俗当为兼取尝新和健身二意，热羹食下，用祛冬寒。《岁时广记》也特别提及："《太清草木方》：'十月一日，宜食麻豆钻。'《荆楚岁时记》云：'人皆食黍臛。'则炊干饭，以麻豆羹沃之。钻，即黍臛也。"

冬季的一些风味食品，也都兼有健身作用，北人爱吃的冰糖葫芦便是一例。《燕京岁时记》这样写道："冰糖壶卢乃用竹签，贯以葡萄、山药豆、海棠果、山里红等物，蘸以冰糖，甜脆而凉。冬夜食之，颇能去煤炭之气。"常常围坐炉火旁边，体内难免火盛，用冰糖葫芦败火，是最好不过了。

有闲又有钱，寒冬自然也是一个很有趣的消遣季节。《东京梦华录》说："豪贵之家，遇雪即开筵，塑雪狮，装雪灯，雪□以会亲旧。"《燕京杂记》亦说："冬月，士大夫约同人围炉饮酒，迭为宾主，谓之'消寒社'。好事者联以九人，定以九日，取九九消寒之义。"

21. 冬至

古时极重冬至节，甚至将它与春节相提并论。《东京梦华录》说："京师最重此节。虽至贫者，一年之间，积累假借，至此日更易新衣，备办饮食，享祀先祖，官放关扑，庆贺往来，一如年节。"《岁时杂记》还说："冬至既号'亚岁'，俗人遂以冬至前之夜为'冬除'，大率多仿岁除故事而差略焉。"清代江南嘉定地区，依然极重冬至前一日，"名'节夜'，亦谓之'除夜'"。因岁除而立冬除，冬至的意义便可由此揣度出来了。清代福建漳浦地区，"冬至日人家作米丸，家人团圞而食，谓之'添岁'"。(《古今图书集成·历象汇编·岁功典》第八十八卷)"亚岁"之说，至迟起于唐代，皎然《冬至日陪裴端公使君清水堂集》中的诗句"亚岁崇佳宴，华轩照渌波"便是见证。以冬至为节的习俗，则可上溯得更早，如《四民月令》所说："冬至之日荐黍糕，先荐玄冥以及祖祢，其进酒肴，及谒贺君师耆老，如正日。"

冬除和冬至节食，除了上面提及的米丸和黍糕外，还有百味馄饨、冬至盘、冬至团等。

百味馄饨，见《乾淳岁时记》，冬至"三日之内，店肆皆罢市，垂帘饮博，谓之'做节'。享先则以馄饨，有'冬馄饨年馎饦'之谚。贵家求奇，一器凡十余色，谓之'百味馄饨'"。冬至吃馄饨，还见于《岁时杂记》："京师人家，冬至多食馄饨，故有'冬馄饨年馎饦'之说。又云'新节已故，皮鞋底破，大捏馄饨，一口一个'。"《北平指南》也说："十一月通称冬月。谚谓'冬至馄饨夏至面'者，盖是月遇冬至日，居民多食馄饨，犹夏至之必食面条也。"

冬至团，即粉团，见《清嘉录》："比户磨粉为团，以糖、肉、菜果、豇豆沙、萝菔丝等为馅，为祀先祭灶之品，并以馈贻，名曰'冬至团'。"

冬至盘，大约与春盘相类似，亦见《清嘉录》："郡人最重冬至节，先日，亲朋各以食物相馈遗，提筐担盒，充斥道路，俗呼'冬至盘'。"吴人冬至赠送节物之风极盛，这还可由周遵道《豹隐纪谈》中读到："吴门风俗多重至节，谓曰'肥冬瘦年'。……互送节物，颜侍郎度有诗云：'至节家家讲物仪，迎来送去费心机。脚钱尽处浑闲事，原物多时却再归。'"送来送去，最后收到的却是自己先前送出的节物。

冬至饮食氛围，依然以围炉为佳。清代杭州府，冬至家家"以牲果祀神享先，煮赤豆饭，蒸新米糕，爇栗炭于围炉"。即便是在岭南，围炉而食亦为至节盛事。广东顺德地区，"冬至祀祖，燕宗族。风寒召客，则以鱼肉腊味蚬菜杂烹，环鼎而食，谓之'边炉'，即东坡之'骨董羹'"。北方地区就更不用说了，火炉是断然少不了的。清代河北南皮地区，冬至互相拜贺，"拥炉会饮，谓之'扶阳'"。（《古今图书集成·历象汇编·岁功典》第八十八卷）

由于炉火熏蒸，使人易生内火，所以冬至日还要吃一种健康食物——赤豆粥。《荆楚岁时记》说："冬至日……作赤豆粥以禳疫。"清代河南陈州地区，"冬至俗煮赤小豆食之，以汤洒地，曰'辟瘟'"。(《古今图书集成·历象汇编·岁功典》第八十八卷）

贫寒人家，冬至也要过节，他们没有太好的口福，甚至以食腌菜为乐。有吴曼云《江乡节物词》所说的"冬至食腌菜"为证："吴盐匀洒密加封，瓮底春回菜甲松。碎剪冰条付残齿，贫家一样过肥冬。"

22. 腊日

腊月（农历十二月）初八，是为腊日，或称"腊八"。《说文》说，"冬至后三戌"为腊。《岁时广记》引《史记·秦本纪》说："秦惠文君十二年，初腊。"这是公元前326年的事，但《物原》又说"神农初置腊节"。腊节为一个祭祀之节，起源当是很早时代的事。《风俗通义》说："夏曰'嘉平'，殷曰'清祀'，周曰'大蜡'，汉改为'腊'。'腊'者，'猎'也，言田猎取禽兽，以祭祀其先祖也。"这一日既祭祖亦祀神，所以《玉烛宝典》又说："腊者祭先祖，蜡者报百神，同日异祭也。"后来，腊节的祀典只被帝王看重，一般的平民就不那么重视了。不过腊日却有比较特别的节物，有所谓脂花馂、萱草面，还有腊八粥、腊八蒜，至今仍然很受重视。

脂花馂，见《金门岁节》："洛阳人家腊日造脂花馂。"脂花馂为何物不详，也许为油渣之类。《酌中志》说："十二月初一日起，便家家买猪，腌肉，吃灌肠，吃油渣。"可见自唐至明，油渣也是冬令佳物。

萱草面，载于《清异录》，张手美家"萱草面（腊日）、法王料斗（腊八）"。萱草面当指黄花菜合煮的面食，而法王料斗就不知为何物了。

腊八粥，据传与佛教有关，古印度乔答摩·悉达多饥饿时吃了牧女煮的果粥，静思菩提树下，于十二月八日成佛，他就是佛祖释迦牟尼。后来佛寺在腊八要诵经，煮粥敬佛，所以就有了腊八粥。《梦粱录》说，腊八"大刹等寺，俱设五味粥，名曰'腊八粥'"。《武林旧事》也说："寺院及人家用胡桃、松子、乳蕈、柿栗之类作粥，谓之'腊八粥'。"《酌中志》也记有腊八粥的制法："先期数日，将红枣捶破泡汤，至初八早，加粳米、白果、核桃仁、栗子、菱米煮粥，供佛圣前、户牖、园树、井灶之上各分布之。举家皆吃，或亦互相馈送，夸精美也。"粥中杂果，愈多愈妙。《天咫偶闻》即说："都门风土，例于腊八日，人家杂煮豆米为粥。其果实如榛、栗、菱、芡之类，矜奇斗胜，有多至数十种，皆渍染朱碧色，糖霜亦如之。"

腊八蒜，腊八制作，但不是腊八食用，即醋浸蒜，或加糖为糖醋蒜。《北平风俗类征》引《春明采风志》说："腊八蒜亦名'腊八醋'。腊日多以小坛甔贮醋，剥蒜浸其中，封固，正月初间取食之，蒜皆绿，味稍酸，颇佳，醋则味辣矣。"北人吃面条饺子，佐以醋蒜，为至美之味。

23. 祭灶

腊月二十四日为祭灶之日，又称为"小年夜"。南北祭灶也有早一日或迟一日的，不求一律。《荆楚岁时记》引许慎《五经异义》说祝融为灶神，或又以为黄帝、炎帝死而为灶神。祭灶即祭灶神，是一种很古老的祀典，是原始自然崇拜的产物。《礼记·礼器》说："夫奥（灶）者，老妇之祭也。盛于盆，尊于瓶。"说祭灶以盆为食器，以瓶为酒器。

后来，又有了一种祭灶得福的传说，所以人们在祭祀时更加虔诚了。据《荆楚岁时记》说，汉时祭灶兴用黄犬，谓之"黄羊"。《燕京岁时记》说："二十三日祭灶，古用黄羊，近闻内廷尚用之，民间不见用也。民间祭灶惟用南糖、关东糖、糖饼及清水草豆而已。"

祀灶神之所以要用糖，据说是为了粘住灶神的嘴，免得他在上天时说长道短。《太平御览》引《淮南万毕术》说："灶神晦日归天，白人罪。"东晋葛洪《抱朴子内篇·微旨》也说："月晦之夜，灶神亦上天白人罪状。"有的地方祭灶时还用酒糟涂抹灶门，称为"醉司命"，醉了的灶神自然就说不出什么坏话了（这样一来，好话也无从说起了）。宋代范成大写过一首《祭灶词》，风趣地描述了人们祭灶时的心境：

> 古传腊月二十四，灶君朝天欲言事。
> 云车风马小留连，家有杯盘丰典祀。
> 猪头烂熟双鱼鲜，豆沙甘松粉饵团。
> 男儿酌献女儿避，酹酒烧钱灶君喜。
> 婢子斗争君莫闻，猫犬触秽君莫嗔。
> 送君醉饱登天门，杓长杓短勿复云，乞取利市归来分。

祭灶的食物，除了这里说的双色猪头肉，还有其他一些，如《北平指南》所说："二十三日祭灶，供以糖饼、糖瓜、黍糕、胡桃等。"此外还用米花糖，如《乾淳岁时记》说："二十四日谓之'交年'，祀灶用花饧米饵……及作糖豆粥，谓之'口数'。"《西湖游览志余·熙朝乐事》也提到："十二月二十四日，谓之'交年'，民间祀灶，以胶牙饧、糯米花糖、豆粉团为献。"

范成大还作有《口数粥行》：

> 家家腊月二十五，淅米如珠和豆煮。
> 大杓鏐铛分口数，疫鬼闻香走无处。
> 镂姜屑桂浇蔗糖，滑甘无比胜黄粱。
> 全家团栾罢晚饭，在远行人亦留分。
> 褓中孩子强教尝，余波遍沾获与臧。

新元叶气调玉烛，天行已过来万福。

物无疵疠年谷熟，长向腊残分豆粥。

人人都要吃上一口，甚至猫犬也不例外，所以有这"口数粥"的名目。口数粥也是赤小豆粥，同冬至粥一样，也是为了防治瘟病，并非为食味。

24. 除夕

旧年将去的年三十，是为除夕。古代极重除夕之夜的礼仪，人们通宵不寐，以待新年，称为"守岁"。周处《风土记》说："蜀之风俗，晚岁相与馈问，谓之'馈岁'；酒食相邀，为'别岁'；至除夕，达旦不眠，谓之'守岁'。"

守岁缘起何时？据《事物原始》说："守岁之事，三代前后典籍无文。至唐杜甫《守岁于杜位家》诗云'守岁阿戎家，椒盘已颂花'，疑自唐始。"到宋代，守岁已成不移的传统，《东京梦华录》说，除夕"士庶之家，围炉团坐，达旦不寐，谓之'守岁'"。《物原》中有"巫咸始置除夕节"的说法，不知何据。

除夕家家举宴，谓之"合家欢"。《清嘉录》即云："除夜，家庭举宴，长幼咸集，多作吉利语。名曰'年夜饭'，俗呼'合家欢'。周宗泰《姑苏竹枝词》云：'妻孥一室话团圞，鱼肉瓜茄杂果盘。下箸频教听谶语，家家家里合家欢。'"这顿年饭，各地颇多讲究，举例如下。

《京都风俗志》说，除夕，"人家盛新饭于盆锅中以储之，谓之'年饭'。上签柏枝、柿饼、龙眼、荔枝、枣栗，谓之'年饭果'，配金箔元宝以饰之。家庭举燕，少长欢嬉，儿女终夜博戏玩耍。妇女治酒食，其刀坫之声，远近相闻"。《北平风俗类征》引《春明采风志》也说，除夕年饭"用金银米置黑磁盆中，上插松枝挂钱，下着年果、枣、栗、龙眼、荔枝、柿饼之类，供于堂上，破五始撤"。

《清嘉录》说:"煮饭盛新竹箩中,置红橘、乌菱、荸荠诸果及糕元宝,并插松柏枝于上,陈列中堂,至新年蒸食之,取有余粮之意,名曰'年饭'。"书中援引闵玉井《蒸饭》诗,描述了年饭的置办情形:"风俗隔年陈,中堂位置新。但教炊似玉,不使甑生尘。苍翠标松正,青红钉果匀。家家欣鼓腹,留此待开春。"《清嘉录》还提到年饭中有一款"安乐菜",寓吉祥之意。书中说:"分岁筵中,有名'安乐菜'者,以风干茄蒂杂果蔬为之,下箸必先此品。蔡云《吴歈》云:'分岁筵开大小除,强将茄蒂入盘蔬。人生莫漫图安乐,利市偏争下箸初。'"

有些地方的年饭是吃火锅,如清代潮州地区,"除夕设火井于厅,相围以食,谓之'围炉'"。(《古今图书集成·历象汇编·岁功典》第九十五卷)《清嘉录》也提及火锅,称为"暖锅"(边炉):"年夜祀先分岁,筵中皆用冰盆,或八,或十二,或十六,中央则置以铜锡之锅,杂投食物于中,炉而烹之,谓之'暖锅'。"

又据《荆楚岁时记》说:"岁暮,家家具肴蔌,诣宿岁之位,以迎新年。相聚酣饮。留宿岁饭,至新年十二日,则弃之街衢,以为去故纳新也。"这种风俗在以后似不大时兴了,隔年饭虽还要留下,但还是为了在新年享用,而不是泼洒在马路边。

除夕之夜,是分岁之时,旧岁逝去,新春来临。待到次日,大年初一,虽然依旧是那么寒冷,人们却觉着已经置身于春天之中了,新年欢欢喜喜,已是完全笼罩在春的气息之中了。

五、岁时的寄托

年复一年,月复一月,人们的希望与寄托,就在未来的年年月月。孩童盼年节,盼望好吃好喝;成人盼年节,盼有新的成功、新的收获。

人们平日的饮食,多半为口腹之需;而岁时的享用,则主要为精神之需。节令饮食活动，是文化活动，也是社会活动。在这样的活动中，人们享受自然的恩赐，喜尝收获的果实，联络彼此的感情，抒发美好的情怀，休养自己的体魄。

饮食与节令之间，本来存在着一种极清楚的联系。各种食物的收获有很强的季节性，收获的季节一般即为享用的季节，这些就是现今所说的时令食品。在一些季节性很强的果蔬和谷类作物成熟时，人们要举行尝新仪式，不少节日都包含有尝新饮食活动，尤其在春夏秋三季更是如此。这是我们这个以农业立国的民族的一个重要文化传统，新的季节，有新的气象，也必有新的食物，有新的希望。

春日尝新，古时重樱桃与春笋，有"樱笋厨"之谓。唐《辇下岁时记》说："四月十五日，自堂厨至百司厨，通谓之'樱笋厨'。"又有韩偓《湖南绝少含桃偶有人以新摘者见惠感事伤怀因成四韵》诗注云："秦中为樱笋之会，乃三月也。"一年之中，樱桃是最早成熟的果实，难怪人们要争先尝鲜了，甚至迫不及待，掐下尚未成熟的涩果，用蜜糖渍来吃。

春日成熟的果品有限，为了尝新，人们要食树上花、枝上芽，尽情享受大自然的恩赐。梅花、榆荚、椿芽、松黄，都是入馔佳品。《山家清供》提到一款"蜜渍梅花"，援引了一首杨诚斋的诗："瓮澄雪水酿春寒，蜜点梅花带露餐。句里略无烟火气，更教谁上少陵坛。"然后略述了制法。他说："剥白梅肉少许，浸雪水，以梅花酿酝之，露一宿取出，蜜渍之。可荐酒。较之扫雪烹茶，风味不殊也。"榆荚入馔，见于《人海记》："三月初旬榆荚方生时，官厨采供御馔，或和以粉，或以面。内直词臣每蒙赐食……"皇上爱吃，臣下也沾光。榆荚也用于糕饼，称为"榆钱糕"。椿芽更是美味了，可拌可炒，可腌可炸，还可用于点茶。明代屠本畯在《野菜笺》中有诗说："香椿香椿生无花，叶娇枝嫩成杈丫。不比海上大椿八千岁，岁岁人不采其芽。香椿香椿慎勿哗，儿童扳摘来点茶，嚼之竟日香齿牙。"

至于松黄，入面做饼，更是风味独具。《居山杂志》说："松至三月华（花），以杖扣其枝，则纷纷坠落，张衣械盛之，囊负而归，调以蜜作饼遗人，曰松华（花）饼。"《山家清供》述及松黄饼，指的便是松花饼。书中说："春末，取松花黄和炼熟蜜，匀作如古龙涎饼状，不惟香味清甘，亦能壮颜益志、延永纪筭。"作者还说，如果以松黄饼佐酒，"饮边味此，使人洒然起山林之兴，觉驼峰、熊掌皆下风矣"。美是不美，有此一喻，也就再明白不过了。

对于自己辛勤耕作的收获物，人们更是珍爱，尝新的仪式更是少不得的。麦秋之前，稻熟之时，都是农人们的节日。麦子是一年之中最早成熟的五谷，对它的尝新往往是在它还未完全成熟之时，我们不妨在此重提尝麦的举动。《酌中志》说，四月"取新麦穗煮熟，剁去芒壳，磨成细条食之，名曰'稔转'，以尝此岁五谷新味之始也"。新麦制的稔转，又写作"碾转"或"连展"，用的是尚未完全成熟的麦穗。《乡言解颐》说，河北农村取雅麦之"将熟含浆者，微炒，入磨下，条寸许，以肉丝、王瓜、莴苣拌食"，这要算是一种讲究的杂拌了。

在尝新之先，还要荐新，这是自周代时起立下的规矩，也就是用时令新物祭祀祖宗。帝王的祖庙称作太庙，荐新的仪式，就在太庙举行。各代帝王荐新品物多少有些变化，宋至清几朝，便有不同。

宋代皇宫内的荐新品物，四季采用的有五十余种。据《宋史·礼志十一》所记，所荐新物大略如下：

> 每岁春孟月荐蔬，以韭、以菘，配以卵，仲月荐冰，季月荐蔬以笋，果以含桃；夏孟月尝麦，配以彘，仲月荐果，以瓜、以来禽，季月荐果，以芡、以菱；秋孟月尝粟、尝秫，配以鸡，果以枣、以梨，仲月尝酒、尝稻，蔬以茭笋，季月尝豆、尝荞麦；冬孟月羞以兔，果以栗，蔬以薯蓣，仲月羞以雁、以獐，季月羞以鱼。凡二十八种，所司烹治。自彘以

下，令御厨于四时牙盘食烹馔，卜日荐献，一如《开宝通礼》。

宋时尝鲜荐新品物时有增减，难以缕述。

金代在海陵天德二年（1150年），"命有司议荐新礼"，据《金史·礼志四》所述，荐新品类如下：

> 正月，鲔，明昌间用牛鱼（牛鱼状似鲔），无则鲤代。二月，雁。三月，韭，以卵、以荼。四月，荐冰。五月，笋、蒲，羞以含桃。六月，麨肉，小麦仁。七月，尝雏鸡以黍，羞以瓜。八月，羞以芡、以菱、以栗。九月，尝粟与稷，羞以枣、以梨。十月，尝麻与稻，羞以兔。十一月，羞以麋。十二月，羞以鱼。

明代荐新，有季、月、日几种名目。据《明会典》所记，洪武二年（1369年）"重定时享，春以清明，夏以端午，秋以中元，冬以冬至，惟岁除如旧"。一年四季，要举行五次比较重大的祭飨荐新活动。

各代有太庙，明代又有奉先殿，都是祭祖的所在。《明史·礼志六》云：

> 洪武三年，太祖以太庙时享，未足以展孝思，复建奉先殿于宫门内之东。以太庙象外朝，以奉先殿象内朝。……每日朝晡，帝及皇太子诸王二次朝享。皇后率嫔妃日进膳羞。诸节致祭，月朔荐新，其品物视元年所定。

明代奉先殿所供膳羞，定例一日一新。据孙承泽《思陵典礼纪》说：

奉先殿每日供养：初一日卷煎，初二日髓饼，初三日沙炉烧饼，初四日蓼花，初五日羊肉肥面角儿，初六日糖沙馅馒头，初七日巴茶，初八日蜜酥饼，初九日肉油酥，初十日糖蒸饼，十一日烫面烧饼，十二日椒盐饼，十三日羊肉小馒头，十四日细糖，十五日玉菱白，十六日千层饼，十七日酥皮角，十八日糖枣糕，十九日酪，二十日麻腻面，二十一日蜂糖糕，二十二日芝麻烧饼，二十三日卷饼，二十四日燧羊蒸卷，二十五日雪糕，二十六日夹糖糕，二十七日两熟鱼，二十八日象眼糕，二十九日酥油烧饼。

太庙月朔荐新品物，按《明史·礼志五》的记载是：

正月，韭、荠、生菜、鸡子、鸭子。二月，水芹、蒌蒿、台菜、子鹅。三月，茶、笋、鲤鱼、鲎鱼。四月，樱桃、梅、杏、鲥鱼、雉。五月，新麦、王瓜、桃、李、来禽、嫩鸡。六月，西瓜、甜瓜、莲子、冬瓜。七月，菱、梨、红枣、蒲萄。八月，芡、新米、藕、茭白、姜、鳜鱼。九月，小红豆、栗、柿、橙、蟹、鳊鱼。十月，木瓜、柑、橘、芦菔、兔、雁。十一月，荞麦、甘蔗、天鹅、鹧鸪、鹿。十二月，芥菜、菠菜、白鱼、鲫鱼。

清代的奉先殿荐新礼仪，与明代大体相同，唯荐新品物略有不同，据《清史稿·礼志四》的记述，大体为：

正月鲤鱼、青韭、鸭卵。二月莴苣、菠菜、小葱、芹菜、鳜鱼。三月王瓜、蒌蒿、芸薹、茼蒿、萝菔。四月樱桃、茄子、雏鸡。五月桃、杏、李、桑葚、蕨香、瓜子、鹅。六月杜梨、西瓜、葡萄、苹果。七月梨、莲子、菱、藕、榛仁、野鸡。八月山药、栗实、野鸭。九月柿、雁。十月松仁、软枣、蘑菇、木耳。十一月银鱼、鹿肉。十二月蓼芽、绿豆芽、兔、蟫蟥鱼。其豌豆、大麦、文官果诸鲜品，或廷旨特荐者，随时内监献之。

皇室看重祭祖的荐新，平民百姓也不例外，每至年节，照样也会在祖宗牌位前摆上几盏时新品物，不敢懈怠，这一点我们在后文还将提到。

岁时祭祖一般以家庭为单位进行，岁时饮食活动亦是如此。古代传统中的敬老、爱幼、尊长、孝亲的美德，在热烈的饮食活动中得到充分体现。感情得到敦睦，人人都受到熏陶，传统也因此一代代延续下来。最能体现亲情的节日，都是重大的传统节日，如春节、清明、中秋和除夕，亲人的团聚，也都是在这些时候。

节日活动也是一种广泛的社会活动，并不仅仅局限在家庭范围之内，人们还通过各类饮食活动，扩大交往，联络老友新朋的感情。亲戚之间，邻里之间，师长属下之间，友朋之间，人际关系得以调整，相互的馈赠宴请，大都是为了这样的目的。

年节饮食活动还有一个重要的特点，表现在人们对祈福祛病的心理追求上，显现出迷信与科学混杂的双重特征。例如除夕的一些习俗，据《清嘉录》谈到清代苏州的情形，说除夕时家家户户"插冬青、柏枝、芝麻箕于檐端，名曰'节节高'"；引《江乡节物词》说："杭俗，除夕封门，束甘蔗树之门侧，谓取渐入佳境之意。"这类习俗表达的，便是人们对美好生活的愿望。此外还有"送穷""迎富"之类的饮食活动，也都属祈福仪式之类。如《太平寰宇记》说，蜀万州风俗，"二月二日携酒馔鼓乐，于郊外饮宴，至暮而回，谓之'迎富'"。清代浙江万载地区，"正月三日晚结草为船，乘载饭团、肉片、蔬果、物类，盛

祠堂祭祖

备鼓吹，导引江流，谓之'送穷'"。(《古今图书集成·历象汇编·岁功典》第十五卷)

　　年节日期的选定，大多与这种希求发达兴旺的心理很有些关系。正月初一、二月初二、三月初三、五月初五、六月初六、七月初七、九月初九，这些特定日期的节日，不仅便于记忆，还包含一种特别的意义。按照传统农历来看，这些节日和其他大多数节日都选在月半之前，当是别有苦心的。我们可以由《琐碎录》的一段文字，看出一些端倪：

　　　　京师贵家用事，多在上旬。门户吉庆，和合兴旺，逐月初五日月生魄，干事随天地之气，请宾客和合，多在月半之前。若月望后，气候渐弱，全不中用。朝廷拜相，亦用上旬。

　　日期重要，选用的食物也很重要。不同的节日，有不同品类的风味饮食，这些食物不一定非得是美味佳肴，却含有一些特定的意义。一是象征性的，被认为可给人带来好处，带来福气；一是实用性的，被作为保健食物享用，可防病治病，健美体魄。重要的节日一般都设在季节变换之时，在这样的时候，人体有一个适应过程，弄不好会生出一些流行病来，讲究饮食调治，符合现代医学与营养学原理。从前面二十多个节日的节物叙述可以看出，几乎每个节日都有用于防病健身的食物，这可以看作中国饮食文化的一份重要遗产。到了现代，具有健身作用的种种节物已渐渐为人们淡忘了，这是因为有了先进的医疗手段，再也不用担心吃不上赤豆粥就要大病缠身的可怕结局了。

年节带给人们的，不仅仅是团聚、欢娱和酒足饭饱。在热烈的文化氛围中，个性得到陶冶，传统得到延续，民族文化得到阐扬。人们内心的寄托与希望，在年节中一次次深化，也一次次升华。

宋墓壁画庖厨图

第四章 —— 太官 · 庖人 · 食经

古代将宫廷御膳的管理机构称为"太官",将厨师称为"庖人",将食谱类著作称为"食经"。对于中国饮食文化传统的丰富与完善、继承与发扬,太官、庖人和食经都发挥了重要作用。所以我们在这一章里,要分别论及历史上的太官、庖人和食经,借以一窥古代饮食文化的丰富内涵。

一、天官·太官·光禄寺

历代王朝文武百官中，少不了食官，他们主要参与宫廷膳食的管理。食官虽然文不足以治国，武不足以安邦，但常常被看作最重要一类的官职，《周礼》将食官统归"天官"之列便是证明。汉代以后的"大官"或"太官"，名称正源于天官，都是宫廷食官。称食官为天官，与"食为天"的观念正相吻合。周官中的天官主要分宰官、食官、衣官和内侍几种，其中宰官为主政之官，食官在天官中的位置仅次于宰官。

周代食官根据《周礼》的叙述，又分为膳夫、庖人、内饔、外饔、亨人、甸师、兽人、渔人、鳖人、腊人、食医、酒正、酒人、浆人、凌人、笾人、醢人、醯人、盐人、幂人等二十余种。各种食官中又有属下多人，如府、士、史等，分工合作，各司其职，共二千二百九十四人。其中还有徒、奚一类的直接操作人员，共一千八百五十六人，管理官员约四百人（见周代食官表）。仅仅为了周王室几个主要成员（王、后、夫人、世子）的膳食，就设置了这么强大的食官阵容，御膳之丰盛，于此便可得知了。

周代以膳夫为食官之长，总管"王之食饮膳羞，以养王及后、世子"。膳夫在王准备拿筷子和勺子之前，要当面尝一尝每样馔品，使王觉得没什么毒害后放心进食。不论是宴宾还是祭祀，王所用食案都由膳夫摆设和撤下，别人不能代劳。

庖人在周代的职权范围是掌管六畜、六兽、六禽，还有其他所有已死和鲜活的动物，负责辨认各类动物的名称。庖人并不直接参与厨事，至多动刀杀牲而已，他所需的主要是动物解剖知识。庖人手下还

周代食官表

名称	上士	中士	下士	府	史	胥	贾	徒	奄	女	奚	合计
膳夫	2	4	8	2	4	12		120				152
庖人		4	8	2	4	4	8	40				70
内饔		4	8	2	4	10		100				128
外饔		4	8	2	4	10		100				128
亨人			4	1	2	5		50				62
甸师			2	1	2	30		300				335
兽人		4	8	2	4	4		40				62
渔人		2	4	2	4	30		300				342
鳖人			4	2	2			16				24
腊人			4	2	2			20				28
食医		2										2
酒正		4	8	2	8	8		80				110
酒人									10	30	300	340
浆人									5	15	150	170
凌人			2	2	2	8		80				94
笾人									1	10	20	31
醢人									1	20	40	61
醯人									2	20	40	62
盐人									2	20	40	62
幂人									1	10	20	31
合计	2	28	68	22	42	121	8	1246	22	125	610	2294

有八个贾人，负责采购食物原料。

内饔掌割烹煎和之事，辨动物体名肉物，辨百品味物料，负责原料的选择，制定周王每日食谱。特别还要辨清那些腥、膻、臊、香之不适于饮食者，不能倒了王与后的胃口。周王用作颁赐的馔品，亦由饔人制备。

外饔主掌宫外祭祀的筹备工作，办理祭祀用的食品，还要负责国家招待耆老幼孤的食物准备工作。军队出师之前，王必颁赐脯肉，亦统由饔人办理。

亨人，即烹人，"掌共鼎镬以给水火之齐"。内外饔所需烹煮的食物，都由烹人制作。烹人直接主持灶事，主要负责"大羹""铏羹"的烹制，这两种羹既用于祭祀，也用于招待宾客。

甸师主管粮草，供给谷物及内外饔炊爨所需柴草，也负责桃李等瓜果的准备。甸师还有一个额外的职责，就是执行对王室同宗罪犯的判决，也算一个重职，难怪定徒额三百名之多。

兽人负责狩猎生产的管理，冬季献狼，夏天献麇，春秋供其他小兽。兽人不直接参与狩猎活动，主要是筹划狩猎生产、收取猎物，所得野兽直接交给腊人加工。

渔人按季捕鱼，制作鲜鱼或干鱼，供王膳羞。

鳖人专掌龟、鳖及蛤蚌的供给，"春献鳖蜃，秋献龟鱼"，也有较强的季节性。

腊人负责腊肉的制备，供给内外饔使用。

食医负责周王饮食配伍，进行合理管理，指导烹饪事务。此外还设有医师三十人、疾医八人、疡医八人，共四十六人，又单设中士食医两人，为的是确保周王饮食安全。

酒正掌酒之政令，根据酿酒工艺要求供给原料。还要负责分辨泛齐、醴齐、盎齐、缇齐、沈齐五种酒，以及清、医、浆、酏四种饮料，供给周王室饮料及祭祀用酒。酒正还要掌管酒类的颁赐，按常规行事。

酒人掌五齐三酒的酿造，供给王室祭祀和礼宾用酒。

浆人负责提供周王所需酒之外的各种饮料，统称为"六饮"，即水、浆、醴、凉（寒粥）、医、酏。

凌人掌冰。十二月时斩冰入窖。春季准备冰鉴，预备盛冰保存内外饔之膳羞及酒浆等。冰鉴考古有发现，随州曾侯乙墓就出有两套，是以冰块为降温手段的原始冰柜。凌人夏季主掌周王颁赐群臣用冰，秋季洗刷冰室预备下一年度藏冰。

笾人"掌四笾之实"。笾是一种竹编或漆木高足盘。四笾为朝事之

战国青铜冰鉴，湖北随州出土

笾、馈食之笾、加笾和羞笾。作为早点的朝事之笾盛食八种——麦饭（麷）、麻饭（蕡）、稻饭（白）、黍饭（黑）、形盐、生鱼片（膴）、咸鱼（鲍）、干鱼（鱐）；荐熟的馈食之笾盛枣、栗、桃、干梅、榛实；加笾盛菱、芡、栗、脯各两盘；羞笾盛糗饵、粉糍等糕饼之类。

醢人"掌四豆之实"。豆为陶制高足盘。四豆与四笾相对应，也有朝事、馈食、加豆、羞豆四种。朝事之豆盛韭菹、醓醢、昌本、麋臡、菁菹、鹿臡、茆菹、麇臡；馈食之豆盛葵菹、蠃醢、脾析、蠯醢、蜃、蚳醢、豚拍、鱼醢；加豆盛芹菹、兔醢、深蒲、醓醢、箈菹、雁醢、笋菹、鱼醢；羞豆盛酏食、糁食。醢人所掌包括五齑、七醢、七菹、三臡在内，供王醢六十瓮，礼宾供醢五十瓮。

醢人负责酸菜、盐菜的制作，以供周王之用。

盐人供"百事之盐"，祭祀供苦盐（盐池所产）、散盐（海产），礼宾供形盐（塑为虎形）、散盐，供周王膳羞所用饴盐（石盐）。

西周青铜簋，陕西扶风出土　　　　　西周周生豆，陕西宝鸡出土

　　幂人掌供巾幂。祭祀时以疏布巾幂八尊（五齐三酒盛于八尊），以绘有五色云气的画布巾幂六彝（郁鬯之酒盛于彝）。这种职掌可算最轻松的一种，却用三十一人主其事，除为了饮食卫生，更主要是出于礼仪要求。

　　周代食官的设置，在事实上虽不一定尽如《周礼》所述，但这种制度的影响十分深远，历代朝廷都有相当规模的专门机构操办王室饮食，从这些机构都可看到《周礼》的影子。如在汉代，按《汉书·百官公卿表》所述，汉承秦制设少府，有六丞，属官有尚书、符节、太医、太官、汤官、导官，又有胞人（胞与庖同）、都水、均官三长丞，其中太官、汤官、导官、胞人均为食官。按颜师古所注，太官主膳食，汤官主饼饵，导官主择米，胞人主宰割，分工相当明确。东汉时又稍有不同，据《后汉书·百官志》说，有太官令一人，六百石，职掌御膳，另设左丞、甘丞、汤官丞、果丞各一人，左丞主饮食，甘丞主膳具，汤官丞主酒水，果丞主果食。

　　魏晋时代，太官隶属光禄勋管理。《三国志·魏书·文帝纪》说，黄初元年（220年）十一月癸酉，改郎中令为光禄勋。《晋书·职官志》

汉代小火锅青铜染炉，山东朔州出土

则明言太官等统领于光禄勋。光禄勋之名非常特别，应是一个约定的简称，据《宋书·百官志》所说："光，明也。禄，爵也。勋，功也。秦曰'郎中令'，汉因之。"

南朝刘宋时代，改以大司农掌供膳羞，光禄不领太官，太官又属侍中，设大司农一人、丞一人，掌九谷六畜之供膳羞者；又有导官令一人、丞一人，掌舂御米；太官令一人、丞一人，即为周官之膳夫。(《宋书·百官志》)南齐时的太官令也不隶光禄，属起部所辖。(《南齐书·百官志》)而至萧梁时，太官令又直隶门下省。(《隋书·百官志》)

北朝制度不同，据《通典》说，北魏"分太官为尚食、中尚食，知御膳，隶门下省；而太官掌百官之馔，属光禄卿"。北周仿《周礼》制度，设肴藏中士、下士，酒正中士、下士，掌醢中士、下士，典庖中士，内膳中士。北齐的情形，见于《隋书·百官志》的记述，它恢复以光禄寺掌膳食的成例，而门下省还有尚食局，机构重叠。光禄寺置卿、少卿、丞各一人，各有功曹、五官、主簿、录事等员，"掌诸膳食、帐幕器物、宫殿门户等事。统守宫、太官、宫门、供府、肴藏、清漳、华林等署"，①这是一个相当完善的后勤保障系统。门下省的尚食局设典御二人，专掌御膳事。

隋代设光禄寺，置卿、少卿各一人，丞三人，主簿二人，录事三人，统领太官署、肴藏署、良酝署、掌醢署等。各置署令，太官令三人，肴藏、良酝令各二人，掌醢令一人。又有丞，太官丞八人，肴藏、掌醢丞各二人，良酝丞四人。太官又有监膳十二人，良酝署有掌酝五十人，掌醢署有掌醢十人。(《隋书·百官志》)

唐代大体承袭隋时制度，机构又有完善。据《新唐书·百官志》记载，唐设光禄寺，"掌酒醴膳羞之政，总太官、珍羞、良酝、掌醢四署"。四署职掌大略如下：

·太官署置令二人、丞四人，掌供祠宴朝会膳食。官员有府四人、史八人、监膳十人、监膳史十五人、供膳二千四百人、掌固四人。

·珍羞署置令一人、丞二人，掌供祭祀、朝会、宾客之庶羞，还有榛、栗、脯、脩、鱼、盐、菱、芡等的供应。有府三人、史六人、典书八人、饧匠五人、掌固四人。

·良酝署置令二人、丞二人，掌供五齐、三酒、郁鬯，供御春暴、秋清、酴醾、桑落之酒。有府三人、史六人、监事二人、掌酝二十人、酒匠十三人、奉觯百二十人、掌固四人。

·掌醢署置令一人、丞二人，掌供醯醢之物。有府二人、史二人、主醢十人、酱匠二十三人、酢匠十二人、豉匠十二人、菹醢匠八人、掌固四人。

辽代仿唐制设光禄寺，统领诸署。曾改光禄寺为崇禄寺，为避辽太宗耶律德光之讳。(《辽史·百官志》)

到宋代仍称光禄寺，设卿、少卿、丞、主簿各一人，卿主掌"祭祀、朝会、宴飨酒醴膳羞之事，修其储备而谨其出纳之政"。据《宋

---

① 《隋书·百官志》注云，守宫署"掌凡张设等事"，太官署"掌食膳事"，肴藏署"掌器物鲑味等事"，清漳署"主酒"。

隋代庖厨俑，湖北武昌出土

唐代庖厨俑，陕西礼泉出土

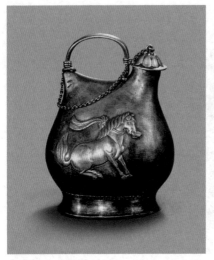

唐代鎏金舞马衔杯银壶，陕西西安出土　　唐代三彩双鱼瓶，江苏扬州出土

史·职官志》说，宋时光禄寺机构名称变化较大，职权范围有些调整，具体情形如下：

・太官令"掌膳羞割烹之事。凡供进膳羞，则辨其名物，而视食之宜，谨其水火之齐。祭祀供明水、明火，割牲取毛血牲体，以为鼎俎之实。朝会宴享，则供其酒膳"。[1]

・法酒库、内酒坊"掌以式法授酒材，视其厚薄之齐，而谨其出纳之政。若造酒以待供进及祭祀、给赐，则法酒库掌之；凡祭祀，供五齐三酒，以实尊罍，内酒坊惟造酒，以待余用"。

・太官物料库"掌预备膳食荐羞之物，以供太官之用，辨其名数而会其出入"。

・翰林司"掌供果实及茶茗汤药"。

・乳酪院"掌供造酥酪"。

・油醋库"掌供油及盐豉"。

---

[1] 《宋史·职官志》注："崇宁三年（1104 年），置尚食局，太官令惟掌祠事。"

·外物料库"掌收储米、盐、杂物以待膳食之须"。

金代时不设光禄寺,以宣徽院统领尚食局、生料库、尚酝署,置提点等员;酒坊使隶属太府监。据《金史·百官志》说,提点"掌总知御膳、进食先尝、兼管从官食"。生料库"掌给受生料物色",收支库"掌给受金银裹诸色器皿",尚酝署"掌进御酒醴",太府监酒坊使"掌酝造御酒及支用诸色酒醴"。

元代又立光禄寺,仍隶属宣徽院。《元史·百官志》说,"宣徽院,秩正三品。掌供玉食",统掌粮谷、牲禽、酒醴、蔬果各物,下设尚食、尚药、尚酝三局。《元史·世祖本纪》说,至元五年(1268年)夏五月辛亥朔,以"尚食、尚果、尚酝三局隶宣徽院";至元十五年(1278年)夏四月辛未,"置光禄寺,以同知宣徽院事";至元二十二年(1285年),又设立供膳司。元代宫廷膳食管理机构较为完善,职掌分明,大体情形如下:

·大都尚饮局、上都尚饮局,掌酝造皇帝享用的细酒。

·大都尚酝局、上都尚酝局,掌酝造诸王百官酒醴。

·大都醴源仓,掌受香莎苏门等酒材、糯米、乡贡曲药,"以供上酝及岁赐诸王百官者"。

·上都醴源仓,掌受大都转输米曲,"并酝造车驾临幸次舍供给之酒"。

·尚珍署,掌收济宁等处粮米,以供酝造之用。

·尚食局,"掌供御膳,及出纳油面酥蜜诸物"。

·大都生料库,至元十一年(1274年)置"生料野物库",隶属尚食局。

·上都生料库,"掌受弘州、大同虎贲、司农等岁办油面,大都起运诸物,供奉内府,放支宫人宦者饮膳"。

·大都太仓、上都太仓,"掌内府支持米豆,及酒材米曲药物"。

·沙糖局,"掌沙糖、蜂蜜煎造,及方贡果木"。

元代景德镇青花釉里红盖罐

· 永备仓，"掌受两都仓库起运省部计置油面诸物，及云需府所办羊物，以备车驾行幸膳羞"。

· 丰储仓，"掌出纳车驾行幸支持膳羞"。

· 满浦仓，"掌收受各处子粒米面等物，以待转输京师"。

· 龙庆栽种提举司，管领龙庆州岁输粮米及易州、龙门、净边官园瓜果桃梨等物，以奉上供。

明代时的宫廷膳食机构，基本仿照唐时制度，设光禄寺。《明会典》说，明开国之初置宣徽院尚食、尚醴二局，继而改称光禄寺，专掌膳羞享宴等事。《春明梦余录》说光禄寺属署有四——大官、珍羞、良酝、掌醢，另有司牲、司牧二局。太常寺也兼办部分膳食事务，与光禄寺有明确分工。依《明会典》所录，祭先所用荐新品物，主要由太常寺办送，如正月韭、荠、鸡、鸭，二月芹、薹、子鹅，三月茶、鲤、鲜笋等。凡正旦节、立春节、清明节、佛诞节、端午节、七夕节、中元节、重阳节、冬至节、腊八节、每月朔望、万寿圣节、皇太后圣旦节、皇后令旦节、东宫千秋节、奉先殿祭祀所需膳食，均由光禄寺办进。

明代青花瓷大盘

光禄寺的职责还有以下各项：

· 节令文武百官例宴。

· 祭典参与者的汤饭、酒饭。

· 庆成宴、修书宴、恩荣宴、东宫讲读酒饭。

· 每旬轮赐日讲官烧鹅、面饼。

· 早朝文武官早点、犒劳大臣羊酒、疾病赐米肉酱菜等。

据《明会典》，明代光禄寺厨役每朝有额定数目，起初定为九千四百六十二名，正德六年（1511年）为六千八百八十四名，隆庆元年（1567年）仅为三千四百名，以后一直以此为定额。

到了清代，光禄寺的建制与明代基本相同，《大清会典》记光禄寺仍设大官、珍羞、良酝、掌醢四署，各署分工相当具体，如：

凡每月奉先殿荐新，正月鸭蛋、四月笋鸡、五月笋鹅、七月笋雏、八月野鸡、九月鸿雁、十一月银鱼、十二月活兔，珍羞署供；二月芸薹菜、茼蒿菜、水萝卜，三月王瓜、四月

明代掐丝珐琅彩高足铜碗   清宫金酒具

茄子、五月香瓜、六月西瓜，大官署供；四月蕨菜，掌醢署供。

凡每年万寿节宴俱设满桌，每桌用白馓枝、红馓枝、麻花、鸡蛋麻花、芝麻面枣、瓦陇、蜜大矴石、粗江豆、细江豆、红印饼、芝麻三角、芝麻矴石、方酥饼、芝麻饼、白花点子饼、夹皮饼、白米绦环、油炸小饼、鸡蛋角子、煮鸡蛋共二十盘，鹅一只，珍羞署供；八宝糖、冰糖、大缠、龙眼、栗子、晒枣、榛子、鲜葡萄、核桃、苹果、黄梨、红梨、棠梨、柿子、蜜饯、山里红、山葡萄糕、枸杞糕、干梨面、豆粉糕共二十盘，掌醢署供；乳酒、烧酒、黄酒，良酝署供。

凡文武会试上马、下马等宴，俱用汉桌。上桌用肉馔十六碗，中桌十四碗，下桌十二碗，大官署供；上桌用鹅、鸡、鸭、鱼七碗，中桌用鸡、鸭、鱼六碗，下桌用鸡、鱼三碗，每桌花卷一碗、蒸包一碗、馒首一碗，每官汤三碗、茶三钟，珍羞署供；酒三钟，良酝署供；果品八色，掌醢署供。

俱照礼部来文备办。

凡文武会试恩荣宴、会武宴，大臣官员、进士所用上桌、中桌猪肉菜蔬，大官署供；上桌宝妆、大锭、小锭、大馒首、小馒首、糖包子、蒸饼、鹅鸡各一只、鹅鸡肉各一盘，中桌宝妆、中锭、小锭、夹皮饼、圆酥饼、白花饼、中馒首、糖包子、腌鱼一尾、鸡一只，每官一员汤三碗，珍羞署供；上桌羊半体、前蹄一个、羊肉二盘，每官一员酒七钟，中桌牛肉二方、羊肉二方、炒羊肉一盘，每桌酒七钟，良酝署供；上桌大宝妆花、小绢花、果品、小菜、米糕，中桌小绢花、果品、小菜，掌醢署供。

各署厨役有定额，光禄寺总共有四百多人，分拨各署执厨。康熙时裁减一百多人，只剩二百五十人左右，比起明代时算是少多了。

光禄寺尽管设在禁中，直接为帝王服务，有时管理也相当混乱，问题不少。明代嘉靖皇帝就抱怨御膳水平太差，气得要查伙食账。余继登《典故纪闻》卷十七说：

嘉靖时，光禄岁用银计三十六万。世宗以为多，疑有干没。乃谕内阁："今无论祖宗时两宫大分尽省，妃嫔仅十余，宫中罢宴设二十年矣。朕日用膳品，悉下料无堪御者，十坛供品，不当一次茶饭。朕不省此三十余万安所用也？"阁臣对："祖宗时，光禄寺除米豆果品外，征解本色岁额，定二十四万。彼时该寺岁用不过十二三万，节年积有余剩。后加添至四十万，近年稍减，乃用三十六万。其花费情弊可知。而冒费之弊有四：一，传取钱粮，原无印记，止凭手票取讨，莫敢问其真伪；一，内外各衙门关支酒饭，或一人而支数分者，或其事已完而酒饭尚支者；一，门禁不严，下人侵盗无算；一，每岁增买磁器数多。臣查得《会典》内一款：凡本寺供用物件，每月差御史一员照刷具奏，内府尚膳监刊刻花拦印票，遇有上用诸物，某日于光禄寺取物若干，用印铃盖，照数支领进用。本寺仍置文簿登记，岁终会计稽查。此一例不知何年停罢，若查复旧规，则诸弊可革矣。"乃切责该寺官，而添差御史月籍该寺支费进览。

手脚做到了皇帝身上，这胆子可真够大的了。清代也有类似作弊行为。《清宫述闻》引《南亭笔记》说："光绪每日必食鸡子四枚，而御膳房开价至三十两。"鸡蛋比银子贵重，心也够黑的。在皇上的脑袋里，鸡蛋大约应当是这个价钱，乾隆皇帝就以为一个鸡蛋得用十两银子才买得到，事见所引《春水室野乘》一书：

　　乾隆朝汪文端公由敦，一日召见，上从容问："卿昧爽趋朝，在家亦曾用点心否？"文端对曰："臣家计贫，每晨餐不过鸡子数枚而已。"上愕然曰："鸡子一枚需十金，四枚则四十金矣，朕尚不敢如此纵欲，卿乃自言贫乎？"文端不敢质言，则诡词以对曰："外间所售鸡子皆残破，不中上供者，臣能以贱值得之，每枚不过数文而已。"

皇上就这样一而再、再而三地被蒙在鼓里，忍受着臣下的愚弄。置办御膳虽有很多机会揩油，从皇上口中捞到不少好处，但并不是所有官员都垂涎那个职位，宋代钱易《南部新书》丁卷提到，唐玄宗时的王主敬，就十分不乐意到任膳部员外一职，书中说：

　　先天中，王主敬为侍御史，自以才望华妙，当入省台前行。忽除膳部员外，微有惋怅。吏部郎中张敬忠咏曰："有意嫌兵部，专心望考功。谁知脚蹭蹬，却落省墙东。"盖膳部在省最东北隅也。

当然，光禄寺忠于职守者也是有的，《春明梦余录》提到明代的蔚能和郑宗仁两位便是：

> 光禄卿蔚能，朝邑人。于成化初以吏员为礼部侍郎，管光禄卿事，尽心职事。每宴会，躬自检视，必求丰洁。在光禄三十年，未尝持一肴还家。

> 郑宗仁，于正德中以太仆卿调光禄卿，凡供应俱照弘治初年例，日省百金。上幸光禄寺楼，呼之为"节俭管家"。

对光禄寺的管理，皇帝不可能不过问，明宣宗就曾下过很大力气，为此作有一篇《光禄寺箴》，对其职掌、要求都有明确的言辞。这篇箴言也是对历代光禄寺作用的一个概括描述，所以我们特抄录在这里，作为这一节的结尾：

> 周官膳庖，实肇光禄。汉列九卿，唐总四属。
> 国朝建置，率循勿易。享祀宾燕，咸其所职。
> 先王之礼，丰俭有宜。惟敬惟诚，仪式行之。
> 粢盛必备，牺牲必洁。执事有恪，俨乎对越。
> 群贤在朝，四裔会同。廪之饩之，必精必丰。
> 朝夕膳羞，必谨恒度。毋俭公费，而纵私馈。
> 毋骋奢侈，毋肆暴殄。毋作愆过，以蹈常典。
> 正己率下，咸宜慎之。用永终誉，光我训辞。

二、庖人与厨娘

"自古有君必有臣，犹之有饮食之人必有庖人也。"①要吃，就要有制作食物的人，古代将以烹调为职业的人称作庖人，也就是现在我们所说的厨师。厨师在古代有时地位较高，受到社会的尊重；有时也挣扎在社会的最底层，受到极不公平的待遇。庖人是中国古代饮食文化的主要创造者之一，他们的劳作、他们的成就，理应得到公正的评价。现在的乃至未来的厨师们，应当相信社会的偏见会越来越少，应当坚信自己的选择没有错。

司马迁作《史记》，后司马贞补有《三皇本纪》一篇，所记述的传说中的人文初祖伏羲，便是一个与庖厨职业有联系的人物。《三皇本纪》说："太昊伏羲氏养牺牲以庖厨，故曰'庖牺'。"（转引自《古今图书集成》）"庖牺"或又称"伏牺"，获取猎物之谓也。此语最早出自佚书《帝王世纪》，不是司马氏的杜撰。我们的初祖是厨人出身，而且还以这个职业取名，说明在史前时代、在历史初期，这一定还是相当高尚的事情，不至于被人瞧不起。

历史上的厨师，也有官至宰臣的。商代伊尹便是最著名的一位。钱锺书先生有《吃饭》一文，他写到了伊尹，他说："伊尹是中国第一个哲学家厨师，在他眼里，整个人世间好比是做菜的厨房。《吕氏春秋·本味篇》记伊尹以至味说汤，把最伟大的统治哲学讲成惹人垂涎的食谱。这个观念渗透了中国古代的政治意识，所以自从《尚书·顾命》起，做宰相总比为'和羹调鼎'，老子也说'治大国若烹小鲜'。"②

伊尹名挚，生活在约公元前16世纪的夏末商初，辅佐商汤，被立为三公，官名阿衡。伊尹的身世极不平常，历史上赋予他不少神话色彩，附会了一些不可置信的情节，以至后人对是否有这个人还提出过

---

① 朱昆田：顾仲《养小录》跋语。
② 钱锺书：《吃饭》，收入聿君编《学人谈吃》，中国商业出版社，1991年。

伊尹画像

怀疑。他本是一个弃婴，有侁氏的女子在采桑时发现了他，女子将婴儿献给了国君，国君将抚养之责交给了庖人，还派人调查婴儿的来历。原来他的母亲是在躲避一次特大洪水时生下了他，分娩后不幸死去，使这孩子一出生就成了孤儿。

伊尹在庖人的教导下长大成人，成了远近闻名的能人。商汤听到伊尹的声名，便派人向有侁氏求贤。尽管有侁氏始终不同意，伊尹本人却想投奔商汤。商汤想了一个办法，他请求娶有侁氏女为妻，有侁氏十分高兴，不仅心甘情愿地把女儿嫁给了商汤，而且还让伊尹做了随嫁的媵臣。商汤得到伊尹，郑重其事地为他在宗庙里举行了除灾去邪的仪式。第二天商汤正式接见了伊尹，伊尹开口便以滋味说起。他说，动物按其气味可分三类，生活在水里的味腥，食肉的味臊，吃草的味膻。尽管气味都不好，却都可以烹成美味佳肴，这就要选择合宜的烹法。决定滋味如何的因素，第一位的是水，要靠五味和水、木、火三材烹调。调和味道，必定要用甜、酸、苦、辣、咸这五味，这些滋味的先放后放、放多放少，都有规定。厨人使用多种手段，消减食物的腥、臊、膻味；使菜看得以久而不败，熟而不烂，甜而不过头，酸而不强烈，咸而不涩舌，辛而不刺激，淡而不寡味，肥而不腻口。究竟哪些是美味呢？伊尹从肉、鱼、果蔬、调料、谷食、水泉等几方面列出了数十种：

·肉之美者：猩猩之唇，獾獾之炙，隽觾之翠，述荡之掔，旄象之约。

·鱼之美者：洞庭之鱄，东海之鲕；醴水之鱼，名曰朱鳖，六足，有珠百碧；灌水之鱼，名曰鳐，其状若鲤而有翼。

·菜之美者：昆仑之蘋，寿木之华；指姑之东，中容之国，有赤木、玄木之叶焉；余瞀之南，南极之崖，有菜，其名曰嘉树，其色若碧；阳华之芸，云梦之芹，具区之菁；浸渊之草，名曰土英。

·和之美者：阳朴之姜，招摇之桂，越骆之菌，鳣鲔之醢，大夏之盐。

·饭之美者：玄山之禾，不周之粟，阳山之穄，南海之秬。

·水之美者：三危之露，昆仑之井；沮江之丘，名曰摇水；曰山之水；高泉之山，其上有涌泉焉。

·果之美者：沙棠之实；常山之北，投渊之上，有百果焉，群帝所食；箕山之东，青鸟之所，有甘栌焉；江浦之橘，云梦之柚。

这许多的美味几乎没有一样是商人居住地出产的，所以伊尹强调说，不先得天下而为天子，就不可能享有这些美味。这些美味好比仁义之道，国君首先要懂得仁义即天下大道，行仁义便可顺天命而成为天子。天子行仁义之道，以化天下，也就具备了天下至味。（《吕氏春秋·孝行览·本味》）

伊尹的鸿篇大论，不仅说得商汤馋涎欲滴，而更重要的是他为商汤指出了一个广阔的世界，这使得汤的思想发生了重大改变。商本为夏的属国，汤要朝见夏桀，还要纳贡。夏桀的残暴，破灭了本想辅助

商代青铜鼎

他的汤的幻想，伊尹的高论，更坚定了汤伐夏的决心。汤当即举伊尹为相，"立为三公"（《墨子·尚贤下》）。商汤在伊尹辅佐下，终于推翻了夏桀的统治，奠定了商王朝的根基。商汤之有天下，全赖有了伊尹，有了一个厨师出身的政治家。

不过话又说回来，商之伐夏，绝不纯是为口腹之欲。伊尹之说味，似乎也不是"以割烹要汤"，孟子认为他是以尧舜之道要汤。（《孟子·万章上》）他是以烹饪原理阐述安邦立国的大道，他是古代中国的一个最伟大的厨师。

以庖厨活动喻说安邦治国，在先秦时代较为常见，老子的名言"治大国若烹小鲜"（《老子·六十章》）便是最好的例子。还刘向《新序·杂事》也有妙说，值得一读：

晋平公问于叔向曰："昔者，齐桓公九合诸侯，一匡天

下，不识其君之力乎，其臣之力乎？"……师旷侍，曰："臣
请譬之以五味。管仲善断割之，隰朋善煎熬之，宾胥无善齐
和之。羹以熟矣，奉而进之，而君不食，谁能强之。亦其君
之力也。"

一个国君好比一个美食家，他的大臣们就是厨师。如果这些厨艺
高超的大臣有的善屠宰，有的善火候，有的善调味，再加上知人善用
的君王，肴馔不会不美，也就是说国家不愁治理不好。商王武丁有名
相傅说，他于梦中见到他想得到的这个人，令人四处访求，举以为相。
武丁重用傅说，国家大治，他将傅说比为酿酒的酵母、调羹的盐梅，
也是以厨事喻治国。武丁赞美傅说的话是："若作酒醴，尔惟曲蘖；若
作和羹，尔惟盐梅。"（《尚书·说命下》）此外还有以烹饪喻君臣关系
的，由平常的烹饪原理演绎出令人信服的哲理，这都是受伊尹影响的
结果。如《左传·昭公二十年》记晏婴对齐景公讲烹调原理，论证君
臣应有的谐和关系，道理阐述非常透彻。

后世也有人因厨艺高超而得高官厚禄的，尤其在那些喜好滋味享
受的帝王在位时，这种事情必然会有发生。《宋书·毛修之传》说，毛
修之被北魏擒获，他曾做美味羊羹进献尚书，尚书以为绝味，献于武
帝，武帝拓跋焘也觉得美不胜言，十分高兴，于是提升毛修之为太官
令。后来毛氏又以功擢为尚书，封南郡公，但太官令一职仍然兼领。
又据《梁书·孙廉传》所记，南朝人孙廉精于厨艺，却长于巴结依附，
凡是显要官员索要食物，孙廉一定不辞劳累亲手烹调，进奉美味佳肴，
并借此"得为列卿，御史中丞，晋陵、吴兴太守"。还有北魏洛阳人侯
刚，也是由厨师进入仕途的。《北史·侯刚传》说，侯刚出身贫寒，年
轻时"以善于鼎俎，得进膳出入，积官至尝食典御"，后封武阳县侯，
进爵为公。

厨师进入仕途的现象，在汉代就曾一度成为普遍的事实。据《后

傅说画像

汉书·刘圣公传》说，更始帝刘玄时所授官爵者，不少是商贾乃至仆
竖，也有一些是膳夫庖人出身。由于这做法不合常理，引起社会舆论
的关注，所以当时长安传出讥讽歌谣，所谓"灶下养，中郎将。烂羊
胃，骑都尉。烂羊头，关内侯"。当时的厨师若以战功获官的多，这就
另当别论了。

　　历代庖人更多的是服务于达官贵人，做官机会不会太多，而做大
官的机会就更少了。庖人立身处世，靠的还是自己的技艺，身怀绝技，
在社会上还是比较受尊重的。庄子津津乐道的解牛庖丁，是以纯熟刀
法见长。中国烹饪从古至今，以细腻的刀工作为主要传统之一，到现
在烹调菜品高下的评定，刀工仍被列为主要内容之一。古时讲究刀工，
可由南宋人曾三异《同话录》记述的一次厨艺表演得到证实。那次表
演的地点是东岳泰山，有"一庖人，令一人袒背俯偻于地，以其背为
刀几。取肉一斤许，运刀细缕之。撤肉而拭，兵背无丝毫之伤"。这与
我们在电视上看到的厨艺表演十分相似，现在于真丝巾上切肉的功夫

汉代庖厨图

同样也是绝活。这样高超的厨艺，不经长时间的苦练，是不可能掌握的。有了这样的绝活，自然就受人尊重了。

庖人的受尊重，也表现在战乱时期。《新五代史·吴越世家》说，身为越州观察使的刘汉宏，被追杀时"易服持脍刀"，而且口中高喊他是个厨师，一面喊一面拿着厨刀给追兵看，他因此蒙混过关，免于一死。又据《三水小牍》所记，王仙芝起义军逮住郯城县令陆存，陆诈言自己是庖人，起义军不信，让他煎油饼试试真假，结果他半天也没煎出一张饼。陆存硬着头皮献丑，他也因此捡回一条性命。这两个事例都说明，厨师在战乱时可能属于重点保护的对象，否则，这两个官员都不会装扮成厨师逃命了。

厨师能比较广泛地受到尊重，名人的作用也是很重要的。据焦竑《玉堂丛语》卷八说，明代宰相张居正父丧归葬，所经之处，地方官都拿出水陆珍馔招待他，可他还是说没地方下筷子，他看不上那些食物。可巧有一个叫钱普的无锡人，他虽身为太守，却做得一手好菜，而且是地道的吴馔①。张居正吃了，觉得特别香美，于是大加赞赏说："我到了这个地方，才算真正吃饱了肚子。"此语一出，吴馔身价倍涨，有钱人家都以有一吴中庖人做饭为荣。这样赶时髦的结果，使"吴中之善为庖者，召募殆尽，皆得善价以归"。吴厨的地位因此提得很高，吴馔也因此传播得很广。

能够使用高厨名手的，主要还是那些达官贵人。高官厚禄者，都要用追求滋味的方式进行高消费，他们享用食物之精美程度，有时远在太官制作的御膳之上。那么他们使用的厨师，水平也要高出太官，人数自然也不会太少。《膳夫录》说，宋代太师蔡京有"厨婢数百人，庖子亦十五人"。《清异录》说，唐代宰相段文昌，家厨由老婢膳祖掌管，老婢训练过上百名婢女，教给她们厨艺，其中九人学得最精。官僚们的家厨有这么大的规模，饮馔之精，可以想见。从另一方面看，唐宋女厨似乎较受重视，蔡京所用厨婢达数百人之多，这个数字相当惊人。

历史上以烹饪为职业者，大体以男性为主。《周礼》所述周王室配备的庖厨人员近两千人，直接从事烹调的女性一个也没有。有研究表明，厨事以男子为主，不仅中国古今均如此，而且也是世界性通例。唐宋时代，出现了较多的女厨，不论在酒肆茶楼，还是在皇宫御厨，都有主掌烹调的职业妇女的身影。有幸为皇上烹调的称为"尚食娘子"，为大小官吏当差的则称为"厨娘"。使用厨娘形成了一股不小的浪潮，这浪潮在京都涌起，远及岭南。唐代房千里在岭南做过官，他所写的《投荒杂录》便记述了岭南人争相培养女厨的事：

> 岭南无问贫富之家，教女不以针缕缉纺为功，但躬庖厨勤刀机而已，善醯醢菹鲊者，得为大好女矣，斯岂遐裔之天

---

① 依现在的说法，可称吴馔为"苏州菜"。

性欤？故偶民争婚聘者，相与语曰："我女裁袍补袄即灼然不会，若修治水蛇黄鳝，即一条必胜一条矣。"

在那时，一个女子，不会缝缝补补没什么大不了，要是连鳝鱼都收拾不了，恐怕要嫁出去会比较困难。宋代廖莹中的《江行杂录》，记录了宋时京都厨娘的一些情况，与唐时岭南很有些相似。廖氏写道：

> 京都中下之户，不重生男，每生女则爱护如捧璧擎珠。甫长成，则随其姿质，教以艺业，用备士大夫采拾娱侍。名目不一，有所谓身边人、本事人、供过人、针线人、堂前人、剧杂人、拆洗人、琴童、棋童、厨娘，等级截乎不紊。就中厨娘最为下色，然非极富贵家不可用。

厨娘这个行当，在当时社会地位虽然很低，但除了特别富贵的家庭，又很难雇用得起，这是一个很奇怪的社会现象。厨娘们的地位虽不高，但她们有绝妙的技艺和超然的风度，令人钦佩。《江行杂录》说，有一告老还乡的太守，想起在京都某官处吃过晚膳，那一日是厨娘调羹，味道特别适口，留下很深印象，于是也想雇一位厨娘，摆一摆阔气。他费了很大劲，才托人在京师物色到一位厨娘，年可二十，能书会算，颇具姿色。不数日厨娘即启程前往老太守府中，未及进府，在五里地以外住下，遣一脚夫先给太守递上一封信。信是她亲笔所写，字迹端正，很体面地要求太守发一四台暖轿来接她进府，太守毫不迟疑地照办了。待到将厨娘抬进府中，人们发觉她确实不同于一般庸碌女子，廖莹中做了如下描述：

> 及入门，容止循雅，红裙翠裳，参视左右乃退。守大过所望，少选亲朋皆议举杯，为贺厨娘。厨娘遽至使厨，请曰：

"未可展会，明日且是常食五杯五分。"厨娘请食品、菜品质次，出书以示之：食品第一为羊头佥，菜品第一为葱齑，余皆易辨者。厨娘谨奉旨教，举笔砚具物料，内羊头佥五分，各用羊头十个；葱韭五楪，合川葱五斤，他物称是。守固疑其妄，然未欲遽示以俭鄙，姑从之，而密觇其所用。

翊旦，厨师告物料齐。厨娘发行奁，取锅铫盂勺汤盘之属，令小婢先捧以行，璀璨耀目，皆白金所为，大约计该五七十两。至如刀砧杂器，亦一一精致，傍观啧啧。厨娘更围袄围裙，银索攀膊，掉臂而入，据坐胡床。切徐起取抹批窝，惯熟条理，真有运斤成风之势。其治羊头也，漉置几上，别留脸肉，余悉掷之地。众问其故，厨娘曰："此皆非贵人所食矣。"众为拾顿他所，厨娘笑曰："若辈真狗子也！"众虽怒，无语以答。其治葱韭也，取葱微彻过沸汤，悉去须叶，视楪之大小分寸而截之。又除其外数重，取条心之似韭黄者，以淡酒醯浸渍，余弃置了不惜。凡所供备，馨香脆美，济楚细腻，难以尽其形容。食者举箸无赢余，相顾称好。

厨娘穿戴整齐，随带全套白银厨具，手艺确也精巧，得到男宾交口称赞，太守脸上平添不少光彩。筵宴圆满结束，厨娘还要做一件大事，廖莹中接着写道：

既撤席，厨娘整襟再拜曰："此日试厨，万幸白意，须照例。"守方迟难，厨娘曰："岂非待检例邪？"探囊取数幅纸以献，曰："是昨在某官处所得支赐判单也。"守视之，其例"每展会，支赐绢帛或至百匹，钱或至三二百千，无虚拘者"。守破悭勉强，私窃喟叹曰："吾辈事力单薄，此等筵宴不宜常举，此等厨娘不宜常用。"不两月，托以他事，善遣以还。

办一次宴会，要讨一次赏，厨娘的要价还特别高，难怪老太守要感叹自己财力不足，最后不得不将厨娘打发走了事。如此看来，宋代厨娘确有些了不得，她们究竟是何等模样呢？我们从出土的宋代砖刻上，可以一睹厨娘的风采。

中国历史博物馆收藏的四块厨事画像砖，描绘了厨娘从事烹调活动的几个侧面。砖刻所绘厨娘的服饰大体相同，都是危髻高耸，裙衫齐整，焕发出一种精明干练的气质，甚至透出一缕雍容华贵的神态。她们有的在结发，预示厨事即将开始，有的在斫脍，有的在烹茶涤器，全神贯注之态，跃然眼前。这些画像砖出自宋代墓葬，宋人在墓中葬入厨娘画像砖，表明他们即便生前不曾雇用厨娘，也希求死后能满足这个愿望；或者生前有厨娘烹调，也希望死后依旧有厨娘侍候。看来要享用美味，还非有厨娘不行，这画像砖可印证《江行杂录》所记的传闻有一定的真实性。看到这人物形象刻画准确生动、具有高度艺术水平的画像砖，我们完全可以相信，像这样风度翩翩的厨娘，宋代一般富裕之家大约真的雇用不起。难怪当这批画像砖刚刚公布时，曾迷

宋代砖画厨娘图

惑了一些资历很深的研究者，他们认为画中绝非婢女之流。但她们确确实实就是厨娘，就是廖莹中描述的体态婀娜、精明洒脱、身怀绝技的宋代厨娘。

在汉代画像砖、画像石上，在汉唐及其他时代的壁画上，我们可以看到许多庖厨图，也常常可以从中发现厨娘和厨婢的身影。还有一些古代陶俑，直接塑造了厨娘的烹饪活动，为我们提供了不少形象资料。当然，大量庖厨画像表现的还是男厨的活动，多为庖丁、膳夫的形象，这是我们了解古代厨师的最直观的材料。

在画像石上大力描绘厨师的烹饪活动，表明古人对从业人员的看重。不过无论古今，轻视厨师的言论也是有的，有偏见，也有误会。例如古有"君子远庖厨"一语，不少人将其理解为是君子就别进厨房，好像杀牛宰羊就一定是小人似的，这是误解。此语见于《孟子·梁惠王上》，原文是："君子之于禽兽也，见其生，不忍见其死；闻其声，不忍食其肉。是以君子远庖厨也。"这是孟子与齐宣王的谈

汉代庖厨俑，河北石家庄出土

三国庖厨俑，湖北武昌出土

魏晋砖画杀鸡图，甘肃嘉峪关出土

话，谈到的是君子的仁慈之心，说君子对于飞禽走兽，往往是看到它们活着，就不忍心见到它们死去；听到它们临死时的悲鸣声，就不忍心再吃它们的肉。所以嘛，君子总是把厨房盖在较远的地方，也就有了"君子远庖厨"的经验之谈。这话还见于《礼记·玉藻》，原文是："君子远庖厨，凡有血气之类，弗身践也。"是说在祭祀杀牲时，君子不要让身体染上牲血，不要亲自去操刀，所以又有了"君子远庖厨"的劝诫。

可以看出，在"君子远庖厨"这话里，丝毫没有轻视庖厨的意思。到了今天，实在不该用一种被误解了的经典，自命为什么君子，天天追求美味，却又看不起创造美味的人们。

三、市厨与中馈

普遍服务于社会的庖人，是饮食店里的厨师，为区别起见，我们且称其为"市厨"。当家主持烹调的主妇，古时称为"中馈"，主要服务于自己的家庭。市厨和中馈，也都是创造和传承中国饮食文化的主力军，所起的作用应当说不亚于御厨与官庖。

先秦时代的市集上，已经有了饮食店。《鹖冠子·世兵》说，"伊尹酒保，太公屠牛"，《古史考》还说姜太公"屠牛于朝歌，卖饮于孟津"，虽不过是传说，也许商代时真有了食肆酒店。到了周代，饮食店的存在已是千真万确的了，《诗经·小雅·伐木》中的"有酒湑我，无酒酤我"便是证据，当时肯定有酒店可以买酒喝了。

东周时代，饮食店在市镇上当已有一定规模和数量，《论语·乡党》有"沽酒市脯不食"的孔子语录，《史记·魏公子列传》有"薛公藏于卖浆家"的故事，《史记·刺客列传》有荆轲与高渐离"饮于燕市"的记载，都是直接的证明。还有《韩非子·外储说右上》讲的那个寓言故事，也是一个间接证明：

> 宋人有酤酒者，升概甚平，遇客甚谨，为酒甚美，县（悬）帜甚高，然而不售，酒酸。怪其故，问其所知闾长者杨

商代青铜温酒卣，江西新干出土

倩，倩曰："汝狗猛耶？"曰："狗猛则酒何故而不售？"曰："人畏焉。或令孺子怀钱挈壶瓮而往酤，而狗迓而龁之，此酒所以酸而不售也。"

宋人的这个酒店，没有动手脚缺斤少两，待客和颜悦色，酒酿得也很不错，而且还高悬着招牌，可它的酒却卖不出去，主要原因是养了一条过于厉害的看家狗。这种小酒店一般是自酿自售，到汉代也还是如此，一些画像砖上就有这种作坊兼酒店的画面。司马迁的《史记·货殖列传》中有一句话，叫作"用贫求富，农不如工，工不如商，刺绣文不如倚市门"，说明秦汉之际不少人走过经商致富这条道。所谓"倚市门"即做买卖，卖酒食鱼肉自然也包括其中，开饮店食铺亦属倚市门之列。司马迁还提到当时经营饮料的张氏成了巨富，经营肉食的浊氏，比当官的还神气。《盐铁论·散不足》也简略论及汉代饮食业的繁荣情景，其中说道："古者，不粥饪，不市食。及其后，则有屠沽，沽酒市脯鱼盐而已。今熟食遍列，殽施成市……"

汉代砖画酿酒沽酒图，四川成都出土

贤淑的汉代侍女俑，陕西西安出土

　　古代食店的经营方式及品种，唐宋以前因无详细记载，今人已不甚明了，对市厨的活动也所知甚少。隋唐五代的市肆饮食，虽无全面记述，古文献中留下的线索还是不少。据《资治通鉴》记载，隋大业六年（610年），外国使者到达长安，请求入市交易。隋炀帝为了扩大影响，命修整店铺美化市容，外国人进酒楼饭店可放开肚皮吃喝，店家分文不取，所谓"醉饱而散，不取其直"。唐代都市饮食店不仅数量多，经营规模也大。《唐国史补》说，唐僖宗召吴凑为京兆尹，催他尽快到任，弄得他连传统的庆贺宴会都摆不及，不得不想个救急的办法。当时长安两市食店经营"礼席"，也就是代客办理筵宴到家的业务，吴凑一面派人到食店联系，一面催马去请客人，"诸客至府，已列筵毕"。拿着铛釜去食店取回现成肴馔就行了，"三五百人之馔，常可立办也"。小型专营饭馆、饮店也很多，如长兴里有饆饠店，永昌坊有茶馆等，此外行街摊贩也不少。阊阖门外的张手美家食店，更是花样

隋代侍女俑

翻新,《清异录》说这店经营的是年节时令小吃,按节令变换轮番供应风味食品,如寒食节的"冬凌粥"、中秋节的"玩月羹"、腊日的"萱草面"等。[1]

宋代以前,都会的商业活动均有规定的范围,有集中的市场,如长安的东市和西市。宋代的汴京,完全打破了这种传统格局,城内城外,店铺林立。这些店铺中,酒楼饭馆占很大比重。据《东京梦华录》的记述,汴京御街上的州桥一带就有十几家酒楼饭馆,其他街面上的食店更是数不胜数。在此抄录书中所列店名若干于下:

张家酒店　　　曹婆婆肉饼　　曹家从食

李四分茶　　　清风楼酒店　　潘楼酒店

① 参见王子辉《隋唐五代烹饪史纲》,陕西科学技术出版社,1991年。

鹿家包子	徐家瓠羹店	李七家正店
张家油饼	看牛楼酒店	唐家酒店
高阳正店	铁屑楼酒店	段家爊物
史家瓠羹	郑家油饼店	石逢巴子
万家馒头	马铛家羹店	八仙楼

饮食店中，经营正规的称为"正店"，大概有点像现代的星级饭店的味道。《东京梦华录》说："在京正店七十二户，此外不能遍数，其余皆谓之'脚店'。"脚店当为大众化一点的饭馆。当时有名店，也有名厨，《东京梦华录》所列名厨是："卖贵细下酒，迎接中贵饮食，则第一白厨，州西安州巷张秀，以次保康门李庆家，东鸡儿巷郭厨，郑皇后宅后宋厨，曹门砖筒李家，寺东骰子李家，黄胖家。"风味饮食也有名店名厨："北食则矾楼前李四家、段家爊物、石逢巴子，南食则寺桥金家、九曲子周家，最为屈指。"

一些大店经营时间很长，不分昼夜，不论寒暑，顾客盈门。像杨楼、矾楼、八仙楼酒店，饮客常至千余人，规模很大。《武林旧事》说，临安也有不少名店，如太和楼、春风楼、丰乐楼、中和楼、太平楼、熙春楼、三元楼、五间楼、赏心楼、日新楼等，名号吉雅。名厨则有严厨、翁厨、陈厨、周厨、任厨、郑厨、沈厨、巧张等。临安食店多为北来的汴人开办，有羊饭店、南食店、馄饨店、菜面店、素食店、闷饭店，还有专卖虾鱼、粉羹、鱼面的家常食店。

汴京沿街叫卖的食摊小贩也不少，有些小贩甚至直接进入正店叫卖，与店主争利。也有的店主不放小贩入内，自备腌藏小菜出售，不遗余力。

饮食店在宋代大体可区分为酒店、食店、面食店、荤素从食店等几类，经营品种有一定区别。汴京食店经营头羹、石髓羹、白肉、胡饼、桐皮面、寄炉面饭等；川饭店经营插肉面、大燠面、生熟烧饭等；

南食店经营鱼兜子、煎鱼饭等。羹店经营的主要是肉丝面之类，可入快餐之列。客人落座后，店员手持纸笔，遍问各位，客人口味不一，或热或冷，或温或整，或绝冷或精浇，一一记下，报与掌厨者。不一会儿，只见店员左手端着三碗，右臂从手至肩驮叠约二十碗之多，顺序送到客人桌前。客人所需热面冷面不得发生差错，否则他们会报告店主，店员不仅会遭责骂和罚减佣金，甚至还有被解雇的危险。(《东京梦华录·食店》)

酒店也分几种，以临安为例：有茶酒店，即茶饭店，以卖酒为主，兼营添饭配菜；有包子酒店，专卖灌浆馒头、薄皮春茧包子、虾肉包子等；有直卖酒店，专售各色黄白酒；有散酒店，以零拷散卖碗酒为主；更有酒店兼售血脏、豆腐羹、蛤蜊肉等；还有庵酒店，有娼妓陪饮，酒阁内暗藏有卧床之类。(《都城纪胜·酒肆》《梦粱录·酒肆》)

汴京饮食店的模样，我们可以在传世名作《清明上河图》上看到。宋代杰出画家张择端所绘的这幅鸿篇巨制，生动细腻地描绘了以虹桥为中心的汴河两岸都城市民的生活和商业活动。汴京人的饮食生活，是《清明上河图》表现的重点之一，图中表现的店铺数量最多的是酒店和饮食店，店中有独酌者，也有对饮者，还有忙碌着的店主。

类似的市肆饮食活动图像，还见于山西繁峙岩山寺内的壁画，壁画有一处描绘有酒楼和小吃摊贩的热闹场面。酒楼临河，数人在楼中共饮，一旁有歌女弹唱。街上卖小吃的摊贩头顶、肩挑、手提、车推着各种器具，一片忙碌景象。这是金代时期的作品，与《清明上河图》有异曲同工之妙。

要概略了解宋代两京饮食店的经营特色，最好的方法当然还是读一读比较完善的菜单和食单，现在就让我们由《梦粱录》卷十六所列的部分名录，仔细看一看临安的市肆饮食：

百味羹　　　锦丝头羹　　　十色头羹　　　闲细头羹

宋代张择端《清明上河图》(局部)

金代壁画中所绘的酒楼食肆，山西繁峙岩山寺（附摹本）

海鲜头食	酥没辣	象眼头食	百味韵羹
杂彩羹	五软羹	四软羹	三软羹
集脆羹	三脆羹	双脆羹	群鲜羹
落索儿	焙腰子	盐酒腰子	脂蒸腰子
酿腰子	鸡丝签	鸡元鱼	鸡脆丝
笋鸡鹅	酒蒸鸡	炒鸡蕈	五味焙鸡
鹅粉签	绣吹鹅	闲笋蒸鹅	蒸软羊
鼎煮羊	羊四软	酒蒸羊	绣吹羊
千里羊	羊头元鱼	羊蹄笋	细点羊头
银丝肚	肚丝签	双丝签	荤素签
大官粉	三鲜粉	鲜虾粉	梅血细粉
杂合粉	珍珠粉	七宝科头粉	撺香螺
香螺脍	酒烧香螺	江瑶清羹	酒烧江瑶
生丝江瑶	撺望潮青虾	酒炙青虾	青虾辣羹
酒掇蛎	生烧酒蛎	姜酒决明	五羹决明
签决明	海鲜脍	鲈鱼脍	鲤鱼脍

鲫鱼脍	群鲜脍	清汁鳗鳔	酿笋
抹肉笋签	酥骨鱼	酿鱼	两熟鲫鱼
酒蒸石首	油炸春鱼	石首桐皮	石首鲤鱼
石首鳝生	银鱼炒鳝	酒法白虾	紫苏虾
水荷虾儿	虾包儿	水龙虾鱼	虾元子
芥辣虾	蹄脍	汁小鸡	小鸡元鱼羹
揎小鸡	燠小鸡	五味炙小鸡	红爊小鸡
脯小鸡	炸肚山药	笋焙鹌子	清揎鹌子
红爊鸠子	蜜炙鹌子	酿黄雀	煎黄雀
清供野味	辣爊野味	清揎鹿肉	炙犯儿
辣羹蟹	签糊斋蟹	枨酿蟹	酒泼蟹
生蚶子	枨醋蚶	蚶子脍	酒烧蚶子
蚶子辣羹	蛤蜊淡菜	淡菜脍	改汁辣淡菜
米脯鲜蛤	米脯淡菜	米脯风鳗	米脯羊
鲜蛤	水龙江鱼	水龙肉	水龙腰子
假驴事件	冻蛤蜊	冻鸡	冻三鲜
冻石首	三色水晶丝	五辣醋羊	冻三色炙
润鲜粥	润江鱼咸豉	十色咸豉	下饭二色炙
润骨头	八焙鸡	红爊鸡	八糙鹅鸭
白炸春鹅	糟羊蹄	糟鹅事件	酒香螺
糟脆筋	波丝姜豉	影戏算条	寸金鲊
辣菜饼	熟肉饼	羊脂韭饼	丝鸡面
三鲜面	盐煎面	笋泼肉面	炒鸡面
大爊面	虾鱼棋子	丝鸡棋子	七宝棋子
银丝冷淘	丝鸡淘	素骨头面	四色馒头
生馅馒头	杂色煎花馒头	枣箍荷叶饼	芙蓉饼
菊花饼	月饼	梅花饼	开炉饼

重阳糕	肉丝糕	水晶包儿	笋肉包儿
虾鱼包儿	蟹肉包儿	鹅鸭包儿	细馅夹儿
笋肉夹儿	油炸夹儿	甘露饼	糖肉馒头
羊肉馒头	太学馒头	蟹肉馒头	千层儿
炊饼	丰糖糕	乳糕	栗糕
镜面糕	乳饼	枣糕	笋丝馒头
裹蒸馒头	素夹儿	七宝包儿	山药元子
真珠元子	金橘水团	澄粉水团	拍花糕
裹蒸粽子	栗粽	巧粽	豆团
麻团	糍团	薄脆	春饼

饮食店的业务量大了，厨师也就要多一些，再加上经营品种十分繁杂，厨师的分工也就顺理成章了。红案、白案便是分工，或者称作菜肴、面点，菜肴又可分为冷菜、热菜，面点又有大案、小案。不少厨师都擅长一技或多技，所以就有了烹调师和面点师。关于古代饭店厨师分工的情形，没有详尽的记述，只是清代较为明晰，例如清末北京大饭馆的厨房，厨人分工明细，组织井井有条，《北京往事谈》一书对此有简略的记述：

> "灶上"有头灶、二灶之分，专司烹调；"红案"掌管刀俎；"白案"掌管面食、点心；"水案"掌管海味、鸡、鸭的处理；"料青"掌管作料的配备；"打杂"则添火、涤器；"库房"则采买、存储。每出一菜，掌灶者敲动炒勺作有节奏的声响，凡熟悉业务之伙计，听到炒勺响声，便能知道是否他所叫的菜，而随时往取，万无一失。[1]

---

[1] 陈育丞：《饭馆》，收入《北京往事谈》，北京出版社，1990 年。

饭馆再多再繁荣，一般的人至多只是偶尔走进去享受一次两次，大多还是在家中吃饭，依赖家厨喂饱肚子。前文我们已述及，操持家厨的，一般是家庭主妇，古时谓之"中馈"。家厨虽不算厨师之列，但天地之大、人数之多，又远非官庖市厨可比，所以我们在这一章里，轻描淡写也要记上一笔。

《后汉书·独行列传》说，陆续因受楚王刘英谋反之事的牵连，被捕入狱，关押在洛阳。他的母亲远道由江南赶来，做了一顿饭让狱卒送给他吃。陆续一见饭菜就哭泣起来，他知道母亲已到洛阳，不得相见，所以心里十分难过。狱卒问他是怎么知道他母亲到了京城，他的回答是："我的母亲切肉未尝不方正，切葱寸寸无不相同，看到了这肉这葱，感到太熟识了，一定是母亲的手艺，所以得知她老人家肯定已到了京城。"皇帝知道了这事，也感动起来，动了恻隐之心，竟赦免了陆续的死罪，放他与老母南下回乡去了。由此事可知汉代的家庭妇女厨艺也是比较讲究的，平日里操刀从不含糊，有一套比较严格的规矩。如若不是老母亲良好的刀工，陆续这条性命当时恐怕就得交待在洛阳了。

汉代以后，精于厨事的家庭妇女，还可举出一位晋时的李络秀。《晋书·列女传》说，李络秀为汝南人，待字闺中。身为安东将军的周浚一次出猎遇雨，正巧到李家躲避。"会其父兄不在，络秀闻浚至，与一婢于内宰猪羊，具数十人之馔，甚精办而不闻人声。浚怪使觇之，独见一女子甚美，浚因求为妾。"这门亲事父兄还不答应，李络秀却是求之不得，坚决要嫁周浚，父兄只得应允。周浚后来以功封侯，生子有三：顗、嵩、谟。周顗历官尚书左仆射，周嵩更拜御史中丞，而周谟历侍中、中护军，封西平侯，三兄弟并居显位，他们的成才与父母的精明强干不能说没有关系。李络秀在家中不声不响能做出数十人的丰盛筵席，中国烹饪史应当列上她的大名。

古代家厨也有名声很大的，惹得馋者垂涎也是常有的事。《宋书·谢弘微传》说，宋文帝刘义隆因为中庶子谢弘微家的膳羞做得精

北周庖厨俑，陕西咸阳出土

美，所以常常到谢家"求食"，谢弘微动员家人一齐动手经营，其中应该也包括他的妻子。类似史实还见于《南齐书·何戢传》，在何戢任司徒左长史时，齐高帝萧道成还是领军，二人往来密切，"数置欢宴"。置宴以在何家时为多，萧领军喜爱吃"水引饼"，何戢令妻女一齐动手做这种面条来招待他。可想何家的面条一定是做得不错的，何戢后来进位吏部尚书，不知与这面条有没有什么干系。

南北朝时代，已比较强调妇女在操持家庭饮食生活上所起的作用。颜之推《颜氏家训·治家》有云："妇主中馈，惟事酒食衣服之礼耳。"作为家训，强调了妇女在家庭内应担起的职责。

唐代习俗，婚后三日的新嫁娘，要亲自下厨，表露自己持家的本事。有王建《新嫁娘》一诗为证：

> 三日入厨下，洗手作羹汤。
>
> 未谙姑食性，先遣小姑尝。

羹汤调好，味道究竟如何，要待婆婆来品尝。可又不知婆婆的口味标准，只好请小姑子先尝一尝，这是万无一失的法子，这是个聪敏的新嫁娘。

以治家谨严著称的元代浦江人郑文融，十世同堂，家中管理规范极了，如公府一般，有"江南第一家"的美誉。郑氏有家规传世，名曰《郑氏规范》（或称《郑氏家范》）。由于家中人口众多，饮食管理有严密的规范，对于主厨的妇女要求甚严，妇女必须轮流当班，新媳妇也不例外。《郑氏规范》对此事的教诫如下：

> 诸妇主馈，十日一轮，年至六十者免之。新娶之妇，与假三月，三月之外，即当主馈。主馈之时，外则告于祠堂，内则会茶以闻于众。托故不至者，罚其夫。膳堂所有锁钥及器皿之类，主馈者次第交之。

这个庞大的共食家族，就这样前后维持了二百四十多年之久，着实不易。家庭妇女必须入厨，这在古代社会虽是通例，许多家族却仍要像郑家这样，郑重其事地将它写入治家训条，以示警醒。又如明代许相卿的《许云邨贻谋》也写有这样的训条，云："主妇职在中馈，烹饪必亲，米盐必课，勿离灶前。"主妇要亲自动手炒菜做饭，要围着锅台转圈子。古代妇女在烹饪上发挥了自己的创造才能，其在更广阔领域施展才能的机会客观上被限制，这也是近现代社会特别注重宣传妇女解放的一个重要原因。

清代出身官宦之家的曾懿，虽然父亲和丈夫都做官，但她自己也要在家主持中馈，她精于烹饪，而且根据自己的实践写成专供妇女习厨的《中馈录》一书，列入二十种家常菜肴的制作方法。该书总论说："昔蘋藻咏于《国风》，①羹汤调于新妇。古之贤媛淑女，无有不娴于中

---

① 《国风·召南·采蘋》本是描写贵族之女出嫁前采蘋采藻，烹之以飨先人的事，也可看作最早的中馈记录。

馈者。故女子宜练习于于归之先也。"要求女子在出嫁前就要以烹饪为必修课，为主持中馈做准备。这么说来，女子习厨在古代还是家教的一个重要内容。

四、食经种种

没有规矩，不成方圆。中国人在古代修宫建殿，有"营造法式"；种地饲畜、酿造烹饪，有"齐民要术"；更有许多学人，单独辑出食谱，专述炒菜做饭事。古有食经、酒经、茶经，记述饮食烹法，使中国烹饪传统得以继承发扬，意义重大。清代朱彝尊供职翰林院，学问很大，大手笔写成一部食经，名为《食宪鸿秘》。精于方圆的工部侍郎年希尧，也就是著名将军年羹尧的兄长，为这书写了一篇很好的序言，云："闻之饮食，乃民德所关，治庖不可无法，匕箸尤家政所在，中馈亦须示程。"不愧是搞建筑的，说的都是行话，讲到了食经的重要性，也肯定了像朱彝尊这样书读等身的文人撰写食经的动机。

中国历史上写成多少食经，现在是无法得知准确数目了，散佚者肯定不少。除了专门的食经外，还有许多相关文献也有烹饪方面的内容，更是无法胜计了。对于这些古代文献，最先进行系统研究的是日本学者篠田统，写有《中世食经考》《近世食经考》，[①]并编印了《中国食经丛书》。近年国内也注意到这方面文献的整理研究，邱庞同和陶振纲、张廉明进行了比较细致的发掘工作，出版了专门研究著作。[②]中国商业出版社则编印了《中国烹饪古籍丛刊》，陆续整理出版了数十部食经及饮食掌故著作。我们在此主要准备以邱庞同先生的研究为基础，

---

① 收入（日）篠田统《中国食物史研究》，中国商业出版社，1987年。
② 邱庞同：《中国烹饪古籍概述》，中国商业出版社，1989年；陶振纲、张廉明编著《中国烹饪文献提要》，中国商业出版社，1986年。

概述古代食经的一般情况，勾画出一条大体的发展脉络来。

在先秦时代，没有食经专著流传下来，但在经书、诸子著作和其他一些著作中，可以读到相关的文字。例如《诗经》中有不少描写贵族和平民饮食生活的诗章，"三礼"中详细记述了周代王室的饮食制度，《吕氏春秋》中有早期烹饪理论阐述。此外，《论语·乡党》记述了孔子时代一些具体的礼食要求，其主要内容我们留待后面的章节叙述。

汉魏南北朝时期，食谱及相关著作明显增多，以"食经"为名的专著大量出现。根据《隋书·经籍志》的记载，这一时期主要的食经有下列这些：

《服食诸杂方》二卷

《老子禁食经》一卷

《崔氏食经》四卷

《食经》十四卷

《食经》十九卷

《刘休食方》一卷

《食馔次第法》一卷

《黄帝杂饮食忌》二卷

《四时御食经》一卷

《太官食经》五卷

《太官食法》二十卷

《羹臛法》一卷

据《新唐书·艺文志》记述，还有：

《淮南王食经》一百三十卷

《卢仁宗食经》三卷

《崔浩食经》九卷

《竺暄食经》四卷，又十卷

《太官食方》十九卷

　　这些卷帙浩繁的食经本来是我们民族宝贵的文化财富，可遗憾的是，它们几乎全都亡佚了，只存一些片断文字保留在其他相关著作中。这一时期的食经主要分为两类，一类属宫廷太官，一类属百姓家传，两类食经在社会上都不便传播，所以失传是必然的结果，太可惜了。如《崔浩食经》，据《魏书·崔浩传》，崔氏历仕北魏道武帝、明元帝、太武帝三朝，是太武帝最重要的谋臣，官至司徒，他"自少及长，耳目闻见，诸母诸姑所修妇功，无不蕴习酒食。朝夕养舅姑，四时祭祀，虽有功力，不任僮使，常手自亲焉"。他的母亲为了让晚辈研习厨事，不忘家传厨艺，传授崔浩笔录《食经》九卷，以此作传家物之一。《崔浩食经》主要记述了本家日常所食及筵宴菜品的制作，早已亡佚。

　　又如南齐时的著名烹调高手虞悰，相传他也撰有相关食经，但这食经仅限个人使用，他不愿传授别人。《南齐书·虞悰传》说他"善为滋味，和齐皆有方法"，他被任命为祠部尚书，专管荐美味祭太庙之事。有一次，齐高帝萧道成游幸芳林园，向虞悰讨要一种叫"扁米栅"的食品吃，也不知这究竟是何物件。虞悰不仅送来了扁米栅，还附献"杂肴数十舆"，都是连太官御膳都做不出的美味。皇上吃得高兴了，又向虞悰讨要"饮食方"，希望得到他所写的食经，好让太官如法炮制。结果皇上遭到拒绝，郁闷得一个劲儿喝闷酒，醉倒了。虞悰为了让皇上脸面好看一些，只透露了"醒酒鲭鲊"的制作方法，算是应付过去了。虞悰秘不示人的食经，竟然对皇帝也保密，似乎是一件比性命都要宝贵的法宝。后人甚而有慕虞悰之名的，造出了一部包纳唐代的食单在内的《食珍录》来，言为虞悰所传。实际上虞法早已失传，或许他根本就没想到要将他的绝招传于后世。

这时期的食经除了太官的和家传的以外，也有适合于流传的第三种，只是数量很少。这类食经中最重要且流传至今的是《齐民要术》第八、九卷，它是现今所见隋唐以前最完整、最有价值的烹饪著作。《齐民要术》作者为北魏时曾任高阳太守的贾思勰，他是古代著名的农学家，也是精于烹调的好手，他参阅当时所见的其他饮食著作，整理了一套相当完备的食经，收入他的巨著《齐民要术》中，这是十分珍贵的饮食史文献。贾氏的高明之处，是他将烹调与农、林、牧、渔等有关国计民生的生产技术并列在一起，作为齐民之大术。如若不是这样，这一部分食经如果单独成书，恐怕很难流传下来。贾思勰有功于中国饮食文化传统的续承与发展，而且在隋唐之前，是独此一书，独此一人。

《齐民要术》食经部分写了造曲酿酒、作酱造醋、豉法、斋法，还有脯腊法、羹臛法、炙法、饼法、飧饭等烹饪之术。书中涉及的烹饪方法不下三十种，基本包罗了当时比较高档及大众化的荤素肴馔。贾氏将"素食"单列为一节，这实际上是平民菜谱，极有价值。

隋唐五代时期，食经及相关著作不少，但仍以亡佚的为多。据史籍提供的线索，可知隋唐食经主要有下列数种：

马琬《食经》三卷

崔禹锡《崔氏食经》四卷

谢讽《食经》

《严龟食法》十卷

杨晔《膳夫经手录》四卷

段文昌《邹平公食宪章》五十章

韦巨源《烧尾宴食单》

《斫脍书》

《食典》一百卷

　　这些食经仍然以太官和家传为多，如《食典》一百卷。据《清异录》说，《食典》是五代孟蜀尚食所掌，那书中所记自然都该是御膳的炮制法则了。又如《邹平公食宪章》，亦见于《清异录》的记述，书中说"段文昌丞相尤精馔事，第中庖所榜曰'炼珍堂'，在途号'行珍馆'。……文昌自编《食经》五十章，时称《邹平公食宪章》"。段文昌在唐穆宗时出任宰相，文宗时封邹平郡公，所以他的食经就有了"邹平公"这个名字。《邹平公食宪章》显然属家传一类，仅限于他的炼珍堂和行珍馆使用，传播范围不会太广。可惜的是，这五十章及《食典》一百卷也都失传了。还有一些流传至今的食经，往往只列有看馔名称，并无具体制法。如据说曾任隋炀帝尚食直长的谢讽著有《淮南王食经》，但留传至今的仅有五十三个看馔名称而已。

　　宋元时期，食经著作在数量上有很大增加，传播范围明显扩大，留传至今的佳作自然也就多起来了。据《宋史·艺文志》及其他文献记载，这一时期的食经类著作主要有下列这些：

　　《王氏食法》五卷

　　《养身食法》三卷

　　《萧家法馔》三卷

　　《馔林》四卷

　　《江飧馔要》一卷

　　《馔林》五卷

　　《古今食谱》三卷

　　《王易简食法》十卷

　　《诸家法馔》一卷

　　《珍庖备录》一卷

宋代侍女像，山西太原出土　　　　金代砖雕侍女像，山西孝义出土

《续法馔》五卷

浦江吴氏《中馈录》一卷

林洪《山家清供》二卷

陈达叟《本心斋蔬食谱》一卷

郑望之《膳夫录》一卷

司膳内人《玉食批》一卷

忽思慧《饮膳正要》三卷

无名氏《馔史》一卷

倪瓒《云林堂饮食制度集》一卷

　　这一时期的许多学人精于厨事，以厨事为乐，写过食经和相关文字，对于各种食经的传播起了积极作用。文人们也希望通过撰写食经

宣扬自己的饮食观点，所以适宜社会流传的作品也多起来，不像过去更多限于宫廷和家庭范围内使用。如《山家清供》和《本心斋蔬食谱》都是提倡素食的，这在宋代的拥护者一定不少，它们的流传就不会有那么多阻障了。另外，当时的学术界也开始注意到食经类著作的存在，著名图书分类学家郑樵在《通志·艺文略》中，将食经单独作一个门类列出，共著录图书四十一部三百六十六卷，这是一个创举，使食经堂堂正正地在文献座次中占有了一个席位，这对它的流传无疑有十分重要的作用。

宋元时代还有一些虽非食经，但述及不少烹调技巧的著作，部分内容完全可作食经看待。如陈元靓的《事林广记》，便收录有不少宋代名菜的制法。又如元代无名氏的《居家必用事类全集》中的饮馔部分，也有不少宋元肴馔的制法，而且还有一些当时少数民族和外域食品的制法，十分难得。有时一些专门的食经著作流传时受到阻障，而收入相关著作中的食经内容却能广为流传，很有意思。

到了明代，重要食经有下列数部：

　　韩奕《易牙遗意》二卷
　　宋诩《宋氏养生部》六卷
　　宋公望《宋氏尊生部》十卷
　　高濂《饮馔服食笺》三卷

这些食经都比较完整地保存下来了，内容十分丰富。如宋诩的《宋氏养生部》，收录了一千多则菜点制法和食品加工贮藏方法，菜肴均按原料分类，再按具体烹法列条，条理清晰，使用相当便利。宋诩之子宋公望，亦编成一部类似食经，名曰《宋氏尊生部》，只是创见不多，以汇编资料为主，所以不大受重视。明代最重要的食经还是高濂的《饮馔服食笺》，它是《遵生八笺》之一部，共三卷，内容广泛，叙述简明扼要，通俗易懂，便于传播。

明代还有很多将烹饪原料进行分门别类研究的专门著作，不少文字也涉及烹法。如朱橚的《救荒本草》、周履靖的《茹草编》、鲍山的《野菜博录》、屠本畯的《野菜笺》和《闽中海错疏》、顾起元的《鱼品》等，均属此类。

清代的食经著作最多，因为时间晚近，许多刊本不至失传，所以我们今天能读到的类似著作远比其他朝代的多。这些食经较重要的有下列若干种：

曹寅《居常饮馔录》

朱彝尊《食宪鸿秘》二卷

顾仲《养小录》三卷

李化楠《醒园录》二卷

袁枚《随园食单》

无名氏《调鼎集》十卷

曾懿《中馈录》一卷

黄云鹄《粥谱》一卷

这里以《随园食单》和《调鼎集》最为重要。《随园食单》是作者袁枚积四十年功夫写成，分为须知单、戒单、海鲜单、江鲜单、特牲单、杂牲单、羽族单、水族有鳞单、水族无鳞单、杂素菜单、小菜单、点心单、饭粥单、茶酒单十四个部分，有不少烹调理论和原则的阐述，十分难得（这一点后面还将详述及）。该书基本是按原料将菜肴分类，有较高的实用价值。《调鼎集》是一部五十余万字的巨著，记述荤素菜肴、面点主食等各类食品三千多种，内容广泛，文字通俗。该书过去只有一部手抄本，近年已出版多个点校本，很受厨师们的重视。

清代分门别类的相关著作也不少，如顾景星的《野菜赞》、汪昂的《日食菜物》、陈鉴的《江南鱼鲜品》、吴林的《吴蕈谱》、郝懿行的《记海错》、郭柏苍的《海错百一录》、赵信的《醢略》等。

民国时期，也有一些食经著作问世，比较重要的有：

卢寿笺《烹饪一斑》（中华书局，1917年）

李公耳《家庭食谱》（中华书局，1917年）

时希圣《家庭食谱续编》（中华书局，1923年）

时希圣《家庭食谱三编》（中华书局，1925年）

时希圣《家庭食谱四编》（中华书局，1926年）

时希圣《素食谱》（中华书局，1925年）

薛宝辰《素食说略》（西安义兴新印书馆，1926年）

辽东饭庄《北平菜谱》（大连辽东饭庄，1931年）

陶小桃《陶母烹饪法》（上海商务印书馆，1936年）

由于印刷便利，社会上的需求量也很大，许多食经一版再版，流传范围较广。此外，还出版了一些介绍国外饮食的书籍，如美国基督教会出版社在上海刊印的《造洋饭书》（1909年），李公耳的《西餐烹饪秘诀》（1922年）等，为西餐的传播起到了一定作用。

到了现在，出版的菜谱花样百出，供家厨、厨艺爱好者参阅、研究，这是现代食经畅销的一个重要原因。此外，还出版了不少烹饪杂志，为普及烹调知识，提高烹饪水平，起到了十分重要的作用。

更可喜的是，除食经外，我们又出版了《中国烹饪百科全书》（1992年）和《中国烹饪辞典》（1992年），中国人饮食生活的科学性大大增强了，外国人了解中国烹饪的锁钥铸成了。

中国人对饮食的注重态度，从大量的食经和有关诗文中，可以看得非常清楚。这一点同外国人——尤其是欧洲人绝不相同，反差十分明显。林语堂的《中国人的饮食》一文，对这一现象做过对比研究，很有意思，他写道：

> 没有一个英国诗人或作家肯屈尊俯就，去写一本有关烹调的书，他们认为这种书不属于文学之列，只配让苏珊姨妈去尝试一下。然而，伟大的戏曲家和诗人李笠翁却并不以为写一本有关蘑菇或者其他荤素食物烹调方法的书，会有损于自己的尊严。另外一位伟大的诗人和学者袁枚写了厚厚的一本书，来论述烹饪方法，并写有一篇最为精采的短文描写他的厨师。……法朗士则是袁枚这种类型的作家，他也许会在致密友的信中给我们留下炸牛排或炒蘑菇的菜谱，但我却怀疑他是否能把它当作自己文学遗产的一部分传给后人。①

中国的文人不避讳谈吃，常以饮食和饮食活动为诗词歌赋的题材，创作了许多流传千古的佳作，这一点我们在后面的有关章节中还将论及。

---

① 林语堂:《中国人的饮食》，收入聿君编《学人谈吃》，中国商业出版社，1991年。

饮茶有道

第五章

茶道

　　我们平时提到饮食，一般指的是吃饭，其实饮食是饮品和食品的合称，二者各有不同的范畴。饮品同食品一样，种类也非常多。饮品都是以水为基本物质制成，如酒、茶、咖啡等。人类离不了食品，同样也离不了饮品。相较食品，饮品对人生理与心理的作用更为明显，它所体现的文化内涵也更为深沉宏远。

　　中国人爱茶，茶之作为饮料，也是中国人的发明，现在已成为风行世界的几大饮料之一。20 世纪 90 年代，中国茶叶产量已接近五十万吨，其中三分之一还多的被外国人买去。世界上有五十多个茶叶生产国，饮茶者遍及一百七十多个国家和地区，越来越多的人加入了饮茶的行列。相比之下，中国人对茶饮的注重程度，要明显超出外国人，东邻日本人是唯一可以相提并论的茶人。林语堂对中国人的饮茶风尚，曾做过一番描述，他说：

　　　　饮茶为整个国民的日常生活增色不少。它在这里的作用，超过
　　了任何一项同类型的人类发明。饮茶还促使茶馆进入人们的生活，相

当于西方普通人常去的咖啡馆。人们或者在家里饮茶，或者去茶馆饮茶；有自斟自饮的，也有与人共饮的；开会的时候喝茶，解决纠纷的时候也喝；早餐之前喝，午夜也喝。只要有一只茶壶，中国人到哪儿都是快乐的。这是一个普遍的习惯，对身心没有任何害处。不过也有极少数的例外，比如在我的家乡，据传说曾经有些人因为饮茶而倾家荡产。这只可能是由于喝上好名贵的茶叶所致，但一般的茶叶是便宜的，而中国的一般茶叶也能好到可供一位王子去喝的地步。最好的茶叶是温和而有"回味"的，这种回味在茶水喝下去一二分钟之后，化学作用在唾液腺上发生之时就会产生。这样的好茶喝下去之后会使每个人的情绪都为之一振，精神也会好起来。我毫不怀疑它具有使中国人延年益寿的作用，因为它有助于消化，使人心平气和。[1]

林语堂道及饮茶风尚，亦道及饮茶作用，他接着还道及饮茶艺术。品茶是艺术，也是一门学问，是高雅的艺术，精深的学问，这便是茶道。

① 林语堂：《中国人的饮食》，收入聿君编《学人谈吃》，中国商业出版社，1991年。

一、茶食和茶饮

茶树原产中国西南，现在的中国南方种植茶树十分普遍。取茶叶为饮料，古人传说始于黄帝时代。《神农食经》有"茶茗宜久服，令人有功、悦志"的说法，对茶叶的药理进行了阐发，表明茶叶有可能最早是作为药物进入人类饮食生活的。这书自然并非神农所撰，但大体可以反映汉代及汉代以前人们对茶叶的认识，茶的饮用确实很早就开始了。

对茶最早的可靠记述，是最早的一部字书《尔雅》，称茶为"槚"和"苦荼"。《尔雅》成书于汉代，假周公之名，但许多成说取自前代，所以不少人据此论证周代已形成饮茶风尚。不过《周礼》所列六饮和四饮中并无茶水之类，或者至少周王室还并不是那么崇尚饮茶，茶还不是必备之物。

茶叶作为饮料之前，可能曾作过食料；就是作为饮料以后，也常作食料使用，直到今天仍是如此。《晏子春秋·内篇杂下》说："晏子相齐，衣十升之布，脱粟之食，五卵、苔菜而已。"其中提到的苔菜，陆羽《茶经》引作"茗菜"，并被作为春秋时代食茶的证据。今人有认为茗菜、苔菜所指皆为茶，贵州有茶树即名"苔茶"。[①]如此说可信，那么春秋时代可能有以茶作菜的事。茶在古时还能入粥，做成茶粥，如《茶经》引西晋傅咸的《司隶教》即提到蜀妪在南方"作茶粥卖"的事，作为市肆食品的茶粥，当时可能是一种受重视的小吃。

---

① 参见（唐）陆羽撰，傅树勤、欧阳勋译注《陆羽茶经译注》，湖北人民出版社，1983 年。

现代西南地区的少数民族中，还有一些以茶入馔的吃茶习惯，无疑是古代食茶的遗风。如竹筒茶拌上油盐，或与大蒜同炒，用作下饭的菜；腌茶可拌可炒，亦可佐饭。湖南洞庭湖区盛行姜盐芝麻豆子茶，也是将茶叶当菜吃下去。岂止是少数民族以茶当菜，现在的高级筵宴上也有用茶叶或茶汁烹制的名菜，如茶汁虾仁、碧螺虾仁、龙井虾仁、碧螺鱼片、碧螺炒蛋、龙井鸡丝、龙井鲍鱼、樟茶鸭子、云雾石鸡、毛峰熏鲥鱼、五香茶叶蛋等。

茶叶不作菜、不作药，而作为专用饮料的最早年代，不会晚于西汉。汉代的南方，尤其是西南地区，饮茶已蔚为风尚，不过那时见诸文字记载的茶事并不太多，只是在西汉辞赋家王褒所写的《僮约》中透露出了一些重要信息。王褒在去成都途中，投宿于寡妇杨惠家中。王褒请杨氏家僮去买酒，家僮不从，理由是主人买他时只言定负责看家，并没说有买酒的事务。得知家僮一直这样忤逆主人，王褒非常恼怒，商议从杨氏手中买走这个家僮，他要进行教训和惩罚。在主仆双方订立的契约上，明确规定家僮必须承担去集市买茶、煮茶和洗涤茶具的杂役，这便是《僮约》。由此可以看出，汉代人已将饮茶看作一桩很重要的事情，茶已成为日常的重要饮料，而且已作为商品在市场上广为流通。①

大约从魏晋时代起，茶与酪、酒一样，同为筵宴饮品中的佳品，史籍中甚至有以茶代酒的美谈。《晋中兴书》说，晋时升任吏部尚书的陆纳，在任吴兴太守时，有一次谢安约好要来拜访他。他的侄子陆俶是个热心肠，对叔叔不准备筵席待客深感不安，但也不敢问明原因，便自作主张地准备了一桌丰盛的酒菜，静候谢安的到来。谢安来了，

---

① 旧时多认为《僮约》中关于"烹茶尽具""武阳买茶"的内容是我国，也是世界最早的关于买茶、饮茶、种茶的记载，但近年来有学者提出《僮约》中的"茶"不是茶，而是菜。这种观点提供了一种新的思考角度，可参见周文棠《王褒〈僮约〉中"茶"的研究》，收入中国国际茶文化研究会编《第十一届国际茶文化研讨会暨第四届中国重庆（永川）国际茶文化旅游节论文集》，中央文献出版社，2010 年。

清代《守山阁丛书》本《古文苑》中的《僮约》书影。
文本中可见"烹茶尽具""武阳买茶"等语

陆纳只命人端上一杯茶来，再摆上一些茶果。陆俶见了，觉得过于寒酸，就赶紧将自己准备的酒菜端上来待客。侄子满以为这样一定能讨得叔叔的欢心，没想在客人告辞后，叔叔先逮住他打了四十大板，怒气冲冲地说："你不能为叔叔争光倒也罢了，却为何还要毁了我清淡的操行？"明白了，这位追求的是淡泊，一杯茶水，成了士大夫们以清俭自诩的标牌。茶在这个场合，已非一般的饮料，它的作用又有了升华。又如《晋书·桓温传》说，桓温任扬州牧时，生活比较节俭，每逢宴饮，只用七子攒盘摆些茶果。茶果就是饮茶时所用的点心，可见桓温亦是以茶代酒。酒宴前后，茶水是一种极好的辅助饮料，《茶经》

引弘君举《食檄》"寒温既毕，应下霜华之茗"，说的便是主宾见面，寒暄之后要献上清茶，这大约是两晋时代形成的待客规矩，到现代依然是天经地义的习惯性礼仪。

两晋至南北朝时期，无论是平民或帝王，有不少嗜茶者，茶饮之风又甚于汉时。在八王之乱中蒙难的晋惠帝司马衷，曾饮过侍从们用瓦盂献给他的茶水。(《茶经》引《晋四王起事》) 齐武帝萧赜在他的遗诏中，明言死后"灵上慎勿以牲为祭，唯设饼、茶饮、干饭、酒脯而已"(《南齐书·武帝本纪》)。要以茶饮作为供品，生前一定是很爱饮茶的。帝王爱茶，大臣、平民也爱茶，甚至以茶水祀鬼敬神。那个时代还出现了一些嗜茶成癖的人，如《搜神后记》说桓温手下有一个督将，一次须饱饮一斛二斗茶水，少一升一合就感到极不舒服。《太平御览》引《世说新语》说，司徒长史王濛不仅自己嗜茶，更喜欢以茶待客，像劝酒一样劝客人饮茶。前往造访的人心里都很害怕，很怕灌胀了肚皮，还戏称这样的饮茶为"水厄"，以为根本不是享受，而是像掉进河塘遭水淹一样。梁武帝萧衍养子萧正德降归北朝，北人准备用清茶对他表示欢迎，先问他"水厄多少"。问的是茶量大小，萧正德以为是问曾遭水淹过几次，便脱口答道，"我虽生在水乡，但一生不曾有过溺水之难"，引得满座宾客哄堂大笑。(《洛阳伽蓝记》)

在隋唐以前，茶艺还不很讲究，茶道也还不成什么体系，还是饮茶推广普及的初级发展阶段。

二、茶圣与《茶经》

到盛唐时代以后，茶饮更为普及，南方和两京已形成"比屋之饮"的趋势，几乎家家户户都饮茶。尤其是在陆羽《茶经》问世之后，饮茶很快成为无论贫富阶层都盛行的一种社会风尚。许多事情一经提倡，

竟陵陸　羽撰

一之源
二之具　三之造

一之源

茶者南方之嘉木也一尺二尺迺至數十尺其巴山
峽川有兩人合抱者伐而掇之其樹如瓜蘆葉如梔
子花如白薔薇實如栟櫚蒂如丁香根如胡桃胡桃與茶根皆下孕兆至瓦礫苗木上抽廣州似茶至苦澀拼櫚蒲葵之屬其子似茶胡人以謂荈其字或
從草或從木或草木并從草當作茶其字出開元文字從木當作搽其字出本草草木并作荼其字出爾雅其名一曰茶二曰檟三曰蔎四曰茗
五曰荈周公云檟苦荼楊執戟云蜀西南人謂荼曰蔎郭弘農云早取為荼晚取為茗或一曰荈耳其地上者生爛石中者生櫟壤下者生黃土凡藝

竟陵陸　羽撰

四之器

風爐　灰承
筥
炭檛
鍑
交床
夾
紙囊
碾　拂末
羅合
則
水方
漉水囊
瓢
竹筴
醯簋　楬
熟盂
盌
畚　具列
札
滌方
巾
　都籃

風爐　灰承

風爐以銅鐵鑄之如古鼎形厚三分緣闊九分
令六分虛中致其杇墁凡三足古文書二十一

南宋《百川学海》本《茶经》书影

多可风行一时，但少有恒久，而饮茶一事，自经陆子倡导后，竟是愈来愈盛行，千百年来人们对此道的热情从未减退，还以此带动了许许多多的域外人，茶道的吸引力之大，仅此足以让人看得明明白白了。

陆羽，字鸿渐，复州竟陵（今湖北天门）人。他本是一个弃婴，被僧人收养在寺庙中。长大后他逃离出走，埋名隐姓，曾学演杂剧，成为伶师。青年时，他隐居浙江吴兴的苕溪，自称桑苎翁，阖门专心著书。在此期间，曾被朝廷召为太子文学和太常寺太祝，均未赴任。陆羽生性嗜茶，悉心钻研茶学，以精深学识写成《茶经》三卷。（《新唐书·陆羽传》）因此，陆羽被后世奉为茶神、茶圣。《茶经》成书一千二百多年以来，屡经翻刻，推动了中国茶文化的发展。《茶经》影响远及国外，日韩美英都有许多藏本和译本。

陆子《茶经》集中唐以前茶学之大成，为中国最早的一部茶学百科全书。《茶经》追本寻源，首先谈及茶的历史名称、茶树的种植方法及茶叶的性味等，还列举了唐时分辨茶叶优劣的一些基本标准。唐代以野生茶叶为上品，而以园圃种植者稍次；野生茶又以向阳山坡林荫下生长的紫茶为上，色绿次之；由叶片形态观察，又以反卷者为佳，平舒者次之。这是陆羽的标准，也是唐时通行的标准。

陆羽在《茶经》中指出，茶味性寒，是败火的最佳饮料，不仅能解热渴，还可去烦闷、舒关节、长精神。不过他又特别指出，如果采摘季节不当，制作不精，那样的茶叶饮了不仅无益，反会使人生病。采制茶叶有专门的用具，茶叶制作要经过采、蒸、捣、拍、焙等几道工序，要求很严。采茶最好的季节，在唐代认为是二至四月，时间也要合适，须赶在早晨带露时采摘，天雨不得采，晴而有云亦不得采，否则会直接影响到成茶的质量。

读《茶经》文字可知，中国古代的茶道，至迟在唐代中叶已形成一套完整的体系，采茶、制茶、烹茶、饮茶，都有明确的规范，非常严谨。以烹茶为例，首先要求有一套特制的茶具，包括炉、釜、碾、

唐代西明寺石茶碾刻文拓本

杯、碗等。唐代茶具陆续见有出土，长安西明寺遗址曾发现过石茶碾，西安和平门外则发现过七件银质茶盏托。唐代茶具最重要的发现是在陕西扶风法门寺地宫，品种较为齐全。法门寺茶具多为银器，有烹煮茶汤用的风炉、鍑、火筴、茶匙、则、熟盂，有点茶用的汤瓶、调达子，有碾茶、罗茶用的茶碾和碾轴、茶罗，有贮茶用的盒，还有贮盐用的蹉簋、盐台，有烘茶用的笼子，有饮茶用的茶托、茶杯等。这是一次空前的发现，于茶史研究极有意义。[①]

按陆羽的说法，唐代所用茶杯时兴用玉青色的越瓷和岳瓷，盛上茶呈现白红之色。如用其他瓷系，效果便不大理想，如邢州白瓷易使茶色发红，寿州黄瓷则使茶色发紫，洪州褐瓷又使茶色发黑，都不宜选用。茶叶在蒸捣后，用模具压制成形，饮用时先须用炭火烤热，但不得用染有腥膻气的木炭和朽木为燃料。茶叶烤热后要马上用纸袋封

---

① 陕西省法门寺考古队：《扶风法门寺塔唐代地宫发掘简报》，韩伟：《从饮茶风尚看法门寺等地出土的唐代金银茶具》，《文物》1988 年第 10 期。

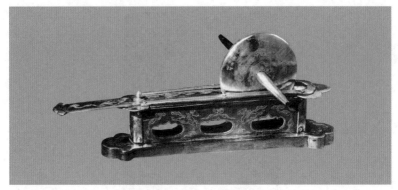

唐代银茶碾，陕西扶风出土

唐代银盐台，陕西扶风出土

唐代鎏金银茶笼子，陕西扶风出土

唐代琉璃茶盏托，陕西扶风出土

唐代越窑青瓷茶盏托

好，以防香气散失，要等到冷却后再碾为细末备用。现在一些少数民族烹茶，也有烤茶这个程序，应当是传承了唐人饮法的结果。

任何饮料都离不了基本原料——水。水的品质对饮料的质量起着决定性的作用，现代是如此，古时亦如此。古人酿酒烹茶，都十分注意水的选用。依《茶经》所说，唐人烹茶以为用山水最好，实际是矿泉水，其次是江水，井水最次，非不得已时不用。山水中又以乳泉漫流者为上，瀑涌湍急者不能取用，令人生颈疾。山谷中停蓄的溪水也断不可取，防有毒害。如用江水，要到远离人居的地点去取；不得已用井水，则到经常汲水的井中提取。

陆羽说，烹茶煮水有"三沸"之法。水沸微有响声，水面泛起鱼眼水泡，为一沸；水面边缘涌起连珠水泡，为二沸；水波翻滚如浪，是为三沸。烹茶以三沸之水最妙，如再煮下去，水便老而不可饮了。初沸时还要适量放些盐到水中，随时撇去水面泛起的浮沫。二沸时要舀出一瓢水来，然后用竹筴将釜中水搅成漩涡，量好茶末沿漩涡中心倒下。不一会儿水便大沸，这时将二沸时舀出的那瓢水倒下止沸，不得用生水止沸。饮用时，将茶水酌入杯盏内，细细品味。唐人以为从釜中舀出的第一杯茶水味道最美，称为"隽永"，大约是指能给人无穷的回味。第四五碗又不如二三碗，不是极渴的人不会饮它。这么说来，有滋味的只是前三碗，这大概与我们今天所说的"头锅饺子二锅面"的道理相同。唐人饮茶通常是趁热连饮，以为凉茶已无精华之气，饮之不美。

论说起来，茶品的优劣是决定茶水品位的关键，其次是水的选用。但茶叶好，水质佳，也未必能烹出好茶，所以煎汤（烧开水）又是一个关键所在。陆羽概略谈了煎汤的三沸之法，唐代还有人对此进行过更细致的研究，例如张又新的《煎茶水记》，就有经典式的论说。张又新列出当时公认的宜于烹茶的用水二十种，包括无锡惠山寺石泉水、苏州虎丘寺石泉水和吴淞江水等。张又新还特别强调用茶叶产地的水

五代茶炉样式

烹茶最好，这样配合的结果，"无不佳也"。煎汤的具体方法，以及汤品的分类，唐人苏廙在《仙芽传》中做了详细论述，道及许多诀窍，提出了"作汤十六法"的原则。《仙芽传》已散佚不传，"作汤十六法"在《清异录》中有记录。

苏廙说："汤者，茶之司命。若名茶而滥汤，则与凡末同调矣。"说汤是茶的主宰，如果用的是名茶，煎汤却毫无章法，那这名茶的效果与凡品也就没什么两样了。苏氏的十六汤法，既讲汤的老嫩，又讲煎成的速度及汤器、炭火的选择，相当全面，也很具体。内容如下：

第一为"得一汤"。火候适中，不过亦不欠，此汤最妙，得一而足，故名得一汤。

第二为"婴汤"。炭火才烧不久，水釜才温，便急急倒入茶叶，用这样没煮熟的汤烹茶，就像是要婴孩去做大人的事，是断然不能成功的。

明代王问《煮茶图》（局部）

第三为"百寿汤"。煎煮时间太久，甚至多至十沸，用这样的汤烹茶，就像让白发老汉拉弓射箭、阔步远行一样，结果也不会太妙。

第四为"中汤"。鼓琴音量适中为妙，磨墨用力适中则浓，过缓过急造成的结果，必定是琴不可听，墨不可书。注入茶汤的力道适中，味才能得正。注汤缓急，全在手臂功夫。

第五为"断脉汤"。注汤时断时续，如人的血脉起伏不畅，想长寿是不可能的。只有提高注汤技巧，连续不断，才得好茶。

第六为"大壮汤"。力士穿针、农夫握笔，难以成其事，因太过猛烈粗放。注汤太快太多，茶味失真，也就不成其为茶了。

第七为"富贵汤"。汤器不离金和银，这是富贵人家的排场，但这样确实能得到好汤。这就像音色上乘的古琴不能缺少桐木，黏性好的墨汁不能不掺胶质一样。

第八为"秀碧汤"。玉石凝结天地灵秀之气而成其质，琢为茶器，灵秀之气仍存，可得良汤。

第九为"压一汤"。用金银太贵重，又不喜用铜铁，那瓷瓶便是最合适不过的了。对隐士们而言，瓷器是品饮茶色茶味的美物，是压倒一切的美器。

第十为"缠口汤"。平常人家不大注重器具的选择，以为能烧沸水的便成，这种汤可能又苦又涩，无法下咽。强咽下肚，恶气缠口总不得去。

第十一为"减价汤"。用无釉陶器作茶具，会散发出土腥味，俗语称"茶瓶用瓦，如乘折脚骏登高"，骑断腿马上高山，当然无法达到目的。

第十二为"法律汤"。茶家的法律是"水忌停，薪忌熏"，即不取停蓄的水和油腥的炭。违反了这"法律"，就得不到好汤，就得不到好茶。

第十三为"一面汤"。一般的柴草或已烧过的虚炭，都不宜用于煎汤，所得汤总觉太嫩。只有实炭才是茶汤之友，非有好炭而不得好汤。

第十四为"宵人汤"。茶性娇嫩，极易变质。如用垃圾废材煎汤，会影响茶叶香味的发散，还会染上杂味。

第十五为"贼汤"。风干小竹、树枝，亦不适于煎汤，因其体性虚薄，难得中和之气，也是坏茶的贼。

第十六为"魔汤"。汤最怕烟，浓烟蔽室，难有好汤，烟为坏茶之大魔。

这十六汤，对煎汤的学问与法则，可以说是囊括一尽。茶道的功夫，至少三分之一在煎汤上。

煎汤烹茶固然很有学问，饮茶更是道理精深。陆羽在《茶经》中说，有些人很不经心，将茶叶捣碎后往瓶里一放，用开水一泡就饮，这叫作"痷茶"，味道好不了。还有人将葱、姜、枣、橘皮、茱萸、薄荷放汤中与茶叶共煮，这样的茶水如同该倒进污沟的废水。这些饮法或许是当时一般民众日常所用，士大夫们当然很不以为然。

严格说来，饮茶似乎是一件很难的事，按陆羽的说法，"茶有九难"。这九难，一是造茶，二是辨茶，三是茶具，四是炭火，五是用水，六是炙茶，七是碾茶，八是煮茶，九是饮茶。无论哪个环节出了差错，都很难饮到好茶。珍鲜馥烈的美茶，一炉只烧得三碗，至多五碗。饮者在五人以上，就用这三碗传饮，而不是一人分饮一碗，这与古代的传杯饮酒有些相似。这样的饮法，是静心品味，非为止渴。茶道的致清导和，正是这样体现出来的，它与饮酒造成的气氛完全不同，结果也完全不同。

陆羽《茶经》的问世，使唐宋茶道盛行，它影响到唐及后世政治、经济、军事、文化与社会生活各方面，这恐怕是作者始料未及的。自陆羽之后，历代茶学著作又出现许多，宋之《茶录》，明之《茶疏》《茶笺》等，内容迭有翻新，但无一不是祖宗《茶经》的。《茶经》给古今中国人带来实惠，也给全世界的人带来实惠。美国人威廉·乌克斯在《茶叶全书》中说，"中国人对茶叶问题，并不轻易与外国人交换意见，更不泄露生产制造方法。直至《茶经》问世，始将其真情完全表达"，"中国学者陆羽著述第一部完全关于茶叶之书籍，于是在当时中国农家以及世界有关者，俱受其惠"，"故无人能否认陆羽之崇高地位"。①

宋梅尧臣有诗云："自从陆羽生人间，人间相学事新茶。"（《次韵和永叔尝新茶杂言》）如果没有陆羽，也可能有张羽或李羽，总归会有人完成这样的划时代著作。但《茶经》毕竟由陆羽写成了，后代尊他为茶圣，他当之无愧。

---

① 转引自《茶经浅说》，收入（唐）陆羽撰，傅树勤、欧阳勋译注《陆羽茶经译注》，湖北人民出版社，1983年。

三、龙团凤饼

陆羽在《茶经》中将唐代茶叶产地分为八大区，包括相当于现代行政区域的湖北、湖南、河南、安徽、浙江、江西、福建、四川、贵州、广东、广西十一个省区，其中峡州茶、光州茶、湖州茶、彭州茶、越州茶等，名冠一时。还有建州茶亦十分优良，因陆羽不曾品味，所以他没有列入。

承唐代余韵，茶到了宋代，无论种植、采制、饮用，都发展推进到一个新的高峰。优良茶品辈出，名目繁多，品高名亦雅，大胜唐时。这与贡茶制度的形成不无关系，也就是说，是帝王将相们引导消费的结果。

贡茶，即向皇帝进贡新茶。这在唐代已形成定例，至宋时已经制度化，贡茶之风愈演愈烈。唐代在湖州顾渚设立贡茶院，官方督造贡茶"紫笋"，每年清明，新茶便要贡至京城。宋代贡茶的主要产地之一，是福建建溪的北苑。北苑茶起初亦名"紫笋"，继而又有"研膏""腊面""京铤"之名。北宋初，太祖特派官员到北苑督造团茶，是专用的贡茶。团茶模压成龙形或凤形，称为"龙凤茶"，习惯上称为"龙团凤饼"。后来茶模改小，压成的茶饼称为"小龙团"。此外，贡茶还有"密云龙""白茶"等名目，一品赛过一品。宋代贡茶讲究名号之雅，宋人熊蕃的《宣和北苑贡茶录》记载有以下最主要的几种：

贡新銙	试新銙	白茶	龙团胜雪	御苑玉芽
万寿龙芽	承平雅玩	龙凤英华	玉除清赏	启沃承恩
雪英	云叶	玉华	寸金	万春银叶
玉叶长春	瑞云翔龙	长寿玉圭	太平嘉瑞	拣芽
龙苑报春	小龙	小凤	大龙	大凤

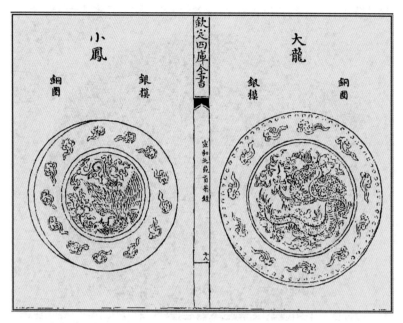

清代《钦定四库全书》本《宣和北苑贡茶录》中描绘的龙团凤饼

北苑贡茶多至四千余色，年贡四万七千一百多斤，龙团凤饼，名冠天下。丁谓的《北苑焙新茶》一诗这样写道："北苑龙茶者，甘鲜的是珍。四方惟数此，万物更无新。"这说法大约并没有过于夸张的成分，应当是符合实情的。

龙团凤饼十分珍贵，连皇帝都不轻易拿出赐人。若臣下们有幸得茶，便以为受了莫大的恩泽，感戴不尽。苏轼出知杭州时，宣仁皇后特遣内侍赐以龙茶银盒，以示厚爱之意。(《宋史·苏轼传》)位不及宰相，一般都难有机缘得此厚爱。欧阳修任龙图阁学士时，仁宗赵祯曾赐给中书、枢密院八大臣小龙团茶一饼，八人平分而归。这御赐龙茶拿到家中，根本舍不得饮用，却当作家宝珍藏起来，待有尊客来访，方才拿出传玩一番。按欧阳修《归田录》的记载，大龙凤团茶八饼重一斤，龙凤小团则是二十饼重一斤。一饼小龙团，分量之轻可以想见，

古代的龙团凤饼，大约就是这般模样

八人平分，一人能得几许？按当时的价值，一斤龙茶值黄金二两，正
所谓"金可有而茶不可得"，贵重之极。后来，嘉祐七年（1062年），
欧阳修得赐一饼。他在《〈龙茶录〉后序》中说："至今藏之。……每
一捧玩，清血交零而已。"得赐一饼，也只是捧玩而已。又见北宋文学
家王禹偁一首描写大臣受赐贡茶的诗，题为《龙凤茶》，诗中写道：

样标龙凤号题新，赐得还因作近臣。

烹处岂期商岭外，碾时空想建溪春。

香于九畹芳兰气，圆似三秋皓月轮。

爱惜不尝惟恐尽，除将供养白头亲。

受赐龙团，喜爱得不行，同样也舍不得饮它。有意思的是，近臣们所得的龙茶，说不定也有假冒的，皇上所用也未必全为真品。宋人庞元英《文昌杂录》卷四有一则记载，揭示了当时造假龙团的秘密：

> 太府贾少卿云：昔为福建转运使，五月中，朝旨令上供龙茶数百斤。已过时，不复有此新芽。有一老匠言，但如数买小铸，入汤煮研二万杵，以龙脑水洒之，亦可就。遂依此制造。既成，颇如岁进者。是年南郊大礼，多分赐宗室近臣，然稍减常价，犹足为精品也。

假到以假乱真，拿假茶去哄骗皇上，还真的混过了关。臣下爱龙茶，皇上也爱龙茶，从这用假龙茶的例子看，该是千真万确的事。

茶学经陆羽首倡，至宋代更加充实，茶道愈加完善起来。与唐代相比，宋代的茶学著作更多，比较重要的有蔡襄《茶录》、宋子安《东溪试茶录》、熊蕃《宣和北苑贡茶录》、黄儒《品茶要录》、无名氏《北苑别录》等。此外，那后来做了金兵俘虏的宋徽宗赵佶，也撰有一部茶学著作，名为《大观茶论》，此书虽不一定完全为皇上的御笔，但一定记录着不少他的精微心得，他也一定是个嗜茶的帝王。《大观茶论》所述宋代茶学茶道，较之唐代确有许多精深之处。例如说到采茶，宋时要求"用爪断芽，不以指揉"，要求很高，采茶要以指甲而不能以指头，这是因为用指甲则速断不柔，而用指头则多温易损。茶工在采茶时，"多以新汲水自随，得芽则投诸水"，这是为了保证茶芽的鲜洁。茶芽须蒸，蒸芽太生，茶芽会变得滑腻，颜色会过青，味道也会过浓；蒸芽太熟，茶芽则会变得软烂，茶色呈赤红且不易凝集。制茶的技巧，按《大观茶论》的话说，叫作"涤芽惟洁，濯器惟净；蒸压惟其宜，研膏惟熟，焙火惟良"。如采造过时，蒸压不当，焙之太过，那是得不到上等茶的。

明清时代，茶道继承了前代的传统，又揉进了一些新的内容。明

今人仿制的北苑贡茶

代高濂的《遵生八笺》所述"煎茶四要"和"试茶三要",大体还没跳出《茶经》的范畴。"煎茶四要"为择水、洗茶、候汤、择品,用水原则和候汤关键均与《茶经》所言相符。唯择品标准有了变化,所谓"茶盏惟宣窑坛盏为最,质厚白莹,样式古雅。有等宣窑印花白瓯,式样得中,而莹然如玉。……惟纯白色器皿为最上乘品,余皆不取"。宣窑即著名的景德镇窑。这里说饮茶要用白瓷盏,与宋代用黑瓷盏和唐代用青瓷盏不同。我们直到今天仍以白瓷为茶盏,应当是明代创下的规矩。所谓"试茶三要"为涤器、熁盏、择果,涤器令洁和熁盏令热都是传统要求,择果又有了些新内容,高濂说:

> 茶有真香,有佳味,有正色,烹点之际,不宜以珍果香
> 草杂之。夺其香者,松子、柑橙、莲心、木瓜、梅花、茉莉、
> 蔷薇、木樨之类是也。夺其味者,牛乳、番桃、荔枝、圆眼、
> 枇杷之类是也。夺其色者,柿饼、胶枣、火桃、杨梅、橙橘
> 之类是也。凡饮佳茶,去果方觉清绝,杂之则无辩矣。若欲

用之所宜，核桃、榛子、瓜仁、杏仁、榄仁、栗子、鸡头、银杏之类，或可用也。

饮茶时不用或慎用珍果香草，是为了充分体味茶水的清香，否则会夺了茶的真香、佳味、正色。可是到了清代，又有意在茶中加入香花佳果，以为奇香美味，观念上又有了些变化。如《调鼎集》在列了当时的名茶之后，又专述了若干种花茶、果茶的制法，这在高濂看来，可能是不可思议的。

《调鼎集》列清代名茶有：

洞庭君山茶	常州阳羡茶	六安银针茶
当涂涂茶	天台云雾茶	雁荡山茶
太白山茶	上江梅片茶	会稽山茶

此外尚有六安毛尖、武夷熬片、龙井、碧螺春、铁观音、乌龙、普洱茶等，都很著名。花茶中以茉莉花茶饮用量最大，其他则有龙井莲心茶、菊花茶、莲花茶、冰杏茶、暗香茶等，还有奶茶和果茶等。

《调鼎集》所载若干花茶、果茶的茶名与制法，我想在此抄录数种：

·莲花茶。日初出时，就池沼中将莲花蕊略绽者，以手指拨开，入茶叶填满蕊中，将麻丝扎定。经一宿，次早摘下，取出茶，用纸包，晒干或火烙，如此三次，用锡瓶收藏。

·清茶。茶叶，石榴米四粒、松仁四粒。或加花生仁、青豆泡茶。

·泡茶。茶叶内加晒干玫瑰花、梅花三瓣同泡，颇香。

·三友茶。茶叶，胡桃仁去衣，洋糖，清晨冲滚水。

·冰杏茶。冰糖、杏仁研碎，滚水冲细茶。

·橄榄茶。橄榄数枚，木锤敲碎（铁敲有黑锈并刀腥），同茶入小

今人制成的金瓜贡茶

砂壶，注滚水，盖好，少停可饮。花红同。

·芝麻茶。芝麻微炒香，磨碎，加水滤去渣，取汁煮熟，入洋糖热饮，煎浓普洱茶冲冰糖饮。

·奶子茶。粗茶叶煎浓汁，木勺扬之，俟红色，用酥油及研细末芝麻去渣，加盐或糖，热饮。

·香水茶。取熟水半杯，上放竹纸一层，穿数孔。采初开茉莉花，缀于孔，再用纸封，不令泄气。明晨其水甚香，可点茶。

·暗香茶。腊月早梅，清晨用箸摘下半开花朵，连蒂入磁瓶。每一两用炒盐一两洒入，勿经手。厚纸密封，入夏取用。先置蜜少许于杯，加花三四朵，滚水注，花开如生。

到了现代，按照制法和贸易习惯，我国茶叶可分为绿茶、红茶、乌龙茶、白茶、花茶和砖茶等类别，其中以绿茶和红茶产量最高。绿茶通过杀青（蒸汽杀青、锅炒杀青）、揉捻、干燥等工序制成，名品有以"色翠、香郁、味醇、形美"四绝著称于世的西湖龙井，还有江苏吴县的碧螺春和四川的蒙顶茶、江西庐山的云雾茶、安徽黄山毛峰、河南信阳毛尖等。红茶的制作要经过发酵，香味浓郁，名品有安徽的祁红、云南的滇红、广东的英红等。乌龙茶又称青茶，兼取绿茶的杀青和红茶的发酵工艺，所以既有绿茶的清鲜，又有红茶的浓香，名品有福建的武夷岩茶、铁观音等。白茶采用特殊工艺，除去青叶的苦涩气味，色白如银，香气清新，名品有福建的白毫银针、白牡丹、贡眉等。花茶又称"薰花茶"或"香片茶"，以鲜花窨制茶叶而成，采用的花料主要有茉莉、玉兰、玫瑰、腊梅、桂花等。砖茶是紧压成一定形状的块状粗茶，名品有云南普洱茶、广西六堡茶等。

茶品众多，难分高下，人人各有所好。一般来说，浙江人爱绿茶，福建人爱乌龙茶，云南人爱普洱茶，北方人爱花茶。在国外，欧美人爱红茶，非洲人爱绿茶，东南亚人爱乌龙茶，日本人爱蒸青绿茶。要品得茶中至味，恐怕不能少花了功夫，也要多尝尝不同的品种。

四、茶中趣

古人以茶疗疾，以茶入馔，以茶代酒。到唐代时，茶的功用被认识得比较全面，它的饮用范围因此越来越广泛。古代饮料浆、酒、茶，在唐时已将它们的用途明白区别为三个：救渴用浆，解忧用酒，清心提神用茶。唐人对茶的作用，在顾况的《茶赋》中说得极明白："滋饭蔬之精素，攻肉食之膻腻，发当暑之清吟，涤通宵之昏寐。"茶可帮助消化，可涤荡腥膻，可祛暑助思，可清心提神，对茶的这些体验，确是深刻全面。

在其他诗人的诗章中，我们也可以读到类似的体验，如李德裕的《故人寄茶》诗说："六腑睡神去，数朝诗思清。其余不敢费，留伴读书行。"秦韬玉的《采茶歌》说："洗我胸中幽思清，鬼神应愁歌欲

老茶馆

成。"他们是说茶与酒一样,也能助人诗兴。难怪李白爱酒亦爱茶,他的《答族侄僧中孚赠玉泉仙人掌茶》诗云:"朝坐有余兴,长吟播诸天。"说的就是饮茶吟诗的情趣,饮了茶,同样可以诗兴大发,长吟短诵。我想茶诗与酒诗的格调、意境、气势等应该是有明显区别的,值得唐诗研究者做一番比较研究。

在唐代时,茶饮已开始用于醒酒。《云仙杂记》引《蛮瓯志》的记载说:"乐天方入关齐,禹锡正病酒。禹锡乃馈菊苗虀、芦菔鲊,换取乐天六班茶二囊以醒酒。"酒客中有不少爱茶的,以茶解酒是一个重要原因。白居易有一首《萧员外寄新蜀茶》诗,也提及以茶解酒的事,诗中说:"蜀茶寄到但惊新,渭水煎来始觉珍。满瓯似乳堪持玩,况是春深酒渴人!"春酒为新酒,蜀茶为新茶,新茶对新酒,诗人的满足之态,溢于言表。

在佛教昌盛的唐代,饮茶尤为僧人嗜好。僧众坐禅修行,要得半夜学禅而不致困顿,又不让吃晚餐,只能以饮茶为事。南方几乎每个

唐代奉茶侍女图

寺庙都有自己的茶园，寺僧人人善品茶，所谓名山有名寺，名寺有名茶名僧。僧人嗜茶，除了以茶提神以外，还以茶饮为长寿之方。《南部新书》辛卷提到，唐大中三年（849 年），东都洛阳送一僧到长安，是个长寿僧，年龄有一百二十岁。唐宣宗李忱问他服什么药得以有如此长寿，僧人回答说："臣年少时贫贱，从来不知服用什么药物，但只是嗜茶而已。不论走到哪里，只求有茶就行，有时一口气可饮上一百碗。"宣宗听了，命赐名茶五十斤，让这僧人住进保寿寺。

僧人饮茶所得乐趣，也许要多于常人。这可由唐代僧人皎然《饮茶歌诮崔石使君》诗读出来：

> 一饮涤昏寐，情来朗爽满天地。
>
> 再饮清我神，忽如飞雨洒轻尘。
>
> 三饮便得道，何须苦心破烦恼。
>
> 此物清高世莫知，世人饮酒多自欺。

他非常自豪地抒发了自己饮茶所得的快乐感受，还劝世人弃酒事茶，到茶中寻找乐趣。寺僧饮茶较之世人，确有许多讲究。据《云仙杂记》引《蛮瓯志》所说，觉林寺僧志崇饮茶时将茶按品第分为三等，待客以"惊雷荚"，自奉以"萱草带"，供佛以"紫茸香"。他以最上等茶供佛，以下等茶自饮，有客人赴他的约会，都要用油囊盛剩茶回家去饮，舍不得废弃，合现时一句话——"吃不了兜着走"，也是太珍贵了的原因。

唐代诗人多嗜酒，也不乏嗜茶者。诗人们常常相互寄赠新茶，或回赠以茶诗，发了彼此诗兴，也联络了彼此的感情。如诗人卢仝的《走笔谢孟谏议寄新茶》一诗，写了友人赠茶之事，也写了自己饮茶自得其乐的情态：

日高丈五睡正浓，军将打门惊周公。
口云谏议送书信，白绢斜封三道印。
开缄宛见谏议面，手阅月团三百片。
闻道新年入山里，蛰虫惊动春风起。
天子须尝阳美茶，百草不敢先开花。
仁风暗结珠琲瓃，先春抽出黄金芽。
摘鲜焙芳旋封裹，至精至好且不奢。
至尊之余合王公，何事便到山人家。
柴门反关无俗客，纱帽笼头自煎吃。
碧云引风吹不断，白花浮光凝碗面。
一碗喉吻润，两碗破孤闷；
三碗搜枯肠，唯有文字五千卷；
四碗发轻汗，平生不平事，尽向毛孔散；
五碗肌骨清，六碗通仙灵；
七碗吃不得也，唯觉两腋习习清风生。

多么的自在！再要这么喝下去，便要飘飘欲仙了！此外，还有温庭筠的《西陵道士茶歌》，"疏香皓齿有余味，更觉鹤心通杳冥"；薛能的《蜀州郑史君寄鸟觜茶因以赠答八韵》，"千惭故人意，此惠敌丹砂"。二者皆有异曲同工之妙。

诗人元稹的一首茶诗《一字至七字诗》，也道出了饮茶的趣味：

茶，

香叶，嫩芽。

慕诗客，爱僧家。

碾雕白玉，罗织红纱。

铫煎黄蕊色，碗转曲尘花。

夜后邀陪明月，晨前命对朝霞。

洗尽古今人不倦，将知醉后岂堪夸！

到了宋代，饮茶风气更盛，茶成了人们日常生活中不可或缺的东西。《梦粱录》即云："人家每日不可缺者，柴米油盐酱醋茶。"这说的是南宋临安的情形，也就是后来所说的俗语"开门七件事"，即便贫贱人家，一件也是少不得的。在临安城内，与酒肆并列的就有茶肆，茶馆布置高雅，室中摆置花架，安顿着奇松异桧。一些静雅的茶馆，往往是士大夫期朋约友的好场所。街面上或小巷内，还有提着茶瓶沿门点茶的人，卖茶水一直卖到市民的家中。大街夜市上，还有车担设的"浮铺"，供给游人茶水，这大概属于"大碗茶"之类。

宋人的好茶，比起唐人可谓有过之而无不及。酒中有趣，茶中亦有趣。宋徽宗在《大观茶论》的序言中，谈到宋人嗜茶的情形，他说：

荐绅之士，韦布之流。沐浴膏泽，薰陶德化，咸以高雅相（推），从事茗饮。故近岁以来，采择之精，制作之工，品

辽墓壁画点茶图

第之胜，烹点之妙，莫不咸造其极。……天下之士，厉志清
白，竞为闲暇修索之玩，莫不碎玉锵金，啜英咀华，校篷筥
之精，争鉴裁之妙。虽否士于此时，不以蓄茶为羞，可谓盛
世之清尚也。

这里所说的"盛世"不免有自夸之嫌，但当时人视饮茶为清尚则
应是事实。黄庭坚所作的《品令·茶词》，将宋人的烹茶饮茶之趣，写
得那样的深沉委婉，是茶词中一篇难得的佳作，现在就让我们来品味
一下：

　　凤舞团团饼。恨分破、教孤令。金渠体净，只轮慢碾，

玉尘光莹。汤响松风，早减了、二分酒病。　　味浓香永。
醉乡路、成佳境。恰如灯下，故人万里，归来对影。口不能
言，心下快活自省。

饮到美茶，如逢久别的故人，有一种说不清道不明的满足感。又
苏轼有一首《试院煎茶》诗，亦写了煎茶的过程和饮茶的满足，全诗
如下：

> 蟹眼已过鱼眼生，飕飕欲作松风鸣。
> 蒙茸出磨细珠落，眩转绕瓯飞雪轻。
> 银瓶泻汤夸第二，未识古人煎水意。
> 君不见昔时李生好客手自煎，贵从活火发新泉。
> 又不见今时潞公煎茶学西蜀，定州花瓷琢红玉。
> 我今贫病常苦饥，分无玉碗捧蛾眉。
> 且学公家作茗饮，砖炉石铫行相随。
> 不用撑肠拄腹文字五千卷，但愿一瓯常及睡足日高时。

宋人于茶中寻趣，还有斗茶之趣。士大夫们以品茶为乐，比试茶
品的高下，称为"斗茶"。唐庚有一篇《斗茶记》，记几个相知一道品
茶，以为乐事。各人带来自家拥有的好茶，在一起比试高低，"汲泉煮
茗，取一时之适"。不过，谁要真的得了绝好的茶品，却又不会轻易取
出斗试，舍不得。苏轼的《月兔茶》即说：

> 环非环，玦非玦，
> 中有迷离玉兔儿。
> 一似佳人裙上月，
> 月圆还缺缺还圆，

此月一缺圆何年？

君不见斗茶公子不忍斗小团，

上有双衔绶带双飞鸾。

"小团"为皇上专用的饼茶，得来不易，自然就舍不得碾碎去斗试了。斗茶雅事，由士大夫的圈子扩展到茶场，这就成了名副其实的斗试了。盛产贡茶的建溪，每年都要举行茶品大赛，这样的斗茶又多了一些火药味，又被称为"茗战"，用茶叶来决胜负。范仲淹有一首《和章岷从事斗茶歌》，写的正是建溪北苑斗茶，诗中提到：

研膏焙乳有雅制，方中圭兮圆中蟾。

北苑将期献天子，林下雄豪先斗美。

鼎磨云外首山铜，瓶携江上中泠水。

黄金碾畔绿尘飞，紫玉瓯心雪涛起。

斗余味兮轻醍醐，斗余香兮薄兰芷。

其间品第胡能欺，十目视而十手指。

原来建溪的斗茶，是为了斗出最好的茶品，作为贡茶贡到宫中，这样的斗茶大约是很严肃的。斗茶既斗色，也斗茶味、茶形，要进行全面鉴定。陆羽《茶经》说唐茶贵红，宋代则不同，茶色贵白。茶色白宜用黑盏，盏黑更能显出茶的本色，所以宋时流行绀黑瓷盏，青白盏有时也用，但斗试时绝对要用黑盏。宋代黑茶盏在河南、河北、山西、四川、广东、福建等地出土很多，其中有一种釉表呈兔毫纹路的黑盏属最上品，称为"兔毫盏"，十分珍美。

斗茶品味与观色并重，宋代因此涌现出不少品茶高手。品出不同茶叶味道，判断出高低，也许并不是十分困难的事，不过要分辨色、形、味都很接近的品第，却又并不那么容易了，要品出几种混合茶的

宋代兔毫盏，河北磁县出土

兔毫盏盛茶，应当是这样的效果

味道就更有难度了。宋人彭乘《墨客挥犀》记载了这样一个故事：发明制作小龙小凤茶并撰写了《茶录》的蔡襄（蔡君谟），怀有品茶绝技，往往不待品饮便能报出茶名，甚至还能喝出混合茶里有哪些味道。

有一次友人请他饮小团茶，其间又来了一位客人，蔡氏品出主人的茶中不仅有小团味，而且还杂有大团。一问茶童，原来是起初只碾了够二人饮用的小团，知道又加了客人后，由于碾之不及，于是加进了一些大团茶。蔡氏的明识，使得友人佩服不已。

斗茶之趣吸引过诗人，也吸引了画家。南宋画家刘松年绘有《斗茶图》，可以看作宋代斗茶的写实。图中绘四人歇担路旁，相聚斗茶，也许就是四个茶场主，随带的有茶炉、茶瓶、茶盏，看样子马上就要决出高低来了。元代赵孟頫《斗茶图》的内容与之相似。此外还有一幅宋代佚名的《斗浆图》，表现的也是斗茶场景。

斗茶风气的源起，似可上溯到五代时期。五代文学家和凝官做到左仆射、太子太傅，位封鲁国公，他十分喜好饮茶。据《清异录》记载，他在朝时"率同列递日以茶相饮，味劣者有罚，号为'汤社'"。这样的汤社，实际是以斗茶为乐趣。宋人的斗茶，可能与此有些关系。

宋代不仅有斗茶之趣，还有一种"茶百戏"，更是茶道中的奇术。《清异录》说："近世有下汤运匕，别施妙诀，使汤纹水脉成物象者，禽兽虫鱼花草之属，纤巧如画，但须臾即就散灭。"用茶匙一搅，即能使茶面生出各种图像，这样的点茶功夫，非一般人所能有，所以被称为"通神之艺"。更有甚者，能在茶面幻化出诗文来，奇上加奇。《清异录》说，有个叫福全的沙门有此奇功，"能注汤幻茶成一句诗，并点四瓯，共一绝句，泛乎汤表"。这简直近乎巫术了，虽然未必真有其事，但宋人茶艺之精，则是不容怀疑的。

宋代以后，饮茶一直被士大夫们当成一种高雅的艺术享受。历史上对饮茶的环境是很讲究的，如要求有凉台、静室、明窗、曲江、僧寺、道院、松风、竹月等。茶人对姿态也各有追求，或晏坐，或行吟，或清谈，或掩卷。饮酒要有酒友，饮茶亦须茶伴，酒逢知己，茶遇识趣。若有佳茗而饮非其人，或有其人而未识真趣，也是扫兴。茶贵在品味，若一饮而尽，不待辨味，那就是最俗气不过的了。如《云林遗

宋代刘松年《斗茶图》

元代赵孟頫《斗茶图》

宋代佚名《斗浆图》

现代表演的茶百戏

事》记有这样一件事：

> （倪）元镇素好饮茶。在惠山中，用核桃、松子肉和真粉
> 成小块如石状，置茶中，名曰"清泉白石茶"。有赵行恕者，
> 宋宗室也，慕元镇清致，访之。坐定，童子供茶，行恕连啖
> 如常，元镇怆然曰："吾以子为王孙，故出此品，乃略不知风
> 味，真俗物也！"自是交绝。

倪瓒为元代画家，来了客人赵行恕，因为是故宋王孙，他特地命
茶童上了自制的清泉白石茶，赵王孙不识茶道，不知品味，端起茶杯
"连啖如常"。这个举动气坏了倪瓒，当面数落他是俗物，而且从此与
他断绝了往来。

唐代白瓷茶盏托，浙江临安出土

  明清以来，饮茶之风经久不衰，新的茶品不断问世，饮用方法也有革新，又改煎茶为泡茶，使得饮茶的普及找到了更好更便利的方式，茶道也因此有了一些新的表现形式。

  一说到茶道，人们马上会想起日本的茶道，以为人家才是正宗，这是误解。日本的茶饮和茶道，本是源于中国的。我们知道，世界上许多地区在很早的时代就从中国引进了茶叶，引进了茶文化。公元5世纪的丝绸之路上，中国茶叶就开始了外销西域各国的旅程，难怪有人说这"丝绸之路"不如称为"丝茶之路"更贴切一些，有时茶叶的出口量远远超过了丝绸。往东方向，茶叶至迟在唐代便已随着佛教的传播，进入到朝鲜半岛和日本列岛。1168年，二十八岁的日本荣西禅师历尽艰辛，来到中国学佛，同时也埋头于茶学的钻研。荣西归国时将大量茶种和佛经一起带到日本，从此日本饮茶蔚为风尚。荣西还撰

明代陈洪绶《品茶图》（局部）

有《吃茶养生记》，称茶为"上天的恩赐"，是"养生之仙药，延年之妙术"，他因此而被尊为日本的"茶祖"。荣西从中国带去的饮茶方法，经过日本人民的反复改进，演成了具有日本特色的茶道。日本茶道讲究"和、敬、清、寂"，被日本人民视为修身养性、学习礼仪、进行交际的一种有效方式。

此外，还有一百多个国家和地区的人，他们输入了中国的茶，栽种了自己的茶树，但仍将这饮料称作茶，如英文 Tea，阿拉伯文 Shai，土耳其语 Chay，俄文 Чай，没有人不知这饮料是古中国人的发明。我们爱茶，是传统使然；洋人爱茶，当然不是因为我们的传统，更重要的是基于饮食科学的考虑，尤其是在现代。

现代科学分析证实，茶叶含多酚类、咖啡碱、蛋白质、氨基酸、芳香族化合物、果胶、维生素、糖类等几百种有机化合物和十几种无机矿物营养元素，是一种可长期饮用的保健饮料。其中咖啡碱能使人精神兴奋，增强大脑皮质感觉中枢的活动，可用于治疗伤风头痛，也是治疗心绞痛和心肌梗塞的辅助剂之一。茶中的多种化合物能生津止渴，清热败火，调节人体脂肪代谢功能。芳香族化合物能溶解脂肪，帮助肉类油脂类食物的消化，一些肉食比重较大的民族无不以茶为饮料，就是这个道理。饮茶还有预防肠道病、预防龋齿、除口臭、疗眼疾和利水道的作用。茶所具备的特有香气，能刺激人的嗅觉神经，可起到清心明目、提神醒脑的作用。茶还有消除疲劳、增进食欲的功效，确实是可以放心享用的健康饮料。

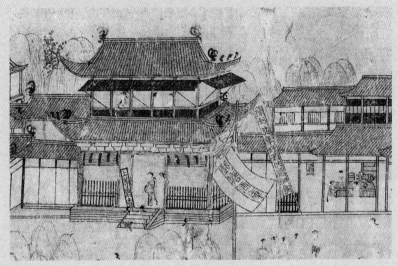

《西湖清趣图》上的酒家

第六章

酒中三昧

　　"无酒不成席"，"无酒不成礼"，能够称得上筵宴的会食中，酒是必不可少的饮料，所以又可称为"酒筵"。在很多场合，酒是筵宴上的主旋律，举杯开宴，落杯就要散宴。酒客在筵宴上品出的只有酒的味道，那些佳肴的吸引力反而不大，厨人刻意追求的色香味，醺醺酒人是无法体会得出的。我们常将请客、请饭称作请酒，赴宴称作吃酒、喝酒，酒在人们饮食生活中的位置，在许多人看来，是远远在食之上的，他们的生活中不可一日无酒。

　　饮酒的方式，不外聚饮和独酌。或狂饮，或慢斟。饮到何种程度为妙？或说酩酊大醉，或说似醉非醉，或说润唇即止。

　　在酒人看来，酒中有无穷趣味，酒里有精妙学问。酒中三昧，也并不是品饮一下就能体味得到的，即便是那些伴酒一生的人，也未必能得知一二。我不会饮酒，可以用"端杯即醉"来形容，所以酒中三昧，我是一点也没体味到。不过，在生活中常见今人酣畅，在古籍中常见古人沉湎，我想他们的许多体验该是真切的，我只有主要通过古人的言行，来略略猜度这酒中之三昧了。

一、禹诫与酒诰

汉代人称酒为"天之美禄",说它是上天赐予人类的礼物,既可合欢,又能浇愁,味之美,意之浓,无可比拟。这样好的东西,究竟是如何发明的?是何人发明的?战国至汉代的酒人在狂饮烂醉之后,想起该弄个明白,考究的结果,其说不一,莫衷一是。

按《太平御览》引佚书《世本》的说法是:"仪狄始作酒醪,变五味。少康作秫酒。"《吕氏春秋·审分览·勿躬》也有类似说法。《战国策·魏策二》叙说更为具体,云"帝女令仪狄作酒而美,进之禹,禹饮而甘之,遂疏仪狄,绝旨酒"。东汉学者许慎在《说文》中也述及仪狄和杜康作酒,他赞成《世本》的折中说法,以为"古者仪狄作酒醪,禹尝之而美,遂疏仪狄。杜康作秫酒"。田园诗人陶渊明在《述酒》诗的序中更有高论,他说是"仪狄造(酒),杜康润色之"。

应当说,中国酒的始酿并不是仪狄完成的,最早的酒比大禹的时代要古老得多。谷物酒的发明,也许事出偶然。谷物酒的酿造比果酒要复杂,谷物不能与酵母菌直接发生作用而生出酒来,淀粉须经水解变成麦芽糖或葡萄糖后,也就是先经糖化后,才可能酒化。历史上常常有这样的巧事,一些无可挽回的错误与失败,反而铸成了意外的巨大成功。人类初酿成功,可能起因于谷物保管不善而发芽发霉,这种谷物烹熟后食之不尽,存放一段时间就会自然酿成酒,这便是谷芽酒。无数次的反复失败,让人不断尝到另一种难得的美味,引发了人们新的欲望,于是有意识、有目的的酿造活动便开始了。晋代文人江统作过一篇著名的《酒诰》,他所描述的酿酒的起源过程,与我们这里的说法完全相同。他说："酒之所兴，肇自上皇。或云仪狄，一曰杜康。有饭不尽，委余空桑。郁积成味，久蓄气芳。本出于此，不由奇方。"（转引自《古今图书集成》）《初学记》引《酒经》说"空桑秽饮，酝以稷麦，以成醇醪，酒之始也"，也是同一个意思。

中国有悠久的农耕文化，也许农耕诞生不久便完成了酒的初酿，酿酒、饮酒的历史可能不短于八九千年。在距今六七千年的仰韶文化和大汶口文化中，发现了许多精致的陶质酒具，还有不少标准的酿缸，这是史前时代酿酒和饮酒的最好证据。这个年代要早出大禹几千年，那么仪狄所酿，自然就不是最早的酒了，而是一种"旨酒"，一种味道更美的酒。仪狄可能是改良了传统工艺，提高了酒的浓度，使酿酒业脱离了最原始的发展阶段。

仰韶文化彩陶双连壶

良渚文化红陶袋足鬶

　　仪狄的酒更加醇美，而大禹饮用之后反而很不愉快，因此疏远了这位创造者，究竟是为了什么？一种解释是，大禹生平不爱饮酒，如《孟子·离娄下》所说："禹恶旨酒而好善言。"另一种认识是，大禹远见卓识，他预见到美酒可能会造成损人亡国之祸，他饮了仪狄送来的美酒，首次反应就在他当时说的那一句话中："后世必有以酒亡其国者。"（《战国策·魏策二》）

　　夏禹的担心不是没有道理。夏代的亡国之君夏桀，以酒为池，可以运舟，"一鼓而牛饮者三千人"（《新序·刺奢》），据说他还因酒浊而杀死了庖人。如此好酒，夏的亡国不能说与此没有关系。

　　如果夏桀亡国还不足论的话，那么商纣的灭国则完全应了大禹的预言，这是美酒的祸害的一个残酷例证。殷商人爱酒，甚于夏代之时。酒曲的发明，使酒的作坊化生产成为可能，商代也因此大大提高了酒的产量。《史记正义》引《六韬》说，"纣为酒池，回船糟丘而牛饮者三千余人为辈"，这群饮的规模一点也不亚于夏桀的时代。考古学家们发现，在一些商代贵族墓葬中，凡是爵、斝、觚、盉等酒器，大都同棺木一起放在木椁之内，而鼎、鬲、甗、簋、豆等饮食器皿都放在椁外，可见商代嗜酒胜于食物，他们格外看重酒器，死了随葬时也要放在离身体近一些的地方。贵族们地位和等级的区别，主要在酒器而不是在食器上反映出来，较大的墓中可以见到十件左右的青铜酒器。晚期大墓中多的可以见到一百多件酒器，一般平民墓葬则是见不到这些东西的。

据《史记·殷本纪》及其他史籍记载，商纣王刚即王位时，曾是一个很有作为的帝王，他"资辨捷疾，闻见甚敏；材力过人，手格猛兽"，能"倒曳九牛，抚梁易柱"，"知足以距谏，言足以饰非；矜人臣以能，高天下以声，以为皆出己之下"。这虽不能全算是优点，但这样的他也着实不能算作昏庸的君主。不过纣王"好酒淫乐，嬖于妇人"，以至"以酒为池，县（悬）肉为林，使男女倮相逐其间，为长夜之饮"。如此纵酒，还兴出炮烙之法、醢脯之刑，良臣或被囚被杀，或至叛逃。商王朝终于为周武王率诸侯攻伐，纣王落了个自焚鹿台的下场。武王伐纣，在誓师大会上列举的纣王最严重的罪名，是听信妇人之言，纵容"牝鸡司晨"。实际上，纣王昏庸的根本原因是纵酒。西晋葛洪的《抱朴子外篇·酒诫》的论断是：

> 宜生之具，莫先于食；食之过多，实结症瘕。况于酒醴之毒物乎！
> 夫使彼夏桀、殷纣、信陵（战国信陵君魏无忌）、汉惠（汉惠帝刘盈）荒流于亡国之淫声，沈溺于倾城之乱色，皆由乎酒熏其性，醉成其势，所以致极情之失，忘修饰之术者也。

这是说，对人身体有补益的食物吃多了，尚且会危害健康，更何

商代酒器青铜爵　　　　商代酒器青铜斝　　　　商代酒器青铜觚

商代酒器青铜觯　　　　商代酒器青铜盉　　　　商代酒器青铜卣

况酒醴之类的毒物，饮多了必然给人带来伤害。夏桀、殷纣之所以沉溺于声色之中，都是因为纵酒而改变了本来的性情，所以越发纵欲，而忘记克制和修饰自己。用现代科学来解释，纣王应当是饮酒过多而导致酒精中毒，神经已是错乱了。

　　事实上，纣王还不只是酒精中毒，恐怕同时还有铅中毒症状。我们知道，商代所用的青铜酒器，乃是铜、锡、铅的合金。商代早期青铜器含铜量普遍较高，有的高达90%—98%，接近于纯铜。中期以后，铅、锡比重增大，分别占合金的1%—6%和5%—8%，有的含铅量可高达21%—24%。晚期的铜器，如著名的后母戊大鼎，含铅量约为2.8%。

商代后母戊青铜鼎，河南安阳出土

考古学家们注意到，商代年代愈晚的青铜器，以铅代锡的合金配比趋势愈为明显。那时的青铜工匠们根本不会知道，以铅代锡所铸成的青铜酒器，会带来灾难性的结果。现代科学证实，用含铅的容器盛酒并加热，每升酒中的含铅量高达 33—778 毫克，长期饮用含铅量高的酒，必然会引起铅中毒。铅对人体各部位的组织均有危害，尤其对神经、造血系统和血管组织危害最大。一般人体正常的含铅量为每升血液 0—99 微克，摄入过量的铅以后，约 95% 的铅会贮积在骨组织中，少量会被肝、肾、脾、肺及脑组织吸收，它抑制细胞内含巯基的酶，使人体生化和生理功能发生障碍。铅还会使人血液中红细胞脆性增加，发生溶血，使人易患动脉内膜炎、小动脉硬化和血管痉挛等病症。严重的铅中毒者，可出现铅毒性脑病，表现出谵妄、痉挛、瘫痪和昏迷以至失明。

商纣王可能长期使用含铅量高的青铜器饮酒，摄入体内的铅大大超出正常值，可以推测他大概患了铅中毒症，从他典型的谵妄症可以看出这一点。谵妄症患者意识恍惚，对时间、地点及周围的事物失去辨认能力，以致出现幻觉、错觉，胡言乱语。纣王在明知西伯（周文王）有推翻商王朝的举动时，还自以为天命在身，毫不在乎。他的叔父王子比干，眼看国势危急，死力相谏，却不为他所用，反而使他十分愤怒，说"我听说圣人的心有七窍"，于是命人剖比干之胸，挖心观验！神经错乱到这样的极点，又如何能逃脱灭亡的命运呢？

周人非常清楚殷商灭亡的原因，所以在建国伊始，严禁饮酒。《尚书·酒诰》记载了周公对酒祸的具体阐述，他说戒酒既是文王的教导，也是上天的旨意。上天造了酒，并不是给人享受的，而是为了祭祀。周公还指出，商代从成汤到帝乙二十多代帝王，都勤于政务而不敢纵酒，继承者纣王全然抛弃了这个传统，整天狂饮不止，尽情作乐，致使臣民怨恨，而且"天降丧于殷"，使老天也有了灭商的意思。周公因此制定了严厉的禁酒措施，规定周人不得"群饮"及"崇饮"（纵酒），违者处死。包括对贵族阶层，也要强制戒酒。

禁酒的结果是，酒器派不上用场了，所以西周时的酒器出土远不如商代的多，即便在一些大型墓葬中，有时甚至一件酒器也找不到。周人禁酒，也并未完全禁绝，后来酒禁并没有彻底实行，但在饮用上做了许多严格的礼仪规定，酒筵秩序井然，不再容易见到商代纣王时的那些毫无章法的场面了。

自周公禁酒以后，历代都有过一些禁酒的法令与措施，有时是为了稳定形势，有时是为了度过荒年，目的并不完全一致。酒作为一种饮料，它的生产与消费，屡屡要政府进行干预，它在国民政治生活和经济生活中所占有的位置之重要，由此已可推知一二了。在我们数千年文明史上，多少可歌可泣、可爱可惜、可笑可悲的重要事件，皆是因酒而演成，酒的作用与影响，远远超出了它作为饮料存在的价值。就是这酒，造就了亡国的君主，豪爽的侠士，高隐的名士，沉湎的庸人，豁达的诗圣，乃至荒唐的罪人……

西周酒器青铜觚

二、酒徒·名士·酒仙

何谓酒中三昧，酒趣何在？爱饮的酒人，有自己不同的体验，有自己独到的答案。我想爱酒的人至少可分为两类：一类专意在酒，是真正的爱酒；一类意在酒外，是表面的爱酒。这两类酒人都很善饮，酒徒与酒仙混杂一处，给人以鱼龙混杂之感。当然遇着能饮的酒人，倒也用不着仔细分辨，最好以"酒仙"相称，可以换他一个眉开眼笑。如若不然，径直唤作"酒徒""酒鬼"，得到的就不是这个结果了。

先秦时代的善饮者，应当说是不少的，不过比起汉代来，就显得有些逊色了。汉时普遍嗜酒，所以对酒的需求量很大，无论皇室、显贵、富商，都有自设的作坊制曲酿酒，另外也有不少自酿自卖的小手工作坊。一些作坊的规模发展很快，不少作坊主因此而成巨富，有的甚至富"比千乘之家"（《史记·货殖列传》）。秦汉之际的酒，酒精含量较低，成酒不易久存，存久便会酸败。因为酒中水分较高，酒味不烈，所以能饮者饮至石余而不醉。到东汉时酿成度数稍高的醇酒，酒人们的海量渐有下降。西汉时一斛米出酒三斛余，而东汉是一斛出一斛，酒质有很大提高。

汉代的酒多以原料命名，如稻酒、黍酒、秫酒、米酒、葡萄酒、甘蔗酒等。另外还有一些添加配料的酒，如椒酒、柏酒、桂酒、兰英酒、菊酒等。质量上乘的酒往往以酿造季节和酒的色味命名，如春醴、春酒、冬酿、秋酿、黄酒、白酒、金浆醪、甘酒、香酒等。汉时的名酒多以产地命名，如宜城醪、苍梧清、中山冬酿、酃绿、酂白等。这些酒名不仅见于古籍的记述，而且大都见于出土的竹简和酒器上。

《汉书·食货志》谈到汉代用酒量很大，说是"百礼之会，非酒不行"，无酒不待客，不开筵。有了许多的美酒，又有了许多的饮酒机会，许多人也就不知不觉加入酒人的行列，成为酒徒、醉鬼。有意思的是，汉代人并不以"酒徒"一名为耻，自称酒徒者不乏其人。如有以"酒狂"自诩的司隶校尉盖宽饶（《汉书·盖宽饶传》）；还有自称"高阳酒徒"的郦食其（《史记·郦食其传》）；开国皇帝刘邦也曾是好酒之徒，常常醉卧酒店中（《史记·高祖本纪》）；东汉著名文学家蔡邕，曾因醉卧途中，被人称为"醉龙"（《古今图书集成》引《龙城录》）。

继王莽而登天子宝座的更始帝刘玄，"日夜与妇人饮宴后庭。群臣欲言事，辄醉不能见"。不得已时，就令侍中代他坐在帷帐内接见大臣。这更始帝的韩夫人更是嗜酒如命，每当夫妇对饮时，遇臣下奏事，这夫人便怒不可遏，以为坏了她的美事，有一次一巴掌硬是拍破了书案。要说起来，见于历史记载的女酒徒是不多的，韩夫人该是屈指可数的一位了。（《后汉书·刘玄传》）还有被曹操杀害的孔子二十世孙孔融，也是十分爱酒，常叹："坐上客恒满，尊中酒不空，吾无忧矣！"（《后汉书·孔融传》）又如荆州刺史刘表，为了充分享受杯中趣，特制三爵，大爵名"伯雅"，次曰"仲雅"，小爵称"季雅"，分别容酒七、

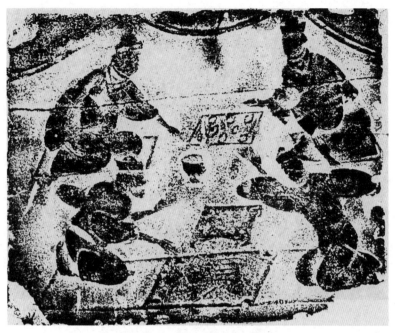

汉代六博图。刻画了醉饮高呼的情态

六、五升。设宴时，所有宾客都要以饮醉为度。筵席上还准备了大铁针，如发现有人醉倒，就用这铁针扎他，检验到底是真醉还是佯醉。（《太平御览》引《典论》）在河北满城考古发掘到的中山靖王刘胜夫妇墓，墓室中摆有三十多口高达七十厘米的大陶酒缸，缸外用红色书有"黍上尊酒十五石""甘醪十五石""黍酒十一石""稻酒十一石"等，估计当时这些大缸总共盛酒五千多公斤，这还不包括其他铜壶内的酒。《史记·五宗世家》说刘胜"为人乐酒"，应当说是实事求是的评价。

汉代以后的魏晋时代，酒人的心态又有了新的变化，很多人虽依然是那么爱酒，可心思却并不在酒上，这些人便是所谓"名士"。名士纵酒放达，不务世事，任诞不羁，有一种前所不见的名士风度。何谓名士？《世说新语·任诞》引晋代一位刺史王孝伯的话，做了这样的解释，他说："名士不必须奇才，但使常得无事，痛饮酒，熟读《离

汉代铜壶，河北满城出土

骚》，便可称名士。"这个说法当然不算全面，但也略有些道理。汉代
名士议论政事，没什么好下场。魏晋名士专谈玄理，即所谓清谈。他
们在饮食生活上也有特别表现，即如鲁迅先生所说，服药和饮酒。这
是魏晋名士最突出的特色，其中"竹林七贤"是这一时期名士的典型
代表。

竹林七贤是指魏末晋初清谈家的七位代表人物——阮籍、嵇康、
刘伶、向秀、阮咸、山涛、王戎。他们提倡老庄虚无之学，轻视礼法，
远避尘俗，结为竹林之游，因而史称"竹林七贤"。这些人的脾气似乎
大都很古怪，外表洒脱不凡，轻视世事，深沉的胸中却奔涌着难以遏
止的痛苦巨流。也就是说，他们要将自己的真面目掩藏起来，在世上
要如此做人，确是一件非常痛苦的事。竹林七贤起初都是当政的司马
氏集团的反对者，后来有的被收买，不得不改变初衷，做了高官，有
的则不愿顺从，被治以重罪，以致被处死。《晋书》与《世说新语》记

录了他们的许多事迹。

阮籍字嗣宗，曾任步兵校尉、散骑常侍，封关内侯。他本来胸怀济世之志，因为与当权的司马氏集团有矛盾，看到当时名士大都结局不妙，于是常常佯狂纵酒，以避祸害。他每每狂醉之后，就跑到山野荒林去长啸，发泄自己胸中的郁闷之气。武帝司马炎的父亲司马昭曾替儿子向阮籍家求婚，阮籍根本不同意这门亲事，但又不便直接回绝，结果一下子喝得烂醉如泥，一醉六十多天，以酒为挡箭牌躲了过去。他家邻居开了一个酒店，当垆沽酒的少妇长得十分漂亮，他常去沽饮，醉了就躺在少妇身旁。少妇丈夫也很了解阮籍的为人，所以也不曾怪罪于他。

阮籍好饮酒，寻着机会就酣饮不止。他听说步兵厨营人很会酿酒，有贮酒三百斛，于是请为步兵校尉，为的是天天能喝酒。他从来任性不羁，把传统礼教不放在心上。他的老母去世时，正好他在与别人下棋，对手听到消息，请求不要继续下了，阮籍却非要与他决个输赢不可。下完棋后又饮酒二斗，大号一声，吐血数升。到为母送葬时，阮籍弄了一头蒸豚吃，又是二斗酒下肚。与老母诀别，还是大号一声，又吐血数升。他服丧的风度，也与常人大异。就在丧期中，司马昭请他与何曾一起饮酒，何曾当面批评他，说了一大套守丧不可食肉饮酒的规矩，而阮籍却神色自若，端起酒杯照饮不误。阮籍虽然自己如此放荡，却不允许儿子阮浑学他的模样，也不许阮家弟子学阮咸的模样。因为他自己是佯狂，不必学；而阮咸是纵欲，不可学。

嵇康与阮籍齐名，官至中散大夫。他与魏宗室有姻亲关系，不愿投靠司马氏，终被谗杀。史籍说他二十年间不露喜愠之色，恬静寡欲，宽简有大量。山涛得志后推荐他做官，他辞而不受，说是"浊酒一杯，弹琴一曲，志意毕矣"。他把官吏比作动物园里的禽兽，失却了自由。嵇康在一首五言诗中写道："泽雉穷野草，灵龟乐泥蟠。荣名秽人身，高位多灾患。未若捐外累，肆志养浩然。"（《与阮德如》）这充分表达了他不为官、不求名的豁达心境。

尽管嵇康自己刚肠嫉恶，但他与阮籍一样，也并不希望后代走他们的路。《嵇康集》里有一篇他为尚不满十岁的儿子写的《家诫》，道尽了谨慎处世的诀窍。例如他说，如果有人请你饮酒，即便你不想饮也不要坚决推辞，还得顺从地端起酒杯，以免伤了和气。嵇康本人似乎并不酗酒，他写过一篇《养生论》，云"滋味煎其府藏，醴醪煮其肠胃，香芳腐其骨髓；喜怒悖其正气，思虑消其精神，哀乐殃其平粹"，提倡清虚自守，少私寡欲，反对大饮大嚼。

七贤中不大饮酒的，还有向秀。向秀字子期，司马昭时授黄门侍郎、散骑常侍。向秀清悟有远识，其养生理论与嵇康相似。不过，他是否滴酒不沾，史无明说，与六贤同游时，也未必不端一端酒杯。

七贤中以酒为命的，要算是刘伶。刘伶字伯伦，曾任建威参军。他生性好酒，放情肆志，常乘鹿车，携带酒壶，使人扛着铁锹跟在后边，说"死了便把我埋了"。刘伶淡默而少言语，却能"一鸣惊人"。有一次他饮酒将醉，把身上的衣服脱得精光，赤条条一条汉子，有人见了讥笑他，他却说："我是以天地作大厦，以房屋当衣服，你看你们这些人怎么都钻到我的裤裆里来了？"反将别人羞辱了一番。又有一次，刘伶醉后与人发生摩擦，那人卷起衣袖，挥起拳头就要开打，刘伶并不慌张，冷冷地说："我瘦如鸡肋一根，没有地方好安放您这尊拳。"这话来得很是意外，那人竟收敛起怒气，一时哈哈大笑起来。

刘伶嗜酒成性，这使得他的妻子深感不安，妻子不得不采取了一些严格的限饮措施。有一天刘伶的酒瘾又犯了，实在按捺不住，只得硬着头皮向妻子讨酒喝。妻子一气之下，砸了酒器不说，还把家里存的酒全都倒在了地上。妻子哭着对丈夫说："夫君饮酒太多，非合摄生之道，一定要彻底戒了酒才好。"刘伶听了这话，连忙说："你的话对极了，这酒确实该戒。只是我这个人自己控制不住自己，还得当着鬼神祝祷表个决心才成。你快些为我准备敬神的酒肉吧。"妻子一听有门，赶紧行动起来。酒肉准备妥当，只见刘伶跪在一旁，口中念念有词，说什么"天生刘伶，以酒为名。一饮一斛，五斗解醒。妇儿之言，慎不可听"。说完端起酒来就饮，拿过肉便吃，不一会儿又醉得不成样子，妻子也拿他没有办法。

刘伶虽不大留意笔墨文字，传世仅有的一篇《酒德颂》，也堪称为"千古佳作"。且看他是如何歌颂酒德的：

> 有大人先生，以天地为一朝，万期为须臾，日月为扃牖，八荒为庭衢，行无辙迹，居无室庐，幕天席地，纵意所如。止则操卮执觚，动则挈榼提壶，惟酒是务，焉知其余。有贵介公子、搢绅处士，闻吾风声，议其所以，乃奋袂攘襟，怒目切齿，陈说礼法，是非蜂起。先生于是方捧罂承槽，衔杯漱醪，奋髯箕踞，枕曲藉糟，无思无虑，其乐陶陶。兀然而醉，恍尔而醒。静听不闻雷霆之声，熟视不睹泰山之形。不觉寒暑之切肌，利欲之感情。

不消说，这里刘伶公开了自己的处世哲学，他的嗜酒，完全是为了麻醉自己。他并不是不懂妻子所说的嗜酒伤身的道理，可他却正是因酒而保全了自己，得以寿终。

阮咸字仲容，是阮籍的侄子，叔侄并称"大小阮"。阮咸曾任散骑侍郎，出补始平太守，一生任达不拘，纵欲湎酒。阮氏宗族皆好酒，有一次宗人聚集，连平常用的酒杯都不使了，只用大盆盛酒，大家围坐共饮。正巧这时有一群猪跑过来，也都喝了盆中酒，宗人全不介意。阮咸因为精通音律，善弹琵琶，有时饮酒到了兴头上，还要弹唱一曲。

山涛字巨源，七贤中他的官做得比较大，大到侍中、吏部尚书。山涛的酒量也大，大到一饮八斗，但一般不会超过这个量。晋武帝为试试他的酒量，专门找他来饮酒，名义上给了他八斗，可又悄悄地增加了一些。山涛将饮够八斗，就再也不举杯了，他能够控制住自己。

王戎字濬冲，他仕途通显，历官中书令、尚书左仆射、司徒。他是七贤中年龄最小的一个，史籍上没有关于他嗜酒的记述。

竹林七贤中，王戎、嵇康和向秀都可以不列入嗜酒者之列，不过也不好说他们一点也不饮。《世说新语·任诞》说"七人常集于竹林之下，肆意酣畅"，可见他们多少是要饮一些的，可能没有阮籍等人那么大的酒量。南京西善桥宫山大墓出土的《竹林七贤与荣启期》砖画，就有竹林七贤和荣启期的群像。从画面上看，这八人都是席地而坐，或抚琴拨弄，或袒胸畅饮，或长啸，或沉思，名士风度刻画入微。

南朝砖画《竹林七贤与荣启期》，江苏南京出土

晋人的嗜酒，还有一位代表人物，就是生活在东晋时代的田园诗人陶潜。陶潜字渊明，他的先祖曾在朝廷为官，到了他这一代，家境已是败落不堪。他少时即爱读书，所谓"好读书，不求甚解"。他又生性爱酒，但因贫穷过甚，常常买不起酒。亲戚朋友爱慕陶潜的才学，经常打了酒邀他去饮，他也一点不客气，一请就到，饮醉了才回家。后来陶潜被荐举做了彭泽县令，他计划让衙门所有的两百亩公田都种上秫稻，准备用来酿酒，说"令吾常醉于酒足矣"。陶潜最终因不愿为五斗米折腰，辞去了七品县官之职，回家种田去了。朝廷再有征召，他都一概不应，安心过起了田园隐居生活。

陶潜的一生，是与诗、酒融为一体的一生。他的脸上很难见到喜怒之色，遇酒便饮，无酒也能雅咏不辍。他自己常说，夏日闲暇时，高卧北窗之下，清风徐徐，感觉与羲皇上人不殊。陶潜虽不通音律，却收藏着一张素琴，每当酒友聚会，则取出琴来，抚而和之。不过人们永远也不会听到他的琴声，因为这琴原本一根弦也没有。用陶潜的话来说，叫作"但识琴中趣，何劳弦上声"。（《晋书·陶潜传》）陶潜醉后所写的《饮酒二十首》，有序曰："偶有名酒，无夕不饮，顾影独尽，忽焉复醉。既醉之后，辄题数句自娱。"就这样，他一醉一诗，写了二十首，其中一首云：

> 劲风无荣木，此荫独不衰。
> 托身已得所，千载不相违。

另一首又说：

> 结庐在人境，而无车马喧。
> 问君何能尔，心远地自偏。
> 采菊东篱下，悠然见南山。

山气日夕佳，飞鸟相与还。

此中有真意，欲辨已忘言。

　　诗句充分表达了他逃避现实、安于隐居的心境，他也确实在田园生活中找到了别人所不能得到的人生快乐和心灵慰藉。

　　同样是嗜酒，却不一定是同样的心境。例如还有一种人，精神上并无什么寄托，只是一味纵欲酣饮，既不像七贤是为了麻醉自己和隐蔽自己，也不大像陶潜那样，是为了逃避尘世的烦恼。如都督三州军事的王忱，晚年一饮连月不醒，有时饮后甚至脱光衣服，裸体而游，每叹三日不饮酒，便觉形神不相亲。他自号"上顿"，当时人因此以狂饮为上顿。（《晋书·王忱传》《世说新语·任诞》）

　　也有一种人，也许有不少的人，他们爱酒确确实实是为了从酒中寻得无穷乐趣。如东晋征西大将军桓温手下的参军孟嘉，喜爱酣饮，饮得越多越清醒。桓温问他："饮酒到底有什么好处，你为何这么喜欢？"孟嘉回答说："桓公问出这样的话，说明你是未得酒中趣呀！"（《晋书·孟嘉传》）饮酒的乐趣，看来并不是每个酒人都能体会得到的。《古今图书集成》引晋人袁山松的《酒赋》说"一歠宣百体之关，一饮荡六府之务"，言明饮酒有舒展身体的作用，也可算是酒趣之一。有的人饮酒适量，身体便有一种良好的感觉，这恐怕就是对酒中趣的一种体验吧。

　　南朝陈末代皇帝陈叔宝，似乎对各种酒趣都有所体验。他在位之时，终日与宠妃狎客酣歌游宴，制作艳词，不问政事。他写过一些酒诗，尽管陪他饮酒的人不少，可他的诗作中有多首都题为《独酌谣》，其中一首是这样写的：

独酌谣，独酌且独谣。

一酌岂陶暑，二酌断风飙。

南朝青釉盘口鸡首壶，浙江瑞安出土

> 三酌意不畅，四酌情无聊。
> 五酌盂易覆，六酌欢欲调。
> 七酌累心去，八酌高志超。
> 九酌忘物我，十酌忽凌霄。
> 凌霄异羽翼，任致得飘飘。
> 宁学世人醉，扬波去我遥。
> 尔非浮丘伯，安见王子乔。

　　这里将一位帝王忘情于酒的心态暴露无遗，也将酒中趣的体验写得十分真切。陈后主之前的一位陈朝大臣沈炯，也写过一首《独酌谣》，另有一番意境：

> 独酌谣，独酌谣，独酌独长谣。
> 智者不我顾，愚夫余不要。
> 不愚复不智，谁当余见招。
> 所以成独酌，一酌一倾瓢。

生涯本漫漫，神理暂超超。

再酌矜许、史，三酌傲松、乔。

频烦四五酌，不觉凌丹霄。

倏尔厌五鼎，俄然贱《九韶》。

　　找不着合适的酒伴来对饮，无奈何只得一瓢一瓢地独酌。独酌的感觉有时也是很美的，唐代诗人也有不少诗篇描述独酌心情，我们在下面还将提及。

　　到了唐代，饮酒特为文人崇尚，也因此传下许许多多酒诗和其他文学篇章。唐初的王绩，长期弃官在乡，纵酒自适，所作诗文多以饮酒为题材，其中有一篇《醉乡记》，将历来嗜酒的文人以"酒仙"相称，取为楷模。文中说：

　　醉之乡，去中国不知其几千里也。其土旷然无涯，无丘陵阪险；其气和平一揆，无晦明寒暑。其俗大同，无邑居聚落；其人甚精，无爱憎喜怒，吸风饮露，不食五谷。……阮嗣宗、陶渊明等十数人并游于醉乡。没身不返，死葬其壤，中国以为酒仙云。嗟乎！醉乡氏之俗，岂古华胥氏之国乎？其何以淳寂也如是！今予将游焉。

　　醉乡是王绩对酒趣的一个形象喻说，很有意境。王绩的《过酒家》诗说："此日长昏饮，非关养性灵。眼看人尽醉，何忍独为醒。"这里依稀闪现着魏晋名士们的影子。阮籍为了酒，自请为步兵校尉，而王绩也曾为了酒，自请为太乐丞。他得知太乐署史焦革家善酿酒，求为太乐丞，与焦氏相亲。焦革死后，王绩追述其家酿之法，撰成《酒经》一书，可惜已经失传。

　　诗人白居易亦嗜酒，自称为"醉尹"。他有一篇《酒功赞》，极言

唐代白釉执壶，浙江临安出土

饮酒的乐趣，自以为步刘伶《酒德颂》之后。他写道：

> 麦曲之英，米泉之精。作合为酒，孕和产灵。孕和者
> 何？浊醪一樽。霜天雪夜，变寒为温。产灵者何？清醑一酌。
> 离人迁客，转忧为乐。纳诸喉舌之内，淳淳泄泄，醍醐沆瀣；
> 沃诸心胸之中，熙熙融融，膏泽和风。百虑齐息，时乃之德。
> 万缘皆空，时乃之功。吾常终日不食，终夜不寝。以思无益，
> 不如且饮。

酒中之趣究竟是什么，这些文字多多少少道出了一些奥秘，所谓
"百虑齐息""万缘皆空"，酒可使人超脱凡尘，无所思，无所求，这也
是酒醴功德之所在。

到了六十七岁时，退居洛阳香山的白居易仍长饮不辍，自名为
"醉吟先生"，以酒为乐。他还作有一篇《醉吟先生传》，描写自己闲

而诗，诗而吟，吟而笑，笑而饮，饮而醉，醉而又吟的所谓"陶陶然，昏昏然，不知老之将至"的情态，尽管"鬓尽白，发半秃，齿双缺；而觞咏之兴犹未衰"。

有了"酒仙"的美称以后，酒仙也就层出不穷地涌现出来。唐代中期就有"酒八仙"之说，称嗜酒的贺知章、李琎、李适之、崔宗之、苏晋、李白、张旭、焦遂八人为酒仙。杜甫所作《饮中八仙歌》，概略述及了八仙的酒事，歌中说：

> 知章骑马似乘船，眼花落井水底眠。
> 汝阳三斗始朝天，道逢曲车口流涎，恨不移封向酒泉。
> 左相日兴费万钱，饮如长鲸吸百川，衔杯乐圣称避贤。
> 宗之萧洒美少年，举觞白眼望青天，皎如玉树临风前。
> 苏晋长斋绣佛前，醉中往往爱逃禅。
> 李白一斗诗百篇，长安市上酒家眠。
> 天子呼来不上船，自称臣是酒中仙。
> 张旭三杯草圣传，脱帽露顶王公前，挥毫落纸如云烟。
> 焦遂五斗方卓然，高谈雄辩惊四筵。

知章即贺知章，也是一位诗人。他官至秘书监，后还乡隐居为道士。晚年放诞，遨游里巷，每醉后便动笔写写，只是不曾刊布。

汝阳指汝阳郡王李琎，家有酒法，名为《甘露经》，自称"酿王兼曲部尚书"。苏晋、崔宗之的事迹，史籍记载不多，他们的酒事不十分清楚。

李适之本为唐宗室大臣，贵为宰相（左相）。他十分好客，饮酒至斗余不乱。杜甫说他"衔杯乐圣称避贤"，指的是李适之所写《罢相作》一诗："避贤初罢相，乐圣且衔杯。为问门前客，今朝几个来？"

张旭是唐代大书法家，官至金吾长史，他精通书道，以草书最知

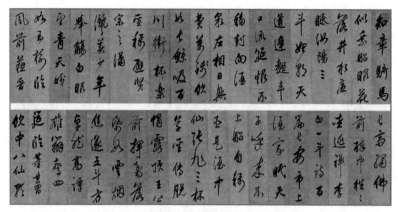

清代康熙皇帝临董其昌《饮中八仙歌》

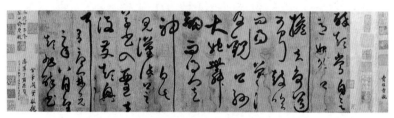

传唐代张旭草书《自言帖》

名。每大醉之后，呼叫狂走一气，然后才下笔，或以头濡墨而书，"逸势奇状，连绵回绕"，醒后自视所书，以为神来之笔，不可复得，世呼为"张颠"。

　　焦遂有口吃的毛病，平时结结巴巴，一句话难得说顺讲全，说出口的话难得有一句别人听得明白。可是等到饮酒之后，却顿生高谈阔论的本领，应答如流，真是一桩怪事。

　　八仙中嗜酒最为著名的当然还是李白。李白在四十二岁时，由道士吴筠推荐，到了长安，见贺知章而受到赏识，唐玄宗李隆基命他供奉翰林。有一次李白与酒友醉倒市中，恰巧皇上心有所感，诏李白作乐章，李白援笔即成，婉丽精切，皇上大加赞赏。李白有时还醉倒在御宴上，还曾乘醉让宦臣高力士为他脱靴。这高力士可不是等闲之辈，

清代青花太白醉酒图杯

极受玄宗和贵妃杨玉环的宠信。受到李白的人格污辱，他心里极不痛快，于是到杨贵妃面前污蔑李白，当玄宗要给李白封官时，贵妃便加以阻止。李白因此渐被疏远，他知道自己不会被重用，于是恳求还山，开始了浮游四方的人生旅程。（《新唐书·李白传》）

李白爱酒，写下许许多多的酒诗，寄托自己的情怀。诗中有不少传诵千古的名篇，《月下独酌四首》便是佳作，以下选取其中三首：

> 花间一壶酒，独酌无相亲。
> 举杯邀明月，对影成三人。
> ……
> 我歌月徘徊，我舞影零乱。
> 醒时同交欢，醉后各分散。
> 永结无情游，相期邀云汉。
>
> 天若不爱酒，酒星不在天。
> 地若不爱酒，地应无酒泉。
> ……

三杯通大道，一斗合自然。

但得酒中趣，勿为醒者传。

穷愁千万端，美酒三百杯。

愁多酒虽少，酒倾愁不来。

……

当代不乐饮，虚名安用哉？

蟹螯即金液，糟丘是蓬莱。

且须饮美酒，乘月醉高台。

　　一人月下独酌，那种心情，那种感觉，那样的无可奈何，我们在诗中完全可以品味得到。即便是不善饮酒的人，也该可以从这诗中约略体味到李白所说的酒中趣。还有那一曲千古绝唱《将进酒》，评论家们多以为作者宣扬了一种及时行乐的消极情绪，但它实际上是诗人心灵深处回荡的一曲痛苦悲歌，不信，让我们慢慢吟来：

君不见黄河之水天上来，奔流到海不复回。

君不见高堂明镜悲白发，朝如青丝暮成雪。

人生得意须尽欢，莫使金樽空对月。

天生我材必有用，千金散尽还复来。

烹羊宰牛且为乐，会须一饮三百杯。

岑夫子，丹丘生，将进酒，杯莫停。

与君歌一曲，请君为我侧耳听。

钟鼓馔玉不足贵，但愿长醉不愿醒。

古来圣贤皆寂寞，惟有饮者留其名。

陈王昔时宴平乐，斗酒十千恣欢谑。

主人何为言少钱，径须沽取对君酌。

清代冷枚《春夜宴桃李园图》。据李白诗《春夜宴从弟桃花园序》创作而来

　　　　五花马，千金裘，

　　　　呼儿将出换美酒，与尔同销万古愁。

　　一饮三百杯，同销万古愁，李白恨不能将自己的愁闷痛楚，全都消释在美酒中，没有酒就没有他的生活。他的《把酒问月》诗，表达的正是一种寄情于酒的愿望：

　　　　唯愿当歌对酒时，月光长照金樽里。

　　还有那首《客中行》，表达的也是同样的心境：

　　　　兰陵美酒郁金香，玉碗盛来琥珀光。

　　　　但使主人能醉客，不知何处是他乡。

　　传说李白最终因酒而死，那是在他大醉之后，下到采石矶大江中捉月，结果被江水吞没了生命。他爱酒，也爱月，也死于美酒和明月。

　　赞佩酒八仙的杜甫，却是一个并不亚于八仙的酒客。杜甫流传至今的酒诗，大约占他所写的一千四百多首诗的五分之一，有三百首之多，比起李白来要多出近一倍。他写的《水槛遣心》诗云，"浅把涓涓酒，深凭送此生"；《绝句漫兴》诗云，"莫思身外无穷事，且尽生前有限杯"；《乐游园歌》诗云，"数茎白发那抛得，百罚深杯亦不辞"。这些诗句所表达的意境，与李白颇有相通之处。杜甫还有一首《醉时歌》，也与李白诗相仿，诗云：

　　　　诸公衮衮登台省，广文先生官独冷。

　　　　甲第纷纷厌粱肉，广文先生饭不足。

唐代三彩壶，河南洛阳出土

先生有道出羲皇，先生有才过屈宋。

德尊一代常坎轲，名垂万古知何用。

杜陵野客人更嗤，被褐短窄鬓如丝。

日籴太仓五升米，时赴郑老同襟期。

得钱即相觅，沽酒不复疑。

忘形到尔汝，痛饮真吾师。

清夜沉沉动春酌，灯前细雨檐花落。

但觉高歌有鬼神，焉知饿死填沟壑。

相如逸才亲涤器，子云识字终投阁。

先生早赋《归去来》，石田茅屋荒苍苔。

儒术于我何有哉？孔丘盗跖俱尘埃。

不须闻此意惨怆，生前相遇且衔杯。

这诗写于穷困潦倒之时，是赠与广文馆博士郑虔的。郭沫若先生

唐代越窑荷叶盏托，浙江宁波出土

赞赏这诗，说写得痛快淋漓，令人仿佛是在读李白的作品。[1]

白居易与李白、杜甫一样，也有不少关于酒的佳作。有首《劝酒》诗，与李白的《将进酒》有异曲同工之妙：

> 劝君一盏君莫辞，劝君两盏君莫疑，劝君三盏君始知。
>
> 面上今日老昨日，心中醉时胜醒时。
>
> 天地迢遥自长久，白兔赤乌相趁走。
>
> 身后堆金拄北斗，不如生前一樽酒。
>
> 君不见春明门外天欲明，喧喧歌哭半死生。
>
> 游人驻马出不得，白舆素车争路行。
>
> 归去来，头已白，典钱将用买酒吃。

白居易也深得酒中奥妙，有《啄木曲》（又题《四不如酒》）诗句

---

① 郭沫若:《李白与杜甫》，收入《郭沫若全集 历史编 第四卷》，人民出版社，1982 年。

为证：

> 不如饮此神圣杯，万念千忧一时歇。

唐代文人中嗜饮者还有皮日休等，皮日休以"醉吟先生""醉士""醉民"自居。他撰写《酒箴》，为自己画像，说"皮子性嗜酒，虽行止穷泰，非酒不能适。居襄阳之鹿门山，以山税之余，继日而酿，终年荒醉，自戏曰'醉士'"。

唐代以后的文人，也有不少步酒仙后尘，以嗜酒为乐趣。如宋代隐士种放，自酿自饮，自号"云溪醉侯"；文豪欧阳修，自号"醉翁"；明代俞羽，自称"醉吟野老"。此外，据《茶余客话·顾嗣立称酒帝》：清代顾嗣立，酒量惊人，人称"酒帝"；方觐年少，号曰"酒后"；庄楷、缪沅号"南北相"，黎致远号"先锋"。酒场上的帝后、将相、急先锋，真是一应俱全了。

宋代"醉乡酒海"经瓶

明代万邦治《醉饮图》(局部)

说罢古人，再寻思今人，我们身边，也未必没有酒仙。每每开筵，总有一二位善饮者，大多仅是善饮而已。没有那样的遭际，没有那样的胸怀，也就难于成长为那样的酒仙，或者至多三流而已。善饮也好，不善饮也好，酒到底饮到什么程度合适？饮到什么程度才能领略到酒中趣呢？清人阮葵生在《茶余客话》中，曾几度讨论到这个问题。在《邵雍诗》一节，他援引宋代邵雍的诗句说，"美酒饮教微醉后，好花看到半开时"，以为这话说得"真快活煞人"，他赞同酒只能饮到微醉之时。在《酒犹兵》一节，他又援引宋人费衮的话说：

> 晋人谓"酒犹兵也，兵可千日而不用，不可一用而不勇；酒可千日而不饮，不可一饮而不醉"。饮流多喜此言，不知饮酒之乐，尝在欲醉未醉时，酣畅美适，如在春风和气中，乃为真趣。若一饮径醉，酩酊无所知，则其乐安在邪？

还是教人饮酒不要大醉，美在"欲醉未醉"时。学问恐怕就在这里，唯有这一条界线最难把握，许多酒人往往在感到微醉时是决不肯放下杯子的，常以"一醉方休"的话来激励自己，后果可想而知。还有一个办法，就是限量，限量才能把握得住。阮葵生在《饮酒须有节制》一节谈到"小饮"之法：

（陈）几亭《小饮壶铭》曰："名花忽开，小饮；好友略憩，小饮；凌寒出门，小饮；冲暑远驰，小饮；馁甚不可遽食，小饮；珍酝不可多得，小饮。"真得此中三昧矣。

周作人1926年写了《谈酒》一文，也论及饮酒的趣味和进饮的分寸，他是这样写的：

喝酒的趣味在什么地方？这个我恐怕有点说不明白。有人说，酒的乐趣是在醉后的陶然境界。但我不很了解这个境界是怎样的，因为我自饮酒以来似乎不大陶然过，不知怎的我的醉大抵都只是生理的，而不是精神的陶醉。所以照我说来，酒的趣味只是在饮的时候，我想悦乐大抵在做的这一刹那，倘若说是陶然那也当是杯在口的一刻罢。醉了，困倦了，或者应当休息一会儿，也是很安舒的，却未必能说酒的真趣是在此间。[1]

这话恐怕是对的，或者说对大多数人是对的。如若惯于饮醉，那就另当别论了，也许某次没能尽兴饮醉，反会感觉毫无兴致，没有一点趣味。

---

[1]　周作人原著，锺叔河选编《知堂谈吃》，山东画报出版社，2005年。

三、"礼饮三爵"

酒精能令人精神兴奋，又使人意识恍惚，因此酒兼有兴奋剂和麻醉剂的作用，真是奇妙。胆怯者饮它壮胆，愁闷者饮它浇愁，礼会者饮它成礼，喜庆者饮它庆喜。但要是分寸掌握不好，酒饮过了头，恐怕就要乐极生悲，愁上加愁，那就事与愿违了。

面对许许多多的酒祸、酒失，历来的统治者和有识之士，都实行或倡导过许多相关的防范措施，甚至著以为律令。历史上的不少朝代为了政局的稳定，都颁布过禁酒令，在特定的形势下，不许饮酒，甚至不许酿酒。禁令行过一时，总有懈怠乃至废除之时，生活中不能没有酒。酒总是要饮的，为了避免出现问题，不得不设立一些章法，于是有了许多礼饮的规矩。

西周时代开始，已建立了一套比较规范的饮酒礼仪，它成了那个礼制社会的重要礼法之一。人们通过研究认为，西周饮酒礼仪可以概括为四个字：时、序、数、令。时，指严格掌握饮酒的时间，只能在冠礼、婚礼、丧礼、祭礼或其他典礼的场合下进饮，违时视为违礼。序，指在饮酒时，遵循先天、地、鬼（祖先）、神，后长、幼、尊、卑的顺序，违序也视为违礼。数，指在饮时不可发狂，适量而止，三爵即止，过量亦视为违礼。令，指在酒筵上要服从酒官意志，不能随心所欲，不服也视为违礼。①

正式筵宴，尤其是御宴，都要设立专门监督饮酒仪节的酒官，有酒监、酒吏、酒令、明府之名。他们的职责，一般是纠察酒筵秩序，将那些违反礼仪者撵出宴会场合。不过有时他们的职责又不是这样，常常强劝人饮酒，纠举饮而不醉或醉而不饮的人，以酒令为军令，甚至闹出人命案来。如《说苑·善说》云，战国时魏文侯与大夫们饮酒，

---

① 参见夏家俊《中国人与酒》，中国商业出版社，1988 年。

西周铜方壶，山西曲沃出土　　　　西周青铜壶，陕西扶风出土

命公乘不仁为"觞政"，觞政即酒令官。公乘不仁办事非常认真，与君臣相约"饮不嚼者，浮以大白"，也就是说，谁要是杯中没有饮尽，就要再罚他一大杯。没想到魏文侯最先违反了这个规矩，饮而不尽，于是公乘不仁举起大杯，要罚他的君上。魏文侯看着这杯酒，并不理睬公乘不仁。侍者在一旁说："不仁还不快快退下，君上已经饮醉了。"公乘不仁不仅不退，还引经据典地说了一通为臣不易、为君也不易的道理，理直气壮地说："今天君上自己同意设了这样的酒令，有令却又不行，这能行吗？"魏文侯听了，说了声"善！"端起杯子便一饮而尽，饮完还说，"以公乘不仁为上客"，对他称赞了一番。

又据《汉书·高五王传》说，齐悼惠王次子刘章，也是一个刚烈汉子，办事认真果敢。有一次他侍筵宫中，吕后令他为酒吏，他对吕后说："臣，将种也，请得以军法行酒。"吕后未加思索便同意了。所谓"以军法行酒"，也就是要严字当头，说一不二。等酒饮得差不多了，刘章唤歌舞助兴，这时吕后宗族有一人因醉逃酒，悄悄溜出宴会大殿。刘章发现以后，赶紧追出去，拔出长剑斩杀了那人。刘章回来向吕后报告，说有人逃酒，我按军法行事，割下了他的头。吕后和左右听了，大惊失色，但因已许刘章按军法行酒，一时也无法怪罪他，一次隆重的筵宴就这样不欢而散。刘章此举，固然有宫廷内争为背景，但酒筵上酒吏职掌之重，在这里确实也表现了出来。

刘章这种对醉人也不轻饶的酒吏，历史上不止一个。《三国志·吴书·三嗣主传》说，孙皓每与群臣宴会，"无不咸令沈醉"，每个人都要饮醉，这倒是不多见的事。为达此目的，酒筵上还特别指派了负责督察的黄门郎十人，名之曰"司过之吏"，也就是酒吏。这十人不能喝酒，要保持清醒的头脑，侍立终日，仔细观察赴宴群臣的言行。散筵之后，十人都向孙皓报告他们看到的情形，"各奏其阙失，迕视之咎，谬言之愆，罔有不举。大者即加威刑，小者辄以为罪"。又要让你酩酊大醉，醉后又不许胡语失态，也太荒唐了。早年孙权也有过类似的荒唐举动，《三国志·吴书·张昭传》说，孙权在武昌临钓台饮酒大醉，命宫人以水洒群臣，命群臣酣饮至醉，而且要醉倒水中才能放下杯子。玩这样的花样，恐怕得多设几个监酒者才行。

任何事物都有两重性，都可以向相反的方面演化。酒吏职掌的两面性，非常有力地说明了这一点。不过历史上明令非要大醉的筵宴并非很多，应该说大都还是讲究礼仪的。古人饮酒，倡导"温克"，就是说即便多饮，也要能自持，要保证不失言、不失态。《诗经·小雅·小宛》即云："人之齐圣，饮酒温克。"《诗经》有诗章对饮酒不守礼仪的行为进行批评，如《宾之初筵》就严厉批评了那些不遵常礼的酒人，他们饮醉后，仪容不整，起坐无时，舞蹈不歇，狎语不止，狂呼乱叫，衣冠歪斜。诗中也提到要用酒监、酒吏维持秩序，保证有礼有节地饮酒，教人不做"三爵不识"、狂饮不止的人。

所谓"三爵不识",指不懂以三爵为限的礼仪。三爵之礼,见于《礼记·玉藻》：

> 君子之饮酒也,受一爵而色洒如也,二爵而言言斯,礼
> 已三爵,而油油以退。

经学家注"洒如"为肃敬之貌,"言言"为和敬之貌,"油油"为悦敬之貌,都是彬彬有礼的样子。也就是说,正人君子饮酒,三爵而止,饮过三爵,就该自觉放下杯子,退出酒筵。所谓三爵,指的是适量,量足为止。

周代"礼饮三爵"的规范,对后世的酒人有较大影响,有人甚至以此劝谏帝王节饮。《太平御览》引《旧唐书》说,李景伯为谏议大夫时,曾对中宗有过劝谏：

> 中宗尝与宰臣贵戚内宴,酒酣递唱《回波乐》,甚喧杂失
> 礼。次至景伯,歌曰："回波尔时酒卮,微臣职在箴规,礼饮
> 只合三爵,君臣杂混非宜。"席为之散,时人称之。

《回波辞》为唐代流行曲式,六言四句,即兴填词,常在酒筵上使用。李景伯吟成的《回波辞》,正是以周礼为依据,中宗自然也不好较真。

大概从宋代开始,人们比较强调节饮和礼饮。至清代时,文人们著书立说,将礼饮的规矩一条条陈述出来,约束自己,也劝诫世人。这些著作名为《酒箴》《酒政》《觞政》《酒评》,我想放到第十章《食礼》中去谈论,这里只想引述清人张蓁《彷园酒评·酒德》中的句子,看看清代一般奉行的礼饮规范的具体内容：

宋代青釉壶，陕西旬邑出土 清代仿古铜爵

觞政精明，宽严并济；随机雅谑，满座风生。

酒不狼藉，几净杯干；形迹相忘，解衣盘礴。

酒能克己，政不苛求；偶发趣谈，一座绝倒。

觥筹错落，各适其适；培植红裙，不令其苦。

量小随意，勿强所难；一请即至，无烦再邀。

不谭名利，惟论杯中；对月飞觞，口占穷巧。

客各尽欢，不必主劝；席有醉客，曲为周旋。

语言真率，不事虚华；短歌悦耳，无致人厌。

尊年发兴，鼓舞少年；酒前畅谈，酒后木讷。

大量豪饮，并不骄人；即席唱酬，句无深刻。

己不能饮，却不厌人；输酒与人，虽散必干。

座有显者，澹然视之；酒后有约，次日不忘。

主人量微，频为之代；妓能歌者，以箫和之。

有关风化，绝口不谈；随众行酒，无执己见。

因人发底，各尽所长；主情未尽，援止而止。

我们还有这样的传统，主人为了表示自己的殷勤好客，不但劝菜，还要劝酒。更有以劝醉某某而为乐趣的，在这个时候，传统的礼饮全没了约束力。张芿在《彷园酒评》中，几次提到酒不必劝饮，如"政不苛求""各适其适""量小随意，勿强所难""客各尽欢，不必主劝"等。劝酒，甚至强劝酒，这传统起于何时，暂且不考，劝酒虽奉行者很多，反对者也大有人在。清人阮葵生在《茶余客话·饮酒须有节制》中的议论，可以算作反对劝酒的：

> 俗语云"酒令严于军令"，亦末世之弊俗也。偶尔招集，必以令为欢，有政焉，有纠焉。众奉命唯谨，受虐被凌，咸俯首听命，恬不为怪。陈几亭云："饮宴苦劝人醉，苟非不仁，即是客气，不然，亦蠢俗也。君子饮酒，率真量情；文士儒雅，概有斯致。夫唯市井仆役，以逼为恭敬，以虐为慷慨，以大醉为欢乐，士人而效斯习，必无礼无义不读书者。"几亭之言，可为酒人下一针砭矣。

其对劝酒如此深恶痛绝，此习却又无法杜绝，一代一代传下来，看样子还要一代一代传下去。我想随着文明程度的提高，这习俗总有一天会消失的，它将不会再有存在的必要。

四、酒令

中国人饮酒，有各种酒令，它是中国酒文化中最有特点的东西之一。酒令是佐饮的一种比较活泼而富有情趣的方式，有人认为它也是劝饮的一种方式，应当说不完全是这样。酒令使整个饮酒活动变得轻松活泼，人们在这活动中斗智斗趣，享受无穷欢乐。饮食过程已化作文化活动，优良的文化传统也由此得到光大发扬。

酒令用于行酒，是以各种饮者共同认可的方式决出彼此的胜负，最后由胜者罚负者饮酒。从这个意义上讲，酒令确为劝饮的方式。从消极的意义讲，酒令又有赌酒的作用，胜负在很多时候完全是偶然的结果，既非智慧的较量，亦非体能的较量。好的酒令形式不应以追求胜负为目的，而应以活跃酒筵气氛、调节宴饮节奏为旨要。

由于历史的积累，酒令形成许多种类，按清人俞敦培《酒令丛钞》的说法，可分为古令、雅令、通令和筹令四类。有研究者又将其分为筹令、雅令、骰令、通令四个体系，[①]或者分为射覆、划拳、骰子、筹子、口头文字等若干类，[②]分类有区别，包纳的内容大体一致。我们这里采用四个体系的分法，对古代酒令做一个概略的介绍。

研究者在谈到酒令的起源时，一般都认为与古代投壶之戏有关。投壶之戏盛行于东周秦汉，双方对垒，以箭矢投向长颈壶口，多中者为胜方，罚少中者饮酒。《左传·昭公十二年》记晋侯与齐侯会

清刻本《酒令丛钞》书影

---

① 王赛时：《中国古代酒令丛谈》，《中国烹饪》1991 年第 5—8 期。

② 麻国钧、麻淑云编著《中国酒令三百种》，农村读物出版社，1990 年。

汉代投壶图

宴，筵中以投壶为乐，二人皆中。汉代画像石上有一些投壶的画面，
刻画生动形象。宋人赵与时《宾退录》卷四论及酒令起源时说："余谓
酒令盖始于投壶之礼，虽其制皆不同，而胜饮不胜者则一。"按这个推
理推而广之，"胜饮不胜者"的方式在先秦还不止于投壶之戏，周代的
"大射礼"，也有罚酒的内容。据《仪礼·大射仪》说，射礼是一种射
箭比赛的仪礼，根据中靶的多少决定胜负，罚负者饮酒。我想射礼和
投壶，都可以看作早期的酒令，两者都属技能方面的较量，靠真本事
决雌雄，与后来凭运气取胜的酒令相比，具有更积极一些的意义。

　　"酒令"这个词，最早指的是主酒吏，在上一节里已经论及。到了
唐代，酒令才开始作为一个专有名称，特指酒筵上那些决定饮者胜负
的活动方式。李肇《唐国史补》卷下记载：

　　　　古之饮酒，有杯盘狼籍、扬觯绝缨之说，甚则甚
　　矣，然未有言其法者。国朝麟德中，壁州刺史邓宏庆始创

"平""索""看""精"四字令，至李稍云而大备，自上及下，以为宜然。大抵有律令，有头盘，有抛打，盖工于举场，而盛于使幕。

这说明唐代酒令已有了较多的名目，如律令、卷白波、鞍马、香球、旗幡令、莫走、骰盘、抛打令等，后世所流行的四大类酒令，在唐代均已出现。

比如筹令，是以抽筹签的方式决定饮者，签上写明饮酒准则。唐代酒令筹有实物出土，江苏镇江丁卯桥发现一套，包括令筹五十枚、令旗一面、令纛杆一件、筹筒一件。筹筒为龟形座，银质涂金，筒上刻着"论语玉烛"四个字，十分精致。令筹上刻写的令辞均来自《论语》，所以又称《论语》酒令筹。现录令辞数则如下：

一箪食，一瓢饮。	自酌五分
敏于事而慎于言。	放
食不厌精。	劝主人五分
不在其位，不谋其政。	录事五分
有朋自远方来，不亦乐乎。	上客五分
后生可畏。	少年处五分

又如雅令，是比试学识的文人令，以对诗、联句、拆字、回环、连环、藏头等形式为令。《酒令丛钞》引《纪异录》说唐宰相令狐楚与进士顾非熊行过"一字令"，很见功底。令狐楚曰："水里取一鼍，岸上取一驼，将者驼，来驮者鼍，是为驼驮鼍。"顾非熊对曰："屋头取一鸽，水里取一蛤，将者鸽，来合者蛤，是为鸽合蛤。"三字同韵，对仗工整。

骰令，是以掷骰子行酒，简便易行。汉墓中出土骰子颇多，是否

唐代龟负"论语玉烛"酒筹筒，江苏
镇江出土

唐代绿釉龟座酒筹筒

用于行酒，不十分清楚，至少唐代已普遍流行骰令。皇甫松《醉乡日月》述骰子令曰："大凡初筵，皆先用骰子，盖欲微酣，然后迤逦入令。"元明以后，骰令为文雅之士所不顾，一般不再登大雅之堂。

通令，即游戏令，如传花、抛球、划拳等，其中划拳在现代仍大行其道，极受酒人重视。白居易《醉后赠人》诗云"香球趁拍回环匼，花盏抛巡取次飞"，讲的便是酒筵上传花和抛球的游戏，以鼓为号，鼓停球止，球在谁手谁就要罚酒。

唐代形成的酒令体系，至宋代又有提高和发展，特别是文人们的介入，使酒令的文化层次非常高，留下的佳令也非常多。《酒令丛钞》引《笔谈》所记"落地无声令"，创者为苏轼、秦观、晁补之、佛印四大名家，非常精彩：

苏东坡、晁补之、秦少游同访佛印师，留饮般若汤。行令，上要落地无声之物，中要人名贯串，末要诗句。

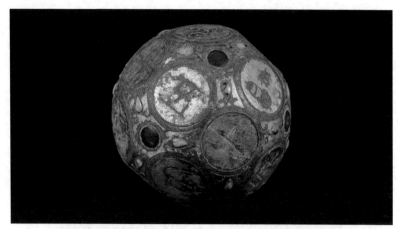

汉代十八面行酒令青铜骰子，河北满城出土

东坡云："雪花落地无声，抬头见白起，白起问廉颇：
'如何爱养鹅？'廉颇曰：'白毛浮绿水，红掌注清波。'"

补之云："笔花落地无声，抬头见管仲，管仲问鲍叔：
'如何爱种竹？'鲍叔曰：'只须两三竿，清风自然足。'"

少游云："蛀屑落地无声，抬头见孔子，孔子问颜回：
'如何爱种梅？'颜回曰：'前村风雪里，昨夜一枝开。'"

佛印云："天花落地无声，抬头见宝光，宝光问维摩：
'僧行近如何？'维摩曰：'对客头如鳖，逢斋项似鹅。'"

许多酒令实际上是文字游戏，充分发挥汉文字的优势。又以拆字
和离合字游戏较难，属高品位的酒令。据《笑笑录·行令》说："江南
无锡令卜大有，善戏谑，闻新任宜兴方令有口才，思窘之，与武进令
预构一令。会公宴，举觞曰：'两火为炎，此非盐酱之盐，既非盐酱之
盐，何以添水便淡？'武进令曰：'两日为昌，此非娼妓之娼，既非娼
妓之娼，何以开口便唱？'"方令也不含糊，他对的是："两土为圭，
此非乌龟之龟，既非乌龟之龟，何以添卜成卦？"三令均妙，方令之

绘画中见到的清代拳令

令妙绝。又有明代"拆字贯成句令",更见难度。如《酒令丛钞》引《归田琐记》所述："轟字三个車,余斗字成斜,車車車,远上寒山石径斜。……品字三个口,水酉字成酒,口口口,劝君更尽一杯酒。……矗字三个直,黑出字成黜,直直直,焉往而不三黜。"这是明代大学士陈询和陈循、高谷的绝对,拆开两字,引出一句古诗,雅极。

麻国钧和麻淑云将中国古代酒令进行了收集整理,合得三百种,蔚为大观。在此我想抄录一部分令辞名称和令例于后,以飨一时还读不到有关酒令著作的读者。

猜子令	猜花令	打擂令	揭彩令
五毒拳	通关拳	哑拳	添减正拳
内拳	空拳	走马拳	抬轿令
过桥令	霸王拳令	喜相逢令	锯子拳
乌龙令	掷乌令	福禄寿令	并头莲令
赶羊令	猜点令	点将令	探花令

一色令	占风令	赏月令	赏雪令
六顺令	催花令	飞花令	三骰令
廋词令	揭牌令	八卦令	摸海令
折字令	折字对令	毛诗酒令	花名诗令
数目诗令	玉人诗令	干支令	花非花令
属对令	织锦令	颠倒令	斗草令
四声令	餐花令	解语花令	作人令
加倍令	度曲令	说笑话令	急口令
过年令	摇船令	回环令	拍七令
数梅花令	数钱令	数元宝令	女儿令
一品令	词牌令	花风令	散花令
寻花令	占花名令	金带围令	访西施令
访莺莺令	访黛玉令	捉曹操令	合欢令筹
唐诗酒筹	无双酒筹	拿妖令	农谚酒筹
卷白波	哑乐令	规矩令	泥塑令
点戏令	迷藏令	钓鱼令	独行令
戴装翅令	九射格	贯月查	击鼓传花令

　　酒令中的筹令，运用较为便利，但制作要费许多功夫。要做好筹签，刻写上令辞和酒约。筹签多少不等，有十几签的，也有几十签的，我们这里列举几套《酒令丛钞》中所载的比较宏大的筹令，由此可见内涵之丰富。

　　（1）名贤故事令（三十二筹）：

　　　　赵宣子假寐待旦　　　闭目一杯
　　　　庄周生诙谐诞妄　　　笑话一杯
　　　　淳于髡赤首缨冠　　　秃发一杯

关尹喜望见紫云	吃烟一杯
廉将军一饭三遗	告便一杯
平原君珠履三千	穿履一杯
张子房借箸筹国	举箸者饮
朱翁子担上书声	讲文者饮
邓仲华仗策从军	出席者饮
黄初平叱石成羊	属羊者饮
马伏波披甲上马	年高者饮
孔北海尊酒不空	酒未干一杯
吕奉先辕门射戟	争论者各饮
曹孟德割须弃袍	无须脱衣者俱饮
曹子建七步成诗	工诗者饮
孟参军龙山落帽	升官者饮
王羲之坦腹东床	未婚者饮
王司徒举扇蔽尘	持扇者饮
毕吏部醉倒瓮边	近壶者饮
江文通梦笔生花	在庠者饮
潘安仁乘车掷果	食果者饮
祖士雅闻鸡起舞	手舞者饮
陶渊明白衣送酒	白衣一杯
薛仁贵箭定天山	习武者饮
李青莲脱靴殿上	穿靴者饮
宋学士扫雪烹茶	吃茶者饮
曹武惠周岁取印	生子者饮
周茂叔夏月观莲	爱花者饮
王钦若闭户修斋	吃素者饮
欧阳公坐见朱衣	穿颜色衣服者饮

苏长公正襟危坐	端坐者饮
陈季常怕闻狮吼	惧内者饮

（2）唐诗酒筹（八十筹，选录四十筹）：

玉颜不及寒鸦色	面黑者饮
人面不知何处去	须多者饮
焉能辨我是雄雌	无须者饮
独看松上雪纷纷	须白者饮
相逢应觉声音近	短视者饮
愿为明镜分娇面	戴眼镜者饮
此时相望不相闻	耳聋者饮
可能无碍是团圆	大腹者饮
鸳鸯可羡头俱白	年高者对饮
仙人掌上雨初晴	净手者饮
马思边草拳毛动	拂须者饮
人面桃花相映红	面赤者饮
尚留一半与人看	戴眼镜者饮
粗沙大石相磨治	大麻者饮
无因得见玉纤纤	袖不卷者饮
莫窃香来带累人	佩香者与左右座同饮
与君便是鸳鸯侣	并坐饮
养在深闺人未识	初会者饮
谁得其皮与其骨	吃菜者饮
仿佛还应露指尖	随意猜拳
情多最恨花无语	不言者饮
不许流莺声乱啼	问者即饮

无心之物尚如此	取耳剔牙者饮
千呼万唤始出来	后至者三杯
年来老干都生菌	有孙者饮
世间怪事那有此	不惧内者饮
世上而今半是君	惧内者饮
莫道人间总不知	惧内不认者饮
若问傍人那得知	妻贤者饮
未知肝胆向谁是	有妾者饮
令人悔作衣冠客	端坐者饮
西楼望月几时圆	将婚者饮
坐间恐有断肠人	貌美者饮
树头树底觅残红	将婚者饮
颠狂柳絮随风舞	起坐不常者饮
何人种向情田里	生子者饮
二水中分白鹭洲	茶酒并列者饮
平头奴子摇大扇	摇扇者饮
乱杀平人不怕天	医者饮
无人不道看花回	妻美者饮

（3）唐诗牙牌筹令（三十二筹）：

坐列金钗十二行	天牌	多妾者三杯
十二街中春色遍	天牌	普席各一杯
双悬日月照乾坤	地牌	新衣一杯，戴眼镜者一杯
金杯有喜轻轻点	地牌	新婚三杯
并蒂芙蓉本自双	人牌	有妾三杯
东风小饮人皆醉	人牌	各消门面

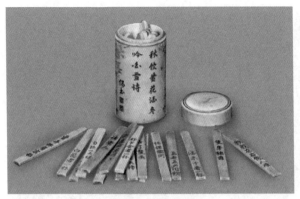

清代象牙酒令筹   清代象牙酒令筹

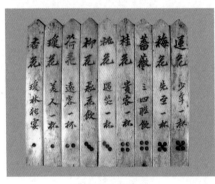
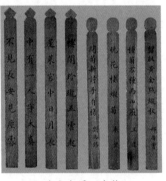

清代象骨酒令筹   清代木质酒令筹

月临秋水雁横空   和牌   惧内一杯，不认三杯

曾经庾亮三秋月   和牌   后至三杯

三山半落青天外   三六   出席三杯

九重春色醉仙桃   四五   遇寿三杯

五云深处是三台   三五   好道一杯

天上双星夜夜悬   二六   同仕各一杯

北斗七星三四点   三四   左三右四，各一杯

两人对酌山花开   二五   大笑一杯

一片朝霞迎晓日   么四   色衣一大杯

民国象牙酒令筹

南枝才放两三花	二三	年少一杯
须向桃源问主人	二四	主人一大杯
举杯邀月为三友	么二	同契各一杯
江城五月落梅花	长五	久客一杯
十月先开岭上梅	长五	年长一杯
三月正当三十日	长三	老健一杯
双双瓦雀行书案	长三	善文一杯
寒梅四月始知春	长二	默坐一杯
二月二日江上行	长二	远来一杯
六街灯火伴梅花	五六	未婚一杯
五色云中驾六龙	五六	新贵三杯
花围四座锦屏开	四六	执扇一杯
天上人间一片云	四六	吃烟一杯
此日六军同驻马	么六	善武一杯
锦江春色来天地	么六	量大三杯
梅花枝上月初明	么五	乍会各一杯

偏使有花兼有月	么五	自饮一杯

麻国钧、麻淑云在《中国酒令三百种》中，还收录了一则棋子酒令（十四筹），也颇为有趣：

帅	中原将帅忆廉颇	年老者饮
将	闻道名城得真将	穿制服者饮
仕	仕女班头名属君	座中女人饮
士	定似香山老居士	教师饮
相	儿童相见不相识	生客饮
象	诗家气象归雄浑	能诗者饮
车	停车坐爱枫林晚	面红者饮
車	虢国金車十里香	洒香水者饮
马	洗眼上林看跃马	戴眼镜者饮
馬	馬踏云中落叶声	唱歌者饮
炮	炮车云起风欲作	起座者饮
砲	小池鸥鹭戏荷包	带皮包者饮
兵	静洗甲兵常不用	脱衣者饮
卒	残卒自随新将去	带小孩者饮

古代的酒令传至今日，仅划拳还在蔓延，传花偶尔行之，最精华的都不见流行了。现代的划拳有时易露出粗俗的本色，有些场合已明令禁止。实际上，酒令在现代社会已走上了末路。不知是现代生活节奏加快的原因，还是传统文化过于古旧的原因，酒的生产量越来越多，酒民队伍也越来越大，可是酒令却近于湮没无闻了。有些研究者认为有恢复和发扬的必要，如麻国钧、麻淑云在《中国酒令三百种》中就发表过类似看法：

宋代瓷象棋

明代木质象棋

明紫砂鼓形象棋

　　酒令这种有益于身心健康、富于丰富文化内容的饮酒游戏应该继承下来，为今天的生活服务。清人周长森为酒令总结了"四宜"，云："和亲康乐，少长咸集，标新领异，吉语缤纷，于岁时之宴宜；觥筹交错，左右秩秩，欢伯联情，口无择言，于宾僚之会宜；高峰流泉，探幽选胜，啸侣翁集，钩心出奇，于山水之游宜；良宵雨霁，奇葩吐芬，同调写宣，谐谑间作，于花月之赏宜。"……酒令又不失为一种促人学习的好办法，使人在游戏中既饮佳酿，快活怡情，又互相学习，增长知识，何乐而不为之！

欲为之者甚少，能为之者亦少。如果有闲有心者做些倡导，关键是对酒令的形式与内容进行革新，使之符合现代人的思维方式，也许真能开创一个酒令新时代。

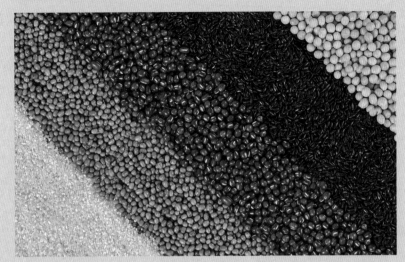

五谷为养

第七章

亦食亦药

　　人体健康的保证，日常依靠合理的膳食，一旦生病，则要依靠医药治疗。我国自古就有以食当药和以药当食的传统，这就是时下说得较多的食疗和药膳。古人在长时期的实践中，形成了比较科学系统的饮食保健理论，总结出来的许多饮食宜忌和配餐原则，也都是属于这个范畴的内容。今人常将中国的食、药合一的传统概称为"医食同源"，以为医药和饮食同出一派，虽不算太严谨，不过也可以理解。如果称为"药食同源"，也许稍稍准确一点。食物一般都有一定的药理作用，但较为平和，不易为人注意，以食当药防病治病，是中国古代医学取得的一个伟大成就，也是中国古代饮食文化一个突出的优势。

第七章　亦食亦药　　271

一、五味与保健

明人陈继儒的《养生肤语》，论及饮食与健康的关系，他说：

> 人生食用，最宜加谨，以吾身中之气，由之而升降聚散耳。何者？多饮酒则气升，多茶饮则气降；多肉食、谷食则气滞，多辛食则气散；多咸食则气坠，多甘食则气积；多酸食则气结，多苦食则气抑。修真之士所以调燮五脏、流通精神，全赖酌量五味，约省酒食，使不过则可也。

在古人看来，饮食五味不仅给人的口舌带来直接的感受，而且对人的肌体有重要的调节作用。五味调和不当，摄入不当，不仅使人的味觉感到不适，而且还会危害身体的健康。所以早在周代，王室已设食官一职，负责周王的饮食保健。当时对食疗、食补及食忌有了一定的认识，初步总结出了一些基本的配餐原则。随着饮食品种的增加和烹调技艺的发展，人们对食物的作用有了更全面的认识，了解到饮食不仅仅有充饥解渴和愉悦心志的作用，它还有相反的另一面。尤其是一些美味佳肴，有时吃了以后并没有益处，很是让人意外，于是人们得出了"肥肉厚酒，务以自强，命之曰烂肠之食"（《吕氏春秋·孟春纪·本生》）的结论。美味不仅有可爱的一面，也有它可恨的一面，有了许多的教训之后，才知不可不慎了。好东西是要吃的，但要根据身体情况，不可没有节制，吃多了口舌舒服而苦了身体，弄不好还要影响到寿命，得不偿失。

战国时有位神医秦越人，也就是扁鹊，相传中医诊脉之术是他的发明。据唐孙思邈《千金食治》的序论所述，扁鹊还是一位较早阐明药食关系的人，他说：

> 安身之本，必资于食；救疾之速，必凭于药。不知食宜者，不足以存生也；不明药忌者，不能以除病也。斯之二事，有灵之所要也，若忽而不学，诚可悲夫。是故食能排邪而安脏腑，悦神爽志，以资血气，若能用食平疴释情遣疾者，可谓良工，长年饵老之奇法，极养生之术也。夫为医者，当须先洞晓病源，知其所犯，以食治之，食疗不愈，然后命药。

扁鹊的道理是：人生存的根本在于饮食，不知饮食适度的人，不容易保持身体健康。饮食可以强健肌体，可以悦神爽志，也可以用于治疗疾病。一个好的医生，首先要弄清疾病产生的根源，以食治之，如果食疗不愈，再以药治之。扁鹊所说的食疗原则，历来为中医学所采用，形成了一种优良的疗疾传统。

扁鹊之后的时代，食疗理论又有很大发展。《黄帝内经·素问》是我国现存最早的一部医学典籍，它系统地阐述了一套食补食疗理论，阐明了五味与保健的关系，奠定了中医营养医疗学的基础。

例如《素问·脏气法时论篇》，将食物区别为谷、果、畜、菜四大类，即所谓五谷、五果、五畜、五菜。五谷在其中指粳米、小豆、麦、大豆、黄黍，五果即桃、李、杏、枣、栗，五畜为牛、羊、犬、豕、鸡，五菜即葵、藿、葱、韭、薤。这四大类食物在饮食生活中的作用和所占的比重，在《素问》有十分概括的阐述，即所谓"五谷为养，五果为助，五畜为益，五菜为充"。也就是说以五谷为主食，以果、畜、菜作为补充。这个说法符合中国古代的国情，符合食物资源的实际，表现出东方饮食结构的鲜明特点。直到今天，中国绝大部分人的

汉代扁鹊砭刺图

食物构成仍是这样一个固定模式，这是过早成熟的农业经济发展的必然结果。

古人对五谷的偏爱，也得力于对自然的观察与总结。《大戴礼记·易本命》说："食水者善游能寒，食土者无心而不息，食木者多力而拂，食草者善走而愚，食桑者有丝而蛾，食肉者勇敢而悍，食谷者智惠而巧，食气者神明而寿，不食者不死而神。"这段话的意思是说，各种动物本性的不同，主要是由各自食性的不同所决定的，人类之所以聪慧智巧超出一切动物，就因为是以五谷为主食。按照现代营养学观点，谷物中的主要成分是淀粉和蛋白质，豆类还含有一定的脂肪。人体热能主要来源于糖和脂肪，而生长修补则靠蛋白质，谷豆类食物可以基本满足这些要求，这也就是古人"五谷为养"所包含的内容。动物蛋白有优于植物蛋白的特点，动物类食品对提高热量和蛋白质的供应提供了一条辅助途径。蔬菜水果类有丰富的无机盐和维生素，又有纤维素能促进消化液分泌和肠胃蠕动。由此看来，《素问》的营养理论还是一种科学合理的理论。

按照中医学理论，饮食之物都有温、热、寒、凉、平的性味，还有酸、苦、辛、咸、甘的味道。五味五气各有所主，或补或泻（解），为体所用。《素问·六节藏象论篇》说：

嗜欲不同，各有所通。天食人以五气①，地食人以五味。五气入鼻，藏于心肺，上使五色修明，音声能彰。五味入口，藏于肠胃，味有所藏，以养五气，气和而生，津液相成，神乃自生。

人的容颜、声音、神采，都与五味五气的摄入相关。《素问·生气通天论篇》有一则专论五味之于人体五脏的关系，曰：

阴之所生，本在五味，阴之五宫，伤在五味。是故味过于酸，肝气以津，脾气乃绝。味过于咸，大骨气劳，短肌，心气抑。味过于甘，心气喘满，色黑，肾气不衡。味过于苦，脾气不濡，胃气乃厚。味过于辛，筋脉沮弛，精神乃央。是故谨和五味，骨正筋柔，气血以流，腠理以密，如是则骨气以精，谨道如法，长有天命。

可见偏食一味，有筋骨受损、脾胃不和、肝肾不舒、心血不畅、精神不振之虞，性命攸关。《素问·五脏生成篇》也谈到偏食一味的害处，曰：

多食咸，则脉凝泣而变色；多食苦，则皮槁而毛拔；多食辛，则筋急而爪枯；多食酸，则肉胝䐢而唇揭；多食甘，则骨痛而发落，此五味之所伤也。故心欲苦，肺欲辛，肝欲酸，脾欲甘，肾欲咸，此五味之所合也。

不慎五味之所合，必被五味之所伤。五味之所入，据《素问·宣

---

① 在天为气，指臊、焦、香、腥、腐五气。

明五气篇》说，是"酸入肝，辛入肺，苦入心，咸入肾，甘入脾"，知道了这些以后，身体有不适，就要忌口禁食某些食味，防止给身体造成更大的伤害，这就谓之"五味所禁"。其具体内容是："辛走气，气病无多食辛；咸走血，血病无多食咸；苦走骨，骨病无多食苦；甘走肉，肉病无多食甘；酸走筋，筋病无多食酸。"五味所以养五脏之气，病而气虚，所以不能多食，少则补，多则伤。

五味各有独到的治疗功能，据《素问·脏气法时论篇》所说，为"辛散，酸收，甘缓，苦坚，咸软"。谷粟菜果都有辛甘之发散、酸苦咸之涌泄的效用，这就进一步说明了这样的道理：食物不仅可以果腹，给人以营养，而且都有良药之功，可以用于保健。《脏气法时论篇》列举的五味保健原则是：

> 肝色青，宜食甘，粳米牛肉枣葵皆甘。心色赤，宜食酸，小豆犬肉李韭皆酸。肺色白，宜食苦，麦羊肉杏薤皆苦。脾色黄，宜食咸，大豆豕肉栗藿皆咸。肾色黑，宜食辛，黄黍鸡肉桃葱皆辛。

这里将五谷、五畜、五果、五菜的性味都阐发出来了，其中的主要理论基本为现代食疗学所继承。《黄帝内经·素问》为假托黄帝之名而作，从它的思想体系分析，人们认为同战国时的道家和阴阳五行家有密切的关系。我们引述的五味健身的理论，以现代医学的眼光看，也有诸多可取之处。

现代食疗理论中五味与健身的关系，在《黄帝内经》的基础上，又有了丰富与发展，也更加科学化了。其主要内容是：

第一，辛味具宣散、行气血、润燥作用，用于治疗感冒、气血淤滞、肾燥、筋骨寒痛、血瘀痛经等症，典型饮品有姜糖饮、鲜姜汁、药酒等。

第二，甘味有补益、和中、缓急等作用，用于虚症的营养治疗。如糯米红枣粥可治脾胃气虚，羊肝、牛筋等可治头眼昏花、夜盲等症。

第三，酸涩味有收敛、固涩作用，可用于治疗虚汗、泄泻、尿频、遗精、滑精等症。如乌梅能涩肠止泻，加白糖可生津止渴。

第四，苦味具有泄、燥、坚的作用，用于治疗热证、湿证。如苦瓜可清热、明目、解毒。

第五，咸味有软坚、散结、润下的作用，用于治疗热结、二便不利等症。如海带咸寒，能消痰利水，治痰火结核。

一般凡属辛、甘而湿热的阳性食物，大多能升浮，有升阳、益气、发表、散寒功用；凡属酸、苦、咸而寒凉的阴性食物，则多能沉降，有滋阴、潜阳、清热、降逆、收敛、渗湿、泻下功用。①

我们一般的食者，不大了解各类食物的性味，读了《黄帝内经》也许会弄得不知如何动筷子，不知吃什么才好。其实一般日常饮食，只要不偏食某味，不要吃得太杂太多，是不会对身体造成什么损害的。食物的性味大多比较平和，短期内偏食某种食物，也不致弄出什么毛病来。当然在身体有了毛病时，或者体质本来就不大强壮的情况下，饮食还是注意一些为好。古今人的经验，许多是由教训中得出的，而饮食保健的许多原则，又是数千年数不清的人一口一口吃出来的，虽不是全都有值得传承的价值，但总的理论体系还是值得肯定的，过去有存在的价值，现在和将来依然也有价值。

二、饮食宜忌

在我们的饮食生活中，多少会有些上辈人传下来的经验之谈，这

---

① 钱伯文等主编《中国食疗学》，上海科学技术出版社，1987年；窦国祥：《食疗》，收入《中国烹饪百科全书》，中国大百科全书出版社，1992年。

些经验主要是围绕食物配伍和宜忌方面的，它不仅是一代两代人的积累，也有数千年的积累。

所谓饮食宜忌，包括日常食物配伍、节令宜忌和疾病禁忌几方面的内容。早在西周时代，王室已总结出一些主副食的配伍法则，《周礼·天官·食医》就提到："牛宜稌（稻），羊宜黍，豕宜稷，犬宜粱，雁宜麦，鱼宜菰。"是说吃大米最好配以牛肉，牛肉性味甘平，稻米味苦而温，二者甘苦相成，所以配食最宜于人。其他羊与黍、豕与稷、犬与粱、雁与麦、鱼与菰，亦是性味相成，所以是最合适的配伍。

食有所宜，亦有所忌，《礼记·内则》就规定了一些忌食的东西。如小鳖不能吃，食狼要去肠，食狗要去肾，食狸不用正脊；鳖要去丑（后窍），兔必除尻（尾脊）；狐不取首，豚不用脑；食鱼则要小心那一块鲠人的"乙"形小骨。食用禽类，也有诸多禁条，如雏尾不盈握，不食；舒雁翠（鹅尾肉）、舒凫翠（鸭尾肉）不食；鹄鸮胖（肋肉）不食；鸡肝、雁肾、鸨奥（脾）不食等。禽兽类特别的部位可能对人体健康造成危害，所以不能食用。

另外由于长期的烹饪实践活动，人们对于不宜食用的物类也有了许多鉴别的经验，这些经验也见于《礼记·内则》的记述。如所谓"牛夜鸣则庮"，是说夜里爱叫的牛，肉有臭味；"羊泠毛而毳，膻"，讲的是羊毛尖端拧结的羊，肉味过膻；"狗赤股而躁，臊"，说大腿内侧无毛且性情狂躁的狗，肉味发臊；"鸟麃色而沙鸣，郁"，色泽不光润且叫声不响亮的鸟，肉有腐臭之味；"豕望视而交睫，腥"，爱抬头远望而眼毛粘连的猪，肉有内病；"马黑脊而般臂，漏"，脊毛发黑且前腿毛色斑杂的马，肉臭。这些多多少少有毛病的畜禽，肉都不能吃，或者说不好吃。

较之食疗理论似乎更早发展起来的饮食禁忌理论，至迟在汉代以前便已形成专门学问。食忌大多是属于保健方面的，如后世所说的"八不食"便是保健类的食忌。这八种不能食用的动物为"走死的马、

茨菰

饮杀的驴、胀死的牛、红眼的羊、自死的猪、有弹的鳖、怀胎的兔、无鳞的鱼（这里是指该有鳞而不见鳞）"（《遵生八笺》），人们以为食之不仅无益，而且还会诱发百病。据《汉书·艺文志》记载，汉代时有一部《神农黄帝食禁》，共七卷，可能成书于先秦。此书专论饮食禁忌，可惜早已散佚，只有部分内容还保留在后世的医药文献中，唐代《千金食治》列有五十条左右。以下所列便是《神农黄帝食禁》中的一些禁条：

· 李子不可和白蜜共食，蚀人五脏。

· 芥菜不可共兔肉食，成恶邪病。

· 茶茗不可共韭食，令人身重。

· 戴甲苍耳不可共猪肉食，害人。

· 服大豆屑忌食猪肉。

· 五种黍米合葵食之，令人成痼疾。

· 荞麦面和猪羊肉热食，不过八九顿，作热风，令人眉须落。

· 羊肉共醋食伤人心，亦不可共生鱼酪和食之，害人。

· 白马自死，食其肉害人。白马青蹄，肉不可食。一切马汗气及毛不可入食中，害人。

苍耳

· 食马肉心烦闷，饮美酒则解，饮白酒加剧。

· 凡猪肝、肺共鱼鲙食之，作痈疽。

· 鱼白目不可食，鱼身有黑点不可食。

· 鳖肉、兔肉和芥子酱食之，损人。

· 食生葱即啖蜜，变作下痢。

· 一切鸡肉和鱼肉汁食之，成心瘕。

· 鸡蛋白共蒜食，令人短气。

· 薤、韭不可共牛肉作羹，食之成瘕疾。

这里所说的不少都属配餐禁忌，配餐不当，性味不合，就会惹出麻烦，损害健康。这个认识在古代不仅见于医家著作，也见于许多食谱菜单。如清代朱彝尊《食宪鸿秘》即对饮食宜忌有专论，他这样写道：

> 食不须多味。每食只宜一二佳味，纵有他美，须俟腹内运化后再进，方得受益。若一饭而包罗数十味于腹中，恐五脏亦供役不及，而物性既杂，其间岂无矛盾？亦可畏也。

我们每每有这样的经历，吃过一次酒筵后，不仅没感到一种和神娱肠的快活，相反还会有莫名的难受体验，甚至会因此病倒。这往往不是因为吃得太多，就是太杂，受了性味相左食物的损害。一旦身体有了毛病，饮食上的禁忌就更多了，也更严格了。这方面更多涉及的是医学方面的内容，古代就有研究食性相反相克的专著，元代贾铭的《饮食须知》八卷，①就是比较著名的一部。

《饮食须知》将食物分为谷物、菜蔬、瓜果、调味品、水产、禽鸟、走兽七类，另外有相关的"水火"一类，分述其性能与禁忌，查阅较为方便。

在水火部分，列有雨水、井水、冰水、海水、露水、开水、艾火等项。据贾铭说，腊雪水密封阴凉处，数年不坏，腌藏一切果实，永不会虫蛀。他还说，人不可饮半滚水，令肚胀，损元气；酒中不能饮冰水，令人手颤；酒后不可饮冷茶，易成酒癖。

在谷物部分，列米豆类共三十多种。其中提到胡麻若蒸制欠火，食后令人脱发；绿豆共鲤鲊久食，令人肝黄，花可解酒毒等。

菜蔬部分列家蔬野菜共七十多种。贾铭说，葱多食令人虚气上冲，损头发，昏神志；大蒜多食生痰，助火昏目；秋后食茄子损目，同大蒜食发痔漏；刀豆多食，令人头胀气闷；绿豆芽多食，发疮动气；黄瓜多食损阴血，生疮疥，虚热上逆。

瓜果部分列果品瓜类共五十余种。贾铭提到，杏子不益人，生食多伤筋骨，多食昏神，发疮痈，落须眉；生桃损人，食之无益；枣子生食，令人热渴膨胀，损脾元，助湿热；柿子多食发痰，同酒食易醉；樱桃多食，令人呕吐，伤筋骨，败血气；西瓜胃弱者不可多食，作吐痢；椰子浆食之昏昏如醉，食其肉不饥，饮其浆则增渴。

在调味品部分，贾铭说盐多食伤肺发咳，令人失色损筋力；麻油多食滑肠胃，久食损人肌肉；川椒多食，令人乏气，伤血脉；茶久饮

---

① 一说为托名之作，因书中载有15世纪末以后才传入中国的物品，且引有明代医家陶节庵之语。

令人瘦，去脂肪。

水产部分列有鱼类等六十多种。贾铭说，鲟鱼多食动风气，久食令人心痛腰痛；鳖肉同芥子食，生恶疮；淡菜多食，令人头目昏闷，久食脱人发；海虾同猪肉食，令人多唾。

在禽鸟和走兽部分共列动物七十多种。主要禁忌有：黑鸭滑中发冷利，患脚气者勿食；雁肉勿食，损人神气；鸳鸯多食，令人患大风病；狗肉同生葱蒜食损人，炙食易得消渴疾；驴肉多食动风，同猪肉食伤气；兔肉久食绝人血脉，损元气，令人痿黄；误食鼠骨，令人消瘦。

古代的饮食宜忌，多具有时令特点，可以称为"节令食宜"和"节令食忌"。同是一种食物，某个时令不宜食用，或者某个时令最宜食用，这是节令饮食宜忌的中心内容，其主要作用依然还是疗疾、祛邪、保健。我们从古代有关的记载中，整理了一份较为完整的节令饮食宜忌单，有许多内容也许并不怎么科学，但体现了古人对自然的依赖与抗争，其价值是不言而喻的。现在让我们以月份为序，来分述这个饮食宜忌单。[1]

正月

[宜]

立春后庚子日，宜温蔓菁汁，合家并服，不拘多少，可除瘟疫。（《四时宜忌》）

凡立春日，进浆粥以导和气。（《岁时广记》引《齐人月令》）

元日服桃仁汤，为五行之精，可以伏百邪。（《荆楚岁时记》）

新年寅时饮屠苏酒、马齿苋，以祛一年不正之气。（《古今图书集成》引《玉烛宝典》）

是月宜食粥，有三方：一曰地黄粥，以补虚……二曰防风汤，以

---

[1] 下列饮食宜忌单中，除摘自《四时宜忌》《避暑录话》《帝京景物略》，以及转引自《古今图书集成》和《岁时广记》的条目，其余均转引自《遵生八笺》。

马齿苋

去四肢风……三曰紫苏粥……（《千金月令》）

[忌]

是月食虎豹狸肉，令人伤神损寿。……不得食生葱蓼子，令人面上起游风。勿食蛰藏不时之物。（《千金方》）

是月节五辛以避厉炁，五辛，蒜葱韭薤姜是也。勿食狸豹等肉。（《心镜》）

二月

[宜]

是月宜食韭，大益人心。（《千金方》）

[忌]

是月勿食生冷。（《养生论》）

是月勿食黄花菜、交陈菹，发痼痰、动宿气。勿食大蒜，令人气壅，关膈不通。勿食鸡子，滞气。勿食小蒜，伤人志。勿食兔肉、狐貉肉，令人神魂不安。（《云笈七签》）

三月

[宜]

三月三日采桃花浸酒，饮之除百病、益颜色。(《法天生意》)

春尽采松花和白糖或蜜作饼，不惟香味清甘，自有所益于人。(《万花谷》)

上巳日取黍面和菜作羹，以压时炁。(《岁时记》)

三月上巳，宜往水边饮酒燕乐，以辟不祥，所谓"修禊"事也。(《四时宜忌》)

三月辰日，以绢袋盛面挂当风处，中暑者以水调服。(《济世仁术》)

[忌]

是月……勿发汗以养脏气。勿食陈菹，令人发疮毒热病。勿食驴马肉，勿食獐鹿肉，令人神魂不安。勿食韭。(《云笈七签》)

勿食鸡子，终身昏乱。(《法天生意》)

勿食血并脾，季月土旺在脾，恐死气投入故耳。(《月令忌》)

勿食鸟兽五脏，勿食小蒜，勿饮深泉。(《千金方》)

三月三日勿食鸟兽五脏及一切果品、蔬菜、五辛，大吉。(《岁时广记》引《养生必用》)

四月

[宜]

是月食莼菜鲫鱼作羹，开胃。(《内景经》)

是月望后，宜食桑葚酒，治风热之疾。(《云笈七签》)

四月节内，宜服暖，宜食羊肾粥……疗眼暗赤肿。(《千金月令》)

清晨吃炒葱头酒一二杯，令人血气通畅。(《养生论》)

[忌]

是月勿食鸡，令人气逆。勿食鳝，能害人。(《白云杂忌》)

勿令韭菜同鸡肉食，暴死者尤不可食，作内疽生胸臆中。勿食诸物之心。勿大醉。勿食葫，伤人神。……勿食生蒜，伤人。(《千金方》)

自夏至至九月，忌食隔宿肉菜之物。(《云笈七签》)

五月

[宜]

五日午时饮菖蒲雄黄酒，辟除百疾，而禁百虫。(《四时宜忌》)

[忌]

五月勿食鲤，多发风。(《千金方》)

勿食浓肥，勿食煮饼，可食温暖之物。(《月令图经》)

五月不可多食茄子，损人动气。(《济世方》)

勿食菘菜，发皮肤疯痒。(《岁时记》)

李子不可与蜜、雀肉同食，损五脏。(《保生月录》)

枇杷不可同炙肉、热面同食，令人患热发黄。桃子不可与鳖同食。(《类摘良忌》)

六月

[宜]

是月宜饮乌梅酱、木瓜酱、梅酱、豆蔻汤以祛渴。(《四时宜忌》)

六月伏日，宜作汤饼食之，名为"辟恶"。(《荆楚岁时记》)

古方治暑无他法，但用辛甘发散疏导，心气与水流行，则无能害之矣。(《避暑录话》)

[忌]

勿食韭，令人目昏。勿食羊肉，伤人神气。勿食野鸭鹜鸟，勿食雁，勿食茱萸，勿食脾，乃是季月土旺在脾故也。(《千金方》)

六月勿食羊血，伤人神魂，少志健忘。勿食生葵，必成水癊。(《云笈七签》)

其月无冰，不可以凉水阴冷作冰饮。水热生涎者勿饮，能杀人。（《琐碎录》）

夏季心旺肾衰，虽大热不宜吃冷淘、冰雪、蜜水、凉粉、冷粥，饱腹受寒，必起霍乱。莫食瓜茄生菜，原腹中方受阴气，食此凝滞之物，多为症块，若患冷气痰火之人，切宜忌之。（《摄生消息论》）

夏月不宜饮冷，何能全断？但勿宜过食，冷水与生硬果、油腻甜食恐不消化。（《食治通说》）

七月

[宜]

七日暑气将伏，宜食稍凉，以为调摄。（《千金月令》）

立秋日人未起时，汲井水，长幼皆少饮之，却病。（《常氏日录》）

[忌]

七月勿食茈，上有蠋虫害人。勿食韭，损目。（《白云杂忌》）

立秋后十日，瓜宜少食。（《法天生意》）

立秋勿食煮饼及水溲饼。勿多食猪肉，损人神气。（《月令》）

立秋日相戒不饮生水，曰呷秋头水，生暑痱子。（《帝京景物略》）

八月

[宜]

此月可食韭菜、露葵。（《千金月令》）

[忌]

勿食萌芽，伤人神胆。……勿食猪肺及饴，和食令人发疽。勿食雉肉。勿食猪肚，冬成嗽疾。（《千金方》）

霜降后方可食蟹，盖中膏内有脑骨，当去勿食，有毒。（《四时宜忌》）

勿多食肥腥，令人霍乱。（《云笈七签》）

秋分之日……勿大醉。（《千金月令》）

九月

[宜]

九日佩茱萸，饵糕，饮菊花酒，令人寿长。(《西京记》)

此月后宜食野鸭，多年小热疮不愈，食多即瘥。(《食疗本草》)

取枸杞子浸酒饮，令人耐老。(《四时纂要》)

[忌]

季秋节，约生冷以防痢疾。勿食新姜，食之成痼疾。……勿多食鸡，令人魂魄不安。(《云笈七签》)

勿食犬肉，伤人神气。勿食霜下瓜，冬发翻胃。勿食葵菜，令食不消化。(《月忌》)

十月

[宜]

是月亥日食饼，令人无病。(《五行书》)

冬至日阳气归内，腹宜温暖，物入胃易化。(《四时宜忌》)

[忌]

十月勿食椒，伤血脉。……勿食霜打熟菜，令人面上无光。(《千金方》)

十一月

[宜]

是月可服补药，不可饵大热之药。宜早食，宜进宿熟之食。(《千金月令》)

至日以赤小豆煮粥，合门食之，可免疫气。(《岁时杂记》)

[忌]

勿食螺蛳螃蟹，损人志气，长尸虫。(《千金翼方》)

是月勿食龟鳖肉，令人水病。……勿食生菜，发宿疾。勿食生韭，多涕唾。(《四时纂要》)

十二月

[宜]

是月取皂角烧为末留起，遇时疫，早起以井花水调一钱服之，效。(《家塾事亲》)

腊月五日食五色煮豆，曰豆者毒也，食之已五毒，或云禳小儿痘疹。(《古今图书集成》引《解州志》)

[忌]

是月勿食猪，脾旺在四季故耳。(《千金方》)

我们在前面已经说过，这个节令饮食宜忌单未必很科学，未必全合道理，但也未必全不科学、全不合道理。我们自然是用不着按这些说法去做的，不过懂得点饮食宜忌的道理，或者亲自做些摸索，多少该是有点收获的。

三、以食当药的食疗术

以食当药，无病防病，有病治病，是古代中医的一个优良传统。养生与疗疾兼顾，食物的作用并不次于药物。中国人很早就懂得了这样的道理，在许多医家著作中都可寻到食疗的内容。食疗在非医药学文献中也有涉及，如《山海经》也有食疗方剂的记述。到了唐代，出现了专门研究食疗的学者和著作，一个实用学科开始形成了。

唐代研究食疗的著名医学药学家有孙思邈、孟诜、昝殷等，他们都有相关的著作。

孙思邈少时因病而学医，一生不求官名，一心致力医药研究，著有《千金方》和《千金翼方》等，被后人尊为"药王"。孙思邈的这两部著作都有专章论述食疗食治，对古代食疗学的发展产生了深远的影响。

《千金方》又名《备急千金要方》，全书三十卷，第二十六卷为食治专论，后来又被称为《千金食治》，现在有单行本行世。所以名之为"千金"，有一方千金之意，孙思邈自言"人命至重，有贵千金，一方济之，德逾于此"。在《千金食治》的序论中，孙思邈援引古代医家的论述，强调了食治的重要性，都是些至理名言。

孙思邈引述东汉名医张仲景的话说："人体平和，惟须好将养，勿妄服药。药势偏有所助，令人脏气不平，易受外患。"人体的健康，主要靠平时的养护，有了病不要乱吃药。药力总是偏助于某一方面，可能引起另一方面的不平衡，这样更容易造成抵抗力下降，也就会闹出更多的毛病。平时的将养，就是要靠合理的饮食，食物也有益有损，因此必须明白其中的道理，才不致带来相反的作用。

清刻本《千金方》书影

孙思邈又引扁鹊的话说，为医者要先弄清疾病的起因，先以食治之，如食疗效果不好，然后再用药不迟。他还引述魏晋人王叔和的话说："食不欲杂，杂则或有所犯。有所犯者，或有所伤，或当时虽无灾苦，积久为人作患。"饮食不注意，不知相反相克的道理，弄不好会留下病根。

《千金食治》分果实、菜蔬、谷米、鸟兽几篇，详细叙述了各种食物的性味、药理和功能。果实篇述果实类二十九种，包括槟榔、豆蔻、蒲桃、覆盆子、大枣、生枣、藕实、鸡头实、芰实、栗子、樱桃、橘柚、梅实、柿、木瓜实、甘蔗、芋、杏核仁、桃核仁、李核仁、梨、安石榴、枇杷叶、胡桃等。孙思邈提倡多食蒲桃、大枣、鸡头实，能体健身轻。不可多食者有：梅实，坏人牙齿；桃核仁，令人发热气；李核仁，令人体虚；安石榴，损人肺脏；梨，令人生寒气；胡桃，令人呕吐，动痰饮；杏核仁，令人目盲，眉发落，动一切宿病。

在菜蔬篇记述了蔬菜、野菜五十八种，包括枸杞叶、瓜子、越瓜、胡瓜、早青瓜、冬葵子、苋菜实、小苋菜、苦菜、荠菜、菘菜、苜蓿、葱实、薤、韭、海藻、茼蒿、白蒿、藋、莼、小蒜、茗叶、苍耳子、食茱萸、蜀椒、干姜、生姜、芸薹、竹笋、茴香等。孙思邈说越瓜、胡瓜、早青瓜、蜀椒不可多食，而苋菜实、小苋菜、苦菜、苜蓿、薤、白蒿、茗叶、苍耳子、竹笋均可久食，令人身轻多力，可延缓衰老。

谷米篇记谷类食物及谷物酿造品二十七种，包括薏苡仁、胡麻、白麻子、饴、大豆黄卷、赤小豆、青小豆、大豆豉、大麦、小麦、粱米、黍米、秫米、酒、扁豆、稷米、粳米、糯米、醋、荞麦等，食盐也附在其中。孙思邈说薏苡仁、胡麻、白麻子、饴、大麦久食轻身益力，令人不老；而赤小豆令人枯燥；白黍米久食令人心烦；盐多食损筋力，黑人肤色。

鸟兽篇记包括虫鱼在内的动物和乳品四十种，有人乳、马乳、牛乳、羊乳、驴乳、猪乳、酥、酪、醍醐、熊肉、青羊、沙牛髓、牛尿、马心、驴肉、狗脑、猪肉、鹿肉、獐骨、麋脂、虎肉、豹肉、狸肉、兔肝、生鼠、鸡肉、鸡蛋、鸳鸯、燕屎、石蜜、蝮蛇肉、鳝鱼、乌贼鱼骨、鲤鱼、鲫鱼、鳖肉、蟹壳等。孙思邈说，乳酪之类，对人大补有益；虎肉不可热食，有损牙齿；石蜜久服强志轻身，耐老延年；蝮蛇肉泡酒，可治心腹痛；乌贼鱼肉亦有益气强志之功；鳖肉则可治脚气。

孙思邈的《千金翼方》是为补《千金方》的不足而写成的，两书宗旨相同，内容相近。书中提到了与饮食有关的一些养老之术，如：

> 一日之忌者，暮无饱食；一月之忌者，暮无大醉；一岁之忌者，暮须远内；终身之忌者，暮常护气。夜饱损一日之寿，夜醉损一月之寿，一接损一岁之寿，慎之。

> 醉勿食热，食毕摩腹能除百病。热食伤骨，冷食伤肺。热无灼唇，冷无冰齿。食毕行步踟蹰，则长生。食勿大言大饱，血脉闭。

他还介绍了一种食后将息法：

> 平旦点心饭讫，即自以热手摩腹，出门庭行五六十步，消息之。中食后，还以热手摩腹，行一二百步，缓缓行，勿令气急，行讫还床偃卧，四展手足，勿睡，顷之气定，便起正坐，吃五六颗苏煎枣，啜半升以下人参茯苓甘草等饮，觉似少热，即吃麦门冬竹叶茅根等饮，量性将理。食饱不得急行，及饥，不得大语远唤人。……觉肚空即须索食，不得忍饥。……如此将息，必无横疾。

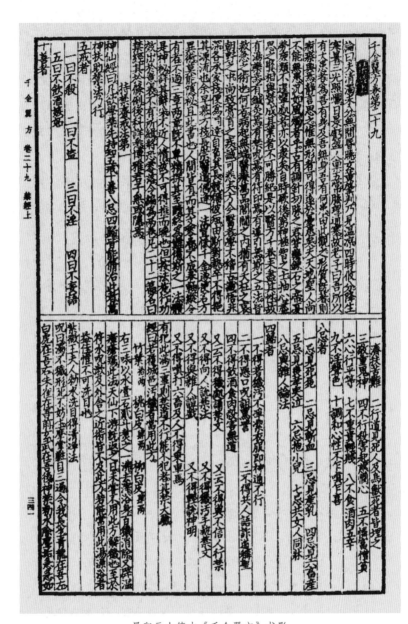

景印元大德本《千金翼方》書影

这些虽是经验之谈，但也是符合现代科学饮食理论的。相传孙思邈活了一百多岁，想到这里，我们也许可以放心接受他的长寿养生学说。

在孙思邈门下，还有一位著名的医药学家孟诜，也是一位寿星老，活了九十多岁。孟诜写成了中国第一部食疗学专著《补养方》。稍后，由他的弟子张鼎做了一些增补，易名《食疗本草》，收载食疗方剂二百二十七个，但此书早已散佚。1907年，英国人斯坦因在敦煌莫高窟中找到了《食疗本草》残卷，是一个极重要的发现。这书的许多内容散见于其他一些唐宋时代的医药典籍中，近代许多学者进行了辑佚，出版了比较完备的辑本。

《食疗本草》集药用食品于一册，在每种食物品名下均注明性味、服食方法及宜忌等项，特别是有些食物多食或偏食可能招致的疾患，也都一一标明，甚至不少相关食物的烹调与加工贮存方法，也不肯遗漏。《食疗本草》所载品类主要有：盐、燕、甘菊、天门冬、地黄、薯蓣、生姜、苍耳、通草、百合、艾叶、海藻、紫菜、小茴香、菌子、羊蹄、菰菜、甘蔗、枸杞、榆荚、酸枣、木耳、桑、竹、吴茱萸、槟榔、栀子、茗、蜀椒、胡椒、藕、莲子、橘、柚、干枣、蒲桃、栗、梅实、木瓜、柿、芋、枇杷、荔枝、甘蔗、石蜜、沙糖、樱桃、杏、石榴、梨、李、胡桃、橄榄、麝香、熊、牛、羊、酥、酪、马、鹿、犬、虎、狸、猪、驴、鸡、鹅、鸭、雁、雀、鹑、牡蛎、龟甲、鲫、鲤、鲟、鳝、鳖、蟹、乌贼、白鱼、青鱼、鲂、蚶、淡菜、虾、蛇、田螺、胡麻、饴糖、大豆、薏苡仁、赤小豆、青小豆、酒、粟、秫、粳、黍、粱米、小麦、大麦、曲、荞麦、豉、绿豆、醋、酱、冬瓜、甜瓜、胡瓜、芥、菘菜、苜蓿、荠、葱、韭、薤、大蒜、小蒜、莼、马齿苋、芸薹、蕹菜、菠菜等，基本上囊括了《千金食治》所列品目，并另有许多发明。现略举数品性味及用法如下：

·蜀椒：患齿痛，醋煎，口含之；又治口疮，坚齿明目，止呕生发，去老益血，能通乳。但不可久食，令人性情迟滞。

敦煌莫高窟发现的《食疗本草》残卷（局部）

· 梅实：食之除闷安神，多食损齿。又可下通便秘。

· 梨：除热止心烦，酥蜜煎食止咳；捣汁饮，治失音不语。但金疮者及产妇不可食，大忌。

· 鸳鸯：以清酒炙肉食，令人颜色美丽。还能主夫妇不和，为羹汤，悄悄与食，立即能使夫妇互相怜爱，和好如初。（这要算是一味奇药，能疗心病，不知是否灵验。）

· 豉：炒香后，渍酒中三日，服之治盗汗。

· 绿豆：作豆饼最佳，有和五脏安神行脉之功。研汁煮汤服，治消渴疾（糖尿病）。久食去浮风，益气力，润皮肉。

·冬瓜：治腹水鼓胀，利小便，止消渴。瓜子主益气耐老，除心胸气满，消痰止烦，明目延年，使人瘦小轻健，有减肥之功。瓜仁捣丸，空腹及食后各服二十丸，令人面色滑静如玉。

·甜瓜：止渴除烦热，但多食易生疮。瓜叶捣汁涂头，可生头发。食瓜过量，可吃些盐粒，令瓜速化为水。

不论是《食疗本草》，还是《千金食治》，都提到一些美容食品，开发出来，具有一定的现实意义。时下老少女性，都十分讲究美容，但多以化妆品来补救，属外攻方法。如果同时采用食疗方法，多用些美容食品，也许效果更好，可称为内治方法。内外夹攻，一定会美上加美。

唐代时讲究食疗食治，并不只限于医药学家这个小圈子。事实上，饮食疗法在当时已成为一种比较普通的学问，一些基本的常识可能大众都有所掌握。对于上层社会来说，饮食与性命有关，有关食疗的一些道理，权贵们决不会置之不理的。例如据《明皇杂录》说，有口蜜腹剑之称的奸相李林甫，他的一个女婿郑平，是户部员外，经常住在李宅中。一天，李林甫到郑平所住宅院看望女儿，正好遇着这女婿在梳理头发，他一眼就看出女婿头上有白发，随口就说："要有甘露羹吃了，即使满头白发，也能变得乌黑发亮。"没想在第二天，皇上派人赐食李林甫，所赐食物中正巧就有甘露羹。李林甫将这甘露羹转送郑平吃了，说是后来白发还真的变黑了。

唐代以后，有关食疗的著作越来越多，部头也越来越大。这些著作与唐代《千金食治》和《食疗本草》相类似的，主要有元代忽思慧的《饮膳正要》、清代章穆的《调疾饮食辩》和王士雄的《随息居饮食谱》等，这都是以阐发食物性味和药理为主的著作。当然，要提到的还有明代李时珍的《本草纲目》，大量收录了食品类药物，在一千八百九十二种药物中，属常用食物或可作食物用的有五百一十八种。《本草纲目》不难读到，我们这里不多述，主要谈谈其他几部著作。

元代的忽思慧，本为宫廷饮膳太医，所著《饮膳正要》三卷，主要叙述元代贵族食谱和饮食疗法等内容。一些研究者认为，该书是专为帝王和贵族们写的，是为了告诉他们如何在享乐中养生，如何以食疗疾。忽思慧在第一卷的卷首写了他对饮食养生和食疗的认识，他说：

> 善服药者，不若善保养，不善保养，不若善服药。……善摄生者，薄滋味，省思虑，节嗜欲，戒喜怒，惜元气，简言语，轻得失，破忧阻，除妄想，远好恶，收视听，勤内固，不劳神，不劳形。神形既安，病患何由而致也？故善养性者，先饥而食，食勿令饱，先渴而饮，饮勿令过。食欲数而少，不欲顿而多。盖饱中饥，饥中饱，饱则伤肺，饥则伤气。若食饱，不得便卧，即生百病。

《饮膳正要》第三卷专论食物性味及食疗范围，所录食物达两百余种，分为米谷品、兽品、禽品、鱼品、果品、菜品、调味品几类。忽思慧的文字，多来自诸家《本草》，但也揉进了一些其他内容，例如下列诸品便是：

·回回豆子：味甘，无毒，主消渴，勿与盐煮食。

·野马肉：味甘平，有毒。壮筋骨，与家马肉颇相似，其肉落地不沾沙，然不宜多食。

·野驼：味甘，温平无毒。治诸风，下气，壮筋骨，润皮肤。

·野猪肉：味苦，无毒。主补肌肤，令人虚肥。雌者肉更美，冬月食。橡子肉色赤，补人五脏，治肠风泻血，其肉味胜家猪。

·必思答：味甘，无毒。调中顺气。（必思答别称"开心果"，在唐代由波斯传入。）

·回回葱：味辛，温，无毒。温中消谷，下气杀虫。久食发病。

·咱夫兰：味甘平，无毒。主心忧郁积，气闷不散，久食令人心

明景泰刊本《饮膳正要》插图

明景泰刊本《饮膳正要》插图

喜。（咱夫兰即藏红花。）

清人章穆本人为医生，《调疾饮食辩》是他晚年根据行医经验并参考其他著作写成的。全书六卷，收录药用食物六百多种，分门别类介绍食物的品名、产地、性味、疗效和宜忌，许多食物后还附有方剂。

王士雄也是医生，著述甚丰。他的《随息居饮食谱》分水饮、谷食、调和、蔬食、果实、毛羽、鳞介七个类别，收录日常食料三百余种，对它们的性味、食疗作用进行了比较详细的论述。

以食当药，如果在我们的日常生活中人人都有这样的概念，那么身体的健康就会有可靠的保证。饮食不仅只是"喂脑袋""填肚子"，更重要的是养护整个身体。懂得了这样的道理，也就不会仅仅满足口腹之欲便了事，每天都应当注意，除口腹之外，整个身体需要的是什么，不需要的又是什么。

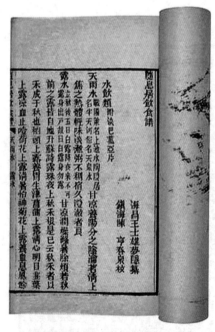

清同治本《随息居饮食谱》书影

四、以药当餐的药膳方

药膳这个词，是最近几十年才出现的，而且有愈叫愈响的趋势。但药膳的形式，在历史上很早就有了。药膳是以药入食，与上一节我们所谈的以食当药虽同属食疗范畴，区别却是明显的。中医营养学理论不认为食物与药物之间有什么明显的界限，不过在量的取用上区别却很明显。食物每日不可缺少，药物却不是这样，一般是有病才用药，剂量要求很严格。以药入食，主要还是为了使味道大多不佳的药物具备诱人的味道，变用药为用餐的方式，达到防病、保健、治病和康复的目的。

大约从唐代末年开始，一些食疗著作已不满足于探讨单味食物的治疗保健作用，开始了复合方剂的研制，出现了一种新的医疗体系，具有现代意义的药膳出现了。药与膳的结合，将古代食疗学又推向了一个新的发展阶段。开拓这个新阶段的代表性著作，是昝殷的《食医心鉴》。

昝殷生活在唐代末年，为蜀中名医，他的《食医心鉴》在宋代后即已散佚。近代学者罗振玉游日本，得到日人由高丽《医方类聚》中采辑的辑本，共一卷。辑本大体可以反映出原书面貌，从中可以看出作者用心所在。书中不像过去的食疗著作那样，只介绍单味食物的治疗作用，而是以病症分类，每类中开列食药方剂数首。辑本所存食疗方分为十五类，分别为中风疾状食治诸方、浸酒茶药诸方、治诸气食治诸方、论心腹冷痛食治诸方、论脚气食治诸方、论脾胃气弱不多下食食治诸方、论五种噎病食治诸方、论消渴饮水过多小便无度食治诸方、论十水肿诸方、论七种淋病食治诸方、小便数食治诸方、论五痢赤白肠滑食治诸方、论五种痔病下血食治诸方、小儿诸病食治诸方、论妇人妊娠诸病及产后食治病方。

《食医心鉴》在论述每类病症后，具体介绍相关的食疗方剂，先说明疗效，再列举食物和药物名称与用量，并介绍制作和服食方法。所列食药方剂型包括粥、羹、菜肴、酒、浸酒、茶、汤、乳、丸、鲙等，选用食物以稻米、薏苡仁、大豆、山药、羊肉、鸡肉、猪肝、鲤鱼、牛乳为常见，辅以相关药物，可以称为初级药膳。如治心腹冷痛用桃仁粥，治五痢用鲫鱼鲙，治痔疮用杏仁粥，治产后虚症用羊肉羹等，大多为食药合一的剂型。又如治胎动不安，用糯米阿胶粥方，阿胶捣末投粥中，空腹食之。

到宋代时，药膳又有发展，应用也更加广泛。北宋初年编定的《太平圣惠方》及稍后出版的《圣济总录》，是两部重要的医药巨著，都分别有几卷专论食治。两书所列食疗方大多属药食共煮的药膳形式，分粥方、羹方、饭方、饼方多种。举数例如下：

·补肾羹方：以羊肾一双去脂，用葱白、生姜入五味作羹，治肾劳虚损、精气竭绝。

·葱粥方：用葱白十四茎细切，以牛酥半两炒葱，再加入粳米二合，加适量水煮粥，治伤寒后小便赤涩、脐下急痛。

·葛根饭方：用葛根四两捣粉，与粟米饭半升拌匀，加豉汁急火煮熟，再加五味葱白调食，治中风、狂邪惊走、心神恍惚、言语失志。

·酿猪肚方：用獭猪肚一只洗净去脂，杏仁、人参、茯苓、陈皮、干姜、芜荑、汉椒、时萝、大枣、糯米等研为粉末后放于肚中，用麻线缝口，放甄内蒸熟，切片空心渐渐服食，治五劳七伤、羸瘦虚乏。

·药牛乳方：用钟乳石一斤细研，加人参、甘草、熟干地黄、黄芪、杜仲、肉苁蓉、茯苓、麦门冬、薯蓣、石斛，均研为粉末，置粟米粥中喂黄牛，平旦取牛乳服之，有补虚养身之功。（这是先以药食喂牛，再取牛乳养人，是少见的间接使用的药膳方剂。）

宋代还有专为老年人写成的食疗专著，曾任县令的陈直，就撰有《养老奉亲书》一卷，为老年保健提供了许多食疗方。至元代又有邹铉的增补本，共四卷，更名为《寿亲养老新书》。

陈直的《养老奉亲书》，论及饮食调治、医药扶持、四时养老、食治养老、食治老人诸疾方、简妙老人备急方等内容，他在序中的说法，应当是写该书的初衷之一：

> 人若能知其食性，调而用之，则倍胜于药也。缘老人之性，皆厌于药而喜于食，以食治疾，胜于用药。况是老人之疾，慎于吐痢，尤宜用食以治之。凡老人有患，宜先以食治，食治未愈，然后命药，此养老人之大法也。

在食治老人诸疾方中，陈直共收录养老益气、耳聋耳鸣、五劳七伤、虚损羸瘦、脾胃气弱、泻痢、喘嗽、脚气、诸淋、诸痔等十多种老年病症的食疗方一百余首。这些食疗方多以食物加少量药物配伍而成，采用常用的烹调方法，制成饮料、羹汤、菜点等。例如"煨梨方"，用黄梨刺五十孔，每孔中置蜀椒一颗，用面粉裹住放在炉灰中煨熟，空腔食用，可治老人咳嗽、胸肋牵痛、流涎多涕等症。

元代忽思慧的《饮膳正要》，上一节我们已经提及，书中第二卷《食疗诸病》一节，述及药膳几十种，也极有价值。其他还有约一百五十种饮馔，不少也属药膳之类，有汤羹、粥面等，有配料和制法，注明所治病症。现举例如下：

·炙羊心：用玫瑰水浸藏红花取汁，羊心放火上烤，边烤边涂藏红花汁。有安宁心气的功效，治心气惊悸、郁结不乐。

·羊骨粥：羊骨全副捶碎，入陈皮、良姜、草果、生姜、盐，加水慢火熬汁，澄清煮粥。治虚劳、腰膝无力。

·生地黄粥：生地黄汁、酸枣仁汁水煮同熬，入米煮粥，空腹食之。治四肢无力、羸瘦虚弱和失眠等症。

现代热门的药膳，重要的也不外乎是粥食、面点、羹汤和菜肴，市肆上推出的多以菜肴药膳为主，并出现了专营药膳的餐馆。常用的药膳有虫草鸭子、白果全鸡、黄芪炖鸡、米酒炒田螺、莲子猪肚、杜仲爆羊腰、百合粥、荷叶粥、马齿苋粥、茯苓饼、山药糕、当归羊肉羹、山药奶油羹等。许多病症都有药膳验方，许多人都在关心食疗，对其有比较深入的了解。不少医生与厨师也在不断开发新的药膳品种，出版了一些药膳食谱。

药膳虽好，不过推广有一些问题。如我们的《食品卫生法》^①规定，严禁在食品中加入药品，那药膳岂不成为违法制品？为解决这个矛盾，卫生行政管理部门又特地开禁，公布了若干种可以加入食品的中药，如：刀豆、大枣、干姜、山药、山楂、枸杞子、牡蛎、桂圆、百合、花椒、赤小豆、杏仁、昆布、莲子、桑葚、蜂蜜、薏苡仁、芡实、淡豆豉、木瓜、乌梢蛇、蝮蛇、酸枣仁、栀子、甘草、罗汉果、肉桂、决明子、砂仁、乌梅、肉豆蔻、白芷、菊花、藿香、沙棘、青果、薄荷、丁香、白果、香橼、茯苓、香薷、紫苏等。^②当然，肯定存在许多已入药膳却没有合格身份的中药，如何进一步合理开发药膳，是有关专家们正在探讨的课题。

药膳在国外也有，甚至还比较盛行，被称为"保健食品"或"含药食品"，常常含有我国常用的中药，比如人参、当归、白芍、茯苓、甘草等。

马可·波罗七百多年前从中国带到欧洲的不少保健食品，现今仍然畅行欧美大地。如法国的哈姆茶，就是中药紫苏叶制成的茶，紫苏叶有和胃理气、消解食毒之功，原配方载于晋代《肘后方》。还有流行意大利的大黄酒，原配方见于唐代孙思邈的《千金方》。对这种食用苦酒，去欧洲的旅行者都要品尝，酒中含有泻药，开胃、消食、通肠。

---

① 《中华人民共和国食品卫生法》于 1995 年起施行，2009 年废止，取而代之的是《中华人民共和国食品安全法》。

② 2002 年，原卫生部印发了《既是食品又是药品的物品名单》《可用于保健食品的物品名单》《保健食品禁用物品名单》。此后，根据最新研究情况，名单陆续有调整。

欧美有名的杜松子酒，主料为中药柏子仁，原配方载于元代《世医得效方》。这酒养心安神，被称为"健酒"。欧美市场上还能见到许多其他中国传统保健饮品和食品，如菊花酒、竹叶酒、五加皮酒、人参酒、枸杞酒、木瓜酒、鸡蛋酒、蜂蜜酒、乌龙茶、橘皮茶、茯苓饼、八珍糕、薄荷糖、松子糖、姜汁糖、话梅和药橄榄等。[①] 中国的药膳药饮，越来越多地涌入国际市场，进入越来越多的西人的饮食生活中。

中国饮食文化输出的内容，不仅有中餐，还有与中药结合起来的保健食品。保健食品在国内还有大力开发的必要，为别人所用的传统，难道不值得我们自己也发扬发扬吗？

---

① 翁维健:《"医食同源"论》，收入《首届中国饮食文化国际研讨会论文集》，1991 年。

中餐餐具组合

第八章 ——

独具一格的进食方式

吃饭的方法，应当说是个比较简单的问题，只要是将食物送达口腔，目的就算达到了。但进食方式的不同，又牵涉到一个文化传统问题，论说起来，又并不那么简单。

世界上的人，按进食方法的不同，可以分为三类：用手指的、用叉子的、用筷子的。美国加利福尼亚大学历史学名誉教授小林恩·怀特，多年前在美国哲学学会的一次名为《手指、筷子和叉子——关于人类进食技能的研究》的演讲中，描述了这个三极世界。他说，用叉子进食的人主要分布在欧洲和北美洲，用筷子吃饭的人主要分布在东亚大部，而用手指抓食的人多是在非洲、中东、印度尼西亚及印度次大陆的许多地区。至于为什么产生这样的区别，现在还找不到准确的答案。用叉子、手指和筷子吃饭的三类人，都曾为维护自己的进食方式采取强硬措施。怀特就提到，在洛杉矶的一家菲律宾餐馆，干脆警告不愿用手指抓饭吃的食客不要光临。[①]

---

① 转引自（美）布赖斯·纳尔逊《用手指、叉子还是筷子》，《环球》1983 年第 10 期。江涛摘译自《国际先驱论坛报》，1983 年 7 月 27 日。

这一点也可以理解。在我们这个使用筷子的国度，尤其在汉族人的中餐宴会上，如果伸出十个手指头到菜盘里去，那场面也绝对不会引出欢呼声的。

现在全世界都知道，作为东方传统的用筷子进食的方式，是古代中国创立的。这种独特的进食方式不仅在我们本土沿用至今，而且传到域外。但是，世界上的许多人，也包括我们使用筷子的绝大多数中国人，却不知道古代中国还有使用餐匙和餐叉的传统，这传统的创立甚至还要早于筷子的发明。

本章所要阐明的，便是中国古老进食传统的创立和发展过程，还有这传统的内涵所在。此外，由于进食虽是个体行为，却并非个体活动，而往往是大小范围不同的社会的或家庭的活动，这种具有一定范围的活动的表现方式，会显示出一些富有意义的特点，所以本章还要谈到历史上群体进食的组成方式，或者也可以说是进食方式，讨论它的内容、发展和变化，以及存在的意义等方面的问题。

一、餐匙源流

中国使用餐匙的传统，可以追溯到史前时代。考古学家将餐匙称为"匕"，因为先秦时代就是这样命名的。中国新石器时代的许多遗址都出土了非金属的匕，有些遗址的出土数量相当可观。新石器时代的匕以兽骨为主要制作材料，形状主要有舌形和勺形两种。舌形一般为长条状，末端有薄刃口；勺形明显分为勺和柄两个部分，是标准餐匙。就出土数量而言，舌形较多，勺形较少，史前人大量使用的还是前一种餐匙。

黄河流域的新石器时代遗址，发掘过程中一般都能见到骨匕，其中以裴李岗文化的河南舞阳贾湖遗址发现的五十件骨匕、两件陶匕最早，距今八千或七千五百年。大约同时或稍晚的河北武安磁山遗址发现的二百余件骨器中，有匕二十三件，均为长条形。分布范围较大的仰韶文化，也见到不少骨匕，西安半坡遗址出土二十七件。黄河下游地区的大汶口文化遗址出土骨匕不仅数量多，制作也更加精巧。大汶口居民不仅大量使用条形匕，也制有一些勺形匕。这里的条形匕柄部稍窄，钻有小孔，匕端较宽大，不同于早先的条形匕。有些大汶口遗址还见到用蚌片磨成的蚌头，可装骨柄使用。江苏邳州刘林遗址发掘到骨匕五十七件，山东泰安大汶口遗址出土二十四件，都是较多的发现。在大汶口文化墓葬中，常用骨匕作为随葬品，有些骨匕出土时可以清楚地看出是握在死者手中的。

黄河上游地区年代较晚的齐家文化遗址，也见到许多骨匕。甘肃永靖秦魏家遗址出土二十二件，大何庄遗址出土多达一百零六件。齐

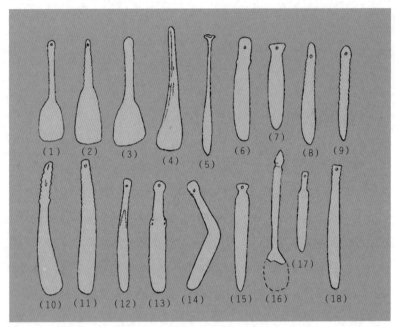

距今八千至四千年的史前餐匙（线描图）。原件出土地：（1）浙江余姚河姆渡；（2）（3）（4）（10）江苏邳州刘林；（5）河北内丘南三歧；（6）（7）（17）甘肃永靖大何庄；（8）（9）黑龙江密山新开流；（11）（12）（13）（14）山东泰安大汶口；（·16）内蒙古包头阿善；（15）（18）甘肃永靖秦魏家

家文化的骨匕都是条形，柄端无一例外地都有穿孔。作为随葬品的骨匕，一般都放置在死者的腰部，由此可以想见，齐家文化居民平日里要用绳索将这骨匕悬在腰际，以便随时取用。

　　长江流域和南方新石器时代遗址出土的骨匕没有黄河流域多，可能与埋藏条件有关，骨器不易保存下来。比较重要的发现是河姆渡文化，浙江余姚河姆渡遗址出土三十多件骨匕，有条形匕，也有勺形匕。条形匕柄端有的还刻有精美的纹饰，制作精致。勺形匕只见一件，形状比较规整，是迄今所见年代最早的一件勺形匕，距今约有近七千年。还要提到的是，河姆渡遗址还出土了刻成鸟首形柄的象牙匕，是十分难得的珍品。在安徽的凌家滩文化中则发现了精美的玉匙，造型与现

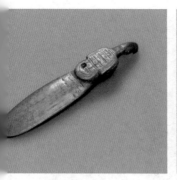

河姆渡文化象牙匕

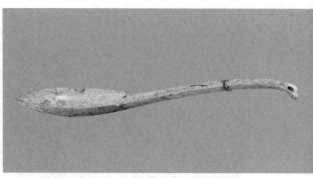

距今五千多年的凌家滩文化玉匙

代匙已无明显区别。

　　北方地区一些较晚的新石器时代遗址和较早的青铜文化遗址，也都见到过形状不一的骨匕。黑龙江密山新开流遗址见到几件条形匕，柄部两侧都有齿状装饰，也有穿孔。辽河流域的进入铜器时代的夏家店下层文化，许多遗址都见到了骨匕，也有标准的勺形匕。稍晚的夏家店上层文化的一些遗址，则发现了勺形铜匕。此外，在内蒙古包头阿善遗址也出土过一件勺形骨匕，勺头已残失，大致属新石器时代末期。

　　中原地区在进入青铜时代以后，在二里头文化至殷商时期，骨匕仍是普遍受重视的进食器具，仍以条形匕为多。安阳殷墟妇好墓，出土了两件精致的尖勺形骨匕，是商代少有的发现。

　　到了西周时期，骨匕的使用已不如过去那样普遍，考古发掘中一般不易见到。骨匕的渐渐消失，与青铜匕的出现有着不可分割的联系。早期铜器时代至商代，青铜匕数量不多，造型也不够固定，有的像史前的条形骨匕，有的为勺形。到了西周时代，包括关中在内的中原地区，流行使用青铜勺形匕。其特点是，勺形为尖叶状，柄部宽大扁平，有些还铸有铭文和几何形纹饰。有的匕出土时放置在铜鼎内。这种匕沿用到东周时代，一直到战国末年才逐渐消失。东周匕可分大小两种，小的仅长数厘米，大的长达五十七厘米，一般也都放置在相应的小鼎

春秋楚国王子午鼎与匕，河南淅川出土。可以看到勺形为尖叶状

鬲或大鼎鬲中。还要说明的是，尖叶勺形匕在战国只见于中早期，而且多发现于中原周边及邻近地区，表明是由中原向外扩散的一种余波，中原的匕已由另外的形制取代了。

取代尖叶勺形匕的是一种长柄舌形匕，它最早出现于春秋前期，柄部仍然较为宽大。春秋晚期有了窄柄舌形勺，到战国时使用相当普遍。从此，这种匕就成了中国餐匙的主流，一直未加多大改变地沿用了两千多年。

战国时期漆器工艺得到很大发展，许多传统的饮食器具都采用漆木制作工艺，除仍用青铜制作食匕外，又开始生产漆木制品。漆木匕的形状类似铜匕，有的还绘有精细的几何形纹饰，显得更加秀美。汉代继续制作及使用漆木匕和铜匕，柄部更细。东汉时有了银匕。魏晋时期的食匕出土有限，总体情况不很清楚。

到了南北朝时期，所见铜匕的造型表现出一种复古倾向，出土的一些宽柄尖勺匕与东周同类匕十分相似，河北定州、江西南昌均有发

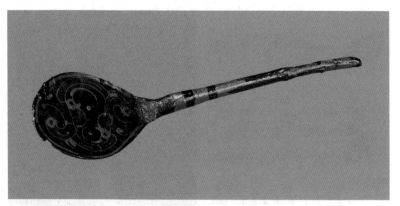

秦时彩绘云凤纹漆匕，湖北云梦出土

现。这种匕沿用到隋代，广东封开曾有出土。

隋唐时代，食匕又成了窄柄舌勺的形状，而且出现不少银匕，浙江长兴一次曾出土银匕二十二件。辽宋金元各代，食匕基本为唐代的样式，变化不大。四川阆中的一座南宋窖藏中，一次发现铜匕一百一十一件，规格不大一致，但形状完全相同。

考古发现证实，餐匙由史前时代起源，在中国经历了至少七千年的发展过程。新石器时代制器的主要材料是兽骨，铜器时代则是青铜。战国时起除青铜餐匙外，又有了漆木产品，同时也见到少量金质产品，湖北随州曾侯乙墓出土有金盏和金匙。隋唐时代开始大量打造银餐匙，在上层社会，这个传统一直到宋元时仍受到重视。

骨匕是现今所知最古老的一种进食具，它的发明应当归功于原始的农耕部落。新石器时代的黄河流域主要农作物是粟，南方地区是稻，这两种重要农作物的栽培史都在七千年以上，餐匙的起源和发展正好与之相适应。不论是大米还是小米，简便的方式都是粒食，或粥或饭。食用粥饭时，尤其是享用热粥时，采用餐匙就成了很自然的事。最初的餐匙就是人们随手拾来之物，食剩的动物骨骼正好充作此用，这当是骨餐匙起源的一个重要契机。

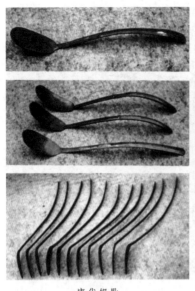

唐代银匙

唐代錾纹银匙，河南偃师出土。该匕
为唐代的一种特殊样式，柄部不长，
有銎，可接其他材质的柄使用

战国金盏与金勺，湖北随州出土。勺部镂空，柄末端较宽大

用餐匙进食的传统，即使在面食比较普及以后，并没有被破除，说明这一传统根基之牢固。后来它与筷子配合使用，合称"匕箸"，这一点我们在下面谈筷子时还将涉及。

　　我们在前面提到，周代有一种大铜匕，长过五十厘米，显然不能用它直接取食送达口腔。据"三礼"记述，周代的匕有饭匕、挑匕、牲匕、疏匕四种，形状相类，大小有别。对于这些匕的用途，容庚先生以为可分为三种，即载鼎实、别出牲体、匕黍稷；①陈梦家先生则归纳为两种，即牲匕和饭匕。②所谓挑匕、牲匕和疏匕，都属大匕，是祭祀或宴宾客时，由鼎中、镬中出肉于俎所用。这些匕较大，正是考古发现的大匕，它们都铸成尖勺状，正是为了匕肉的方便。饭匕是较小的匕，是直接用于进食的。大约从战国中晚期开始，随着周代礼制的崩溃，大匕渐渐消失。直接进食的小匕，也向着更加轻便实用的方向发展。③

　　古代进食用的餐匙，根据它自身的铭文和文献记载，一般称为"匕"或"匙"，《太平御览》引《方言》曰"匕谓之'匙'"即是如此。我们现在一般称"匙"而不称"匕"，或者干脆称为"勺"。现代的饭勺与古代有明显区别，主要是勺碗较深，不仅用于取饭，而且用于调羹。那些铝合金和不锈钢饭勺，则是西餐所用的样式，另当别论。

　　我们现在一般所用的饭勺，基本都是西餐样式。青年人很容易误会，以为古中国人不用勺，也没有勺，殊不知我们用勺的传统是那样的古老，而且与西餐并无什么瓜葛。

---

① 容庚：《商周彝器通考》，哈佛燕京学社，1941 年。
② 陈梦家：《寿县蔡侯墓铜器》，《考古学报》1956 年第 2 期。
③ 王仁湘：《中国古代进食具匕箸叉研究》，《考古学报》1990 年第 3 期。

二、箸史

最有中国特色的进食具是筷子，古代通称为"箸"。筷子的发展历史，也很值得回味，在考古发现大量古代筷子的标本以后，这种回味也就不仅有了必要，也有了可能。筷子在中国饮食文化传统中的位置，我们会因此看得更加清楚。

考古发掘获得的古箸标本，数量很多，它们大都是古代墓葬中的随葬品。有时一次出土一两支，多则数十支；最多达到二百四十四支，那是在四川阆中的一座南宋窖藏中发现的。古代制箸的材料很多，除大量采用竹木，也用金、银、铜、铁等。由于形体小且容易朽坏，埋藏在地下的古箸不容易保存下来，考古发现的箸以铜质和银质占多数，其原因正在于此。迄今发现的最早竹箸属西汉早期，最早的银箸属隋代；最早的铜箸属商代，出土于殷墟的一座墓葬中。

商代的箸发现很少，属西周时代的也没见到有报道。春秋时代的箸在江南和西南有发现，有圆形的，也有方形的。汉代箸发现较多，有铜质的，南方还发现不少竹质的。长沙马王堆一号汉墓出土的漆案上，有耳杯、盘、卮等，另有一双竹箸，长十七厘米。在汉墓壁画和画像砖上，能看到用箸进食的图像，表明汉代时箸的使用已相当普遍。春秋箸上下一般粗细，区分不出哪是手握的首部，哪是夹食的足部。而汉箸则大都具备了首粗足细的特征，如湖北云梦出土的竹箸，首足直径分别为三毫米和两毫米，是古箸中较为纤细的一种。

隋唐时代的箸同上节谈的匕一样，也多采用白银打制，有的长三十厘米以上，直径达五毫米，属于较为粗长的一类。辽宋时代的箸则不见长及三十厘米的，一般都在二十厘米上下，也都是首粗足细的圆棒形。元明两代，箸又有变长的趋势，有些达到三十厘米上下。更重要的是形状有了明显改变，元代有八角首圆足箸，明代有了标准的方首圆足箸，这说明现代流行款式的筷子早在明代即已定型。明定陵

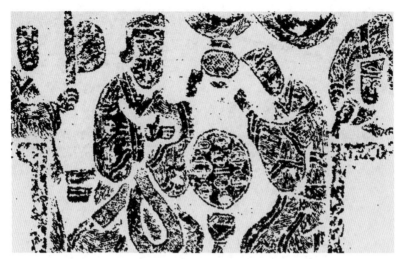

汉代宴饮图。食盘里有箸

汉代哺父图。图中可见用箸取食

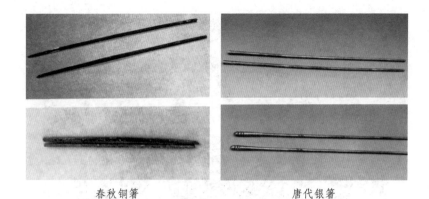

春秋铜箸　　　　　　　　　　唐代银箸

出土的金银箸，也是这种标准样式。

从古箸的长度看，古今规格相差并不很大，大都在二十至二十五厘米。从唐代的发现看，前期箸稍短，有些长不足二十厘米；后期箸明显见长，一般都达到三十厘米以上。不过古箸发展的全过程，并没有这种由短到长的变化规律，汉代及以前的箸很少有短过二十厘米的，宋明时代除长箸外，也见到长仅十六厘米的短箸。

古箸直径以四毫米左右的为多，最粗的超不过六毫米；最细的足部仅为一点五至二毫米。比较起来，古箸明显细于今箸，这当是古今用途不同显示出来的差异。下面我想结合箸的起源，谈谈古箸的用途问题。

现在发现的古箸实物年代早到商代后期，箸的始作年代应当早于这个发现，但究竟起源于何时，还是一个很费思索的问题。有些学者曾由箸的具体用途来推论它的起源，认为中国烹调术的特点是把食物切成小块，用碗盛着，要将这小块食物从碗中送进嘴里，于是筷子便应运而生了。这说法有一定的道理，但筷子出现的大致时代并没说清楚。

我们知道，古代中国人的熟食，以周代为例，主要有饭食、粥食、菜肴和羹食几类，大都需要借助食具进食，而且食具并不只有箸一种。根据"三礼"的说法，箸原本不是用于取食小块食物的，至少在周代，它有特定的用途，而且按礼制规定，箸还不能随便移作他用。《礼记·曲礼上》说："羹之有菜者用梜，其无菜者不用梜。"这里的"梜"《字林》作"筴"，云"箸也"。郑氏注曰："梜犹箸也。"《礼记》说得非常明白，箸是专用于夹取羹汤中的菜食的。《曲礼上》另外还有一句有关的说法，叫作"饭黍毋以箸"，是说吃米饭、米粥不能用箸，一定得用匕。由此看来，汉代以前的箸可能主要是用于夹菜而不是扒饭。唐代薛令之所作《自悼》诗，其中有"饭涩匙难绾，羹稀箸易宽"一句，表明在唐代也是以匕食饭，以箸食羹中菜，可见这两样食具都是正式宴饮场合不可缺少的。

到了宋代，匕箸的分工依然十分明显，继承了前代的传统。据明代田汝成《西湖游览志余·帝王都会》说，宋高宗赵构在德寿宫每到进膳时，"必置匙箸两副，食前多品，择取欲食者，以别箸取置一器中，食之必尽，饭则以别匙减而后食。吴后尝问其故，对曰：'不欲以残食与宫人食也。'"这宋高宗每在用膳时，都要准备两套匙箸，本来匙箸两件一套就够用了，多余的那一套是用来拨取菜肴和饭食的，类似于现在说的公筷。赵构是想能吃多少就拨出来多少，因为剩下的馔品还要赐给宫人，怕弄乱弄脏了。赵构是否有如此德性姑且不论，这里将匕箸的分工说得十分明白，应当是可信的，还是以箸夹菜，以匕食饭。

因为古代的箸主要是用于夹取羹中菜食，所以用不着过于粗壮，不必用它承受过重的分量。考古发现的古箸大都比较纤细，其原因也正在于此。

古箸的用途为我们寻找它的起源提供了重要线索。也就是说，要探究箸的起源，一定要涉及羹食的起源问题。羹食是先秦乃至汉代佐食的传统馔品，这传统大体可上溯至新石器时代。新石器时代的主副食大多采用蒸煮法，煮法用汁水较多，米豆多水而成粥，菜肉多汁则成羹。一直到汉代，祖先们使用的烹饪器具都是以釜类（鼎、鬲、罐）为主，说明在很长时期享用的菜肴确是以羹为主，不论什么菜，只要

汉代宴饮图。每人面前的食盘上都放有箸

加点水一煮就成,古代说的羹藿、羹鱼便是如此。先秦乃至汉代,佐饭的副食主要就是羹,羹常常与饭食连称,见诸许多文献,例如《礼记·曲礼上》:"凡进食之礼,左殽右胾。食居人之左,羹居人之右。"《韩非子·五蠹》:"尧之王天下也……粝粢之食,藜藿之羹。"《韩非子·外储说左下》:"孙叔敖相楚,栈车牝马,粝饭菜羹,枯鱼之膳。"

菜肉沉在羹汁中,用餐匙取食很不方便,而且匙面较平,不容易逮住肉块,也不容易捞出菜叶。这时最适用的自然就是成双的箸了,只有它才能在滚烫的羹汤中夹起菜和肉来。如果直接用手指食羹,那不仅仅是不方便的,也是不可想象的。

以羹佐饭的配餐方式,应该创立于史前时代,创立在陶釜发明不久的时代。食羹用的箸也应当发明在史前时代,发明在烹羹技术出现的年代。羹食作为一种饮食传统,一直到汉代还十分牢固,马王堆汉墓出土遣册所记七十余款随葬馔品的名称中,就有羹名五种共二十四款。羹食的出现,带来了古箸的出现;古箸的出现与普及,又促进了羹食的发展。

箸的发明，可能同匕一样，并没经过太复杂的过程，随手折两丫树枝，或者砍两根细竹，也就可以使用了。箸最早的用途可能只限于将肉菜从羹汤中夹出，还没有用它直接去碰唇齿。等待了不知多少个世纪，用箸形成了传统，技巧也有了提高，制作也趋于精巧，它也许就十分自然地转变成了进食具。20世纪90年代，江苏高邮龙虬庄新石器时代遗址发现了四十二根骨棍，长九至十八厘米，中间略粗，有学者认为这可能就是远古时期的箸。

从羹与箸的关系，以及饭与匕的关系看来，烹饪方式与进食方式有一种互相依存的关系。中国古代沿用至今的独具特色的进食方式，正是依存于我们独特的烹饪方式。当然，现代生活节奏有了很大变化，平日的用餐，未必都要匕箸齐全，也未必那么强调匕箸分工，通常是一双筷子包打天下，满餐桌的盘盘盏盏，都可以足迹踏遍。

古代称箸，现代大部分地区的人都称筷子，这名称的转变据说是明代实现的，这转变说起来似乎还有点荒唐。明代陆容《菽园杂记》卷一说，吴中民间俗讳，行舟讳言"住"，因为这个字与"箸"同音，所以改称箸为"快儿"，显然是反其意而名之。同代人李豫亨在《推篷寤语》中亦论及此事，说"有讳恶字而呼为美字者，如伞讳散，呼为'聚'，立箸讳滞，呼为'快子'……今因流传之久，至有士夫间亦呼箸为'快子'者，忘其始也"。"快"后来加了竹字头，大概是因为多用竹材制成，所以就成了今日通用的"筷子"之名了。

我们现代人用筷子吃饭，有不少习惯性礼仪，许多都形成于西周礼制社会。例如大多数人习惯用右手执筷子，小时候父母就是这么教导的，《礼记·内则》就有"子能食食，教以右手"的训条。经学家们大约以为《内则》上的这句话十分浅显，所以从没人做过什么注说，没有解释为什么一定要用右手进食。有一位德国研究生曾写信问过我这个问题，我无法做出圆满的回答，只是笼统地说有生理的原因，也有社会文化传统方面的因素。

西方人吃西餐用刀叉时，右手握刀，左手拿叉，左右开张，一般不能调过来反抓。吃中餐也有两种食具，匙箸配套，古人却强调不能两手齐上，左匙右箸是不允许的。张伯行《养正类编》卷一引《朱子童蒙须知》，提到一条重要的家训是："凡饮食，举匙必置箸，举箸必置匙。食已，则置匙箸于案。"两样武器不能同时使用，否则就太张扬了。饭吃完了，筷子放到靠近饭碗的桌面上，这是通礼。但古时在特定场合下，筷子要横放饭碗上，称为"横箸"。清人梁章钜的《浪迹续谈》卷八，有《横箸》一节专论此俗：

> 李义山《杂俎》谓食毕横箸在羹碗上为恶模样，而此风经久未改。徐祯卿《翦胜野闻》云："太祖命唐肃侍膳，食讫横箸致恭，帝问曰：'此何礼也？'肃对曰：'臣少习俗礼。'帝曰：'俗礼可施之天子乎？'坐不敬，谪戍。"按此礼诚不宜施于天子，若今人宴会往往如此，未可厚非，而卑幼之于尊长，尤非此不足以明恭。今时下僚侍食于上官，即食毕亦往往作为未毕之状，以待上官之放箸，此正无于礼者之礼，未可尽斥为恶模样矣。

这种横筷子在饭碗上的做法，本意是出于对长者的尊重，用意源出周礼，长辈没吃完，晚辈不得先放下筷子（参见本书第十章《食礼》）。周礼要求晚辈已吃饱，而长辈尚未停止进食时，不得放下筷子，还要装模作样慢慢吃。否则，你把碗筷一放，显得长辈很贪吃似的。宋代以后，这办法略有改进，晚辈先吃完也不必还举着筷子，只需横在碗上，敬意也就到了。但是朱元璋做了皇帝，看不惯这个做法，竟将在他面前横放筷子的官员唐肃发配当兵去了。本是个致敬的法子，却坐了不敬的罪名，因为天子不认这一套。

同包括中国在内的世界所有国家和地区的几种进食具相比，筷子显得更朴素更平常，使用技艺却要求最高。两根筷子之间没有直接的联系，靠了拇指、食指和中指的作用，便可夹、挑、戳、扒，很容易达到熟练自如。筷子对食物的适应性也最强，可以取食除羹汤类流质食物以外的任何品种的肴馔。更重要的优势是筷子制作简便，原料广泛。此外，筷子似乎还有一些我们平日自我感觉不到的优点，如有研究说它可以牵动多少根神经、扭动多少条肌腱，于身于心大大有益。当然这已不是筷子本来所具有的功能，为了提倡用筷子，强调它的其他作用也无可厚非。

筷子还有一个重要作用，很值得一提，就是它于中国烹饪的反作用力。不久前我读到蓝翔先生的一篇文章，谈到筷子对某些菜肴的诞生和某些食俗的形成，起到十分关键的作用。如涮羊肉的吃法，没有筷子不可想象，应当是由于有了筷子，它才可能被发明出来。蓝先生这样写道：

> 近年来，涮羊肉风行全国。一次我突发奇想，如果不用筷子，换上其他餐具品尝涮羊肉该是何等滋味？当晚约来李君、马君，即展开一次有趣的尝试。李君持勺，他先用五爪金龙将羊肉片捏在汤匙上，可一入火锅，羊肉片就漂游而去，捞了好一阵也不见肉片踪影。马先生握叉，他一叉下去，戳下好多片羊肉，入锅后无法分开，只能囫囵吞枣，难尝出薄嫩肉片的美味。其实这个涮羊肉的"涮"字，是绝对离不开筷子的，这道佳肴妙就妙在筷子上，如果不用筷子夹着薄薄的羊肉片在火锅沸汤中涮来涮去，那这道菜也就失去它特有的风味。[①]

岂止涮羊肉离不了筷子，吃面条也得靠筷子，长面条的问世，也

---

① 蓝翔：《筷箸对食俗的影响》，《中国烹饪》1992 年第 1 期。

是因为有了筷子。北京烤肉，烤和吃都离不开筷子，而且用特制的半米长筷，味道十足。

三、中国餐叉之谜

西人的餐叉，是清代末年随着西餐的传入而来到中国的。我们现在也有人平时吃饭不用筷子和勺子，而好用叉子，虽是享用传统的中餐，餐具却西化了。其实中国本来也是使用餐叉的，而且历史十分久远。那是地道的中国餐叉，与西餐用叉没有什么联系。

中国古代使用餐叉的证据，是现代考古学为我们提供的。考古发现的古代餐叉大约有六七十件，大部分为骨质，也有的为铜、铁质。中国最早的餐叉是在甘肃武威皇娘娘台齐家文化遗址出土的，属早期铜器时代，年代距今约为四千年。皇娘娘台出土餐叉只有一枚，骨质，扁平形，三齿，尺度不详。后来在青海地区其他一些新石器时代遗址也陆续出土过一些骨餐叉，形状与皇娘娘台所见相同，都属于三齿叉。

河南郑州二里岗商代遗址也出土过一枚三齿骨餐叉，齿长二十五毫米，全长八十七毫米，宽十七毫米。这枚叉的柄部和齿部没有明显分界，与齐家文化的有很大不同。

到了战国时代，出土餐叉在数量上有了很大增加。河南洛阳中州路的一座战国墓，一次就出土骨餐叉五十一枚，全为双齿，细柄，一般长一百二十毫米上下。这五十一枚餐叉出土前捆为一束，包裹在织物内，放置在铜容器上。在洛阳的另一地点也见到相似的骨餐叉，制作更为精致，柄部刻弦纹装饰，长达一百八十二毫米。此外在山西侯马古城遗址也曾两次发现过战国骨餐叉，也都是双齿，其中一件在中部饰火印烫花图案。战国餐叉已基本定型，都是细柄双齿式，不见三齿。

战国时代以后的餐叉，出土极少。甘肃酒泉发现过两件双齿铜餐

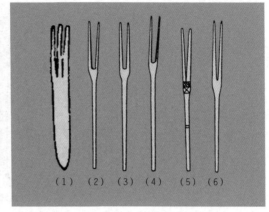

齐家文化遗址出土的骨
餐叉

商及战国时期的骨餐叉（线描图）。原件出土地：
（1）河南郑州二里岗；（2）（3）（4）河南洛阳中州路；
（5）山西侯马西侯马村；（6）山西侯马牛村

叉，时代为东汉，长达二百六十三毫米。广东始兴东晋墓出土过四件
小铁叉，长一百五十毫米上下，可能也是餐叉。到了元代，有两例重
要发现。一是甘肃漳县一座墓中出土骨餐叉一枚，双齿圆柄，制作甚
精，长一百九十五毫米。同时还出土一件尖状骨餐刀，与餐叉大小相
若，显然是配套使用的餐具。二是山东嘉祥石林村一座墓中也出有一
套类似餐叉餐刀，叉长一百五十五毫米。更重要的是，这套刀叉还配
有一件竹鞘，鞘间有隔梁，以便将刀叉分放。

从这些发现可以看出，中国古代餐叉集中出土在黄河流域，以中
游地区所见为多。餐叉的规格，长度一般在一百二十毫米以上、两百
毫米以下。叉齿多为双齿，齿长四十至五十毫米。

如果这些发现基本上反映了古代餐叉的使用情况的话，似乎可以
做出这样的推论：中国古代餐叉的使用，似乎没有形成像匕箸那样经
久不变的传统，只是在战国时代盛行，而其他时代并不普及。对于餐
叉的使用方法和使用范围，我们也并不十分清楚，文献上基本寻不着
有关的线索，只能做出一些推论。

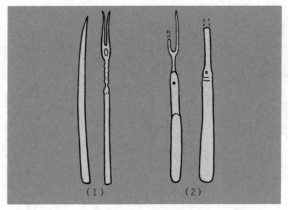

元代餐叉和餐刀（线描图）。原件出土地：（1）甘肃彰县徐家坪；（2）山东嘉祥石林村

中国古代餐叉的使用当与肉食有不可分割的联系，它是以叉的力量来获取食物的，与匕、箸都不相同。古代将"肉食者"作为贵族阶层的代称，餐叉仅用于食肉，为上层社会的专用品，不可能十分普及。从考古发现看，即便在上层社会，餐叉的使用也没有形成固定不变的传统，没有受到普遍的重视。

餐叉如何起源，目前也没实证资料进行研究。它很可能是由叉状厨具演变来的（西餐餐叉的演化过程就是如此），汉代烤肉串所用串叉，形状即与餐叉相似。东周时代也有一种作厨具的大铜叉，它与小餐叉的关系十分密切，在下面讨论餐叉的古称时，还要提及。

餐叉在古代的名称，我们一直都不很清楚，可以肯定不会叫"叉"。《仪礼·特牲馈食礼》中有"宗人执毕先入"一语，郑注曰："毕状如叉，盖为其似毕星取名焉。"毕星即二十八宿之毕宿，形如叉状，宗人所执毕就是叉。《礼记·杂记上》说毕长三尺[①]或五尺，这是用于祭仪活动的大毕，是叉肉用的。江苏六合出土的春秋刻纹铜片上，

----

① 1尺约为33.33厘米。

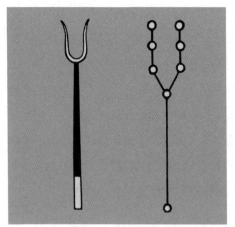

毕与毕宿（《三才图会》）

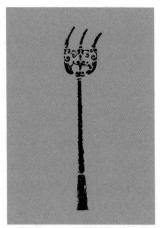

战国青铜大毕，河南辉县出土

春秋刻纹铜片，江苏六合出土

刻画有举大毕的宗人形象，所用毕正为叉形。叉形大毕在战国墓中常有发现，有四齿的，也有三齿和五齿的。称大叉为毕，小餐叉也可能被称作毕，就像匕也有大匕和小匕一样。大毕和大匕都是周人因礼仪需要而制作的，也许都是因为有进食用的小型匕和叉作根据，许多礼器也都是这样根据实用器制成的。当然，事实也可能相反，即先有大叉作厨具，再依大叉制成小餐叉。

如果不是田野考古提供这些证据，我们不敢相信古代中国人在四千年前即已开始使用餐叉，也不能相信战国贵族那么喜爱用餐叉。同西方餐叉相比，中国的叉显得过于古老，古老得令人不可思议。据研究，西方人用刀叉作为进食具的历史并不太长，西方社会在三个世纪以前，基本上还是用手抓饭吃，把刚出现的餐叉视为颓废，甚至是更坏的东西。法国历史学家费尔南·布罗代尔说到这样一件事：中世纪德国的一个传教士，将叉子斥为"魔鬼的奢侈品"，还说"如果上帝要我们用这种工具，他就不会给我们手指了"。①

下面让我们接着引述本章开头提到的小林恩·怀特的演讲，他也谈到西方餐叉起初使用的时代问题：

> 历史学家雷亚·坦纳希尔说，叉子起先曾在欧洲和近东使用过多年，但只是作为厨房里用的器具。她认为，广泛使用小叉子作为餐具是从十世纪的拜占庭帝国时期开始的。

> 当叉子第一次进入上流社会，来到富家名门的餐桌上的时候，许多国王，包括英格兰的伊丽莎白女王一世、法兰西的路易十四，还在用手抓饭吃。事实上，如布罗代尔所说的，路易十四用手抓煨鸡吃，还禁止勃艮第公爵和他的兄弟当他的面使用叉子。历史上有这样的事：当用叉子吃饭的拿破仑三世会见用手吃饭的波斯国王时，两位统治者在应该采取哪种方法把嘴和菜盘联系起来这个问题上各执己见，互不相让。坦纳希尔在一篇文章中写道，甚至直到1897年，"英国海军的水兵们仍被禁止使用刀叉，因为刀叉被看作对保持纪律和

---

① 转引自（美）布赖斯·纳尔逊《用手指、叉子还是筷子》，《环球》1983年第10期。江涛摘译自《国际先驱论坛报》，1983年7月27日。

男子气概有害"。①

罗伯特·路威的著作也论及西方餐叉最初使用时的情形，他写道：

> 叉这个东西连在帝王家里都算是个稀罕儿。安着玻璃柄
> 或象牙柄，真得花好些银子才买得着。路易第十的王妃有一
> 把，都伦公爵夫人有两把，赶一四一八年查理第六便可以夸
> 口他竟有了三把。这样的贵重东西是轻易不使的。甚至不交
> 代给御厨房，厨子切肉只能用刀子和双手对付着。叉的原来
> 的用意是帮着切割的。亨利·得·微尔那，在他那本"Arte
> Cisoria"（一四二三）里提到过一种两尖头的 broca，通常不
> 是金的便是银的，还有一种三尖头的 tridente——两种都用
> 来切割鱼肉。这位作家还告诉我们，有了这种器具，我们可
> 以把烧好的菜送到嘴里去，不至于弄得满手油腻；这位亨利
> 先生好象是第一个想出这个好主意的西班牙人。当然，不会
> 因为他一说便举国从风，更不用说西班牙以外的地方了。在
> 一六〇〇年以前，法国的顶阔的阔人也还没有采用此法，一
> 老一实用手指头抓菜往嘴里送。中产阶级的人要到十八世纪
> 才学着阔人们使叉。②

这样看来，西方餐叉使用的历史充其量不超过一千年。不过，也
不能否认，我们现代餐桌上的刀叉确实是由西方传来的，很难认作中
国古老传统的再现。

不知道古代中国开始使用餐叉时，这种进食方式是否也像在西方

---

① 转引自（美）布赖斯·纳尔逊《用手指、叉子还是筷子》，《环球》1983 年第 10 期。江涛摘译
自《国际先驱论坛报》，1983 年 7 月 27 日。

② （美）罗伯特·路威著，吕叔湘译《文明与野蛮》，生活·读书·新知三联书店，1984 年。

一样受到过强有力的抵制。不过从它始终没有像筷子那样作为餐桌上的主宰看来，它并没受到普遍的欢迎。主要原因在于，叉子没有筷子那样实用，它始终受到筷子的排挤。如今筷子已进入国际市场，跑到欧美的许多地方，它同西餐餐叉也许会有较量，这也是两个传统的较量。结果如何，不得而知，恐怕得若干世纪的岁月才得分晓。

四、分餐与会食

中餐聚会，多采用围桌会食的方式，既显热烈，亦显隆重，彼此还会表现得亲密无间。这种会食方式，是中国饮食文化的一个重要传统。虽然中国烹饪的发达，在很大程度上是依赖了这个传统会食方式的，但今天的中国人打心眼里不想再继承这个传统了，以至于要痛下决心，一定要革除它。在宽敞的人民大会堂宴会厅，国宴早已实行了分餐制，会食共餐的现象寻不见了。在其他许多正规的宴会场合，分餐制的推广也初见成效，会食方式的改变似乎已形成不可逆转的趋势。

现代中国人之所以要痛下这样的决心，不是为了避开那份热烈、浓重和亲密，主要是为了摆脱津液交流而造成的困扰。"津液交流"，是王力教授创出的一个词组，它是对会食传统的恰如其分的形容，也是一种十分深刻的讽刺。他有《劝菜》一文，下面引述的是其中的一些精妙的句子：

> 中国有一件事最足以表示合作精神的，就是吃饭。十个或十二个人共一盘菜，共一碗汤。酒席上讲究同时起筷子，同时把菜夹到嘴里去，只差不曾嚼出同一的节奏来。……
>
> 中国人之所以和气一团，也许是津液交流的关系。尽管有人主张分食，同时也有人故意使它和到不能再和。譬如新

上来的一碗汤，主人喜欢用自己的调羹去把里面的东西先搅一搅匀；新上来的一盘菜，主人也喜欢用自己的筷子去拌一拌。至于劝菜，就更顾不了许多，一件山珍海错，周游列国之后，上面就有了五七个人的津液。将来科学更加昌明，也许有一种显微镜，让咱们看见酒席上病菌由津液传播的详细状况。现在只就我的肉眼所能看见的情形来说。我未坐席就留心观察，主人是一个津液丰富的人。他说话除了喷出若干吐沫之外，上齿和下齿之间常有津液象蜘蛛网般弥缝着。入席以后，主人的一双筷子就在这蜘蛛网里冲进冲出，后来他劝我吃菜，也就拿他那一双曾在这蜘蛛网里冲进冲出的筷子，夹了菜，恭恭敬敬地送到我的碟子里。我几乎不信任我的舌头！同时一盘炒山鸡片，为什么刚才我自己夹了来是好吃的，现在主人恭恭敬敬地夹了来劝我却是不好吃的呢？我辜负了主人的盛意了。[1]

类似的宴会，我们许多人亲见亲历过，也曾许多次地为这种津液交流而努力。我们只是传统的继承者，对于什么后果都不用负任何责任，但我们自己把自己置于了危险之中。

现在看来，这种在一个盘子里共餐的会食传统，确实不算优良。实际上会食传统也并不十分古老，存在的历史也就是一千年多一点，比这更古老的传统倒是要优良很多，那是地道的分餐方式，就是我们今日又在呼吁和提倡的分餐制。我们可以由文献上的记述，寻到古代分餐制的证据。这里有两个例子，我们在后面的章节中还要谈到它们所包含的其他意义，本节先用来论证古代的分餐制。

一个是战国的例子。据《史记·孟尝君列传》说，孟尝君田文广

---

① 王力：《劝菜》，收入聿君编《学人谈吃》，中国商业出版社，1991年。

招宾客、礼贤下士，他对前来投奔的数千食客，全都平等对待，无论贵贱，都同自己吃一样的馔品，穿一样的衣裳。一天夜里，田文宴请新来投奔的侠士，偶尔有人无意中挡住了灯光，一侠士以为这里有名堂，认为自己吃的饭一定与田文两样，否则就不用故意挡住光线而不让人看清楚。侠士一时怒火中烧，放下筷子，起身就要离去，他以为田文是个伪君子。田文赶紧站起来，亲自端起自己的饭菜给侠士看，证实大家所用的都是一样的饮食。侠士知道了真相，愧容满面，当下拔出佩剑，自刎谢误会之罪。一个小小的误会，致使一位刚勇之士丢掉了宝贵的性命。试想如果不是分餐制，如果不是一人一张饭桌（食案），如果主客都围在一张大桌子边上围歼同一盘菜，怎么会怀疑有厚薄之别？这条性命也就不会如此轻易断送了。这是战国时代实行分餐制的最好例证。

另一个是南朝时的例子。据《陈书·徐孝克传》说，国子祭酒徐孝克在陪侍陈宣帝宴饮时，并不曾动过一下筷子，没吃一口东西，可摆在他面前的肴馔却不知怎么减少了，这是散席后才发现的。原来，徐某将食物悄悄藏到怀中，带回家去孝敬老母了。这使皇上非常感动，下令以后御宴上的食物，凡是摆在徐孝克面前的，他都可以大大方方带回家去，用不着偷偷摸摸地干了。这个故事说明，至少在隋唐以前，人们还维持着一人一份食物的分餐制，否则就不会发生徐孝克这样的事了。

古代分餐进食的方式，还有一些相应的礼节和习惯。一般都是席地而坐，面前摆着一张低矮的小食案，案上放着轻巧的食具，重而大的器具直接放在席子外的地上。《后汉书·逸民列传》上记有这样一个故事：东汉隐士梁鸿，受业于太学，后入上林苑牧猪。还乡娶妻孟光，隐居霸陵山中，以耕织为业。因故夫妻二人后来转徙吴郡（今苏州），给人帮工。梁鸿每当打工回来，孟光为他准备好食物，并将食案举至跟眉毛齐平，捧到丈夫面前，以示敬重。孟光的举案齐眉，成了夫妻

战国齐国的人形铜灯，山东诸城出土。孟尝君可能就是在这样的灯下举行夜宴的

相敬如宾的千古佳传。又据《汉书·外戚传》说："许后……朝皇太后于长乐宫，亲奉案上食。"因为食案不大不重，一般只限一人使用，所以轻而易举。后来的妻子对丈夫的敬重大有不亚于孟光的，对前辈的孝顺也大有不亚于许皇后的，却很难再去举案齐眉了，小食案变成了大餐桌，弱女子又如何能举得起呢？习惯礼仪也不得不因饮食方式的改变而改变，不举案了，还可双手捧碗，同样也可表达出敬重来。

我们更可以由考古发现的实物资料和绘画资料，找到古代分餐制的证据。在发掘出的汉墓壁画、画像石和画像砖上，经常可以看到席地而坐、一人一案的宴饮场面，看不到许多人围坐在一起狼吞虎咽的进餐场景。低矮的食案是为适应席地而坐的习惯来设计的，从战国到汉代的墓葬中，出土了不少食案实物，以木料制成的为多，常常饰有漂亮的漆绘图案。汉代呈送食物还使用一种案盘，或圆或方，有实物出土，也有画像石描绘出的图像。承托食物的盘如果加上三足或四足，便是案，正如颜师古在《急就篇》注所说："无足曰盘，有足曰案，所以陈举食也。"

以小食案进食的方式，至迟在史前时代末期便已发明。考古已经

汉代宴饮图。可以看到是席地而坐、一人一案

发掘到公元前 2500 年时的木案实物，虽然木质已经腐朽，但形制还相当清晰。

考古工作者 1978—1980 年在发掘山西襄汾陶寺文化遗址时，发现了一些用于饮食的木案。木案平面多为长方形或圆角长方形，长约一米，宽约三十厘米。案下有木条做成的支架，高仅十五厘米左右。木案通涂红彩，有的还用白色绘出边框图案。木案出土时都放置在死者棺前，案上还放有酒具多种，有杯、觚和用于温酒的斝。稍小一些的墓，棺前放的不是木案，而是一块长五十厘米的厚木板，板上照例也摆上酒器。陶寺还发现了与木案形状相近的木俎，也是长方形，略小于木案。俎上放有石刀、猪排或猪蹄、猪肘。这是我们今天所能见到的最早的一套厨房用具实物，可以想象出，当时长于烹调的主妇们，操作时一定也坐在地上，木俎最高不过二十五厘米。汉代厨人仍是以这个方式作业，出土的许多庖厨陶俑全是蹲坐地上，面前摆着低矮的俎案，俎上堆满了生鲜食料。

陶寺遗址的发现十分重要，它不仅将食案的历史提到了四千五百

三国庖厨俑，重庆忠县出土

年以前，而且也指示了分餐制出现的源头，古代分餐制的发展与我们提到的小食案有不可分割的联系。不过可以肯定，比陶寺文化居民更早的饮食活动，并不依赖木案的使用，史前先民或许根本没想到吃饭还要用什么案子，或者最简陋的木板也没有用上。

在原始氏族公社制社会里，人类遵循一条共同的原则：对财物共同占有，平均分配。在一些开化较晚的原始部族中，可以看到这样的事实：氏族内食物是公有的，食物烹调好了以后，按人数平分，没有厨房和饭厅，也没有饭桌，各人拿到饭食后都是站着或坐着吃。饭菜的分配，先是男人，然后是妇女和儿童，多余的就存起来。这是最原始的分餐制，与后来等级制森严的文明社会的分餐制虽有本质的区别，但在渊源上考察，恐怕也很难将它们说成是毫不相关的两码事。

分餐制的历史无疑可上溯到史前时代，而合食制的诞生大体是在唐代，其后逐渐发展出具有现代意义的会食制。周秦汉晋时代，分食制之所以实行，应用小食案进食是个重要原因。虽不能绝对地说是一个小小的食案阻碍了饮食方式的改变，但如果食案没有改变，饮食方式也不可能会有大的改变。历史告诉我们，饮食方式的改变，确实是由高桌大椅的出现而完成的，这是中国古代由分食制向合食——会食制转变的一个重要契机。

我们知道，西晋王朝灭亡以后，生活在北方的匈奴、羯、鲜卑、氐、羌等族陆续进入中原，先后建立了他们的政权，这就是历史上的十六国时期。频繁的战乱，还有居于国家统治地位民族的变更，使得中原地区自殷周以来建立的传统习俗、生活秩序及与之紧密关联的礼仪制度，受到了一次次强烈的冲击。杨泓先生通过家具史的研究得出了这样的认识：正是这种新的历史背景，导致了家具发展的新趋势，传统的席地而坐的方式也随之有了改变，常见的跪姿坐式受到更轻松的垂足坐姿的冲击，这就促进了高足坐具的使用和流行。公元5—6世纪新出现的高足坐具有束腰圆凳、方凳、胡床、椅子，逐渐取代了铺在地上的席子，"席不正不坐"的传统要求也就慢慢失去了存在的意义。

在敦煌二八五窟的西魏时代壁画上，看到了年代最早的靠背椅子图形，有意思的是椅子上的仙人还用着惯常的蹲跪姿式，双足并没有垂到地面上，这显然是高足坐具使用不久或不普遍时可能出现的现象。不过在同时代的其他壁画上，人们又看到坐胡床（马扎子）的人将双足坦然地垂放到了地上。洛阳龙门浮雕所见坐圆凳的佛像，也有一条腿垂到了地上。

到了唐代，各种各样的高足坐具已相当流行，垂足而坐已成为标准姿势。1955年在西安发掘的唐代大宦官高力士之兄高元珪墓，发现墓室壁画中有一个端坐椅子上的墓主人像，双足并排放在地上，这是唐代中期以后已有标准垂足坐姿的证据。可以肯定地说，在唐代时，至少在唐代中晚期，古代中国人已经基本上抛弃了席地而坐的方式，

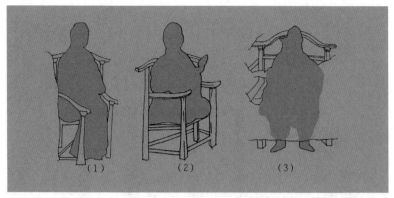

唐代的坐椅（摹本）：（1）和（2）为敦煌莫高窟壁画；（3）为西安高氏墓壁画

最终完成了坐姿的革命性改变。①

　　桌子和椅子大概是同时诞生的孪生兄弟，有此即有彼，很难说谁在先谁在后。在敦煌八五窟唐代壁画屠房图中，可以看到站在高桌前屠牲的庖丁像，表明厨房中也不再使用低矮的俎案了。餐厅里既然摆上了高椅，自然就用不着传统的矮小食案了，否则坐在高凳上却要俯向矮案进食，不便利的情形可想而知。

　　用高椅大桌进餐，在唐代已不是稀罕事，不少绘画作品都提供了可靠的研究线索。敦煌四七三窟唐代壁画宴饮图，画中绘一凉亭，亭内摆着一个长方食桌，两侧有高足条凳，凳上面对面地坐着九位规规矩矩的男女。食桌上摆满大盆小盏，每人面前各有一副匙箸配套的餐具。这已是众人围坐一起的会食了。这样的画面在敦煌还发现了一些，构图一般区别不大。还值得提到的是，1987 年 6 月，在西安附近发掘的一座唐代韦氏家族墓中，墓室东壁见到一幅野宴图壁画，意趣大体与敦煌所见相同。画面正中绘着摆放食物的大案，案的三面都有大条凳，每个条凳上坐着三个男子。男子们似乎还不太习惯把他们的双腿

---

① 杨泓：《敦煌莫高窟与中国古代家具史研究之一》，《敦煌研究》1988 年第 2 期。

敦煌壁画屠房图

垂放下地，依然还有人采用盘腿的方式坐着，很有意思。还值得提到的有传世绘画《宫乐图》，图中十多个作乐的宫女，也是围坐在一张大案前，一面和乐，一面宴饮。有一宫女手执长柄勺，似乎正要将大盆内的饮料分斟给她的同伴们，有的宫女正端碗进饮，好像味道不错。所不同的是，她们坐的不是那种几人合用的大条凳，而是一种很精致的单人椅。

　　不用怀疑，大约从唐代后期开始，高椅大桌的会食已十分普通，无论在宫内或民间，都是如此。这也就是说，由于家具改革引起了社会生活的许多变化，因此也直接影响了饮食方式。分餐向会食的转变，没有这场家具变革浪潮的出现，显然是不可能完成的。据家具史专家们的研究，古代家具发展到唐末五代时，在品种和类型上已基本齐全，这当然主要指的是高足家具，其中桌和椅是最重要的两个品类。家具的稳定发展，也保证了饮食方式的恒定性。现代所要倡导的分餐制，

敦煌壁画宴饮图（摹本）

唐代佚名《宫乐图》

唐墓壁画野宴图

是借了会食制固有的条件，所以既有了热烈的气氛，又讲究了饮食卫生。这是饮食观念的变化所造成的饮食方式的变化，社会越进化，观念所发生的作用也就越大。

当然，古代的分餐制转变为会食制，并不是一下子就转变成了现代的这个样子，还有一段过渡发展时期。这过渡时期的饮食方式，仔细分析一下，又可以找出一些鲜明的时代特点来。

首先我们应当看到，在会食成为潮流之后，分餐方式并未完全革除，在某些场合还要偶尔出现。例如南唐画家顾闳中的传世名作《韩熙载夜宴图》，就透露出了有关的信息。据《宣和画谱》说："中书舍人韩熙载以贵游世胄，多好声伎，专为夜饮，虽宾客揉杂，欢呼狂逸，不复拘制。李氏惜其才，置而不问。声传中外，颇闻其荒纵，然欲见樽俎灯烛间觥筹交错之态，度不可得，乃命闳中夜至其第窃窥之，目识心记，图绘以上之。故世有《韩熙载夜宴图》。"原来是南唐后主李煜想了解韩熙载夜生活的情况，所以指令顾闳中去现场考察，绘成了这幅《夜宴图》。《夜宴图》为一长卷，使我们感兴趣的是夜宴部分。图中绘韩熙载及其他几个贵族子弟，分坐床上和靠背大椅上，欣赏着一位琵琶女的演奏。他们面前摆着几张小桌子，在每人面前都放有完全相同的食物，是用八个盘盏盛着的果品和佳肴。碗边还放着包括餐匙和筷子在内的一套进食具，互不混杂。这里表现的不是围绕大桌面的会食场景，还是古老的分餐制，似乎是贵族们怀古心绪的一种显露。其实这也说明了分餐制的传统制约力还是很强的，在会食出现后它还有一定的影响力。

其次还要看到，在晚唐五代之际，表面上场面热烈的会食方式已成潮流，但那只是一种有会食气氛的分餐制。人们虽然围坐在一起了，但食物还是一人一份，还没有出现后来那样的津液交流的事实。需要指出的是，这正是我们今天正在追求的一种进食方式，看来我们只需复古，排练出一套仿唐式的进食方式就可以了，不必非要从西方去引进，以为分餐制是人家的专利，殊不知我们是古已有之。

这种以会食为名、分餐为实的饮食方式，是古代分餐制向会食制转变过程中的一个必然发展阶段。到宋代以后，真正的会食——即具有现代意义的会食才出现在餐厅里和饭馆里。高阳先生曾就陆游《老学庵笔记》提及的白席人，谈到了宋代的会食。白席人是"一种古今中外所无的奇异职业"，是伴随着会食的出现而产生的。高阳先生的诠

南唐顾闳中《韩熙载夜宴图》（局部）

释非常生动，让我们看看他的文字：

白者道白，席者筵席，白席人即是在筵前噜嗦的人。陆游的老学庵笔记，说北方民间，有红白喜事会食时，专有人相礼，谓之"白席"。相礼即是司仪；饮食而须司仪指挥，自然是件极可笑的故事，陆游记韩魏公一次遭遇，真是令人喷饭。

韩魏公就是韩琦，河南安阳人，曾在家乡偶尔赴亲戚家应酬；其时韩琦已经拜相，自然为主人奉为首座，白席人亦就以"韩资政"为"相礼"的对象了。

韩琦很讨厌这个白席人，当他取食荔枝时，那白席人又高唱一声："资政吃荔枝，请众客同吃荔枝！"韩琦可真忍不住了，赌气不吃，将手中荔枝，放回盘中。

这下白席人应该知趣，不再喋喋不休了吧？谁知不然！白席人居然又唱了："资政恶发也，请众客放下荔枝。"恶发犹言发脾气，韩琦拿他无可奈何，反而笑了。

《清明上河图》上的小馆。高桌条凳，仔细看桌上摆着筷子

宋徽宗《文会图》（局部）。侍从们正在高桌上备茶

　　白席人还有一样职司，即是在喜庆宾客的场合中，提醒客人，送多少礼可以吃多少道菜。这种风俗听说在清朝犹保留在山西等处；譬如送制钱五百者，筵席中不得享受鸭子；则在上鸭子以前，便有人高唱："送五百文者退！"礼送得薄的客人，觍然离席。这不但是陋俗，真是虐政。①

其实，在陆游的《老学庵笔记》之前，已有作品述及白席人。《东京梦华录·筵会假赁》，就提到了这种特殊的职业：

> 凡民间吉凶筵会，椅卓陈设，器皿合盘，酒檐动使之类，自有茶酒司管赁。吃食下酒，自有厨司。以至托盘下请书、安排坐次、尊前执事、歌说劝酒，谓之"白席人"。

白席人就是会食制的产物，他的主要职责是统一食客行动、掌握宴饮速度、维持宴会秩序。现代虽然罕见白席人，但每张桌面上总有主席（东道）一人，他的职掌基本上代替了白席人，只是不会将送礼少的人撵下席面去。

当我们现在用力倡导分餐制时，会遇到传统观念的挑战，也会遇到一些具体的问题。会食制在客观上是促进了中国烹调术的进步的，比如一道菜完完整整上桌，色香味形俱佳，如果分得零七八碎，是不大容易让人接受得了。难怪有些美食家非常担心，如若改革了会食制，具有优良传统的烹调术会受到冲击，也许会因此失掉许多优势，分餐与会食对馔品的要求肯定会有很大不同。其实，这也没什么要紧的，丢掉一些传统的东西，意味着有更多的机会创造新的东西。

分餐制是历史的产物，会食制也是历史的产物，那种实质为分餐的会食制也是历史的产物。现在重新提倡分餐制，并不是历史的倒退，现代分餐制总会包纳许多现代的内容，古今不可等同视之。

春秋铜方豆，河南固始出土

第九章 吃的艺术

吃有什么艺术可言?

吃不仅有艺术,论说起来还是一门深奥的艺术。这门艺术包罗丰富的内容,远不是人人都能掌握的,也不是那么容易全都掌握的。古代乃至现代的知识阶层,是比较讲究吃的艺术的,人们将吃看作一种高层次的艺术享受。我在此谈及的吃的艺术,只是我个人的理解,这种艺术享受包括了味觉的、视觉的,既有属于感官方面的,也有属于思维方面的,既有享受,也有宣泄。由此可以看出,饮食需求——更高层次的需求,已完全超出生理的范围。艺术的饮食活动,会不知不觉将人的心理导引到一种高雅的精神境界。

一、精味

精味，精于体味，我以为这是饮食艺术的基本内容，也是最高的境界。

酸甜苦辣咸，作为一般的体味，应当说人人都是能做到的。不过更高层次的体味，能够精于识味，也就是古代称为"知味"的人，却并不多，这个境界不是人人都能达到。有的人不仅不可能达到这样的境界，甚至可能一点门道也摸不着，永远是门外汉。古代知味者，指的是那些善于品尝滋味的人。品味的技巧在于辨味，古籍记载有一些辨味的高手，易牙和师旷可算是佼佼者。易牙名巫，又名狄牙，因擅长烹饪而为春秋齐桓公饔人。《吕氏春秋·审应览·精谕》说："淄、渑之合者，易牙尝而知之。"淄、渑是齐国境内的两条河流，将两河水放在一起，易牙一尝就能分辨出哪是淄水，哪是渑水，可见辨味本领是极高的。师旷是春秋晋平公的一位盲人乐师，字子野。《北史·王劭传》说："昔师旷食饭，云是劳薪所爨，晋平公使视之，果然车辋。"车辋即车轮周围的框，师旷端起饭碗一尝，就知是什么柴火炊成，味觉十分敏感。劳薪指的是破旧家具劈成的木柴，如车轴门斗之类，用它做成的饭大概免不了有些异味，知味者尝过便会感觉出来。

具有师旷这样的辨味本领的人，西晋时又出了一位，名叫荀勖。荀勖官至尚书令，是晋武帝的宠臣，有一次他应邀陪侍武帝吃饭，他对坐在旁边的人说："这饭是劳薪所炊成。"人们都不相信，武帝赶紧命人去询问膳夫，膳夫说做饭时烧的正是破车轮子，果是劳薪，在座的各位都很佩服荀勖的明识。(《晋书·荀勖传》)

史籍记载的最杰出的知味者，我看当数晋代的苻朗了。苻朗是前秦自称"大秦天王"的苻坚的侄子，字元达，被他的天王叔父称为"千里驹"。苻朗降晋后，官拜员外散骑侍郎。苻朗精于辨味，在当时就有很大的名声。据《晋书·苻坚载记》说，东晋皇族、会稽王司马道子一次设盛宴招待苻朗，几乎把江东的美味都拿出来了。散筵之后，司马道子问这位美食家说："关中有什么美味可与江东的相比？"苻朗答道："这筵宴上的各种菜肴味道都是不错的，只是盐味稍生。"后来一问膳夫，果真如此。又曾有人炖了鸡请苻朗吃，苻朗一看，就说那鸡是走地而不是用笼圈养的，事实正是如此。还有一次吃鹅肉，苻朗竟能指点出盘中鹅哪儿长的是黑毛，哪儿是白毛。开始别人都不信他的说法，后来有人专为苻朗宰了一只杂毛鹅，将毛色异同部位仔细做了记号，苻朗吃时很准确地判断出了不同部位的毛色，"无毫厘之差"。苻朗是个了不得的美食家，没有长久的经验积累，在精味上是很难达到这个高度的。

　　能辨出盐的生熟的人，还有曹魏时的侍中刘子杨，《太平御览》引《玄晏春秋》说他"食饼知盐生"，时人称为"精味之至"。这里需要一提的是，那时的海盐大多是柴火煎煮而成，本无所谓生熟，刘子杨所尝的应当是池盐，池盐大多是阳光晒成，那倒是会有生熟问题。

　　刘子杨之后，自称"玄晏先生"的晋人皇甫谧，也是个精于滋味的人。《玄晏春秋》提到，皇甫谧"善品味"，有一次他造访好友卫伦，卫伦命仆人取出一种精致的点心给皇甫吃。皇甫过口一尝便说，那是麦面做的，带有杏、李、柰三种果子的味道。他问卫伦：三种果子成熟的季节不同，怎么将它们三味合一的呢？卫伦当时没有正面回答他，只是在他走了以后，才对别人道出了其中奥秘。原来他是在杏熟时将麦面揉以杏汁，待李、柰熟时又揉以李、柰汁，所以点心便能同时兼有三种果子的味道。卫伦还表示极佩服皇甫品味的本领，以为皇甫的精味，远在刘子杨之上。

魏晋砖画上的庖丁与食客，甘肃嘉峪关出土

精味要善于总结，味中是可以找到一些规律的，我们一般人之所以达不到那个高度，除了机遇以外，不善体察总结也是一个重要原因。例如同是猪肉，一盘是野猪肉，一盘是家猪肉，只要一对比，味道是有区别的，但如果不细心咀嚼，也许不一定能体味出什么区别。不仅猪肉如此，其他同一类动物，家味与野味也都是有区别的，清人李渔对分辨家味和野味很有经验，他能找到味道不同的原因所在，他在《闲情偶寄·饮馔部》里说：

> 野味之逊于家味者，以其不能尽肥；家味之逊于野味者，
> 以其不能有香也。家味之肥，肥于不自觅食而安享其成；野
> 味之香，香于草木为家而行止自若。

同样的家养的鸡，出自农家小院的与出自机械化鸡场的，味道又有不同。小院的不及鸡场的肥，鸡场的又不及小院的香，这是因为饲养的方式与饲料不同。这样的区别一般人还是能体味出来的，不过达到这个程度还不能算是知味者，至多只能算个初级水平。

一般的人都会有这样的经历，特别渴的时候，喝凉开水都会觉得

甘甜非常，特别饿的时候，吃什么都会觉得味美适口。这样的时候，人对滋味的感知会发生明显的偏差，正如孟子所说："饥者甘食，渴者甘饮，是未得饮食之正也，饥渴害之也。"（《孟子·尽心上》）

"人莫不饮食也，鲜能知味也。"看来《中庸》上的这句话，应当是千真万确的。知味者不仅善辨味，而且善取味，不以五味偏胜，而以淡中求至味。明代陈继儒的《养生肤语》说，有的人"日常所养，惟赖五味。若过多偏胜，则五脏偏重，不惟不得养，且以戕生矣。试以真味尝之，如五谷，如菽麦，如瓜果，味皆淡。此可见天地养人之本意，至味皆在淡中。今人务为浓厚者，殆失其味之正邪？古人称'鲜能知味'，不知其味之淡耳"。照这说法，以淡味和本味为至味，便是知味了。明代陆树声《清暑笔谈》也说："都下庖制食物，凡鹅鸭鸡豕类，用料物炮炙，气味辛酸，已失本然之味。夫五味主淡，淡则味真。昔人偶断殽羞食淡饭者曰：'今日方知真味，向来几为舌本所瞒。'"还有更重要的一点，至味求淡还有益于身体健康，明代袁黄的《摄生三要》便论及于此：

> 《内经》云："精不足者，补之以味。"然醴郁之味，不能生精，惟恬淡之味，乃能补精耳。盖万物皆有其味，调和胜而真味衰矣。不论腥、素、淡，煮之得法，自有一段冲和恬澹之气，益人肠胃。《洪范》论味而曰："稼穑作甘。"世间之物，惟五谷得味之正，但能淡食谷味，最能养精。又凡煮粥饭，而中有厚汁滚作一团者，此米之精液所聚也，食之最能生精，试之有效。

以淡味、真味为至味，以尚淡为知味，这是古时的一种追求，各代都有许多这样的人。《老子·六十三章》所谓的"为无为，事无事，味无味"，以无味为味，也是崇尚清淡、以淡味为至味的表现。

什么味最美？并不是所有人都以清淡为美，古人有"食无定味，适口者珍"（《山家清供》）的说法，也是一种很有代表性的味觉审美理论。这道理大体是不错的，但不一定可以放之四海而皆准。有人本来吃的是美味，但心理上却不接受，吃起来很香，吃完却要吐个干净；有些本来味道不美的食物，有人却觉得很好，吃起来津津有味，觉得回味无穷。这里有一个心理承受水平问题，味觉感受并不仅限于口的感受，不限于舌面上味蕾的感受，大脑的感受才是更高层次的体验。如果只限于口舌的辨味，恐怕还不算是真正的知味者。真正的知味应当是超越动物本能的味觉审美，如果追求一般的味感乐趣，那与猫爱鱼腥和蜂喜花香，也就没有本质区别了。

　　如果要谈一个例子的话，那臭豆腐是最能说明问题的了。对于臭豆腐，有人的体验是闻起来臭而吃起来香，有人不仅绝不吃它，而且讨厌闻它。食物本来以香为美，这里却有了以臭为美的事，实在不容易解释清楚。我还读到鲁彦的《食味杂记》说，宁波人爱吃腐败得臭不可闻的咸菜，作者也是爱好者之一，"觉得这种臭气中分明有比芝兰还香的气息，有比肥肉鲜鱼还美的味道"①。咀嚼的是腐臭，感受到的却是清香，这种感受应当是具备较高水平的味觉审美活动了。我们可以用传统和习惯来解释这种现象，但这种解释显然不够，那么这传统与习惯形成的原因又是什么呢？

　　我想，这是一种境界，可以看作饮食的最高境界，一种味觉审美的高境界。在古代中国，精味可以看作一种传统，人们把知味看作一种境界。历代厨师中的高明者、身怀绝技者，大概都可以算是知味者，他们是美味的炮制者。但知味者绝不仅仅限于庖厨者这个狭小的人群，而存在于更大范围的食客之中，历代的美食家都是知味者。《淮南子·说山训》中有下面一段话，讲的便是这个意思：

---

① 鲁彦：《食味杂记》，收入聿君编《学人谈吃》，中国商业出版社，1991年。

喜武非侠也，喜文非儒也，好方非医也，好马非驺也，知音非瞽也，知味非庖也。

对药方感兴趣的不是医生，而是病人。对骏马喜爱的并不是喂马人，而是骑手。真正的知音者不是乐师，真正的知味者也不是庖丁，而是听众，是食客。①

二、悦目

食物的味道是第一重要的，可与味道同列的，还有它的营养作用。营养不属于艺术范畴，所以在这一章里不用讨论它。味道是用于满足味觉享受的，味道之外，食物的形与色，在古人看来，也需要讲究，它们是用于满足视觉享受的。食物本来具有的色与形，在人的眼中就已具有一定的艺术色彩，经割烹之后，不仅成为一款款精美的看馔，也可能算得上是一件件绝妙的艺术品。

中国烹饪注重看馔色彩的配置，讲究刀工，除了烹调技法上的目的外，很大程度上是为食者悦目设想的。悦目的结果，一是增进了食欲，再就是陶冶了性情，和神、娱肠两不失。

科学实验证明，饮料与食料的色彩，会直接影响到人们味觉的灵敏度，对食欲起到激或抑的作用。有报告说，将煮好的同一壶咖啡分盛在不同颜色的杯子中，然后让几个人品饮，结果他们的感觉是：黄杯中的味淡，绿杯中的味酸，红杯中的味美。还有报告说，蓝色和绿色使人食欲不振，黄色或橙色能刺激人的胃口，红色可以明显地增进

---

① 对这些话也有另一番理解：喜欢武术的人并不一定是侠士，爱弄墨舞文的并不一定就是儒生；爱好医方的人并不一定是医生，喜欢马匹的人并不一定就是御手；懂得音律的人并不一定是乐官，会调味的人并不一定就是厨师。

食欲。人的味觉对餐桌上的各种颜色有不同的感知，举例如下：

·白色：有洁净、软嫩、清淡的感觉。如浮油鸡片、糟熘三白等。

·红色：给人印象强烈，觉有浓厚的香味和酸甜的快感，味觉鲜明。如樱桃肉、茄汁鱼、香肠等。

·黄色：给人清香、鲜美的感觉。金黄色具酥脆、干香感，淡黄色具淡香、甜嫩感。如干炸虾段、菊花丸子为金黄色，软炸里脊、锅煽豆腐为淡黄色。

·绿色：给人以明媚、鲜活、自然的感觉，葱绿和嫩绿一看便觉新鲜、清淡。

·茶色：具有浓郁、芳香的感觉，咖啡色、红褐色有加强味感的作用。如烤鸭、烤乳猪、干烧鲤鱼等。

·黑色：易给人以苦的印象，但近于黑色的深枣红色，又有味浓、干香的感觉。如五香牛肉干、豆酱、焦枣等。

·蓝色：给人不香的感觉，天然食物几乎无蓝色。[①]

中国菜肴注重色彩效果，讲究色彩搭配，一盘色形俱佳的菜肴，就像一幅好的美术作品一样，有很强的感染力，有内在的欣赏价值。菜肴配色大体有三个途径：一是体现食物原料的本色，进行合理搭配；二是用调料加色；三是烹色，掌握好火候，烹出理想的颜色。

有学者主张菜肴应达到"先色夺人"的要求，使人未动嘴巴之前，就先得了一种快感，感到愉悦。如何造成菜肴的美色呢，有五个办法：

第一，本色。自然界无穷美妙，许多东西天生就很美丽，给人带来美感，食物也不例外。许多蔬菜，甚至许多肉类，都具有一种使人愉悦的色泽，愈是新鲜幼嫩，愈是令人觉得可爱。应当设法使得菜肴在烹熟后，还保持它原来鲜美的颜色。例如煮青菜，切忌盖锅盖，不盖就可以保持原来的色泽，有时还能变得更加青翠欲滴、鲜嫩可爱。

---

① 参见叶怀义等《谈菜肴的"色"》，收入《烹饪理论》，中国商业出版社，1987年。

第二，加色。加佐料可补菜物本色之不足，使它具有更好看的颜色。如做红烧肉，不仅要加酱油，有时还可炒糖色，使它具有红润的咖啡色。又如做腐乳肉加上红糟，使它具有鲜红的色泽。

第三，配色。在同一道菜中，用不同颜色的菜物组合起来，彼此衬托，形成和谐的色调。如青椒和洋葱切丝合炒，绿白相配，有翡翠白玉般的感觉，好看极了，可称作"翠玉丝"。又如五色炒饭，一是用菠菜末炒成绿色，二是用蛋炒成黄色，三是用番茄或火腿丁炒成红色，四是用蛋白或鸡丝炒成白色，五是用豆豉炒成黑色，炒毕依序放在一处，青黄赤白黑五色俱全，如此运用色彩于烹饪，不能不令人叫绝。

第四，缀色。以他种颜色的菜物点缀主菜，如靓女簪花，锦上加彩。如熘黄菜上撒点红红的火腿末，凉拌粉皮俏点绿绿的黄瓜丝，可使菜品增添一种鲜美活泼的感觉。

第五，润色。以浸润手法，使菜品色彩变得更为明亮或强烈。①

菜肴的色，以自然和谐为美，无须过多修饰。古人也以食物的自然本色为美，如《南齐书·周颙传》所说：

> （周颙）独处山舍。卫将军王俭谓颙曰："卿山中何所食？"颙曰："赤米白盐，绿葵紫蓼。"文惠太子问颙："菜食何味最胜？"颙曰："春初早韭，秋末晚菘。"

赤米、白盐、绿葵、紫蓼，隐士日常所食，最基本的不过就是这些东西，可以值得用来幽默一下的，也只有食物的颜色而已。南宋著名诗人陆游的诗章中，有不少食事诗，其中许多佳句吟咏了食物的色泽，如：

---

① 参见张起钧《烹调原理》，中国商业出版社，1985 年。

梅青巧配吴盐白，笋美偏宜蜀豉香。

——《村居初夏五首（其三）》

新津韭黄天下无，色如鹅黄三尺余。

——《蔬食戏书》

白白糍筒美，青青米果新。^①

——《初夏》

青菘绿韭古嘉蔬，莼丝菰白名三吴。

——《菜羹》

鸡跖宜菰白，豚肩杂韭黄。/ 齑香红糁熟，炙美绿椒新。

——《与村邻聚饮二首》

素月度银汉，红螺斟玉醪。染丹梨半颊，斫雪蟹双螯。/
黄甲如盘大，红丁似蜜甜。

——《对酒二首》

　　菜肴烹调的成色，古代也是比较讲究的。如北魏贾思勰的《齐民要术》，谈到若干菜品的制作要求时，就将色泽放在很重要的位置。在"脯腊"部分谈鳢鱼脯法，要求成品"白如珂雪，味又绝伦"，这是"过饭下酒，极是珍美"之物。在"炙法"部分谈到烤乳猪法，要求成品"色同琥珀，又类真金"，达到"入口则消，状若凌雪，含浆膏润，特异凡常"的效果。"白如珂雪"也好，"色同琥珀"也罢，或与方法

---

① 陆游自注："蜀人名粽为'糍筒'，吴中名秬秫为'米果'。"

有关，或与火候有关，不达到这样的色泽，菜肴的味道可能都会受到影响。功夫到了，色美味足。我们还可举出古代一例以火候调色的菜肴，它就是袁枚《随园食单》上提到的"红煨肉"，也是要求红如琥珀，颜色不美，味道就差远了：

> 或用甜酱，或用秋油，或竟不用秋油、甜酱。每肉一斤，用盐三钱，纯酒煨之；亦有用水者，但须熬干水气。三种治法皆红如琥珀，不可加糖炒色。早起锅则黄，当可则红，过迟则红色变紫，而精肉转硬。常起锅盖则油走，而味都在油中矣。大抵割肉虽方，以烂到不见锋棱，上口而精肉俱化为妙。全以火候为主。谚云"紧火粥，慢火肉"，至哉言乎！

此外，馔品的补色及色彩的配置，古人也很在行。请看宋代林洪《山家清供》所列的几味馔品。林洪提到一种叫"槐叶淘"的凉面，本出唐代，杜甫有《槐叶冷淘》诗为证，诗中道出了这种凉面的制作方法：

> 青青高槐叶，采掇付中厨。
> 新面来近市，汁滓宛相俱。
> 入鼎资过熟，加餐愁欲无。
> 碧鲜俱照箸，香饭兼苞芦。
> 经齿冷于雪，劝人投此珠。
> 愿随金骏褭，走置锦屠苏。
> 路远思恐泥，兴深终不渝。
> 献芹则小小，荐藻明区区。
> 万里露寒殿，开冰清玉壶。
> 君王纳凉晚，此味亦时须。

夏采嫩绿的槐叶，水煮捣汁和面，"取其碧鲜可爱也"。这冷淘美在色泽，美在凉爽，它的美是很难得的，就是高高在上的帝王，夏日里吃了它也是一种不可缺的享受。林洪提到的"雪霞羹"和"金玉羹"，也都是以色泽的搭配取胜的，他这样写道："采芙蓉花，去心、蒂，汤焯之，同豆腐煮。红白交错，恍如雪霁之霞，名'雪霞羹'。""山药与栗各片截，以羊汁加料煮，名'金玉羹'。"豆腐白芙蓉红，如霞红映雪，色调美，意境也美；山药白如玉，栗子黄似金，金玉共盘，盘调素雅，却又透出一种高贵的气质。

由此可见，现代中国烹饪强调色彩之美，有着根基深厚的传统，不能以为仅仅是受了现代审美观念影响的结果。

菜品的悦目，除色彩之外，还有它的形状。说到菜品的形，那就主要得谈谈刀下功夫了，也就是现在常说的刀工。庖厨活动既有大刀阔斧，也有精割细切，甚至还有精工雕琢。中国厨师的案头功夫最值得称道的，也就是切割之工。西方厨师的基本功，不会以刀工为最骄傲的技艺。东西方的差别，在这一点上表现得十分明显。我们的食料是精心切好再下锅，吃起来十分便当。人家是囫囵地或是"卸"成几块后下锅，等吃的时候再用餐刀切成小块叉着吃，吃起来显然要费点劲。不论从烹调的角度看，还是从食用的角度看，中国菜都略胜一筹，科学之中透出一种灵便。根据烹饪界行家的研究，中国菜的刀工主要有切、片、批、斩、剞几类，刀法则分直刀、平刀、斜刀、剞刀几种，可将原料切成块、段、条、丝、片、丁、粒、茸、末、泥等形状，而且做到形状、大小、长短、厚薄、粗细、深浅、间距相同，工艺水平极高。如剞刀法，被称为世界烹饪工艺上绝无仅有的创造，是一种切而不断的工艺刀法，加工过的原料经加热后会成为菊花、兰花、麦穗、荔枝、蓑衣、梳子等不同的形态。[①]样子美，滋味足，摆上筵席一看，

①　王义民：《中国烹饪工艺中的刀工、糊浆、火候研究》，收入《首届中国饮食文化国际研讨会论文集》，1991 年。

就能给人一种满足。

据统计，现代中国烹饪刀法的名称不下两百种。比如切，有直切、跳切、推切、拉切、滚刀切、转刀切、滚料切、推拉切、锯切、铡切、拍刀切、绸上切；片，有推刀片、拉刀片、斜刀片、坡刀片、抹刀片；排，有限刀排、刀刃排、刀尖排、刀背排；斩，有粗斩、细斩、跟刀斩、排刀斩；剞，有直刀剞、拉刀剞、推刀剞。因这些刀法又可细分出若干刀口，如片，就有牛舌片、刨花片、鱼鳃片、骨牌片、斧楞片、火夹片、双飞片、灯影片、梳子片、月牙片、象眼片、柳叶片、指甲片、凤眼片等，这是以片成的形状命名的，刀法相同，而成形各异。[①]

讲究刀法的传统，我们也可以追溯到古老的年代。《论语·乡党》记孔子"割不正，不食"，"食不厌精，脍不厌细"，没有厨师熟练的刀工做背景，老夫子是不会有这高水平的要求的。

古代文学家的笔下，也常常奔涌出吟咏厨师精妙刀法的句子。《庄子·养生主》描述了解牛的庖丁，庖丁经三年苦练，达到"目无全牛""游刃有余"的境地，"手之所触，肩之所倚，足之所履，膝之所踦，砉然向然，奏刀騞然，莫不中音。合于《桑林》之舞，乃中《经首》之会"。观他解牛，如观古舞；闻其刀声，如闻古乐。由是观之，动刀解牛，也是艺术。唐代也确有以刀工进行艺术表演的，《酉阳杂俎》说，有"南孝廉者，善斫鲙，縠薄丝缕，轻可吹起。操刀响捷，若合节奏。因会客炫技"。

描写古代刀工的优美文字，还可举出以下这些：

> 涔养之鱼，脍其鲤鲂。分毫之割，纤如发芒。散如绝谷，积如委红。芳甘百品，并仰累重。异珍殊味，厥和不同。
>
> ——傅毅《七激》

---

① 熊四智：《中国传统烹饪技术十论·论刀之为要》，收入《烹饪理论》，中国商业出版社，1987年。

蝉翼之割，剖纤析微。累如叠縠，离若散雪。轻随风飞，
刃不转切。

——曹植《七启》

命支离，飞霜锷，红肌绮散，素肤雪落。娄子之豪不能
厕其细，秋蝉之翼不足拟其薄。

——张协《七命》

不仅仅文学家将精艺的刀工当作完美的艺术欣赏，普通的百姓也
往往是一睹为快。为了开开眼界，古代有人还专门组织过刀工表演，
引起了轰动。南宋曾三异的《同话录》说，有一年泰山举办绝活表演，
"天下之精艺毕集"，自然也包括精于厨艺者。"一庖人，令一人袒背俯
偻于地，以其背为刀几。取肉一斤许，运刀细缕之。撤肉而拭，兵背
无丝毫之伤。"以人背为砧板，缕切肉丝而背不伤破，这一招不能不令
人称绝。

精于刀工的除厨师以外，在古代也包括一些家庭主妇，她们也是
十分认真，不愿含糊上灶。我们在前文所引《后汉书·独行列传》，说
到陆续的母亲一丝不苟的刀工，救了儿子一条宝贵的性命，表明古代
家庭妇女确实很讲究厨艺。

古人为了悦目，还动用雕刻彩染的手法，创制具有观赏价值的工
艺菜肴和点心，将艺术表现形式直接运用到饮食生活中。塑形、点染、
刻画、花色拼盘，造型艺术的手法无所不取，餐案上的食物形态变化
多姿，有时会美得让食客不忍动筷子，生怕损毁了作为食物的艺术品。

根据文献记载，唐代时已有运用广泛的面塑技术。如韦巨源的
《烧尾宴食单》，记有一组名为"素蒸音声部"的面食制品，以面塑
成宛若蓬莱仙子的歌人舞女七十个，入笼蒸成。又如前文提过的，据
《北梦琐言》说，唐有侍中崔安潜，是个食素的佛教徒，他出镇西川三

年，招待下属时，"以面及蒟蒻之类染作颜色，用象豚肩、羊臑、脍炙之属，皆逼真也"。素食荤做，这办法的历史也够久远的了。

为了使食品的形与色更加壮观，古代使用的方法还有雕刻和粘砌。食品雕刻的古例，在《东京梦华录》中可以读到，宋代汴京人在七夕"以瓜雕刻成花样，谓之'花瓜'"。花瓜一为赏玩，一为乞巧，是那特别节日的一种美的点缀。又据李斗《扬州画舫录》说，扬州人善于制作西瓜灯，用西瓜皮雕刻出人物、花卉、虫鱼之形，内燃红烛，新奇可爱。粘砌的手法，一般用于果品。据《春明梦余录》记载："明初筵宴、祭祀，凡茶食、果品，俱系散撮，至天顺后，始用粘。初每盘高二尺，用荔枝、圆眼一百二十斤以上，枣、柿二百六十斤以上。"一盘堆砌果品这么多，难怪要用粘砌的办法了，黏合剂不知是不是糯米浆之类。

古人在饮食上花费的心思，还可以从小小的鸡蛋上反映出来。古有雕卵的饮食传统，将鸡蛋雕镂出花纹图案，还要点彩染色，或又称作"镂鸡子"。雕卵的传统，至迟在汉代已经形成，《管子·侈靡》中"雕

现代彩绘鸡蛋。古代镂鸡子大约也是这个模样

卵然后瀹之"的话，便是证明。到了唐代，镂鸡子已成寒食节的必备食物，此可见于《岁时广记》的记述。骆宾王还有《镂鸡子》诗，说唐时将鸡蛋刻成各种人脸的样子，还要上彩："刻花争脸态，写月竞眉新。"元稹的《寒食夜》诗，也提到雕卵："红染桃花雪压梨，玲珑鸡子斗赢时。"从诗中看出，雕卵还要在一起斗试，要比比看谁镂的最美。

对于食品雕刻，今人存有争议，古人也不乏反对者。宋代赵善璙《自警编·俭约》就表示过异议，言辞还很尖锐：

> 迂叟曰："世之人不以耳视而目食者鲜矣。"闻者骇曰："何谓也？"迂叟曰："衣冠所以为容观也，称体斯美矣。世人舍其所称，闻人所尚而慕之，岂非以耳视者乎？饮食所以为味也，适口斯善矣。世人取果饵而刻镂之、朱绿之，以为盘案之玩，岂非以目食者乎？"

清人阮葵生在《茶余客话·五色鸡蛋》中，也对镂染鸡子的工艺发表了微辞，他写道：

> 石崇雕薪画卵，侈为奢豪。今人男女行聘，及生儿为汤饼之会，皆绘五色鸡卵，作吉祥故事。予见贵家生儿，每一卵画杂剧一出，盛以丝络，悬以竹竿，凡数百枝，抑又甚矣。

看不顺眼归看不顺眼，可画卵的势头却越来越大了，时间由寒食扩展到男婚女嫁和生儿育女，规模大到"悬以竹竿，凡数百枝"。实际上画卵的传统已沿至当代，作为纯粹工艺品的彩蛋，画工更精了，保存价值也更高了。

兼观赏与食用为一体的工艺菜，最实惠的还是花色拼盘。古代花色拼盘的出现当不晚于南北朝时代，《梁书·贺琛传》说当时有"积果如山岳，列肴同绮绣"的风气，这里当包括了花色拼盘。《北齐书·元孝友传》里说得更清楚，表明当时确已出现大型花色拼盘菜肴：

> 今之富者弥奢，同牢之设，甚于祭槃，累鱼成山，山有
> 林木之像，鸾凤斯存。徒有烦劳，终成委弃。

用鱼块摆成山丘之形，山有林木，又有食料雕刻的鸾凤位于其中。这不是山水盆景，却胜似盆景，它把吃变成了地道的艺术欣赏。到了唐代，出现了组合风景拼盘，更是壮观。《清异录》的记述说：

> 比丘尼梵正，庖制精巧，用鲊臛、脍脯、醢酱、瓜蔬，黄
> 赤杂色，斗成景物。若坐及二十人，则人装一景，合成"辋川
> 图小样"。

唐代王维《辋川图》（摹本）一景。拼出来的菜肴会是什么样呢？

这是一种特大型花色拼盘，取名"辋川"，很有讲究。"辋川"为地名，在今陕西西安东南的蓝田县境内，因谷水汇合如车辋之形，故有是名。它本是唐代著名山水诗人兼画家王维的别墅所在地，有白石滩、竹里馆、鹿柴等二十处游览景区。梵正为尼姑，她仿二十处景物以食料拼成辋川图大盘，可以说在当时是空前绝后的，是中国烹饪史值得一书的事情。

《清异录》还记述了五代吴越地区比较流行的一种花色拼盘，名叫"玲珑牡丹鲊"。它是用鱼片斗成，形如牡丹，经腌制发酵，熟后放在容器中，颜色微红，同初开的牡丹没有什么区别。

清代盛行于权贵阶层的"一品会"，也是一种精美的花色菜，据清人宋小茗《耐冷谭》卷二说：

> 康熙初，神京丰稔，笙歌清宴，达旦不息，真所谓"车如流水马如龙"也。达官贵人盛行"一品会"，席上无二物，而穷极巧丽。王相国胥庭（熙）当会，出一大冰盘，中有腐，如圆月。公举手曰："家无长物，只一腐相款，幸勿莞尔。"及动箸，则珍错毕具，莫能名其何物也，一时称绝。
>
> 至徐尚书健庵，隔年取江南燕来笋，负土捆载至邸第。春光乍丽，则之而挺爪矣。直会期，乃为煨笋以饷客，去其壳则为玉管，中贯以珍羞。客欣然称饱，咸谓一笋一腐，可采入食经。

这一笋一腐，都是很精致的花色菜，所不同的是，这是一种藏巧的菜肴，非到享用时，是看不出它的珍美的。

三、夸名

在中国人的餐桌上，没有无名的菜肴。传统菜当然有传统名称，以名夸菜；创新菜一定取新颖名号，以菜夸名。一桌筵席，往往也冠以特定的名称，它会牢牢印在食客的脑海里。一个雅名，可能就是一个绝句妙语，令人反复品评；一个巧名，可能就是一个生动传说，让人拍案叫绝；一个趣名，可能就是一个历史典故，使人回味无穷；如果是一个俗名，也许就是一个谐趣笑谈，逗你前仰后合。中国文化的博大精深，在菜肴的命名上也充分体现出来了。

一个美妙的菜肴命名，既是菜品生动的广告词，也是菜肴自身一个有机组成部分。上一节我们说到菜肴能以色造成"先色夺人"的效果，其实它也能"先声夺人"，这就是它的名称。菜名也能给人美的享受，它通过听觉或视觉的感知传达给大脑，产生一连串的心理效应，发挥出菜肴的色、形、味所发挥不出的作用。

据烹饪史行家的研究，中国肴馔的命名重在一个"雅"字。肴馔名称的雅，也就是美雅、高雅、文雅。古今肴馔名称之雅，归纳起来主要表现在四个方面，即质朴之雅、意趣之雅、奇巧之雅、谐谑之雅。大量肴馔的名称，几乎都是直接从烹饪过程中提炼出来的，以料、味、形、质、色、器及烹饪技法命名，表现出一种质朴之雅。以食料命名的，如荷叶包鸡、鲢鱼豆腐、羊肉团鱼汤等；以味命名的，有五香肉、十香菜、过门香等；以形命名的，有樱桃肉、蹄卷、太极蛋等；以质地命名的，有酥鱼、脆姜、到口酥等；以色命名的，有金玉羹、玉露团、琥珀肉等；以烹法命名的，有炒肉丝、粉蒸肉、干煸鳝鱼等。以时令、气象命名的菜肴，也表现出一种质朴之雅，如见风消、清风饭、雪花酥、春子鲊、夏月鱼鲊、炸秋叶豆饼、冬凌粥等。还有大量以数字命名的肴馔，也透出一种质朴，入耳，易记，举例如下：

一窝丝	一品点心	一品豆腐
二色脸	二锦馅	二龙戏珠
三和菜	三脆羹	三元牛头
四美羹	四软羹	四喜丸子
五福饼	五生盘	五柳鱼
六一菜	六合猪肝	六合同春
七返膏	七色烧饼	七星螃蟹
八仙盘	八珍糕	八宝饭
九丝汤	九转大肠	九色攒盒
十远羹	十景素烩	十色头羹
百味羹	百鸟朝凤	百花棋子
千层糕	千里脯	千里酥鱼

以比喻、寄意、抒怀手法命名的菜肴，则体现出种种意趣之雅。唐宋时代的仙人鸾、通神饼、神仙富贵饼，以及后来的龙凤腿、金钩凤尾、龙眼包子、麒麟鱼、鸳鸯鱼片等，都是以比喻手法命名的肴馔，使人感受到高雅之美。又如三元鱼脆、四喜汤圆、五福鱼圆、如意蛋卷，满含着种种祝愿与期待，也体现出传统的意趣之雅。

赋予肴馔巧思的途径，除了高超的烹调技艺，还有别具一格的命名，体现奇巧之雅。烹也奇巧，名也奇巧者，首推"混蛋"。"混蛋"又名"混套"，其制法见于《随园食单》，它是将鸡蛋打孔，去黄用清，拌浓鸡汁打匀，再灌进蛋壳，蒸熟去壳，得到的是浑然一卵的极鲜美味。现在一些地区还能吃到换心蛋、石榴蛋和鸳鸯蛋等，都与"混蛋"有一脉相承的渊源关系。

以人名菜，以典名菜，也是传统菜肴常用的命名方法，表现出谐谑之雅。麻婆豆腐、文思豆腐、肖美人点心、东坡肉等，就是以人名菜的例子，其中包含对肴馔创制者的纪念。以典取名的例子也有不少，熊四智先生提到的几种看馔就很典型，他在《论名为之雅》里写道：

"漂沱饭"就是豆粥，典出《后汉书·冯异传》。苏轼的《豆粥》诗就曾用过此典。"消灾饼"乃唐僖宗李儇狼狈逃蜀的路上，随行宫女所献之普通饼子。唐高僧慧寂为道士诵经行道时用果脯、面粉、蔬菜、竹笋制的羹汤称"道场羹"。五代窦俨官拜翰林学士，他喜食用羊眼为料制的羹，时称"学士羹"。苏轼吃了刘监仓家的油煎米粉果子，因不知此品之名和质酥之因，问主人"何名"？"为甚酥"？同东坡一起吃饭的人就以"为甚酥"为这种油果子之名了。"油炸鬼"是宋代人恨秦桧而对油条的叫法。"大救驾"传说是宋代宫廷食品，厨师进特制酥饼，宋太祖大开胃口，大大地"救"了"驾"。"光饼"中开一孔，可用绳贯穿，相传为戚继光抗击敌人时的军粮，故有此称。[①]

菜肴以典以人命名，这样的菜肴也就是一个个历史典故。此外也有一些以名胜之名名菜和借诗文成语名菜的，更显出命名者功力，如柳浪闻莺、掌上明珠、推纱望月、阳关三叠之类即是。

中国菜肴命名的方法，最主要的和大量应用的还是写实的质朴方法。对此，学者孙万国和宗素琴在研究中指出："它是一种如实反映原料构成、烹制方法和风味特色的命名法。其表现是开门见山，突出主料，朴素中略加点缀，素净里蕴含文雅，使人一看便大致了解菜肴的构成和特色。"细分起来，这种命名方法又可区分为以下若干类型：（1）主料＋配料，如番茄里脊、虾仁锅巴等；（2）主料＋调料，如芥末鸭掌、糖醋排骨等；（3）主料＋制法，如红烧鲤鱼、清蒸鲥鱼等；（4）

① 熊四智：《中国传统烹饪技术十论·论名为之雅》，收入《烹饪理论》，中国商业出版社，1987年。

主料 + 盛器，如砂锅豆腐、瓦罐鸡汤等；（5）主料 + 风味，如香酥鸡、鱼香肉丝等；（6）主料 + 形状，如蝴蝶海参、金钱虾饼等；（7）主料 + 颜色，如金银全蹄、三色蛋等；（8）主料 + 质地，如脆鳝酥肉、鳝糊等；（9）主料 + 人名，如麻婆豆腐、宋嫂鱼羹等；（10）主料 + 地名，如西湖醋鱼、北京烤鸭等；（11）主料 + 药材，如陈皮牛肉、人参鸡等；（12）主配料 + 制法，如花菇煨鸡、海参炖鸡等；（13）主料制法 + 特色，如油爆鱿鱼卷等；（14）主配料 + 特色，如荷叶米粉鸭等。[①]

中国地大物博，所以菜肴的命名还表现出明显的地域特征：中原有雄壮之美，北方有粗犷之美，江南有优雅之美，西南有质朴之美，华南有华丽之美。这是中国传统文化中的五种美学风格，它很自然地体现在饮食活动中，体现在对肴馔的命名上。

有些菜肴的命名，大约是由于文人的参与，显得十分华丽，文采飞扬，完全没有了质朴的感觉。如蒙古族的全羊席，一盘一盏全用羊，一百多款菜点，名称却不露一个"羊"字的痕迹，颇具巧思，我们可以它第一道菜的菜名为例：冷菜——采闻灵芝（主料羊鼻）、凤眼珍珠（主料羊睛）、千层梯丝（主料羊舌）、水晶明肚（主料羊肚）、吉祥如意（主料羊髓）、七孔设台（主料羊心）、文臣虎板（主料羊排）、烤红金枣（主料里脊）；大件——酿麒麟顶（主料盖头）、鹿茸风穴（主料羊鼻）、金锍猩唇（主料上唇）、金熠翠绿（主料精肥肉）；小菜——凤眼玉珠（主料羊睛）、天开秦仑（主料耳根）、百子葫芦（主料葫芦门）、扣焖鹿肉（主料熟肉）、菊花百立（主料羊髓）、金丝绣球（主料羊肝）、甜蜜蜂窝（主料羊肚）、宝寺藏金（主料干肉）、虎保金丁（主料鲜肉）、御展龙肝（主料羊腰）、彩云子箭（主料羊肺）、冰雪翡翠（主料羊尾）；饭菜——丝落水泉（主料羊舌）、丹心宝袋（主料羊肉、心、散丹）、八仙过海（主料羊肚、心、胸、葫芦、散丹、腰子、肝、

---

① 参见孙万国、宗素琴《中国菜肴命名的研究》，收入《首届中国饮食文化国际研讨会论文集》，1991年。

蹄）、青云登山（主料羊蹄）。① 欣赏这些菜名时，恐怕要拿着菜单与菜肴对号才行，否则很容易让人感觉不知为何物，至少就达不到先声夺人的效果了。

用历史的眼光看，菜肴的命名大体是以质朴为发展的主线，其间也不乏华彩名称，让我们在此将这条发展线索做一个简略的勾画。

先秦时代没有完整的菜单流传于世，不过由"三礼"的片断记述，尤其是《礼记·内则》上的若干文字，我们大略知道一点当时菜肴命名的法则。先列菜名于下：

牛炙	牛脍	羊炙	豕炙	鱼脍
芥酱	粉粢	炮豚	渍	熬

《礼记》上的菜名以原料和烹法命名的较多，往往仅单列食料名称即止。著名的八珍虽是以制作方式为主命名的，但至多也是食料加方法的复合名称，没有任何修饰。就是被认为是屈原所作的《楚辞·招魂》所提到的肴馔名称不过是腼鳖、炮羔、煎鸿鸧等，也看不到有什么华丽的色彩。

到了汉代，菜肴的命名大体承袭了先秦时代的格式，名称上少不了主料加烹法，一看名字便知是什么菜肴。汉代比较完整的菜单是在湖南长沙马王堆汉墓中出土的，竹简上书写着随葬在墓内的一款款菜肴，少数菜名中还列入了辅料，显得更为直观。下面是部分菜肴名称：

牛白羹	鸡瓠菜白羹	狗巾羹	鹿肉芋白羹
牛苦羹	犬肝炙	熬兔	鹿肉鲍鱼笋白羹
鹿脯	炙鸡	鱼脍	熬炙姑（鹧鸪）

---

① 王歆晖：《中国蒙古族饮食文化风尚初探》，收入《首届中国饮食文化国际研讨会论文集》，1991年。

| 鱼肤 | 腊兔 | 濯鸡 | 濯豚 |

《齐民要术》上所见菜名，应当是南北朝时期或者可上溯到魏晋时代的大众化菜名，如：

鸭臐	鳖臛	羊蹄臛	酸羹	鸡羹
脍鱼莼羹	蒸熊	蒸鸡	腤鱼	酸豚
蜜纯煎鱼	炙豚	肝炙	饼炙	炙蚶
炙车熬	糟肉	猪肉鲊	苞肉	焦菌

这些菜名已相当规范了，基本是食料加烹法的命名格式，个别的菜名还强调了辅料或佐料。

到隋唐时代，菜肴命名方法有了根本的改变，传世菜单上很少见到先秦至南北朝时的那种质朴的菜名了，以味、形、色、人名、地名、容器名入菜名的现象已很普遍，带有感情色彩的形容词也开始用于菜名，这与文人们关注饮食的风气以及文学发展的程度有关。《清异录》收录隋炀帝尚食直长谢讽《食经》中的看馔五十三款，那些名称给人以全新的感觉，从下面所举的例子看，菜名已高度艺术化了：

急成小餧	飞鸾脍	咄嗟脍	龙须炙
乾坤奕饼	君子饤	折箸羹	朱衣餧
连珠起肉	千日酱	天孙脍	无忧腊

唐代韦巨源的《烧尾宴食单》，也收在《清异录》中，食单中的几十种看馔名称，其命名风格与谢讽《食经》是一致的，如：

| 光明虾炙 | 巨胜奴 | 贵妃红 | 七返膏 |

冷蟾儿羹	金铃炙	见风消	玉露团
金粟平饓	汉宫棋	长生粥	升平炙
青凉臛碎	箸头春	过门香	红罗饤

不论是谢讽《食经》，还是韦巨源《食单》，所列菜名都是皇上的御膳，名称华丽一些，理所当然。不过由其他资料看，唐代民间的看馔名称，比起御膳也并不逊色，可见当时这种多角度的命名方法，已运用得相当普遍和熟练。也是在《清异录》中，提到唐代长安食肆张手美家所售的节令馔品，其名称也具有很强的艺术感染力，如：

油画明珠	六一菜	涅盘兜	宜盘
手里行厨	冬凌粥	辣鸡脔	萱草面
指天馂馅	如意圆	玩月羹	米锦

宋代开始，大约是社会风气转向纯朴的关系，菜肴的命名也趋向质朴，给人以返璞归真的感觉。从此以后，质朴的命名成了采用最广泛的方法，不过在文人圈子里，在皇家筵席上，标新立异的命名也还是有的，也不过就是我们前面已谈到过的那些方法。

在谈了菜肴的命名之后，末了我们再略说一下筵宴的命名。筵宴命名大体由三个途径确定，即筵宴用途、筵宴大菜、预宴者。传统筵宴的"全席"，是用某一种或同一类原料为主制成菜肴的筵席，就以这种主料命名，简单明了，透出一种气派，如全猪席、全羊席、全鸭席、全鱼席、全牛席、全蟹席、全素席等，清代还有所谓全龙席、全虎席、全凤席、全鳞席等。以原料命名的筵席中，还有用某种珍贵品类烹制头道菜取名的，如燕窝席、熊掌席、鱼翅席、鲍鱼席、海参席等。或者干脆将筵宴规格几碟几碗作为名称的，如"三蒸九扣""十大件""八大八小""重九席"等。以筵宴用途命名的例子也不少，如避暑宴、寿筵、除夕宴等。又如元末明初文学家陶宗仪在《元氏掖庭记》中，记元宫盛宴之名色，高雅不凡，都是用于赏花的宴会：

> 宫中饮宴不常，名色亦异。碧桃盛开，举杯相赏，名曰"爱娇之宴"。红梅初发，携尊对酌，名曰"浇红之宴"。海棠谓之"暖妆"，瑞香谓之"拨寒"，牡丹谓之"惜香"。至于落花之饮，名为"恋春"；催花之设，名为"夺秀"。其或缯楼慢阁，清暑回阳，佩兰采莲，则随其所事而名之也。

以预宴者为名的筵宴，有千叟宴、九老会等。此外，地点、掌故、寓意等都可取以为名，俗者直观，雅者含蓄，亦富意蕴。

四、美器

袁枚在《随园食单》中引用过一句古语，云"美食不如美器"。这句古语古到何时，不得而知，但饮食上讲究美器的文化传统，在中国起源是相当早的，一直可以上溯到史前时代，上溯到器具创制不久的时代。"美食不如美器"，这话里表达的意境并不是器美胜于食美，也不是提倡单纯的华美的器具，而是说食美器也美，美食要配美器，求美上加美的效果。有了这种追求，又有了生产力的发展和科学技术的进步为背景，许多不同质料的器具不断被发明出来。餐桌上的菜肴不断变换着花样，餐具同样也变换着花样，我们的历史多多少少也因此不断变换着步伐，由遥远的古代行进到了我们今天的足下。

中国饮食器具之美，美在质，美在形，美在装饰，美在与馔品的谐和。为着叙述的方便，我们在此准备主要由质料这个角度，谈谈中国古代食具之美，主要分为陶器、瓷器、青铜器、漆器、金银玉器、玻璃器几个大的类别。

1. 土陶彩绘之器

作为食具使用的陶器,伴随人类饮食生活的时间最长,从它发明的时候起,到它开始被取代止,这段漫长的历史有不下万年之久。中国新石器时代的居民,广泛制作和使用陶质食具。这些食具往往是陶器中最精致的产品,倾注了先民们的巧思。作为食具的陶器,其陶土一般要经过陶洗,成形后外表打磨光滑,并以刻画或彩绘等方式装饰精美的图案。新石器时代惯常使用的饮食器具主要有杯、盘、碗、盆、钵、豆、小鼎几类,出土数量很多。这些器类在地域分布上有一些明显的特点,如东部地区多鼎、豆、杯,西部地区多碗、盆、钵,南部地区多杯、盘、碗,反映出各地饮食方式上的传统差异。

随着制陶工艺的发展,新石器时代食具烧制的质量越来越好,不论是从质料、造型,还是从装饰风格这个角度,即便用现代的眼光看,许多器具都颇具欣赏价值,其中不乏珍贵的工艺食器。新石器时代制陶出现过两个高潮,其代表性产品分别是彩陶和黑陶。彩陶和黑陶工艺,主要都运用于食具的制作。考古发掘到了大量的彩陶器皿和黑陶器皿,制作之精美,使考古学家惊叹不已,甚至曾激动得一度将其命名为彩陶文化和黑陶文化。

彩陶在中国出现在距今七千五百年以前,最初的彩陶是在红色器皿的口沿部绘一周带状红彩,或是在敞口器物的内表点缀一些简单的几何纹饰,考古发现的白家村文化的彩陶便是如此。不要小看了这些简单的装饰,它是人类追求美器的传统的开端。当时的彩绘几乎全都出现在食器上,它是用于饮食时愉悦精神的,可见饮食被赋予的意义已不单纯是解渴去饥了。

距今六千五百年至四千五百年前,是中国新石器时代彩陶繁荣期,仰韶、大汶口、大溪、屈家岭、马家窑文化的居民都拥有发达的彩陶工艺，最值得称道的彩陶作品是仰韶人和马家窑人创造的。仰韶文化早期的彩陶以红地黑彩为主，纹饰以动物形体为主，具有浓厚的写实风格，描绘的对象有鱼、鹿、鸟、蛙，还有变形的人面和一些几何纹饰。到了后期，除红地黑彩外，又出现了白地黑彩，显得更加亮丽动人，也有部分写实风格的纹饰，不过更多见到的是图案化的旋纹、花瓣纹和垂弧纹，线条流畅自然，富于韵律美。

马家窑文化发现的彩陶数量最多，除食具以外的许多陶器都绘上了精美的纹饰。色彩的表现手法渐趋成熟，经常是红、黑、褐、白几种色彩并用。纹饰也很丰富，出现比较复杂的图案组合形式，常见旋纹、同心圆、波纹、网格、折线、齿带纹等，线条流畅多变，具有较强的动感。

生活在江汉地区的大溪和屈家岭文化居民，更以高超的陶艺创制了薄胎彩绘食具，称为"蛋壳彩陶"，工艺价值极高。器形多是小型的杯和碗，采用晕染彩绘方法，不同于常见的勾线设色的方法。看到这类精巧的饮食器具，可以想象史前先民的饮食活动已进入到一种相对高雅的艺术境界。制器不俗，用器一定文雅，不会同我们习惯上想象的那么粗俗。

新石器时代彩陶制作还有一个明显的特点，即彩纹的绘制一般限于器物的中上部，有时在口沿部，下的功夫很精，诸多敞口器皿的器内也满绘纹饰。这与史前传统的生活习惯有着密切的关系，这些器具都是直接放在地上使用的，人们平时看到的主要是它们的中上部、口部和内部，可见彩纹部位的选择完全是由欣赏的角度所决定的，非为毫无章法的信笔所致。

新石器时代末期，制陶技术又有很大发展，成型采用了轮制技术，陶窑构筑更为科学，烧成温度也有了明显提高，特别是掌握了渗碳技术，烧制出了前所未见的精美黑陶饮食器具。黑陶的主要器形都是较小的杯盘类饮食器具，有的陶胎很薄，称为"蛋壳黑陶"，精致得让人

白家村文化最早的彩陶

半坡文化鱼纹彩陶盆

马家窑文化彩陶瓶

大溪文化蛋壳彩陶碗

屈家岭文化蛋壳彩陶杯

大汶口文化彩陶豆

龙山文化蛋壳黑陶杯　　　　　　　良渚文化黑陶壶

不敢触碰一下。陶色发黑以后，已不再适宜采用彩绘手法来进行外表装饰，除见到少量朱绘黑陶外，大部分器具采用的是磨光压划刻镂方法进行装饰。这样的器皿虽不见五彩的外衣，但沉稳黑色给人的美感显然不在彩陶之下。最漂亮的黑陶器皿是山东龙山文化居民制作的，而且多为酒具，先民对饮酒所用器具之美，似乎要求更高一些。江南良渚文化所见磨光黑陶也很精致，有的还压划有繁复的行云流水纹饰，是难得的工艺品。

2. 光洁优雅的瓷器

现代最普遍的食器是瓷器，瓷器耐高温，光洁度特好，有很高的使用价值和欣赏价值。瓷器的制作与使用已风靡全球，中国是它的诞生地。古代中国人的智巧勤劳，为全人类造就了如此合宜的食器，这在中国饮食史上算得上是最光彩的篇章之一。

瓷器的发明，是建筑在制陶工艺发达的基础之上的，不同的主要是原料，瓷器用的是瓷土或瓷石，并且挂有瓷釉。瓷器质地紧密，烧结温度高，具有不吸水或吸水率低的特点；瓷釉透明，呈玻璃质，也

原始瓷器青釉弦纹罐

具备不吸水的优点。早在三千多年前的商代，中国就成功烧制出原始瓷器。标准的瓷器出现在东汉时代，挂青色釉，是为青釉瓷器。北方自北朝时代起，开始烧制白釉瓷器，到唐代白瓷工艺已相当成熟。南方仍以制作青瓷为主，专供宫廷的秘色瓷就是其中的精品，唐代制瓷的这种地域性特点被称为"北白南青"。唐代还出现了高温釉下彩的技术，瓷器的美化趋势开始显露出来。

到了宋元时代，已是中国瓷器发展的繁荣时期。宋代饮食器具普遍使用瓷器，食器、酒具、茶具都以瓷器充任，所以瓷器需求量极大。考古发现许多宋代制瓷作坊窑址，出土不少古瓷珍品。宋代名窑众多，体现出鲜明的地方特点，异彩纷呈。五大名窑之一的定窑以产优质白瓷风靡一时，烧制出大量宫廷用瓷。定瓷以刻花和模印作为主要装饰手段，刻纹有折枝、缠枝、云龙、莲荷，印花有牡丹、石榴、菊花、萱草、鸳鸯、孔雀等，秀美典雅。定瓷还有加镶金口、银口或铜口的，又透出一种高贵的气质，多为贡瓷所用。定瓷饮食类器皿主要有碗、盘、杯、碟等，不乏小巧精致的珍品。磁州窑是北方最大的民间瓷窑，烧制大量平民用的饮食器具，色彩丰富。黑彩划花器是其中的极品，器表黑白反差强烈，瓷感极佳。用斑花石做绘料的铁锈花装饰技法，艺术风格简练活泼，为磁州窑所特有。还有艳丽的红绿色釉上彩和窑变黑釉工艺等，都体现了独到的艺术特色，自然美妙而又耐人寻味。耀州窑也是规模很大的民间瓷窑，以青釉器为主，也有黑釉白釉器。耀瓷刻花精巧，纹饰优美，有范金之巧，如琢玉之精。钧窑作为五大名窑之一，也属北方青瓷系统，其独到之处在于釉内含少量铜、铁、锡、磷等氧化物，烧成乳浊釉，釉色青中泛红，十分艳丽。钧窑的釉色主要有茄皮紫、玫瑰紫、葡萄紫、胭脂斑、朱砂红、海棠红、鸡血红、霁红、桃花片、葱翠青、鹦哥绿、天青、月白等，以朱砂红最为珍贵。被列为五大名窑之首的汝窑，以烧制青瓷贡品而闻名。汝瓷胎质细洁，采用玛瑙入釉，烧成十分纯正的天青色，并首创人工开片纹。汝瓷传世品和发掘品数量都不多，所以就更显珍贵了。

南方瓷窑最著名的是龙泉窑和景德镇窑。龙泉窑属南方青瓷系统，主要烧制民用饮食器皿，釉色有可与翡翠媲美的梅子青，有雅如青玉的粉青，它的釉色工艺是古代青瓷制作的最高水准。景德镇窑烧制具有独到风格的青白瓷，釉色在青白之间，青中见白而白中泛青，又称为"影青"，有"晶莹如玉"的美誉。

元代中期以后，景德镇开始烧制大量精美绝伦的青花瓷，奠定了它的瓷都地位。青花瓷的出现，被认为是中国瓷史上的划时代事件。青肌玉骨的青花瓷最具东方民族风格和艺术魅力，这是一种笔绘着色工艺，用氧化钴作主要着色剂，着色力强，呈色稳定，瓷品显得明净素雅。青花瓷不仅受到国内大众的喜爱，而且还大批销往国外，直到今天，它也仍是餐饮用瓷的主要品种之一。

中国古代最美的瓷品中，值得提到的还有明清的彩瓷。明代的彩瓷成就表现在"斗彩"的烧制成功，器皿釉上釉下都绘彩，给人一种争妍斗美的新奇感。清代又有了珐琅彩，这是一种御用瓷。此外又有粉彩，也是一种釉上彩，具有极高的艺术欣赏价值。

历代饮食类瓷器，大都小巧精致，注重实用。上流社会使用的瓷

唐代秘色瓷五曲花口盘

宋代定窑刻花纹钵

宋代磁州窑四系白釉刻花蒜头瓶

宋代耀州窑青釉大观款缠枝花纹碗

宋代钧窑灰蓝釉直口钵

宋代汝窑天青莲花式温碗

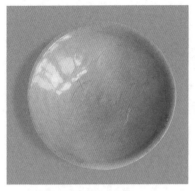

宋代景德镇影青划花小碗

元代青花大罐

明代青花盘

清代五彩盘

清代景德镇珐琅彩碗

清代蓝地粉彩碗

器，更注重艺术欣赏价值，这些瓷器往往都是价值连城的珍品。所以，是否可以说美食美器的传统，主要是由贵族们代代相传的呢？大概应当是这样的。

3. 庄重的青铜器

最能体现贵族风度的，还是庄重沉练的青铜器。考古学家将青铜器的铸造与使用看作早期文明时代的一个标志，直称为"青铜时代"。中国的青铜时代通常指的是夏商周三代，尤其是商周时代，是青铜器使用最为普遍的时代。

商代早期的青铜饮食器具只有爵和斝，外表素面无饰。中期又增加了鼎、鬲、簋、觚、卣、盘等，有了简单的纹饰。晚期出现了许多新的器形，有了繁缛的纹饰，盛行狰狞的兽面纹，体现出一种庄重之美。商代晚期铸造出了不少大件青铜礼器，贵族的威严也由此体现出来。

西周早期的青铜器具基本沿用了商代的传统，风格较为相似，纹饰亦以繁缛为美。中期铜器出现简朴的发展趋势，造型多变的重型礼器逐渐消失，出现了列鼎等成套礼器。晚期铜器更趋简朴，小件实用饮食器具发现较多，纹饰比较简洁，不过习惯加铸长篇铭文，所以铸器的纪念意义更为明显。

东周铜器种类又有明显变化，酒器明显减少，食器数量增加，列鼎制度仍在沿用。铜器纹饰也有很大改变，过去常见的兽面纹已不时兴，代之而起的是动植物纹、几何纹和大幅面的图像纹。装饰还广为采用了镶嵌、鎏金、金银错、细线刻等新兴工艺，使铜器更显富丽堂皇。

中国古代青铜器的主要成分为铜锡合金，也有少量的铅铜合金。按现代科学观点看，青铜器皿不适宜充作饮食器具，尤其是铅铜合金，容易引起毒化反应。我们在欣赏商周青铜器的美妙时，应该想到这一点。

自汉代开始，作为饮食器具的铜器并没有完全退出人们的食案，不过无论种类、数量、纹饰，大都不能同商周时代相提并论了。

商代三羊尊，器身饰兽面纹　　　　西周象形尊，陕西宝鸡出土

西周守门方鼎，陕西扶风出土　　　春秋鸟形尊，山西太原出土

4. 溢彩流光的漆器

在青铜器开始衰落的东周时代，一种新质料的器具普遍流行开来，这就是漆器。细想起来，漆器的普及客观上加速了青铜器的衰落过程，造成了一个新饮食器时代的到来。

漆工艺的出现可以上溯到新石器时代，史前先民已掌握用朱黑漆美化饮食器具的技术，南方的河姆渡文化，北方的夏家店下层文化，都发现了使用漆器的证据。商周时代漆器工艺得到进一步发展，有了金银箔贴花和最早的螺钿技术，使得饮食类漆器更富有光彩。

到了战国时代，漆器工艺发展到前所未有的繁盛时期。漆器应用到生活的各个方面，属于饮食所用的有耳杯、豆、尊、盘、壶、卮、盂、鼎、匜、匕、食具箱和酒具箱等，还有奁、盒、匣、案、几、俎等相关器物。这时期的漆器胎骨除木胎外，还制成了夹纻胎、皮胎和竹胎，并运用了高浮雕、透雕和圆雕技术，器形更加多姿多彩。漆色也十分丰富，有鲜红、暗红、浅黄、黄、褐、绿、蓝、白、金诸色。纹饰也相当丰富，以图案和绘画作装饰，透出一种秀逸之美。

古代漆器工艺发展的鼎盛时期是西汉时代，传统承自战国，并有很大发展。汉代漆器出土数量很多，不少保存得也很好，而且大多为饮食器皿，主要有鼎、壶、钫、尊、盂、卮、杯、盘、盒、匕、几、案等。当时精美的漆器造价很高，按《盐铁论·散不足》的说法，"一杯棬用百人之力，一屏风就万人之功"，其珍贵可以想见。首先是宫廷的饮食器皿基本都以漆器充任，出土漆器刻有"大官""汤官"字样，即为宫廷用器。其次贵族官僚也崇尚漆器，使用数量很大。湖南长沙马王堆两座汉墓用于随葬的漆器近五百件，作为饮器和食器的耳杯就占半数之多。汉代漆器装饰采用绘画、油彩、针刻、金银箔贴等多种工艺，作坊的工匠都有明确分工，各精一技，所以能制成十分精美的漆器。

汉代以后，作为饮食器皿的漆器数量锐减，这当与瓷器的兴起有关。不过各代仍能制出一些漆器精品，如唐代华丽的金银平脱和雕漆（剔红、剔犀）漆器，宋代的一色和螺钿漆器，明清的描金、雕填、戗金、百宝嵌漆器等。百宝嵌是用各种珍贵材料，如珊瑚、玛瑙、琥珀、玳瑁、螺钿、象牙、犀角、玉石做成嵌件，在漆器表面镶成绚丽华美的浮雕画面，显示出一种别类漆器不见的珠光宝气的效果。

战国漆豆，湖北随州出土

战国漆耳杯，湖北荆州出土

汉代漆盘，湖南长沙出土

汉代漆壶，湖南长沙出土

清代螺钿漆盘

清代描金漆盘

5. 高贵的金银玉器

中国古代较早的金银饮食器皿，是属于战国时代的，湖北曾侯乙墓出土的金盏、金匕、金杯，以及安徽寿县出土的铭文银匜，是所见不多的几个实例。

西汉以后直至唐代，见到一些舶来的金银器皿，造型和纹饰都不属中国传统文化范畴。唐代自公元8世纪中叶起，金银器的制作渐入盛期，出土不少仿自西方的器皿，有的为西器造型东方纹样，别具一格。唐时也制作了不少纯唐式的金银器皿，采用了钣金、浇铸、焊接、切削、抛光、铆、镀、刻凿、镶嵌技术，风格或清素典雅，或富丽玲珑，工艺十分精湛。唐代金银器的主要器形有杯、壶、碗、盘、盒等，一般都满饰精美的花草类纹饰，显得富丽辉煌。更有一种"金花银器"，是在银器表面刻纹后，仅对花纹进行鎏金处理，技法繁复，但成品十分绚美，这是唐以前未曾有的新兴金银工艺。

考古发现的唐代金银器已达千件以上，这是仅限于上层统治者使用的高档器具，所以其辉煌之美，不是一般人所能欣赏得到的。唐代以后，作为饮食器的金银器制作已没有唐时那样大的规模，使用的范围也多限于皇族和高级官吏，明代帝陵中就有发现，清代宫廷中也保存不少。

作为美石的玉料，在商代已被琢为饮食器皿，一般与庄重的青铜器一起，作为礼器使用。商代及早至新石器时代的玉器，多为装饰品和小件工具，商周的玉质饮食器见到的也不多，主要有簋和盘等器形，制作比较精致。到战国时代，实用玉质饮食器数量渐多，最常见的是饮酒用的耳杯，一直到汉晋时代还有较普遍的使用。汉代除耳杯外，饮食类玉器还有盘、盒、角形杯等，表面光洁，品质高雅。隋唐至明清时代，玉质饮食器以单耳或双耳的杯为多，外观变化较大，有云形、荷叶形、桃形等造型，大都琢有精美的纹饰，透出一种高贵的气质。

北周李贤墓随葬的西域鎏金银壶

唐代高足鎏金银杯，陕西西安出土

唐代莲瓣纹金碗，陕西西安出土

唐代錾纹银杯，陕西西安出土

汉代角形玉杯，广东广州出土

明代双耳玉杯，河北大城出土

6. 秀美的玻璃器

玻璃器出现在先秦时代，汉代已有了玻璃杯盘，同时也输入了一些罗马玻璃器皿。两晋南北朝时代，除罗马玻璃器外，又输入了一些萨珊玻璃器。北朝时中国已掌握吹制玻璃技术，到唐代时有了不少本土生产的玻璃器皿。

唐代琉璃瓶，陕西扶风出土　　　　唐代琉璃盘，陕西扶风出土

　　玻璃杯在唐代是备受欢迎的高级饮器，它的亮丽之美是其他器皿所不能比拟的。有关唐史的典籍就有不少外国遣使贡玻璃杯的记载，也有一些使用玻璃杯的记述，如《杨太真外传》中就有太真"持玻璃七宝杯，酌西凉州葡萄酒"的话，表明玻璃杯在当时也不是一般人能享用的。

　　中国古代饮食器具不限于上述这几种质料，但一些主要品种大体包括在其中了。彩陶的粗犷之美，瓷器的清雅之美，铜器的庄重之美，漆器的秀逸之美，金银器的辉煌之美，玻璃器的亮丽之美，都曾给使用它的人以美好的享受，而且是美食之外的又一种美的享受。

　　许多研究者注意到，美器之美还不仅限于器物本身的质、形、饰，而且表现在它的组合之美，它与菜肴的匹配之美。

　　周代的列鼎，汉代的套杯，孔府的满汉全席银餐具，都体现一种组合美。孔府专为举行高级筵席宴而备的满汉全席银餐具，一套总数为四百零四件，可上菜一百九十六道。这套餐具部分为仿古器皿，如所谓的周邦簠、伯申宝彝、尊鬲、雷纹豆、周升邦父簠、周方耳宝鼎、曲耳宝鼎、伯硕父鼎等；部分为仿食料形状的器皿，如鱼形、鸭形、鹿头、寿桃、瓜形等。最大的一件是当朝一品锅，直径一尺二寸许，为四瓣桃圆形，每瓣镌刻一字，合为“当朝一品”四字。这些器皿的装饰也极考究，嵌镶有玉石、翡翠、玛瑙、珊瑚等，刻有各种花卉图案，有的还镌有诗词和吉言文字，更显高雅不凡。

孔府的满汉全席餐具，按照四四制格局设置，分小餐具、水餐具、火餐具、点心盒几个部分。小餐具按每客一套布设，有象牙筷子、长柄银匙、酒杯、口汤碗（带温锅）、分碟、高足鲜果碟、瓜形干果碟、漱口盂等。水餐具是盛菜肴用的，每种都由盖、盘、水锅三件组成，盘盛菜，水锅可放热水或冰块，以保持菜肴要求的特别温度。火餐具即火锅，一种为烧木炭的涮锅，用于冬季涮羊肉、三鲜；一种为烧酒的菊花锅，用于吃菊花锅子，烧玫瑰香酒。火锅又细分为双环方形锅、蛋圆鱼形锅、分隔圆形锅几种不同形状，用途各异。点心盒又叫“指日高升”全盒，专盛各式甜咸点心，分作五盘拼成一盒，另配蘸碟盛调味品。[①]

孔府满汉全席餐具鱼形锅

孔府满汉全席餐具当朝一品锅

① 张廉明：《孔府的满汉全席餐具》，《中国烹饪》1982年第4期。

孔府的这套餐具形制丰富，制作精巧，配置合理，可谓古代美器的代表作，也是登峰造极之作。

美器的传统，有以古朴为美，也有以新奇为美，有以珍贵为美，也有以简素为美，美的境界并不相同，不能一概而论。美器与美食的谐和，是饮食美学的最高境界。杜甫《丽人行》中"紫驼之峰出翠釜，水精之盘行素鳞。犀箸厌饫久未下，鸾刀缕切空纷纶"的诗句，同时吟咏了美食美器，烘托出食美器亦美的高雅境界。李白《行路难》中"金樽清酒斗十千，玉盘珍羞直万钱"的诗句，也将美食美器并称，这显然是统治者阶级的传统，属于以珍贵为美的一类。陆游《小宴》诗中"洗君鹦鹉杯，酌我蒲萄醅"句，及《埭西小聚》诗中"瓦盎盛蚕蛹，沙斛煮麦人"句，则是平民阶层的传统，也体现了一种美，属于自然素朴之美。

五、佳境

饮食有良好的环境气氛，可以增强人在进食时的愉悦感受，起到给美食锦上添花的效果。吉庆的筵席，必得设置一种喜气洋洋的环境，如若不是，那就算是大煞风景了。有时聚会，也未必全为了寻求愉悦的感受，说不定还要抒发别离的愁苦和相思的郁闷，那最妙处就该是古道长亭和月影孤灯了。在有特别需要的时候，环境气氛的作用会远远超过美味佳肴，美的环境是十分重要的。作为饮食的环境气氛，以适度为美，以自然为美，以独到为美。在上流社会看来，奢华也是美，所以追求排场也被认为是一种美。

饮食佳境的获得，一在寻，二在造。寻自然之美，造铺设之美。天成也好，人工也罢，美是无处不在的，靠寻觅和创造，便可获得最佳的饮食环境气氛。

1. 佳境的寻觅

鬼斧神工造化的幽雅峻峭，司空见惯的柳下花前，小桥流水，芳草萋萋，自然之美，无处不在。佳境原本用不着寻觅，但自然之美，并不全在窗前檐下，还得屈尊郊野，远足寻觅。把那盘盘盏盏的美酒佳肴，统统搬到郊野去享用，另有一种滋味，别有一番情趣。晋人郭璞有一首诗叙说了春日的野宴，表达的正是这一种野趣，诗云："高台临迅流，四坐列王孙。羽盖停云阴，翠郁映玉樽。"郊游野宴，自然以春季为佳，春日融融，和风习习，花红草青，气息清新，难怪唐人语出惊人："握月担风且留后日，吞花卧酒不可过时。"（《云仙杂记》引《曲江春宴录》）

唐代长安人春游的最好去处，是位于城东南的曲江池。曲江池最早为汉武帝时凿成，唐时又有扩大，周回广达十公里余。这是长安都城风光最美的开放式园林。池边遍植以柳木为主的树木花卉，池面泛着美丽的彩舟。池西为慈恩寺和杏园，杏园为皇帝经常宴赏群臣的所在；池南建有紫云楼和彩霞亭，都是皇帝和贵妃登临的处所。阳春三月上巳节，皇帝为了显示升平盛世，君臣同乐，官民同乐，不仅允许皇亲国戚、大小官员随带妻妾、侍女及歌伎参加曲江盛大的游宴会，还特许京城中的僧人、道士及平民百姓共享美好时光。如此一来，曲江处处张设露天筵宴，皇帝贵妃在紫云楼摆宴，高级官员在近旁的亭台设食，翰林学士们则被特允在彩舟上畅饮，一般士庶可以在花间草丛得到一席之地。20世纪80年代在西安附近发现的唐代韦氏家族墓壁画野宴图在前文也有述及，描绘的大约就是这种春日野宴的情景。此情此景，唐人诗文中也有生动的记述，如刘沧《及第后宴曲江》即云：

及第新春选胜游，杏园初宴曲江头。

紫毫粉壁题仙籍，柳色箫声拂御楼。

霁景露光明远岸，晚空山翠坠芳洲。

归时不省花间醉，绮陌香车似水流。

青春年少的贵家子弟，春日游宴更是他们的主要活动之一，也是表示他们不负春光的一种生活方式。他们的出行自然就不限于三月三日这一天了，据《开元天宝遗事》说：

> 长安侠少每至春时结朋联党，各置矮马，饰以锦鞯金辂，并辔于花树下往来，使仆从执酒皿而从之，遇好花则驻马而饮。(《看花马》)

> 长安贵家子弟，每至春时，游宴供帐于园圃中，随行载以油幕，或遇阴雨，以幕覆之，尽欢而归。(《油幕》)

> 都人士女每至正月半后，各乘车跨马，供帐于园圃或郊野中，为"探春之宴"。(《探春》)

> 长安士女游春野步，遇名花则设席藉草，以红裙递相插挂以为宴帏，其奢逸如此也。(《裙帏》)

趁着妩媚的春光，骑着温驯的矮马，带着丰盛的酒肴，遇上好的景致，便驻马张宴。少女们也不甘深闺的寂寞，也要乘车跨马游春，她们聚宴的方式有些特别，解下宽大的石榴裙，缀围成帏，虽被批评过于奢逸，但藏在帏内也是一种乐趣。还有人带上油布帐篷，以防天阴落雨，任它春雨淅沥，仍可尽兴尽欢。

唐时都城的春游，官府也是支持的，官员们因此还享受春假的优遇。据《资治通鉴》记载，开元十八年（730年），"初令百官于春月

唐代张萱《虢国夫人游春图》（宋摹本，局部）

旬休，选胜行乐，自宰相至员外郎，凡十二筵，各赐钱五千缗"，不仅
放了长假，还有盛宴，增赐钱钞，百官尽欢。私人如有园囿，那就更
自在了，如《云仙杂记》引《扬州事迹》所说："扬州太守圃中有杏花
数十畦，每至烂开，张大宴。一株令一倡倚其傍，立馆曰'争春'。"
以美人与春花争艳，为春宴增辉，别出心裁。

　　读到这些唐人春游野宴的记述，每每使我想到在藏区的所见所闻。
藏民们在气候宜人的季节，每遇盛大节日，也是盛装美酒，寻觅景色
秀美之处，铺上卡垫（地毯）、扎帐篷、设幄帐，欢笑竟日，真真是唐
代风俗的再现。在拉萨、玉树等地所见，与唐代长安的情形相比，使
人生出一种"有过之而无不及"的感觉。我很怀疑藏区的这种风俗，
与文成公主的进藏有关系，也许是她将长安传统远播到了雪域。

　　到了宋代，无论汴京还是临安，都可见到前代长安风俗的流播。

汴京的情形，在《东京梦华录》上可以读到，那时春游之盛，以清明节为最：

> 四野如市，往往就芳树之下，或园囿之间，罗列杯盘，互相劝酬。都城之歌儿舞女，遍满园亭，抵暮而归。

临安清明时的春游野宴，较汴京又有过之。《梦粱录》说：

> 宴于郊者，则就名园芳圃，奇花异木之处；宴于湖者，则彩舟画舫，款款撑驾，随处行乐。此日又有龙舟可观，都人不论贫富，倾城而出，笙歌鼎沸，鼓吹喧天，虽东京金明池未必如此之佳。赒酒贪欢，不觉日晚。红霞映水，月挂柳梢，歌韵清圆，乐声嘹唳，此时尚犹未绝。男跨雕鞍，女乘花轿，次第入城。

杭城人春游的最佳去处，自然是西湖。《武林旧事》说："西湖天下景，朝昏晴雨，四序总宜。杭人亦无时而不游，而春游特盛焉。"春游盛况，《武林旧事》有详尽的描述：

> 都城自过收灯①，贵游巨室，皆争先出郊，谓之"探春"，至禁烟②为最盛。龙舟十余，彩旗叠鼓，交午曼衍，粲如织锦。……都人士女，两堤骈集，几于无置足地。水面画楫，栉比如鱼鳞，亦无行舟之路。歌欢箫鼓之声，振动远近，其盛可以想见。……小泊断桥，千舫骈聚，歌管喧奏，粉黛罗列，最为繁盛。桥上少年郎，竞纵纸鸢，以相勾引，相牵翦

---

① 元宵灯会结束是为"收灯"。
② 即寒食节。

截，以线绝者为负。

醉人景处，是少不得醉人酒的。宋太学生俞国宝醉倒西湖，醉笔抒怀，书《风入松》词曰：

> 一春长费买花钱，日日醉湖边。玉骢惯识西泠路，骄嘶过，沽酒楼前。红杏香中歌舞，绿杨影里秋千。　东风十里丽人天，花压鬓云偏。画船载取春归去，余情在，湖水湖烟。明日再携残酒，[①] 来寻陌上花钿。

佳境的寻觅，自然不限于春日。还有赏花，也是张筵的一个理由。花开四季，筵席宴的名目也就与花朵紧密联系起来。宋邵伯温《邵氏闻见录》说：

> 洛中风俗……岁正月梅已花，二月桃李杂花盛开，三月牡丹开。于花盛处作园圃，四方伎艺举集，都人士女载酒争出，择园亭胜地，上下池台间引满歌呼，不复问其主人。抵暮游花市，以筠笼卖花，虽贫者亦戴花饮酒相乐。

赏花的方式新样迭出，《曲洧旧闻》说，宋人范镇在居处作长啸堂，堂前有酴醾架，春末花开，在花下宴请宾客。主宾相约，花落杯中，落入谁的杯子谁就要罚干，"微风过之，则满座无遗者"。花落纷纷扬扬，自然是无一人能免于罚酒，这酒宴就有了一个雅名，叫作"飞英会"。

有了许多的赏花宴，也就有了许多的诗文，如唐人刘兼的《中春

---

① 《武林旧事》卷三说，宋孝宗游幸西湖，在断桥旁小酒店读到此词的挂屏，改此句为"明日重扶残醉"，别有意蕴。

隋代展子虔《游春图》

宴游》诗云"二月风光似洞天，红英翠萼簇芳筵"，写的就是这种赏花宴。类似的宋诗也不少，不乏佳作，邵雍的几首诗值得反复吟咏：

三月初三花正开，闲同亲旧上春台。

寻常不醉此时醉，更醉犹能举大杯。

——《南园赏花》

林下故无知，唯知二月期。

酒尝新熟后，花赏半开时。

——《二月吟》

好花方蓓蕾，美酒正轻醇。

安乐窝中客，如何不半醺。

——《乐春吟》

赏花筵宴的名称一般也都是极美的，我们已在前面引述过陶宗仪《元氏掖庭记》提及的这类筵宴的名称，如"爱娇之宴""浇红之宴"，以及"暖妆""拨寒""惜香""恋春"等，十分别致。花至美，酒至醇，这种感受并不是天天都能得到的，所以要赏花到花谢，饮酒到酒醉，明人李攀龙《和殿卿春日梁园即事》诗，表达的正是这样的感受：

> 梁园高会花开起，直至落花犹未已，春花着酒酒自美。
> 丈人但饮醉即休，才到花前无白头，红颜相劝若为留。
> 春风何处不花开，何处花开不看来，看花何处好空回？

2. 佳境的造设

饮食环境气氛的烘托，主要依靠陈设。华美与素雅，都靠陈设手段的变换，达到预想的效果。此外，温度调节也是创造佳境的一个手段，这在古代运用也是有传统的，炎暑的降温和严寒的升温都不是太难办到的事。春秋选胜而游，气候宜人，环境不必过于雕琢。冬夏则不同，暑寒难耐，所以环境的创造很注重温度的调节。

据陈继儒《辟寒部》说，十六国时后赵国君石虎，在严冬设有"清嬉浴室"，是一座人造温室，可供宴乐娱戏。书中说："石虎当严冰之时，作铜屈龙数千枚，各重数千斤，烧如火色，投于水中，则池水恒温，名曰'燋龙温池'。引凤文锦步障，萦蔽浴所，共宫人宠嬖者，解媟服宴戏弥于日夜，名曰'清嬉浴室'。"这个升温的办法虽不算高妙，但效果应是不错的。

炎夏的降温，古人每以冰块，这办法的采用不会晚于周代。宫廷有凌室，冬日取坚冰藏之，供夏季取用。考古发现过东周时代的凌室遗址，也发掘到北魏时代的冰殿遗址。冰殿是在洛阳汉魏故城西北部的一座夯土台上发现的，直径为四米九，平面为圆形，底部为冰池，池上立柱承梁，梁上铺板。①这冰殿当是帝王避暑宴饮之所。《云仙杂记》有述及类似的避暑建筑，霍仙鸣别墅便是。霍仙鸣别墅在洛阳龙门，"一室之中开七井，皆以雕镂木盘覆之，夏月坐其上，七井生凉，不知暑气"。有七井覆盘，同时供七人享受这炎暑生凉的乐趣。

用凉冰改善夏季的环境温度，在唐代都城中是一种较为常见的做法。《开元天宝遗事》说，杨国忠子弟"每至伏中，取大冰，使匠琢为山，周围于席间。座客虽酒酣，而各有寒色，亦有挟纩者"。宴席周围放上冰雕，造成了一种十分凉爽的环境，那些身体稍弱的人甚至要穿上绵衣赴宴，可见效果也是很明显的。杨氏子弟夏日还用坚冰琢为凤兽之形，饰以金环彩带，置雕盘中玩赏，这要算年代较早的冰雕了。

除了用冰，改善环境温度的办法还有一些。首先，搭凉棚为一法。《开元天宝遗事》说："长安富家子刘逸、李闲、卫旷，家世巨豪，而

敦煌壁画婚宴图。婚宴的凉亭就搭在花木间

---

① 冯承泽、杨鸿勋：《洛阳汉魏故城圆形建筑遗址初探》，《考古》1990 年第 3 期。

清代金廷标《莲塘纳凉图》。图上有冰镇水果

敦煌壁画嫁娶观舞图。现场似乎有冰盘

清宫使用的冰箱

好接待四方之士。……每至暑伏中，各于林亭内植画柱，以锦绮结为凉棚，设坐具，召长安名妓间坐，递相延请，为避暑之会。"更有甚者，有设水室洞房者，如《云仙杂记》引《南康记》说："鱼朝恩有洞房，四壁夹安琉璃板，中贮江水及萍藻诸色虾，号'鱼藻洞'。"其次是进凉，即食用凉物，如《云仙杂记》引《叩头录》提到："房寿六月召客，坐糠竹簟，凭狐文几，编香藤为俎，刳椰子为杯，捣莲花制碧芳酒，调羊酪造含风鲊，皆凉物也。"还有更好的办法，就是运用科学手段，如《杜阳杂编》提到同昌公主宴客，方法奇绝：

> （公主）一日大会韦氏之族于广化里，玉馔俱列。暑气将甚，公主命取澄水帛，以水蘸之，挂于南轩，良久满座皆思挟纩。澄水帛长八九尺，似布而细，明薄可鉴，云其中有龙涎，故能消暑毒也。

古人说的龙涎，是抹香鲸消化系统产生的分泌物，可制龙涎香。龙涎有通脉活血生津之效，大概有一定的防暑作用。类似的法子，还见于《剧谈录》的记述：

> （李德裕）尝因暇日休浣，邀同列宰相及朝士宴语。时畏景
> 赫曦，咸有郁蒸之病。轩盖候门，已及亭午，搢绅名士，交扇
> 不暇，将期憩息于清凉之所。既而延入小斋……列坐开樽，烦
> 暑都尽。良久，觉清飙爽气，凛若高秋。备设酒肴，及昏而罢。
> 出户则火云烈日，燸然焦灼。有好事者求亲信问之，云此日唯
> 以金盆贮水，渍白龙皮，置于座末（龙皮有新罗僧得自海中）。

这里所说的龙皮，可能就是鲸鱼皮或鲨鱼皮之类，可能也浸有龙涎，与澄水帛的降温作用相类似。

在宋代，酒楼食肆也采用了调节温度的措施，改善了饮食环境。据《东京梦华录》和《梦粱录》等书记载，不论是汴京还是临安，酒楼食店的装修都极为考究，大门有彩画，门内设彩幕，店中插四时花卉，挂名人字画，借以招徕食客。在档次较高的酒楼，夏天增设降温的冰盆，冬天添置取暖的火箱，使人有宾至如归的良好感觉。

佳境的造设，历来以宫廷筵宴最有排场。如《梦粱录》卷三记述的宋度宗四月初九日的"圣节"筵宴，排办时对环境铺陈有明确的设计，有一些很具体的要求：

> 仪鸾司预期先于殿前绞缚山棚及陈设帏幕等。前一日，
> 仪鸾司、翰林司、御厨、宴设库、应奉司属人员等人，并于
> 殿前直宿。至日侵晨，仪鸾司排设御座龙床，出香金、狮蛮、
> 火炉子、桌子、衣帏等，及设第一行平章、宰执、亲王座物，
> 系高座锦褥；第二、第三、第四行，侍从、南班、武臣、观
> 察使以上，并矮坐紫褥。东西两朵殿庑百官，系紫沿席，就
> 地坐。翰林司排办供御茶，床上珠花看果，并供细果……果

桌于未开内门时预行排办。御前头笼燎炉，供进茶酒器皿等，于殿上东北角陈设，候驾御玉座应奉。其御宴酒盏皆屈卮，如菜碗样，有把手。殿上纯金，殿下纯银。食器皆金棱漆碗楪。御厨制造宴殿食味，并御茶床上看食、看菜、匙箸、盐楪、醋樽，及宰臣亲王看食、看菜，并殿下两朵庑看盘、环饼、油饼、枣塔，俱遵国初之礼在，累朝不敢易之。

宋代的宫廷大宴讲究环境气氛，正史也有记述。《宋史·礼志十六》说：

> 宋制，尝以春秋之季仲及圣节、郊祀、籍田礼毕，巡幸还京，凡国有大庆皆大宴，遇大灾、大札则罢。……凡大宴，有司预于殿庭设山楼排场，为群仙队仗、六番进贡、九龙五凤之状，司天鸡唱楼于其侧。殿上陈锦绣帷帘，垂香球，设银香兽前槛内，藉以文茵，设御茶床、酒器于殿东北槛间，群臣盏斝于殿下幕屋。

民间虽看不到宫廷内那样的排场，不过对于那些有条件的权势者来说，铺设照例也是很认真的，尤其是在举办意义重大的筵宴时，更是一点也不敢马虎，想方设法造出需要的气氛来。且看曲阜孔府寿宴的环境陈设，又是如何烘托出另一种气氛的：

> 寿宴的"境"，多用华灯四垂，红灯高照，沙灯上有"衍圣公府"四个仿宋体黑字。餐桌用乌黑闪亮的八仙桌，用以团花锦绣的桌围和椅披。室正中挂"寿"字中堂或寿星、和合二仙的名画，两边配以"人逢喜事精神爽，天时地和瑞气升"的对联。靠墙的楠木条几上，左摆古瓶，右放铜镜，中间置一楷

木如意，以象征祝福万事如意，平平（瓶）静静（镜）。[1]

宴桌上的摆设，也是极有讲究的，有时用一种"高摆"席，很有特色：

> 如果寿者德高望重，爵高位显，则上"高摆"席。所谓"高摆"，是用精美的高足器皿，内放一支用江米制成的约一尺高的圆柱体，柱体上用各种干果精工镶嵌出美丽的图案。四支"高摆"，拼出"福寿绵长"或"寿比南山"等祝词。同时上四干果（如长生仁、乐陵小枣、葡萄干、栗子），四鲜果（如香蕉、荔枝、桔子、石榴）。开宴前鸣鞭炮，奏乐，行拜寿礼。这一道"高摆"并不吃，只是为了点明主题，以烘托华丽、丰盛、高雅的宴席气氛。[2]

再如《红楼梦》第五十三回，写荣国府元宵夜宵，对环境摆设也有细致描述：

> 这边贾母花厅之上共摆了十来席。每一席旁边设一几，几上设炉瓶三事，焚着御赐百合宫香。又有八寸来长四五寸宽二三寸高的点着山石布满青苔的小盆景，俱是新鲜花卉。又有小洋漆茶盘，内放着旧窑茶杯并十锦小茶吊，里面泡着上等名茶。一色皆是紫檀透雕，嵌着大红纱透绣花卉并草字诗词的璎珞。……凡这屏上所绣之花卉，皆仿的是唐、宋、元、明各名家的折枝花卉，故其格式配色皆从雅，本来非一味浓艳匠工可比。每一枝花侧皆用古人题此花之旧句，或诗

---

① 穆永喆:《孔子与孔府饮食文化》，收入《首届中国饮食文化国际研讨会论文集》，1991年。
② 同上。

清代佚名《怡红夜宴图》（局部）

词歌赋不一，皆用黑绒绣出草字来，且字迹勾踢、转折、轻重、连断皆与笔草无异，亦不比市绣字迹板强可恨。……又有各色旧窑小瓶中都点缀着"岁寒三友""玉堂富贵"等鲜花草。

……两边大梁上，挂着一对联三聚五玻璃芙蓉彩穗灯。每一席前竖一柄漆干倒垂荷叶，叶上有烛信插着彩烛。这荷叶乃是錾珐琅的，活信可以扭转，如今皆将荷叶扭转向外，将灯影逼住全向外照，看戏分外真切。窗格门户一齐摘下，全挂彩穗各种宫灯。廊檐内外及两边游廊罩棚，将各色羊角、玻璃、戳纱、料丝，或绣，或画，或堆，或抠，或绢，或纸诸灯挂满。

由于这是一次夜宴，又是灯节，所以铺设更显华丽多姿。

六、雅兴

吃的艺术还表现在将一些或雅或俗的艺术形式引入饮食活动中，赏乐观舞历来都是高级筵宴的构成部分，这便是所谓的"乐舞侑食"。还有将游乐寓于饮食的，使人陡得味外之味，兴味盎然。

礼制完备的周代社会，已有了歌乐侑食的礼仪制度，即所谓"钟鸣鼎食"。周代开始流行的编钟，是一种编组乐器，至战国已发展到数十件乐钟为一组的编制。曾侯乙墓出土的一组编钟共六十五件，总重量达三千五百公斤。这套编钟出土后仍可演奏古今乐曲，音律宽广，音色优美，气势宏伟。与编钟一起出土的还有编磬、鼓、琴、瑟、笙和排箫等，算得上是一个规模很大的管弦乐队建制。帝王及高级贵族们进食，有庞大的乐队奏乐，口尝美味，耳听妙乐，自是美不可言。这类"饮食进行曲"令人陶醉，使整个宴饮过程变得庄重而有韵律，

战国青铜编钟，湖北随州出土

汉代宴舞图，四川成都出土

唐代李寿墓壁画乐舞图

在妙乐造就的艺术空间里，大约不常出现狂呼乱醉的不和谐音符。撞钟击鼓、以乐侑食的场景在战国铜器上有生动的刻画，它是贵族生活的一个缩影。

到了汉代，歌乐侑食的传统得到继承，而且有普遍化的发展趋势。在考古发现的汉代大量画像砖和画像石上，以及墓室壁画上，描绘着不少宴饮场景，观舞听乐常常是宴饮活动的组成部分。

唐代的宫廷筵宴，乐舞也是必备的节目，配有阵容强大的歌舞伎。《唐六典》卷十四有如下记述："凡大燕会，则设十部之伎于庭，以备华夷：一曰燕乐伎，有景云乐之舞、庆善乐之舞、破阵乐之舞、承天乐之舞；二曰清乐伎；三曰西凉伎；四曰天竺伎；五曰高丽伎；六曰龟兹伎；七曰安国伎；八曰疏勒伎；九曰高昌伎；十曰康国伎。"十部之伎，大多为西域乐舞，几乎没有唐土自己的传统乐舞，可见唐人对西域文化的推崇。连杨贵妃所跳的也都是这些西域舞蹈，统称为"胡旋舞"。胡旋舞姿，在白居易《胡旋女》一诗中有生动描写："弦鼓一声双袖举，回雪飘飘转蓬舞。左旋右转不知疲，千匝万周无已时。"敦煌壁画的宴饮场景上，有时也能见到翩跹舞人，跳的应是胡旋之类的舞蹈。

后来宋代名相寇准，也是一位胡舞的爱好者，他喜欢的是柘枝舞，沈括《梦溪笔谈》说他每会客必舞柘枝，一舞就是一整天。叶梦得《石林燕语》卷四也提及此事，说："寇莱公性豪侈，所临镇燕会，常至三十盏。必盛张乐，尤喜柘枝舞，用二十四人，每舞连数盏方毕。或谓之'柘枝颠'。"一个地道的酒徒，又是一个少见的舞迷。

宋代宫廷筵宴的乐队，也有很完整的建制。《武林旧事》卷一录有宋理宗时的"禁中寿筵乐次"，将乐器名、乐曲名、乐工名及演奏次序都写得明明白白，兹转录如下：

宋墓壁画伎乐图

天基圣节排当乐次

乐奏夹钟宫，觱篥起《万寿永无疆》引子，王恩。

上寿第一盏，觱篥起《圣寿齐天乐慢》，周润。

第二盏，笛起《帝寿昌慢》，潘俊。

第三盏，笙起《升平乐慢》，侯璋。

第四盏，方响起《万方宁慢》，余胜。

第五盏，觱篥起《永遇乐慢》，杨茂。

第六盏，笛起《寿南山慢》，卢宁。

第七盏，笙起《恋春光慢》，任荣祖。

第八盏，觱篥起《赏仙花慢》，王荣显。

第九盏，方响起《碧牡丹慢》，彭先。

第十盏，笛起《上苑春慢》，胡宁。

第十一盏，笙起《庆寿乐慢》，侯璋。

第十二盏，觱篥起《柳初新慢》，刘昌。

第十三盏，诸部合《万寿无疆薄媚》曲破。

初坐乐奏夷则宫，觱篥起《上林春》引子，王荣显。

第一盏，觱篥起《万岁梁州》曲破，齐汝贤。舞头豪俊迈，舞尾范宗茂。

第二盏，觱篥起《圣寿永》歌曲子，陆恩显。琵琶起《捧瑶卮慢》，王荣祖。

第三盏，唱《延寿长》歌曲子，李文庆。稽琴起《花梢月慢》，李松。

第四盏，玉轴琵琶独弹正黄宫《福寿永康》，宁俞达。拍，王良卿。觱篥起《庆寿新》，周润。进弹子笛哨，潘俊。杖鼓，朱尧卿。拍，王良卿。

在这之后，开始致贺寿语及口号，并演出小杂剧，名曰《君圣臣贤爨》，演员为吴师贤等，演毕要高呼"万岁"，接着继续饮酒献乐。

第五盏，笙独吹，小石角《长生宝宴乐》，侯璋。拍，张亨。笛起《降圣乐慢》，卢宁。杂剧，周朝清已下，做《三京下书》，断送《绕池游》。

第六盏，筝独弹，高双调《聚仙欢》，陈仪。拍，谢用。方响起《尧阶乐慢》，刘民和。圣花，金宝。

第七盏，玉方响独打，道调宫《圣寿永》，余胜。拍，王良卿。筝起《出墙花慢》，吴宣。杂手艺，《祝寿进香仙人》，赵喜。

第八盏，《万寿祝天基》断队。

第九盏，箫起《缕金蝉慢》，傅昌宁。笙起《托娇莺慢》，任荣祖。

第十盏，诸部合《齐天乐》曲破。

再坐第一盏，觱篥起《庆方春慢》，杨茂。笛起《延寿曲慢》，潘俊。

第二盏，筝起《月中仙慢》，侯端。嵇琴起《寿炉香慢》，李松。

第三盏，觱篥起《庆箫韶慢》，王荣祖。笙起《月明对花灯慢》，任荣祖。

第四盏，琵琶独弹，高双调《会群仙》。方响起《玉京春慢》，余胜。杂剧，何晏喜已下，做《杨饭》，断送《四时欢》。

第五盏，诸部合《老人星降黄龙》曲破。

第六盏，觱篥独吹，商角调《筵前保寿乐》。杂剧，时和已下，做《四偌少年游》，断送《贺时丰》。

第七盏，鼓笛曲，《拜舞六幺》。弄傀儡，《踢架儿》，卢逢春。

第八盏，箫独吹，双声调《玉箫声》。

第九盏，诸部合，无射宫《碎锦梁州歌头》大曲。杂手艺，《永团圆》，赵喜。

第十盏，笛独吹，高平调《庆千秋》。

第十一盏，琵琶独弹，大吕调《寿齐天》。撮弄，《寿果放生》，姚润。

第十二盏，诸部合《万寿兴隆乐》法曲。

第十三盏，方响独打，高宫《惜春》。傀儡舞，鲍老。

第十四盏，筝琶方响合缠《令神曲》。

第十五盏，诸部合，夷则羽《六幺》。巧百戏，赵喜。

第十六盏，管下独吹，无射商《柳初新》。

第十七盏，鼓板。舞绾，《寿星》，姚润。

第十八盏，诸部合《梅花伊州》。

第十九盏，笙独吹，正平调《寿长春》。傀儡，《群仙会》，卢逢春。

第二十盏，觱篥起《万花新》曲破。

这后面还详细列有参加演出的人员名单，有近三百人之多。这是一个完整的寿筵节目单，演出的曲目有近五十个，还有歌舞、魔术（即"撮弄"）、杂耍、木偶、百戏、杂剧等。这哪里是酒宴，分明是一次文艺演出，没有两个小时，怕是难得散席的。

《武林旧事》卷八录有另一折节目单，是皇后归谒家庙的"赐筵乐次"。皇后赐筵，亦如宫中筵宴那么热烈，她随带了一个规模不小的演出队，有五十八人，包括乐工、舞蹈演员和杂剧演员等。演奏的曲目，又有些不同，但也都是经过精心选择安排的。这些曲目中，用觱篥演奏的有《玉漏迟慢》《柳穿莺》《金盏倒垂莲》《献仙音》，用笛子演奏的有《真珠髻》《芳草渡》《鱼水同欢》《花犯》，用笙演奏的有《寿南山》《吴音子》，用琵琶演奏的有《倾杯乐》《寿千春》，用筝演奏的有《会群仙》，用方响演奏的有《安平乐》，合奏的有《长生乐》《喜庆》《双双燕》。由这些曲名我们可以想见节目之丰富。

明代的宫廷筵宴，分为大宴、中宴、常宴、小宴四种。筵宴的程序，见于《明史·礼志七》的记载，其中还特别强调了用乐制度：

凡大飨，尚宝司设御座于奉天殿，锦衣卫设黄麾于殿外之东西，金吾等卫设护卫官二十四人于殿东西。教坊司设九奏乐歌于殿内，设大乐于殿外，立三舞杂队于殿下。光禄寺设酒亭于御座下西，膳亭于御座下东，珍羞醯醢亭于酒膳亭之东西。设御筵于御座东西，设皇太子座于御座东，西向，诸王以次南，东西相向。群臣四品以上位于殿内，五品以下位于东西庑，司壶、尚酒、尚食各供事。

至期，仪礼司请升座。驾兴，大乐作。升座，乐止。鸣鞭，皇太子亲王上殿。文武官四品以上由东西门入，立殿中，五品以下立丹墀，赞拜如仪。光禄寺进御筵，大乐作。至御前，乐止。内官进花。光禄寺开爵注酒，诣御前，进第一爵，教坊司奏《炎精之曲》。乐作，内外官皆跪，教坊司跪奏进酒。饮毕，乐止。众官俯伏，兴，赞拜如仪。各就位坐，序班诣群臣散花。第二爵奏《皇风之曲》。乐作，光禄寺酌酒御前，序班酌群臣酒。皇帝举酒，群臣亦举酒，乐止。进汤，鼓吹响节前导，至殿外，鼓吹止。殿上乐作，群臣起立，光禄寺官进汤，群臣复坐。序班供群臣汤。皇帝举箸，群臣亦举箸，赞馔成，乐止。武舞入，奏《平定天下之舞》。第三爵奏《眷皇明之曲》。乐作，进酒如初。乐止，奏《抚安四夷之舞》。第四爵奏《天道传之曲》。进酒、进汤如初，奏《车书会同之舞》。第五爵奏《振皇纲之曲》。进酒如初，奏《百戏承应舞》。第六爵奏《金陵之曲》。进酒、进汤如初，奏《八蛮献宝舞》。第七爵奏《长杨之曲》。进酒如初，奏《采莲队子舞》。第八爵奏《芳醴之曲》。进酒、进汤如初，奏《鱼跃于渊舞》。第九爵奏《驾六龙之曲》。进酒如初。光禄寺收御爵，序班收群臣盏。进汤，进大膳，大乐作，群臣起立。进讫复坐，序班供群臣饭食。讫，赞膳成，乐止。撤膳，奏《百花队舞》。赞撤案，光禄寺撤御案，序班撤群臣案。赞宴成，群臣皆出席，北向立。赞拜如仪，群臣分东西立。仪礼司奏礼毕，驾兴，乐止，以次出。其中宴礼如前，但进七爵。常宴如中宴，但一拜三叩头，进酒或三或五而止。

其中提到的这些乐舞，也都载于《明史·乐志》，我们在此仅录一首《芳醴之曲》如下：

> 夏王厌芳醴，商汤远色声。
>
> 圣人示深戒，千春垂令名。
>
> 惟皇登九五，玉食保尊荣。
>
> 日昃不遑餐，布德延群生。
>
> 天庖具丰膳，鼎鼐事调烹。
>
> 岂但资肥甘，亦足养遐龄。
>
> 达人悟兹理，恒令五气平。
>
> 随时知有节，昭哉天道行。

这比起那些满篇歌功颂德、福寿无疆的文字，显然更有用处些。帝王能允许在宴饮时歌唱这些劝诫性的词句，应当说是很难得的。乐声赋予筵宴的，除了那种热烈的气氛，还有一种稳健的节奏，音乐的旋律成了筵宴进行的路标。

为饮食活动助兴，除了大型的歌乐剧舞，还有一些游乐活动，如投壶、博戏等，我们在说酒时提到过，这里不再复述。此外，历代还创造有不少雅致的饮食方法，甚至将游戏方式引入饮食活动，增加许多乐趣，使人在饱腹之时精神也得到愉悦，达到和神娱肠的目的。

以游戏的胜负作为罚酒的手段，可以增加筵宴的热烈气氛，增强投入意识，使与宴者的兴趣都能集中到一个焦点上。《云仙杂记》引《妆楼记》述及唐代这样一件事，便是将赏罚手段引入饮食活动的一个例子：

> 洛阳人有妓乐者，三月三日结钱为龙、为帘，作"钱龙宴"。四围则撒真珠，厚盈数寸，以斑螺令妓女酌之。仍各具

数，得双者为"吉妓"，乃作"双珠宴"，以劳主人。又各令
作饧缓带，以一九饧舒之，可长三尺者，赏金菱角，不能者
罚酒。

有金钱，有美女，这是一种相当富丽的筵宴，非大贾富商，怕是
没有能力常常举办的。还有一些比较雅致的游乐活动，将游戏与饮食
结合在一起，使人产生浓厚的兴趣。例如《因话录》提到唐代宰相李
宗闵设宴，有以荷杯行酒的情节，就很有趣味：

靖安李少师……善饮酒。暑月临水，以荷为杯，满酌密系，
持近人口，以箸刺之，不尽则重饮。燕散，有人言昨饮大欢者，
公曰："今日言欢，则明前之不欢，无论好恶，一不得言。"

荷叶为杯，以筷子刺孔而饮，还不准洒漏，否则要挨罚，挨罚者
当不在少数，皆大欢喜。以荷叶为杯的饮法最早出现在曹魏时代，以
簪刺透叶柄，以荷柄为管吸饮，称为"碧筒杯"。(《酉阳杂俎》) 苏东
坡亦好此戏，并有诗记其趣，言"碧筒时作象鼻弯，白酒微带荷心苦"
[《泛舟城南，会者五人，分韵赋诗，得"人皆苦炎"字四首》(其

宋代耀州窑青釉荷叶高足盘

明代犀角碧筒杯

碧筒荷叶

三）]。林洪《山家清供》称为"碧筒酒"，以为暑月泛舟，风薰日炽，畅饮碧筒，"真佳适也"。

吃瓜，古人有时也能吃出一些新的名堂来。《清异录》说，五代吴越有一种雪上瓜，"钱氏子弟逃暑，取一瓜，各言子之的数，言定剖观，负者张宴，谓之'瓜战'"。这种瓜的子可能有较为固定的数目，猜中的人应为多数，否则都猜不中，都是负者，等于没猜，不能确定该谁出钱请客。同是吃瓜，还有借这机会比试学识的，又是另一种趣味。如《挥麈录》说：

> 宣和中，蔡居安提举秘书省。夏日，会馆职于道山，食瓜。居安令坐上征瓜事，各疏所忆，每一条食一片。坐客不敢尽言，居安所征为优。欲毕，校书郎董彦远连征数事，皆所未闻，悉有据依，咸叹服之。

要想尝瓜，你得先讲一个关于瓜的故事，还要有根有据，讲一个故事吃一片瓜。蔡居安名攸，为权奸蔡京之子，他出这个主意，事先大概有所准备，所以他讲的故事最有趣，他的同僚有碍面子，不敢畅所欲言，宁可少吃几片瓜，也要让主人争这个先。唯有校书郎董彦远不论这个，讲了个痛快，一定也吃了个痛快。大家佩服他的不仅是学识，还有他的胆量。

传花，在古时也常常作为筵宴上的一个有趣的节目，我们在谈酒令时已述及。《红楼梦》提到贾府每在元宵、中秋击鼓传花，罚酒说笑，这个玩法在现实生活中还能见到。古时还有数花罚酒和斗花买宴的故事，也值得一提。叶梦得《避暑录话》说，欧阳修在扬州作平山堂，十分壮丽，有"淮南第一堂"之誉。他每在暑天，凌晨时带客人前往游观，并设宴款待。令人"取荷花千余朵，以画盆分插百许盆，与客相间。遇酒行即遣妓取一花传客，以次摘其叶，尽处则饮酒，往往侵夜载月而归"。这也是传花之戏，只是不用击鼓，接花后摘取一片花叶，叶尽之时便是罚酒之时。斗花买宴事，读《清异录》便可知晓：

> 刘铢在国，春深令宫人斗花。凌晨开后苑，各任采择。少顷，敕还宫，锁苑门，膳讫，普集，角胜负于殿中。宦士抱关，宫人出入皆搜怀袖，置楼罗历以验姓名，法制甚严，时号"花禁"。负者献要金要银买燕。

摘的花儿不美，你就得献上金银首饰为皇上买宴。五代十国时期南汉国君刘铢的这个做法，说是雅，但办得并不雅，宫人要想作弊是不成的，有搜身之虞，严厉的"花禁"带来的除了丰盛的筵宴，也许还有载道的怨声。

大约花与果更能引人进入高雅的境界，所以人们对花果的兴致总是那么高，宴饮的花样也就常常能翻新了，让我们再举几个例子。陶宗仪《南村辍耕录》说，有一种将酒杯放入荷花内再进饮的新奇方法，作者亲口体味过，感觉很不错：

> 折正开荷花，置小金卮于其中，命歌姬捧以行酒。客就
> 姬取花，左手执枝，右手分开花瓣，以口就饮。其风致又过
> 碧筒远甚，余因名为"解语杯"。

饮者闻到的有酒香、荷花香，清醇的感觉一定很美。唐人称荷花为"解语花"，所以这里就有了"解语杯"的雅名。

古人还有直接以果壳作杯饮酒的，也极是雅致。林洪《山家清供》提及的"香圆杯"便是，他说："谢益斋不嗜酒，常有'不饮但能著醉'之句。一日，书余琴罢，命左右剖香圆作二杯，刻以花，温上所赐酒以劝客，清芬霭然，使人觉金樽玉斝皆埃溘之矣。"香圆果为长圆形，味酸不美，剖作酒杯，美在金玉之上，所言雅致而已。《清异录》还提到五代后唐国君以新橘皮作"软金杯"事，国君高兴了，还拿这橘杯恩赐近侍，作为褒奖。

没有花果，石块也可以成为寄寓情趣的对象。明人于慎行《谷山笔麈》记官至吏部尚书的杨巍，就有这种雅致。于氏自己曾仿照杨巍的样子，不酬石块而酹菊花，也极有情趣。书中这样写道：

> 杨公好奇，多雅致，平生宦游所历名山，皆取其一卷石
> 以归，久之积石成小山，闲时举酒酬石，每石一种，与酒一
> 杯，亦自饮也。予慕其事而无石可浇，山园种菊二十余本，
> 菊花盛开，无可共饮，独造花下，每花一种，与酒一杯，自
> 饮一杯，凡酬二十许者，径醉矣。

雅兴也不一定非要借题发挥不可，离了花果山石也成。《世说新语·捷悟》说，有人送了曹操一杯乳酪，曹操尝了一小口后，在杯盖上题了一个"合"字，将杯子递给座中人看。大家看着杯子直愣神，不知是什么意思，谁也不敢动那杯子。到了杨修，他大模大样端起杯

子就吃了一口，说："曹公是让咱们一人来一口，你们犯什么嘀咕！"原来曹操写的那"合"字，拆开来便是"人一口"。看来曹操还有一种幽默感，让僚属尝了美味，开了心。

说到幽默，文人在饮食活动中更有尽兴的发挥，留下不少千古佳话。明代郎瑛《七修类稿》卷五十一收录了以下两个例子，可算是绝妙的饮食幽默：

> 昔人请客，柬以具馔二十七味，客至则惟煮韭、炒韭、姜醋韭耳。客曰："适云二十七味，何一菜乎？"主曰："三韭非二十七耶！"钱穆父尝请东坡食皛饭，子瞻以为必精洁之物，至则饭一盂、萝卜一碟、白汤一盏，坡笑曰："此三白之为皛耶？"相对哄然。

"三韭"故事出在南齐人庾杲之身上，庾为尚书驾部郎时，"清贫自业，食唯有韭菹、瀹韭、生韭杂菜。或戏之曰：'谁谓庾郎贫，食鲑常有二十七种。'言三九也"（《南齐书·庾杲之传》）。

"三白"之事，苏东坡一人就曾两度经历过，一次是与钱勰（穆父）共享，一次是与刘攽（贡父）合餐。对后一个故事，明代张鼎思《琅邪代醉编》有较详细的述说，事情是这样的：

苏东坡有一次对刘贡父说："从前我曾有幸与人（当是指钱穆父）共享'三白'，觉得十分香美，当时简直不再相信世间有什么八珍之馔。"贡父问这"三白"究竟是什么美味，东坡答道："是一撮盐，一碟生萝卜，一碗饭。"原来是用生萝卜就盐佐饭，逗得贡父大笑不止。

此后过了许久，刘贡父下了一帖请柬，邀苏东坡吃皛饭。东坡没加思索，以为刘贡父读书多，学问大，皛饭一定出自什么典故，于是欣然前往。到了刘家一瞧，看到食案上只摆有萝卜、白盐、米饭，这才明白贡父是以"三白"的旧事开玩笑，于是操起碗筷，几乎是一扫而光。东坡起驾回府时，对贡父也发出了一个邀请："明日请到我家来，当准备毳饭招待。"

贡父明知这是戏言，只是不解毳饭究竟为何物，次日还是兴冲冲地到了苏府。二人见面，谈笑很久，过了中午，还不见设食。贡父饿得不行了，张口要饭吃，东坡不动声色，让他再等一会儿。如此再三，东坡回答如故。贡父急了，说是饿得实在受不了，这时只听东坡慢慢地说："盐也毛，萝卜也毛，饭也毛，这不是毳饭是什么？""毛"，"无"也，意为：盐无，萝卜无，饭也无，三无谓之"三毛"，也就成了毳饭了。贡父听了，捧腹大笑道："我想先生一定会找机会回报我那皛饭的，只是没想到有这么一回事。"不过，玩笑之后，东坡还是摆了实实在在的筵席，刘贡父饮到很晚才离去。

"三白"早在唐代便是贫苦人家清淡饮食的代称，杨晔《膳夫经手录》说："萝卜，贫窭之家与盐、饭偕行，号为'三白'。"宋代文人以"三白"相戏，为的是让饮食生活增加一点色彩，多得一种兴味，并非真的想追求那种清苦的生活。

兴致何以为雅？具有不同经历的人，认识会有明显的不同，难求一律。有喜热烈的，也有爱清静的，难分高下。唐代有名的高僧懒残，懒而爱吃残羹剩饭，故有此名。据《山家清供》说，懒残深夜围着炉火烤芋头吃，有人来请，他一口回绝："尚无情绪收寒涕，那得工夫伴俗人。"现在连冷天冻出来的鼻涕都顾不得擦，哪还有功夫去应付俗里俗气的人呢？另外还有隐士作诗一首，云："深夜一炉火，浑家团栾坐。煨得芋头熟，天子不如我。"围炉等着芋头熟，便觉得真命天子也该羡慕他了。又如清人陈澧，不追求那样的新奇之雅，却满足于幽境的清兴，有《秋夜即事》诗为证：

中秋一醉不嫌迟，莫负今宵把酒卮。

人有幽怀爱深夜，天将明月答新诗。

四山雨气全成水，一桁楼阴倒入池。

野鹤闲鸥都睡了，此时清兴有谁知？

谁知？他知，我晓，你未必明了。

七、绝咏

　　饮食是一个选择与获取营养的过程，或者说是一种"索取"行为。高层次的饮食活动，却不是一种单纯的索取行为，并不以味觉、视觉等感官享受为终结，它还有一种复杂的思维过程，思维的结果要抒发出来，让别人也知道，这是一种"给予"行为。抒发出来的感受是复杂的，形式也是多样的，有诗词歌赋，也有小札散记，有记述食事活动的，也有歌咏食物的，还有抒发情怀的。千百年来流传的那些名篇佳作，相当一部分与饮食有关，它们也像美味佳肴似的，一样脍炙人口，对它们反复咀嚼，总有新味。

　　古来有一类筵宴，以吟诗联句作为主要活动，食与诗是融成一体的，多见于御筵和文人们的聚会，可以充分展示中国文化的光彩。据《三辅黄图》说，汉武帝于元鼎二年（公元前 115 年），以香柏为梁，筑柏梁台。元封三年（公元前 108 年），武帝在柏梁台上置酒，诏群臣赋诗。君臣联句，为一盛事，据说凡能为七言诗者乃可得上座。当时吟诵的诗章已不可晓，后人有过伪作，并称其为"柏梁体"。汉以后的历代帝王，有不少类似的君臣联句赋诗的宴饮活动，所吟之诗自然也就是"柏梁体"了。

　　例如唐高宗于仪凤三年（678 年）秋七月，"宴近臣诸亲于咸亨殿。……因赋七言诗效'柏梁体'，侍臣并和"（《旧唐书·高宗本纪》)。御筵上饮酒赋诗，歌功颂德的词句用得最多，少有新意，佳句不多。又多是急就章，不犯上就可交差，否则要罚酒的，作品也就没有太大生命力了。唐中宗李显在景龙三年（709年）重阳日与群臣于临渭亭登高，赋诗欢饮，"人题四韵，同赋五言，其最后成，罚之引满"。事见《全唐诗话》，与宴者诗录如下：

> 韦安石得"枝"字，云："金风飘菊蕊，玉露泫莨枝。"
> 苏瓌得"晖"字，云："恩深答效浅，留醉奉宸晖。"
> 李峤得"欢"字，云："令节三秋晚，重阳九日欢。"
> 萧至忠得"余"字，云："宠极莨房遍，恩深菊醑余。"
> 窦希玠得"明"字，云："九辰陪圣膳，万岁奉承明。"
> 韦嗣立得"深"字，云："愿陪欢乐事，长与岁时深。"
> 李迥秀得"风"字，云："霁云开晓日，仙藻丽秋风。"
> 赵彦伯得"花"字，云："簪挂丹莨蕊，杯涵紫菊花。"
> 杨廉得"亭"字，云："远日瞩秦垌，重阳坐灞亭。"
> 岑羲得"涘"字，云："爱豫瞩秦垌，升高临灞涘。"
> 卢藏用得"开"字，云："莨依珮里发，菊向酒边开。"
> 李咸得"直"字，云："菊黄迎酒泛，松翠凌霜直。"
> 阎朝隐得"筵"字，云："簪绂趋皇极，笙歌接御筵。"
> 沈佺期得"长"字，云："臣欢重九庆，日月奉天长。"
> 薛稷得"历"字，云："愿陪九九辰，长奉千千历。"
> 苏颋得"时"字，云："年数登高日，延龄命赏时。"
> 李乂得"浓"字，云："捧篚莨香遍，称觞菊气浓。"
> 马怀素得"酒"字，云："兰将叶布席，菊用香浮酒。"
> 陆景初得"臣"字，云："登高识汉苑，问道侍轩臣。"
> 韦元旦得"月"字，云："云物开千里，天行乘九月。"
> 李适得"高"字，云："禁苑秋光入，宸游霁色高。"

郑南金得"日"字，云："风起韵虞弦，云开吐尧日。"

于经野得"樽"字，云："桂筵罗玉俎，菊醴溢芳樽。"

卢怀慎得"还"字，云："鹤似闻琴至，人疑宴镐还。"

是宴也，韦安石、苏瓌诗先成。于经野、卢怀慎最后成，罚酒。

唐代以后，宫廷内的这种最高级别的宴饮联句活动时常举行，皇帝们希望通过这种形式形成君臣同乐的气氛。如《宋史·礼志十六》所记：

（雍熙）三年（986年）十二月一日，大雨雪，帝喜，御玉华殿，召宰臣及近臣谓曰："春夏以来，未尝饮酒，今得此嘉雪，思与卿等同醉。"又出御制雪诗，令侍臣属和。

又如《清稗类钞·康熙两上元盛典》说：

康熙壬戌（1682年）元夕前一日，圣祖绘群臣于乾清宫，作升旁嘉宴诗，人各一句，七字同韵，仿"柏梁体"。上首唱曰："丽日和风被万方。"以次而及满大学士勒德洪、明珠，皆拜辞不能。上为代二句曰："卿云烂漫弥紫阊，一堂喜起歌明良。"且戏曰："二卿当各釂一觞以酹朕劳。"勒德洪果捧觞叩首谢。

真正能尽情抒发胸襟的聚会，还是那些文人雅士的宴集，其中最值得说道的，则是发生在公元4世纪中叶的兰亭会。《晋书·王羲之传》说："会稽有佳山水，名士多居之，谢安未仕时亦居焉。孙绰、李充、许询、支遁等皆以文义冠世，并筑室东土，与羲之同好。尝与同志宴集于会稽山阴之兰亭，羲之自为之序以申其志。"王羲之的《兰亭序》，文美字佳，后代视为传家之宝，至唐时则作为国宝，成了唐太宗的随葬品。其文曰：

> 永和九年（353 年），岁在癸丑，暮春之初，会于会稽山阴之兰亭，修禊事也。群贤毕至，少长咸集。此地有崇山峻岭，茂林修竹，又有清流激湍，映带左右，引以为流觞曲水，列坐其次。虽无丝竹管弦之盛，一觞一咏，亦足以畅叙幽情。
>
> 是日也，天朗气清，惠风和畅，仰观宇宙之大，俯察品类之盛，所以游目骋怀，足以极视听之娱，信可乐也。

兰亭会是借上巳节的传统祓禊仪俗举行的一次规模盛大的宴集，与会者多达四十一人，都是以"文义冠世"的名士。我想在此抄录几首当时名士们写成的诗章，借以窥视诗人的胸怀：

> 携笔落云藻，微言剖纤毫。
> 时珍岂不甘，忘味在闻韶。
>
> ——孙绰
>
> 松竹挺岩崖，幽涧激清流。
> 消散肆情志，酣畅豁滞忧。
>
> ——王玄之
>
> 林荣其郁，浪激其隈。
> 泛泛轻觞，载欣载怀。
>
> ——华茂

明代文徵明《兰亭修禊图》

清响拟丝竹，班荆对绮疏。

零觞飞曲津，欢然朱颜舒。

——徐丰之

　　唐宋时代，文人聚宴亦常有之，流传下来不少佳话。以宴饮作为聚会的形式，吟诗作文以会友，古称"文酒会""文会"或"文字饮"。"君子以文会友"，《论语·颜渊》已有是文。曹植有《箜篌引》曰："置酒高殿上，亲友从我游。中厨办丰膳，烹羊宰肥牛。"当是文会的写照。文会之名，较早见于《南史·儒林列传》，说顾越无心仕进，"栖隐于武丘山，与吴兴沈炯、同郡张种、会稽孔奂等，每为文会"。《开元天宝遗事》说，有一年八月十五日，苏颋等在宫中直宿，长天无云，月色如昼，"诸学士玩月，备文字之酒宴"，学士们借赏月抒发情怀，喜明月清光可爱，竟撤去灯烛欢宴至深夜。唐人常行"九老会"之类，也即为文会。又有所谓"四公会"，为白居易等人举行的一次诗酒会，见于五代何光远的《鉴诫录》卷七：

长庆中，元微之、刘梦得、韦楚客同会白乐天之居，论南朝兴废之事。乐天曰："古者言之不足，故嗟叹之；嗟叹之不足，故咏歌之。今群公毕集，不可徒然，请各赋《金陵怀古》一篇，韵则任意择用。"时梦得方在郎署，元公已在翰林，刘骋其俊才，略无逊让，满斟一巨杯，请为首唱。饮讫，不劳思忖，一笔而成。白公览诗曰："四人探骊，吾子先获其珠，所余鳞甲何用？"三公于是罢唱，但取刘诗吟味竟日，沉醉而散。

　　唐人不少诗篇都写成于文会，也有不少诗篇叙述了文会，如姚合《早夏郡楼宴集》诗即属后者，诗云："晓日襟前度，微风酒上生。城中会难得，扫壁各书名。"

　　以文会友，既会旧友，亦交新朋。"相逢何必曾相识"，诵吟一诗，也就算认识了。《岁时广记》引述了《云斋广录》中的这样一个故事：唐时侯穆有诗名，一次寒食郊游，看见几个年轻人在梨花下饮酒，他也长揖就座。大家都拿他取笑，有人建议各赋梨花诗，侯穆得"愁"字，他立时吟了一首，诗云："共饮梨花下，梨花插满头。清香来玉树，白蚁泛金瓯。妆靓青娥妒，光凝粉蝶羞。年年寒食夜，吟绕不胜愁。"众人听了，竟不敢再作诗了，忙请侯穆饮酒。

　　不少纨绔子弟并不读书，当然也作不成诗，他们不懂"文字饮"，吃喝玩乐而已。韩愈有《醉赠张秘书》诗云："长安众富儿，盘馔罗膻荤。不解文字饮，惟能醉红裙。"诗中刺讽的，正是那些不学无术的人。附庸风雅者，也常常有之。安禄山食樱桃，作《樱桃诗》曰："樱桃一篮子，半青一半黄。一半寄怀王，一半寄周贽。"有人出于好心，让他把三、四两句掉个位置，以为这样才协韵。这个安禄山听了这话，气大了，说："怎么能让周贽压在我儿上头呢！"(《避暑录话》) 怀王是他儿子，自当先吃樱桃，还管什么协韵不协韵呢。

文会也好，独酌也罢，无酒食不成诗文，一般是一边享用美酒佳肴，一边吟诗作文。《唐摭言》说唐人段维爱吃煎饼，一饼熟成一韵诗。许多诗人也都是一边饮酒一边吟诗的，清人唐宴《饮酒》诗其六说："酒为翰墨胆，力可夺三军。"美酒可助美诗成，有下列诗句为证：

李白一斗诗百篇，长安市上酒家眠。

——杜甫《饮中八仙歌》

李白能诗复能酒，我今百杯复千首。

——唐寅《把酒对月歌》

俯仰各有态，得酒诗自成。

——苏轼《和陶饮酒二十首（其三）》

一曲新词酒一杯……

——晏殊《浣溪沙》

湿酒浇枯肠，戢戢生小诗。

——唐庚《与舍弟饮二首（其二）》

饮中有妙旨，凭诗斟酌之。

——唐宴《饮酒（其八）》

不论善不善饮，许多人都有这样的经验：当血液中酒精含量到了一定程度（或说为千分之二）时，话就多起来了。如果是诗人，这时便开始进入创作的最佳状态，《遵生八笺》提及宋代邵雍正是如此，他喜欢饮酒，视酒为"太和汤"，"饮不过多，不喜太醉。其诗曰：'饮未微酡，自先吟哦。吟哦不足，遂及浩歌。'"邵雍另一首《安乐窝》诗，有"美酒饮教微醉后，好花看到半开时"句，表达的也是这样一种意境。不过微醉与大醉之间，距离实际并不很远，其中的分寸并不十分好把握住，还得有一种意志力。

会饮吟诗，在一些封建家族的小范围内也有时兴，小说《红楼梦》中屡屡提及贾府举行的这类活动，应当是现实生活的写照。第三十八回写贾府秋日赏桂花吃螃蟹，参与者虽为钗裙之辈，但可以肯定她们学的是士大夫们的样子，吃喝玩赏之外，也要作诗。吃蟹肉要蘸姜醋，饮黄酒，林黛玉饮的是合欢花浸的烧酒，与众不同。席间，众人作菊花诗比高低，宝玉则吟成《螃蟹咏》，当即提笔挥出：

> 持螯更喜桂阴凉，泼醋擂姜兴欲狂。
> 饕餮王孙应有酒，横行公子却无肠。
> 脐间积冷馋忘忌，指上沾腥洗尚香。
> 原为世人美口腹，坡仙曾笑一生忙。

黛玉瞧不上宝玉的诗，当即也写成一首。薛宝钗亦不甘示弱，才写出几句，众人不禁叫绝，诗云：

> 桂霭桐阴坐举觞，长安涎口盼重阳。
> 眼前道路无经纬，皮里春秋空黑黄。
> 酒未敌腥还用菊，性防积冷定须姜。
> 于今落釜成何益，月浦空余禾黍香。

这被作者曹雪芹借书中人之口称为"食螃蟹绝唱"的诗句，将吃螃蟹的诀窍都清楚地道了出来，可谓匠心独具。

古代流传下来的诗文中，还有不少也是述食法、叙食事、咏食物的，很值得读一读。明代诗人兼画家李流芳，写过一首《煮莼歌》，记述的是他第一次食莼菜的经历与感受，写得生动，读来亲切：

怪我生长居江东，不识江东莼菜美。

今年四月来西湖，西湖莼生满湖水。

朝朝暮暮来采莼，西湖城中无一人。

西湖莼菜萧山卖，千担万担湘湖滨。

吾友数人偏好事，时呼轻舸致此味。

柔花嫩叶出水新，小摘轻腌杂生气。

微施姜桂犹清真，未下盐豉已高贵。

吾家平头解烹煮，间出新意殊可喜。

一朝能作千里羹，顿使吾徒摇食指。

琉璃碗盛碧玉光，五味纷错生馨香。

出盘四座已叹息，举箸不敢争先尝。

浅斟细嚼意未足，指点杯盘恋余馥。

但知脆滑利齿牙，不觉清虚累口腹。

血肉腥臊草木苦，此味超然离品目。

京师黄芽软似酥，家园燕笋白于玉。

差堪与汝为执友，菁根杞苗皆臣仆。

君不见区区芋魁亦遭逢，西湖莼生人不顾。

季鹰之后有吾徒，此物千年免沉锢。

君为我饮我作歌，得此十斗不足多。

世人耳食不贵近，更须远把湘湖波。

莼菜即水葵，南方许多地方都有出产，以吴中所产为美。莼菜嫩叶为美，与鲈鱼同釜，名为"莼羹鲈脍"，为至上妙品。西晋文学家张翰，本在洛都为官，秋风一起，思乡心切，想起了吴中菰菜、莼羹、鲈脍，卷起行囊，辞官回到江南。(《晋书·张翰传》)他的辞官，避杀身之祸是真，思莼鲈之美也是实，他还写过一曲《思吴江歌》，更显真切：

> 秋风起兮佳景时，吴江水兮鲈鱼肥。
> 三千里兮家未归，恨难得兮仰天悲。

我曾在北京吃过罐头包装的莼羹，那味道确实不同一般，鲜莼味当更足。有了这种体味，再读白居易"秋风一箸鲈鱼鲙，张翰摇头唤不回"(《寄杨六侍郎》)的诗句，那感觉就明显不同了。

食法入诗，屡见不鲜。清人梁章钜《浪迹三谈》卷五有《食单四约》，即属此类。作者在书中写道：

> 忆余藩牧吴中时，韩桂舲尚书与石琢堂廉访、朱兰坡侍讲举消寒会，有食单四约，云"早、少、烂、热"。……是时韩与石皆大年，善颐养，约同人各以诗纪之，余诗云：
> 振衣难俟日高舂，速客盘筵礼数恭。
> 朝气最佳宜燕衎，寒庖能俭亦从容。
> 午餐迟笑雷鸣腹，卯饮清如雪饫胸。
> 触我春明旧时梦，禁庐会食正晨钟。(早)
>
> 百年不厌腐儒餐，方丈能无愧此官？
> 五簋好遵先辈约，万钱休议古人单。
> 艰难食货应加节，真率宾朋易尽欢。
> 愿与吴侬返淳朴，岂徒物命慎摧残。(少)

无烦砺齿要和脾，老去都存软饱思。

莫等熊蹯滋口实，何妨羊胃混时宜。

调和烹饪皆归礼，歌咏燔炰本入诗。

仙诀也须凭火候，漫夸煮石便忘饥。（烂）

大都作法不宜凉，何况尊生服食方。

悦口本无嫌炙手，平心刚好称披肠。

残杯世界春常驻，冷灶门风客共忘。

独有名场惭翁翁，年来肝肺已如霜。（热）

　　老年人的健康长寿，饮食卫生是很重要的，此诗所咏"早、少、烂、热"，道出了老人饮食的四个要诀。

　　多多食粥，古人也认为是老年保健的重要方法，所以陆游有《食粥》诗曰："世人个个学长年，不悟长年在目前。我得宛丘平易法，只将食粥致神仙。"清人阮葵生《茶余客话》中有《粥赞》一节，录及几首粥诗，也颇有意蕴：

　　　　陈海昌相国尝诵《煮粥诗》云："煮饭何如煮粥强，好同儿女细商量。一升可作三升用，两日堪为六日粮。有客只须添水火，无钱不必做羹汤。莫嫌淡泊少滋味，淡泊之中滋味长。"①浅语有味。己丑夏日，禾中魏松涛作《吃粥诗》，予和之云："香于酪乳腻于茶，一味和融润齿牙。惜米不妨添菉豆，佐餐少许抹盐瓜。匙抄饱任先生馔，瓢饮清宜处士家。惟恐妻儿嫌味薄，十分嗟赏自矜夸。淘沙频汲井华清，不假酸咸杂鼎烹。暖食定应胜麦饭，加餐并可减藜羹。居然

---

①　此诗或以为明代张方贤所作，见《古今图书集成·经济汇编·食货典》第二百六十六卷。

入口融无哽，不碍沾唇呷有声。客到但宜多著水，木瓢和罢瓦盆盛。"

说到吃粥，古今人都爱豆粥，赤豆、绿豆，均可入粥，确实有明显的保健作用。但豆粥要煮好，还要得法，于是诗人将煮粥之法写成诗，读来明明白白，有声有色。如宋释德洪，就曾写成《豆粥》诗，写的便是具体的烹法：

> 出碓新粳明玉粒，落丛小豆枫叶赤。
> 井花洗粳勿去其，沙瓶煮豆须弥日。
> 五更锅面沤起灭，秋沼隆隆疏雨集。
> 急除烈焰看徐搅，豆才亦趁洄涡入。
> 须臾大杓传净瓷，浪寒不兴色如栗。
> 食余偏称地炉眠，白灰红火光蒙密。
> 金谷宾朋怪咄嗟，蒌亭君臣相记忆。
> 我今万事不知他，但觉铜瓶蚯蚓泣。

该诗述及豆粥的原料、烹煮时间、火候，以及食者的感受，而且还没忘了引述两个食粥的历史典故。又有明代苏平的《豆腐》诗，描述了豆腐制作的工艺流程，简单明了：

> 传得淮南术最佳，皮肤褪尽见精华。
> 一轮磨上流琼液，百沸汤中滚雪花。
> 瓦缶浸来蟾有影，金刀剖破玉无瑕。
> 个中滋味谁知得，多在僧家与道家。

诗人陆游的诗中，也有一些是直接记述食物烹制方法的，如《食荠十韵》，读来也很有滋味：

　　舍东种早韭，生计似庾郎。[①]

　　舍西种小果，戏学蚕丛乡。

　　惟荠天所赐，青青被陵冈。

　　珍美屏盐酪，耿介凌雪霜。

　　采撷无阙日，烹饪有秘方。

　　候火地炉暖，加糁沙钵香。

　　尚嫌杂笋蕨，而况污膏粱。

　　炊粳及煮饼，得此生辉光。

　　吾馋实易足，扪腹喜欲狂。

　　一扫万钱食，终老稽山旁。

　　古代许多诗人都写过田园诗，不少田园诗免不了要取时令食物为题材，读来轻松自如，感觉气息清新。宋代范成大《四时田园杂兴六十首》就很有韵味，让我们来欣赏其中的几首：

　　桑下春蔬绿满畦，菘心青嫩芥薹肥。

　　溪头洗择店头卖，日暮裹盐沽酒归。

　　　　　　　　　　　　　　——《春日》

　　紫青莼菜卷荷香，玉雪芹芽拔薤长。

　　自撷溪毛充晚供，短篷风雨宿横塘。

　　海雨江风浪作堆，时新鱼菜逐春回。

---

① 指庾杲之食"三韭"事，见前文。

荻芽抽笋河鲀上，楝子开花石首来。

——《晚春》

二麦俱秋斗百钱，田家唤作小丰年。
饼炉饭甑无饥色，接到西风熟稻天。

——《夏日》

细捣枨斋买鲙鱼，西风吹上四腮鲈。
雪松酥腻千丝缕，除却松江到处无。

——《秋日》

榾柮无烟雪夜长，地炉煨酒暖如汤。
莫嗔老妇无盘饤，笑指灰中芋栗香。

——《冬日》

  酸菜、咸菜乃至豆豉，也都有入诗的。明末清初文学家吴懋谦有《喜月珂上人惠豆豉》诗曰，"提馌饷山家，山僧意独加。色甜堪晚饭，香滑佐流霞"，赞赏了豆豉的色味两佳。陆游的《咸齑十韵》，歌咏了腌菜和乡村生活：

九月十月屋瓦霜，家人共畏畦蔬黄。
小罂大瓮盛涤濯，青菘绿韭谨蓄藏。
天气初寒手诀妙，吴盐正白山泉香。
挟书旁观稚子喜，洗刀竭作厨人忙。
园丁无事卧曝日，弃叶狼籍堆空廊。
泥为缄封糠作火，守护不敢非时尝。
人生各自有贵贱，百花开时促高宴。

刘伶病醒相如渴，长鱼大肉何由荐。

冻齑此际价千金，不数狐泉槐叶面。

摩挲便腹一欣然，作歌聊续冰壶传。

范仲淹也歌咏过腌菜，作了一篇《齑赋》，赋曰"陶家瓮内，淹成碧绿青黄；措大口中，嚼出宫商角徵"，有色有声，可谓妙绝。用诙谐手法来记述饮食活动和描述食物特征，古代例子并不算多，但奇文并非没有，明代郎瑛《七修类稿》卷五十就录有一例：

嘉靖乙巳（1545年），天下十荒八九，吾浙百物腾涌，米石一两五钱。时疫大行，饿莩横道。予友金玉泉珊除夜作二转语……：

年去年来来去忙，不饮千觞饮百觞。

今年若还要酒吃，除却酒边酉字旁。（饮水也）

年去年来来去忙，不杀鹅时也杀羊。

今年若还要鹅吃，除却鹅边鸟字旁。（杀我也）

"酒"去酉为"水"，"鹅"去鸟为"我"。没有酒饮，只能喝水；没有鹅吃，没准饿死。无吃无喝，还有如此雅兴，委实难得。又如苏东坡的《谢鲁元翰寄暖肚饼》一文，读来亦十分生动，趣味非常：

公昔遗余以暖肚饼，其直万钱。我今报公亦以暖肚饼，其价不可言。中空而无眼，故不漏；上直而无耳，故不悬；以活泼泼为内，非汤非水；以赤历历为外，非铜非铅；以念念不忘为项，不解不缚；以了了常知为腹，不方不圆。到希领取，如不肯承当，却以见还。

以"老饕"自命的苏东坡，还作有一篇《老饕赋》，以轻松活泼的笔调描述了一个较完整的宴饮活动过程，是古时少有的佳作。赋曰：

庖丁鼓刀，易牙烹熬。水欲新而釜欲洁，火恶陈而薪恶劳。九蒸暴而日燥，百上下而汤鏖。尝项上之一脔，嚼霜前之两螯。烂樱珠之煎蜜，滃杏酪之蒸糕。蛤半熟而含酒，蟹微生而带糟。盖聚物之天美，以养吾之老饕。

婉彼姬姜，颜如李桃。弹湘妃之玉瑟，鼓帝子之云璈。命仙人之萼绿华，舞古曲之郁轮袍。引南海之玻璃，酌凉州之蒲萄。愿先生之耆寿，分余沥于两髦。候红潮于玉颊，惊暖响于檀槽。忽累珠之妙唱，抽独茧之长缫。闵手倦而少休，疑吻燥而当膏。倒一缸之雪乳，列百椀之琼艘。各眼滟于秋水，咸骨醉于春醪。

美人告去已而云散，先生方兀然而禅逃。响松风于蟹眼，浮雪花于兔毫。先生一笑而起，渺海阔而天高。

在古代的诗词歌赋中，还有大量写成于酒后食毕的抒情言志作品，可以用俯拾即是、不胜枚举这样的词来形容，其中也不乏千古绝唱。我们在此准备只援引唐诗宋词各一首，一首言志，一首抒情，以窥古人情怀。唐诗为李白《宣州谢朓楼饯别校书叔云》，是作者送别族叔李云时发出的感叹：

弃我去者，昨日之日不可留。
乱我心者，今日之日多烦忧。
长风万里送秋雁，对此可以酣高楼。
蓬莱文章建安骨，中间小谢又清发。
俱怀逸兴壮思飞，欲上青天览日月。

宋代佚名《夜宴图》(局部)

抽刀断水水更流，举杯销愁愁更愁。

人生在世不称意，明朝散发弄扁舟。

宋词是苏轼的《水调歌头》，是作者中秋夜饮酒赏月、怀念亲人时的幽思：

明月几时有，把酒问青天。不知天上宫阙，今夕是何年。我欲乘风归去，又恐琼楼玉宇，高处不胜寒。起舞弄清影，何似在人间。　　转朱阁，低绮户，照无眠。不应有恨，何事长向别时圆。人有悲欢离合，月有阴晴圆缺，此事古难全。但愿人长久，千里共婵娟。

在俗文学中，饮食活动及美味佳肴也常常是歌唱的对象。如清代《百本张抄本子弟书》引北平俗曲《梨园馆》云：

忽听得一声"摆酒"答应"是"，按款式，许多层续有规矩。先摆下水磨银厢轻苗的牙筷箸，酒杯儿是明世官窑的御制诗。布碟儿是五彩成窑层层见喜，地章儿清楚，花样儿重叠，刀裁斧齐。而且是刀刃子一般薄若纸，仿佛是一拿就破不结实。又只见罗碟杯碗纷纷至，全都是宋代的花纹"童子斗鸡"。足儿下面镌着字，原来是经过名人细品题。察着当儿许多冰碗，照的那时新果品似琉璃。馎馎式样还别致，全按着膳房内派点心局。小旦们陆续接连齐敬酒，只吃得满座生春到申正时。说："吃饭罢。"小厮忙把残杯撤，顷刻间果酒端开摆上席。这椁碗是真款名窑的拾样锦，原来是崇文门变价入过库的东西。这里面所盛虽是鸡鸭鱼肉，但只是另一种烹调别致新奇。睄来不过是十大碗，第一是清汤细做的一碗攒丝。崔儿肉完子加上鱼剌，还有那肥炖清蒸糯米的鸡。鸭羹花样是余长字，骰子块竟使脯儿得好几只。虾米仁儿没影子大，血点儿红去甲摘盍有一寸余。还有那苏东坡留下的酱油炖肉，陈眉公法制的栗子焖鸡。相配着双镀金镶的银旋子，支架着八宝烧猪是片吃。火烤肉挂炉烧的肥羊稀烂，酱糟鱼剥皮去剌把骨头剔。正中间安设两个海碗，盛的是参炖雏鸭合白鳝鱼。

这里对美食美器的描述，尽管意境并不深远，词句却是十分生动的，简直就是一幅风俗画。又如《帝京岁时纪胜》书尾，有《皇都品汇》一节，以工整对仗的文字介绍了京城市肆物品，其中有关饮食的描述有：

至若饮食佳品，五味神尽在都门；什物珍奇，三不老带来西域。京肴北炒，仙禄居百味争夸；苏脍南羹，玉山馆三鲜占美。清平居中冷淘面，座列冠裳；太和楼上一窝丝，门填车马。聚兰斋之糖点，糕蒸桂蕊，分自松江；土地庙之香酥，饼泛鹅油，传来浙水。佳醴美酝，中山居雪煮冬涞；极品芽茶，正源号雨前春芥。……孙公园畔，薰豆腐作茶干；陶朱馆中，蒸汤羊为肉面。孙胡子，扁食包细馅；马思远，糯米滚元宵。玉叶馄饨，名重仁和之肆；银丝豆面，品出抄手之街。满洲桌面，高明远馆舍前门；内制楂糕，贾集珍床张西直。蜜饯糖栖桃杏脯，京江和裕行家；香橼佛手橘橙柑，吴下经阳字号。

这里介绍了饮食名品，也罗列了各店名厨。用现在的眼光看，这实际就是导游词或广告词，导引着人们的消费趋向。

我以为中国古代文学宝库的丰富多彩，与我们优良的饮食文化传统有着密切的关系，也与我们独特的文学表现传统有着密切的关系，这与西方文化和文学传统是不同的。对此，林语堂有一篇《中国人的饮食》论说十分精到：

　　　　我们毫无愧色于我们的吃。我们有"东坡肉"又有"江公豆腐"。而在英国，"华兹华斯牛排"或"高尔斯华绥炸肉片"则是不可思议的。华兹华斯高唱什么"简朴的生活和高尚的思想"，但他竟然忽视了精美的食品，特别是象新鲜的竹笋和蘑菇，是简朴的乡村生活的真正欢乐之一。中国的诗人们具有较多功利主义的哲学思想。他们曾经坦率地歌咏本乡的"鲈脍莼羹"。这种思想被视为富有诗情画意，所以在官吏上表告老还乡之时常说他们"思吴中莼羹"。这是最为优雅的辞令。确实，我们对故乡的眷恋大半是因为留恋儿提时代尽情尽兴的玩乐。美国人对山姆大叔的忠诚，实际是对美国炸面饼圈的忠诚；德国人对祖国的忠诚实际上是对德国油炸发面饼和果子蛋糕的忠诚。但美国人和德国人都不承认这一点。许多身居异国他乡的美国人时常渴望故乡的熏腿和香甜的红薯，但他们不承认这些东西勾起了他们对故乡的思念，更不愿意把它们写进诗里。[①]

　　明白了这一点，我们不仅可以放下顾虑去津津有味地吃那些佳肴美味，去抑扬顿挫地吟诵那些千古绝句，也可以去抒发情怀激扬文字了。

---

① 林语堂：《中国人的饮食》，收入聿君编《学人谈吃》，中国商业出版社，1991 年。

八、妙喻

吃的艺术还充分体现在吃的文学化上，酒令、菜名是这种文学化的表现，由酒食创作的诗词歌赋更是如此。还有由古代饮食典故抽象出来的成语、俗语、歇后语等，也是这种文学化的一种表现形式。这些成语之类的语辞，多带有喻说的性质，有的含蓄，有的明晰，不乏佳品，是中国语言文学宝库中的瑰宝。

食物、食事、厨事、食法等，还有许多饮食典故，不少都已进入文学领域，丰富了语言，也为文学输入了营养。现在我们略举数例如后。

以食物作比喻。"瓜分豆剖"，或写作"豆剖瓜分"，豆荚成熟开裂，豆粒各分东西；食瓜分割成块，彼此不复连接。这是再平常不过的现象，也是再小不过的现象，可它们却被古人用于比喻疆土分裂这样的大事，你以为风马牛不相及，可又是再形象不过的了，所以《晋书·地理志》上已用它来描述历史事件了，所谓"平王东迁，星离豆剖，当涂驭宇，瓜分鼎立"。

以厨事作比喻。厨具、庖厨活动也是很可取的素材，提炼出来的成语有的也相当精彩。"人为刀俎，我为鱼肉"，用来形容自我处于被动地位，他人如刀俎，我如鱼肉，只有任凭宰割的份了。此语原出《史记·项羽本纪》，为樊哙保护刘邦逃脱鸿门宴紧急情势时所说，刘邦借言上厕所准备逃走，问樊哙要不要去向项羽告别，樊哙非常干脆地说："大行不顾细谨，大礼不辞小让。如今人方为刀俎，我为鱼肉，何辞为？"又如"牛鼎烹鸡"，用煮牛的大锅来烧一只鸡，比喻大材小用了。这是蔡邕向何进推荐边让时所做的一个比方，见《后汉书·边让传》："函牛之鼎以亨鸡，多汁则淡而不可食，少汁则熬而不可熟。"大器不能小用，提倡人尽其才。类似的句子还有"割鸡焉用牛刀"，这是孔子曾引述过的一句话，见于《论语·阳货》，宰一只小鸡用不着使杀牛的大刀，比喻做小事不必花费大力气。还有"游刃有余"，出自《庄子·养生主》中庖丁解牛的故事，庖丁宰牛由于长期的经验积累，所以能做到游刃而有余地，后来以此比喻办事得心应手、轻松利索。

以食法作比喻。"惩羹吹齑"，羹以热食为宜，齑则以冷食最佳，有时会被热羹烫着，心怀戒惧，吃冷齑时习惯于吹一下，生怕再烫着。语出《楚辞·九章·惜诵》："惩于羹者而吹齑兮，何不变此志也？"后来用于形容心有余悸、过于谨慎的心态，与蛇咬之后怕井绳的道理相似。

以食事、食典作比喻。这类例证特别多，也特别生动。"三月不知肉味"，是孔子在齐国听了美妙的韶乐后的一种感觉，见于《论语·述而》，后来常用于形容专注于一事而忘却其他。"不为五斗米折腰"，出自晋代陶潜不愿逢迎而辞官时所说的一句话，见于《晋书·陶潜传》，后来成了不愿为官或弃官去职的代名词。又如"尸位素餐"，出自《汉书·朱云传》，用于指称空在其位、不谋其政的官吏。再如"折冲樽俎"，出自《战国策·齐策五》，本意是在筵宴上就能解决战场胜负，后来就用于泛指外交谈判了。

这方面的词语实在太多了，包含的内容也太丰富了，真可谓举不胜举。为了说明它的多姿多彩，我们罗列了部分词语，供读者欣赏：

一饭千金	一饮一啄	一食万钱	沧海一粟
人为刀俎，我为鱼肉		杯盘狼藉	三月不知肉味
乞浆得酒	尸位素餐	因噎废食	小人之交甘若醴
不知甘苦	不辨菽麦	肉山脯林	不为五斗米折腰
日食万钱	牛鼎烹鸡	投桃报李	不吃人间烟火食
斗酒学士	以汤止沸	肉食者鄙	见弹而求鸮炙
孔融让果	甘心如荠	交梨火枣	甘瓜抱苦蒂
东食西宿	只鸡絮酒	饮鸩止渴	民以食为天

瓜田李下	瓜分豆剖	含哺鼓腹	过屠门而大嚼
瓜熟蒂落	尘饭涂羹	折冲樽俎	闭门羹
脑满肠肥	抱蔓摘瓜	和盘托出	鸡肋
糟糠不厌	画饼充饥	含饴弄孙	画脂镂冰
瓮里醯鸡	瓮中捉鳖	金貂换酒	狐兔死走狗烹
炊沙成饭	炊金馔玉	茶舛当酒	驾轻就熟
尝鼎一脔	秋思莼鲈	茹毛饮血	咬得菜根百事可做
钟鸣鼎食	食玉炊桂	残杯冷炙	种瓜得瓜种豆得豆
栖梧食竹	恶醉强酒	脍炙人口	染指
秤薪而爨	酒池肉林	酒瓮饭囊	高阳酒徒
流觞曲水	宵衣旰食	浮瓜沉李	啜菽饮水
望梅止渴	粗茶淡饭	握发吐哺	悬羊头卖狗肉
举案齐眉	堕甑不顾	煮粥焚须	得鱼而忘筌
琼厨金穴	落汤螃蟹	越俎代庖	煮豆燃豆萁
鲍鱼之肆	数米而炊	惩羹吹齑	鲁酒薄而邯郸围
蜩螗沸羹	箪食瓢饮	嗟来之食	割鸡焉用牛刀
腐肠之药	漏脯充饥	凿饮耕食	簠簋不饰
醉酒饱德	醍醐灌顶	甑尘釜鱼	醴酒不设

还值得提到的是，古人以吃作为调侃的由头，也流传下来不少生动的故事。谐谑、讥调、讽喻，只要一旦与饮食沾上边，会更显生动有力。在这里，我们也想略述几个例子。

《春秋》三传，古人各有所好，有好《公羊》者，有好《左氏》者，也有好《穀梁》者。三国时的锺繇不喜《公羊》而好《左氏》，而严干却特善《公羊》，锺氏不以为然，"谓《左氏》为'太官'，而谓《公羊》为'卖饼家'"（《三国志·魏书·裴潜传》注引《魏略·严干传》）。他因推崇《左传》，而比之为美味的御膳，而将《公羊》视为小饭馆的乡味饼，以为逊色多了。

我们现在论《春秋》，言必称《左传》，可见它的味道应当是胜于《公羊传》的，对钟嵘的话不当以偏激视之。

文章、诗词是什么？有一个俗中见雅的比喻：文章是饭，诗词是酒，都是粮食做成。阮葵生《茶余客话·诗如酒饭》引述了两个人的高论，很有意思：

> 吴修龄论诗云："意喻之米，文则炊而为饭，诗则酿而为酒。饭不变米形，酒则变尽。啖饭则饱，饮酒则醉，醉则忧者以乐，喜者以悲，有不知其所以然者。"李安溪云："李太白诗如酒，杜少陵诗如饭。"二公之论诗，皆有意味可寻。

诗如酒饭，谁能说这比喻不妙？妙绝！好诗者，谁人又不是将名诗作醇酒慢斟细酌！

晋人孙绰，文章写得极好，时人誉为"掷地当作金石声"。有文采，又好讥调，所以说出话来幽默味十足。另有襄阳习凿齿，文章相配，诙谐亦不在孙下。有一次二人同路而行，"绰在前，顾谓凿齿曰：'沙之汰之，瓦石在后。'凿齿曰：'簸之扬之，糠秕在前。'"（《晋书·孙绰传》）如此调侃，对仗工整，天衣无缝，美绝。朋友之间，这分寸如果掌握得当，会更显亲密无间，心无芥蒂。更有甚者，敌我之间，两军对垒，调侃照样无阻无挡、无遮无拦。晋末卢循举兵进逼建康，守将为后来建立刘宋王朝的刘裕。卢以为克城在即，遣使者送给刘裕"益智粽"，意思是刘已到穷途末路，无计可施了。刘亦不含糊，回赠的是"续命汤"，指卢死期不远，已是苟延残喘了。（《太平御览》引《十三国春秋》）最后还是卢循被击败，不得不投海自尽。

历代有许多谣谚，不少都是以饮食为题材的，所表达的有饮食生活经验，也有人生哲理。这些谣谚词句通俗，朗朗上口，便于传诵。谣谚有明喻，亦有隐喻，有的意境相当深远。"少吃不济事，多吃济甚事，有事坏了事，无事生出事。"这是劝人戒酒，出自胡仔《苕溪渔隐丛话》。明人杨慎在《丹铅总录》中也引了句古谚说："枇杷黄，医者忙；橘子黄，医者藏。萝卜上场，医者回乡。"这里用医生的闲与忙，说明了食物的损与益，用十分形象的语言告诉人们应选用健康食品。

此外，现代口头常用的歇后语，也有不少使用了食物名称，而且许多都带有讽喻性质。如"癞蛤蟆想吃天鹅肉""瞎子吃饺子""豆腐垫床脚"等，都是生动的比喻，便于理解，也便于传播。

战国青铜器上的射礼图

第十章

食礼

———

　　几千年的文明史，造就了许多文明成就，有物质的，也有精神的，还有物质精神合为一体的。饮食礼俗，也是一种文明成就，而且是属于物质精神合而为一的成就。任何一个民族都有自己富有特点的饮食礼俗，发达的程度也各不相同。中国人的饮食礼仪是比较发达的，也是比较完备的，而且有从上到下一以贯之的特点，上自皇室，下至家庭，都恪守不移。

　　我们餐桌上的礼仪习惯的建立，与儒家的努力是分不开的。我们所奉行的，也就是儒家礼仪学说的合理的教条。这些教条不知不觉影响到我们的生活，影响到我们的思想，影响到现在，也会影响到未来。

一、礼始诸饮食

《礼记·礼运》说"夫礼之初，始诸饮食"，揭示了礼仪制度和风俗习惯始于饮食活动的道理。①《礼记·仲尼燕居》记孔子语曰："礼也者，理也。"孔子时代的礼，实际指的是一种社会秩序，是具体的行为规范。表现在饮食活动中的食礼，指的就是饮食规范。这规范当然是超出个体行为的社会规范，要求作为社会成员的个人共同遵守。

"夫礼之初，始诸饮食"，讲人类的饮食活动之初，食礼便开始逐渐形成。食礼在祭祀鬼神的活动中显得庄严肃穆，在君臣老少的饮宴中显得井井有条。食礼是一切礼仪制度的基础，饮宴活动贯串于几乎所有的礼仪活动，谈礼仪制度而避开食礼不论，难免失之偏颇。

史前时代的饮食礼仪，我们无法了解得很清楚，不过由现代开化较晚的部落中，大体能找到一些可以进行类比的例子，知道远古人类对此是并不含糊的。罗伯特·路威在他的《文明与野蛮》一书中，谈到了文明人的饮食礼节，也谈到"野蛮人"的饮食礼节，书中有这样一些话：

> 饮食是人生一宗大事，自然要纠缠上许多奇怪意思，拨弄不清；那些野蛮人，我们无可无不可的地方往往正是他们

---

① 同见于《礼记》的另外说法还有"礼始于冠""礼始于谨夫妇"。《礼记·昏义》说："夫礼始于冠，本于昏，重于丧、祭，尊于朝、聘，和于乡、射。此礼之大体也。"《礼记·内则》则说："礼始于谨夫妇。"礼是无处不在的，礼的起源也不是单一的途径，但最根本的应是饮食之礼和男女之礼，它们是文明社会的表征。

吹毛求疵的地方，在饮食这件事上大概都有很郑重尊严的
规则。

……在乌干达，看见别人在吃饭，千万别去招呼他，那
是很失礼的；连注目看一看都只有粗人会做得出。在这儿，
做客人的道理是放怀大嚼，谢谢主人，还要打胃里呕两口气
表示甚饱甚饱。换了个马赛伊人，他就得咂咂舌头。祖鲁人
孩子赴宴之时，父母必再三嘱咐，主人端菜来必须双手去接；
不就表示瞧不起主人，嫌他的菜不好。初民社会里有一条很
通行的规则，客人一来便送东西给他吃，不管是吃饭的时候
不是。在平原印第安人里面，这是敬客的正道。做客人的不
一定要把端出来的东西全吃了，甚至向主人借个盘或碗把吃
剩的带回去，在他们看来也无伤大雅。有时候，座次是排定
了的。克洛族的主人和客人不坐在一起，每个家族自成一群。
荷匹人便不如此，主人客人大伙儿围着一个盛汤的大盆子坐，
各人把他的薄饼蘸着汤吃。凡是贵贱观念占势力的地方，人
们对于饮食的先后很有讲究。在坡里尼西亚，他们最爱喝的
胡椒酒一杯一杯送上来的时候，先送给谁，后送给谁，这里
面不能错一丝一毫，比起伦敦或华盛顿官场中的盛宴来不差
什么。

总而言之，野蛮人的礼文非但严格，简直严格得可怕。[1]

由这些民族志材料可以推想，中国史前时代的饮食生活也一定形
成了自己的礼仪规范，只是许多具体细节已不可确知了。文明时代的
饮食礼仪是发端于史前时代的，不同的是更加规范，更强调它的社会
意义。在中国，根据文献记载可以得知，至迟在周代时，饮食礼仪已

---

[1] （美）罗伯特·路威著，吕叔湘译《文明与野蛮》，生活·读书·新知三联书店，1984 年。

形成为一套相当完善的制度。这些食礼在以后的社会实践中不断得到完善，在古代社会发挥过重要作用，对现代社会依然产生着影响，成为文明时代的重要行为规范。

周礼受到孔子的称赞，食礼作为周礼的核心内容之一，孔子也是身体力行的，这一点在下一章中还将述及。周代的饮食礼俗，经过后来儒家的精心整理，比较完整地保存在《周礼》《仪礼》和《礼记》的《曲礼》《郊特牲》《少仪》《玉藻》等章节中。周人对客食之礼、待客之礼、侍食之礼、丧食之礼、宴饮之礼、进食之礼，都有十分具体的规定。由于周代食礼对后世影响深远，所以本章所述，基本围绕"三礼"进行。

对于礼的作用，"三礼"借孔子的言语有许多具体的阐述，由此可以看到周人对礼乐的重视程度。《礼记·曲礼上》有云："夫礼者，自卑而尊人。"又云："夫礼者，所以定亲疏，决嫌疑，别同异，明是非也。"谈到礼的深层意义，又说："人有礼则安，无礼则危。故曰：'礼者，不可不学也。'"礼仪之于饮食，在周代贵族们看来，那是比性命还要重要的事。《礼记·礼运》就说："礼之于人也，犹酒之有蘖也。"酒需酒母而酿为酒，人而无礼则不成其为人，不为人即与禽兽无二，认识到这个高度可以说是无以复加了。《诗经·鄘风·相鼠》更有强烈的措辞，说："相鼠有体，人而无礼。人而无礼，胡不遄死？"不讲礼仪的人，还不如快些死了的好，这话似又过于严酷了。

后人对食礼的形成，陆续有一些精到的论述，如唐代崔融的《为韦将军请上礼食表》说："饮食之礼，圣贤所贵，以奉君人，以亲宗族。"这话便道出了文明时代食礼的根蒂，古人之所以对此津津乐道，奥妙也正在于此，一言中的。又如宋代袁采《袁氏世范》，道及饮食男女与礼义的关系，他说道：

> 饮食，人之所欲而不可无也，非理求之，则为饕为馋；

男女，人之所欲而不可无也，非理狎之，则为奸为滥；财物，
人之所欲而不可无也，非理得之，则为盗为赃。人惟纵欲，
则争端启而狱讼兴。圣王虑其如此，故制为礼，以节人之饮
食、男女；制为义，以限人之取与。君子于是三者，虽知可
欲，而不敢轻形于言，况敢妄萌于心？小人反是。

这一说就非常清楚了，读了这话再读《诗经》上要无礼人快快去
死的句子，也就不觉得那么过分了。周礼中的食礼，其严肃性是不容
怀疑的。就拿食物的选择为例，符合礼仪规定的食物并不一定人人都
爱吃，如大羹、玄酒和菖蒲菹之类。有时想吃的食物，却因不符合礼
仪规定而不能一饱口福。如《韩非子·难四》说："屈到嗜芰，文王嗜
菖蒲菹，非正味也，而二贤尚之，所味不必美。"之所以要吃这味道
并不美的食物，是因为周礼规定它是祭祀所用的必备食物。又见贾谊
《新书》说，周武王做太子时很喜欢鲍鱼，可姜太公就是不让他吃，理
由是鲍鱼从不用于祭祀，所以不能用这种不合礼仪的东西为太子充饥。

爱吃的东西不能随便吃，不好吃的东西要硬着头皮吃，周代食礼
的严肃性由此表露得很清楚了。周礼食礼的其他规范，在下面的几节
中我们再细细道来。

二、宴饮之礼

有主有宾的宴饮，是一种社会活动。为使这种社会活动有秩序有
条理地进行，达到预定的目的，必须有一定的礼仪规范来指导和约束。
每个民族在长期的实践中都有自己的一套规范化的饮食礼仪，作为每
个社会成员的行为准则。我们在此先列举中国少数民族的若干例证。

维吾尔族待客，请客人坐在上席，摆上馕、糕点、冰糖，夏日还

要加上水果，给客人先斟上茶水或奶茶。吃抓饭前，要提一壶水为客人净手。共盘抓饭，不能将已抓起的饭粒再放回盘中。饭毕，待主人收拾好食具后，客人才可离席。[①]塔吉克族有贵客到来，要宰羊敬客，先牵羊给客人过目，然后宰杀。进餐之时，主人先为客人呈上羊头，客人要割下一块肉，再将羊头双手奉还主人。接着，主人将夹有羊尾油的一块羊肝送给客人，以示敬重。主人还要拿起刀子请客人分肉，客人相互推让，一般由一位有经验的来客分肉，均匀地切给每人一份。[②]哈萨克族待客宰羊的程序，同塔吉克族相似，进餐时主人请客人洗手，然后将盛有羊头、后腿、肋肉的盘子放在客人面前，客人要将羊腮肉割食一块，还要割下羊头左耳，再将羊头回送主人，大家共餐。[③]

朝鲜族宴请宾客，要先在餐桌上放一只煮熟的大公鸡，公鸡还要叼上一只红辣椒。即便家宴，也极讲究，要为老人单摆一桌。餐桌上匙箸、饭汤的摆放都有固定位置，匙箸摆在右侧，饭食摆在左侧，汤碗靠右，带汤菜肴摆在近处，调味品摆在中心。[④]鄂温克族待客，客人落座后，女主人献奶茶，然后煮兽肉。敬酒时主人要高举酒杯先倾注火中点滴，自己呷一口后请客人饮。[⑤]蒙古族认为马奶酒是圣洁的饮料，用它款待贵客。宴客时很讲究仪节，吃手抓羊肉，要将羊琵琶骨带肉配四条长肋献给客人。招待客人最隆重的是全羊宴，将全羊各部位一起入锅煮熟，开宴时将羊肉块盛入大盘，尾巴朝外。主人请客人切羊荐骨，或由长者动刀，宾主同餐。[⑥]

南方少数民族也十分好客，哈尼族待客，主人要先进一碗米酒、三大片肉。进餐时的席位以靠近火塘的一方为首，首席是长者的位置。

① 楼望皓编：《新疆民俗》，新疆人民出版社，1989年。
② 《塔吉克族简史》，新疆人民出版社，1982年。
③ 《哈萨克族简史》，新疆人民出版社，1987年。
④ 金东勋、金昌浩：《朝鲜族文化》，吉林教育出版社，1990年。
⑤ 《鄂温克族简史》，内蒙古人民出版社，1983年。
⑥ 《蒙古族简史》，内蒙古人民出版社，1985年。

客人告辞，主人有时还要送一块大粑粑和腌肉、酥肉等食物。[①]独龙族实行分餐制，无论饮酒、吃饭或食肉，在家庭内都由主妇分食，有客人来也平均分给客人一份。人们邀请客人时以木片为请柬，木片上刻有几道口子就表示宴饮在几天后举行，被邀请的客人要携带各种食品以示答谢。客人进入寨门后，先与主人共饮一筒酒，然后落座聚餐。[②]仡佬族宴客用"三幺台"，十分隆重，是三种富有特点的席面。第一台为茶席，请客饮清茶，辅以糖果、点心、干果；第二台为酒席，饮白酒，佐以凉菜、腌菜、香肠等；第三台为正席，上饭菜，有扣肉的为大菜，另有各种小炒。客人不放下筷子，主人就得奉陪到底，以示敬重。[③]

作为汉族传统的古代宴饮礼仪，一般的程序是，主人折柬相邀，到期迎客于门外，客至，互致问候，延入客厅小坐，敬以茶点。导客入席，以左为上，是为首席。席中座次，以左为首座，相对者为二座，首座之下为三座，二座之下为四座。[④]客人坐定，由主人敬酒让菜，客人以礼相谢。宴毕，导客入客厅小坐，上茶，直至辞别。席间斟酒上菜，也有一定的规程。现代的标准规程是：斟酒由宾客右侧进行，先主宾，后主人；先女宾，后男宾。酒斟八分，不得过满。上菜先冷后热，热菜应从主宾对面席位的左侧上；上单份菜或配菜席点和小吃先宾后主；上全鸡、全鸭、全鱼等整形菜，不能把头尾朝向正主位。[⑤]

这类宴礼的形成，有比较长的历史过程，在清末民初，就已有现代所具备的这些程式了。如《北平指南》所云：

宴请官长，或初交，或团体，须于大饭馆以整桌之席饷

---

① 《哈尼族简史》，云南人民出版社，1985年。

② 《独龙族简史》，云南人民出版社，1986年。

③ 贵州省民族研究所编《贵州的少数民族》，贵州人民出版社，1980年。

④ 现代中餐宴会，为斟酒、布菜便利，借西方宴会以右为上的法则，第一主宾就座于主人右侧，第二主宾在主人左侧或第一主宾右侧，作变通处理。

⑤ 熊四智：《宴会服务》，收入《中国烹饪百科全书》，中国大百科全书出版社，1992年。

之（若知己朋友，即可不拘）。届时，主必先至以迎客，客至奉茶敬烟，陪座周旋。客齐入坐，次序以左为上，右为次，上座之左为三座，次座之右为四座，以下递推。主人与首座相对，举杯邀饮，客起立举杯致谢，就坐且饮且餐。先冷荤，后热荤，继之以最贵之肴。……惟每进一肴，主人必举杯劝酒、举筷劝食。当食时饮酒随量，宾主猜拳或行酒令。饭毕略用茶，即向主人致谢而去。

清代的情形可见徐珂《清稗类钞·宴会》一节的记述，赘引于次：

宴会所设之筵席，自妓院外，无论在公署，在家，在酒楼，在园亭，主人必肃客于门。主客互以长揖为礼。既就坐，先以茶点及水旱烟敬客，侯筵席陈设，主人乃肃客一一入席。

席之陈设也，式不一。若有多席，则以在左之席为首席，以次递推。以一席之坐次言之，则在左之最高一位为首座，相对者为二座，首座之下为三座，二座之下为四座。或两座相向陈设，则左席之东向者，一二位为首座二座，右席之西向，一二位为首座二座，主人例必坐于其下而向西。

将入席，主人必敬酒，或自斟，或由役人代斟，自奉以敬客，导之入座。是时必呼客之称谓而冠以姓字，如某某先生、某翁之类，是曰定席，又曰按席，亦曰按座。亦有主人于客坐定后，始向客一一斟酒者。惟无论如何，主人敬酒，客必起立承之。

肴馔以烧烤或燕菜之盛于大碗者为敬，然通例以鱼翅为多。碗则八大八小，碟则十六或十二，点心则两道或一道。

猜拳行令，率在酒阑之时。粥饭既上，则已终席，是时可就别室饮茶，亦可径出，惟必向主人长揖以致谢意。

清代时西餐已传入，西餐食礼也随着传入，这给我们固有的饮食礼俗带来了一些冲击。东西方文化有异也有同，饮食文化亦不例外。徐珂在《清稗类钞·西餐》一节中，记述了清人对西餐食礼的掌握程度。清人称西式饮食为"西餐""大餐""番菜"。光绪年间，都会商埠已有西餐馆，宣统时尤为盛行。西餐座次与中餐有明显不同，徐珂这样写道：

> 　　席之陈设，男女主人必坐于席之两端，客坐两旁，以最近女主人之右手者为最上，最近女主人左手者次之，最近男主人右手者又次之，最近男主人左手者又次之，其在两旁之中间者则更次之。……既入席，先进汤。及进酒，主人执杯起立，客亦起执杯，相让而饮。于是继进肴，三肴、四肴、五肴、六肴均可，终之以点心或米饭，点心与饭亦或同用。饮食之时，左手按盆，右手取匙。用刀者，须以右手切之，以左手执叉，叉而食之。事毕，匙仰向于盆之右面，刀在右向内放，叉在右，俯向盆右。欲加牛油或糖酱于面包，可以刀取之。一品毕，以瓢或刀或叉置于盘，役人即知其此品食毕，可进他品，即取已用之瓢刀叉而易以洁者。食时，勿使食具相触作响，勿咀嚼有声，勿剔牙。

　　食毕散席，客人亦必向主人鞠躬致谢。西餐传入后，其合理卫生的食法已被引入到中餐宴会中。例如分食共餐制，在中餐较高等级的宴会上已广为采用。虽然这种饮食礼制在中国古代就很盛行，但我们现在的做法确实是受到了西餐的启发，中西饮食文化的交流，于此得到最好的体现。

　　古代宴饮之礼，早在周代已经相当规范化，"三礼"中详细记载有各种筵宴的礼仪，后世许多重要的食礼，可以在周礼中寻到渊源。我们可举《仪礼·公食大夫礼》为例。所谓"公食大夫礼",为国君宴请他国使臣的宴饮之礼。国君先派大夫去宾馆迎请使臣,告以将行宴饮之事。使臣三辞不敢当,最后还是跟着大夫到达宴会之所。这时宴会的准备工作自然早已开始,大殿上陈列着七鼎、洗、盘和匜等器具。座席铺正,几案摆好,酒浆和馔品也已齐备。国君身穿礼服,迎宾于大门内。宾主揖让再三,答拜接连,然后落座。

膳夫和仆从献上鼎俎鱼肉和醯酱,这些馔品和饮料的种类及摆放的位置都有一定之规,不得错乱。有经学家根据《仪礼》上的详细记载,对"公食大夫礼"所用饮馔的陈列位置进行了复原研究,十分壮

《仪礼·公食大夫礼》饮馔位置复原示意图

观，而且非常有条理。(《仪礼正义》)最后献上的是饭食和大羹，摆设完毕，大宴开始。宾主又是互拜一番，宾祭酒食，开始进食。

宴会结束，使臣告辞，国君送于门边。膳夫等人则将没有吃完的牛、羊、豕肉块盛装起来，一起送到来使下榻的宾馆。残肉剩饭包送客人，合现时"吃不了兜着走"的语意，在当时显然不会被看成是不尊重使臣的举动。

周人宴饮的场面，在《诗经》中也有许多描写，最精彩的则要算《小雅·宾之初筵》一章。诗云：

> 宾之初筵，左右秩秩。
>
> 笾豆有楚，肴核维旅。
>
> 酒既和旨，饮酒孔偕。
>
> 钟鼓既设，举酬逸逸。
>
> 大侯既抗，弓矢斯张。
>
> 射夫既同，献尔发功。
>
> 发彼有的，以祈尔爵。

诗里的意思是：宾客就席，揖拜有礼；笾豆成行，肴馔丰盛；酒醇且甘，饮而舒心；悬钟按鼓，献酬不停；箭靶张立，弓已满弦；对手赛射，比试高低；中靶为胜，败者罚饮。这显然是大射礼的艺术描写，其具体仪节在《仪礼·大射仪》中可以读到，在出土的东周铜器刻纹图案上更可看到具体描绘，在这些图案上可以极清楚地找到劝酒、持弓、发射、数靶、奏乐的活动片段，是研究周代食礼的形象资料。

在古代正式的筵宴中，座次的排定及宴饮仪礼是非常认真的，有时显得相当严肃，有的朝代的皇帝还曾下诏整肃，不容许随便行事。汉代初年的一次礼制改革，主要便是围绕宴礼进行的。刘邦即位后，"群臣饮酒争功，醉或妄呼，拔剑击柱"，当这个皇帝心里很不踏实。

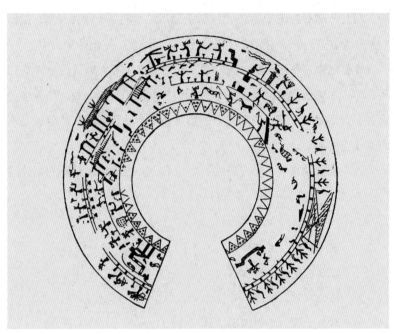

战国青铜器刻纹射礼宴乐图

于是叔孙通请制为礼法，"采古礼与秦仪杂就之"，他要让皇帝的威严
得到充分体现。叔孙通为儒者，本为秦时博士，后来降归刘邦，仍然
做他的博士。他所创制的一套诸侯王及大臣朝见皇帝的礼法，在君与
臣之间划出一条明显的界线，由此形成的君臣观念一直延续了两千多
年。这套礼法的具体内容是：皇帝坐北高高在上，文官丞相排列殿东，
而列侯诸将排列殿西，两相对面，文武百官"莫不振恐肃敬"。饮酒有
酒法，陪侍皇帝饮酒的人，"坐殿上皆伏抑首，以尊卑次起上寿"。在
一旁还有专事纠察的御史，发现有不按礼仪行动的人，马上要撵出宴
会场所。如此一来，"竟朝置酒，无敢灌哗失礼者"，乐得刘邦连声说：
"吾乃今日知为皇帝之贵也！"说今天才体会到当皇帝的高贵，他当即
提升叔孙通为太常，并"赐金五百斤"，以示褒奖。(《史记·刘敬叔孙
通列传》)

汉代备宴图（摹本），河南密县出土

受过朝廷筵宴这种严肃气氛感染的朝臣，有时甚至还把这谨严的朝仪带到家庭生活中。汉代上大夫石奋，年老退休在家，遇到皇帝"赐食于家，必稽首俯伏而食之，如在上前"。在家里享用赐食，就像在皇上面前一样，恭恭敬敬，不敢造次。（《史记·万石张叔列传》）

像石奋这样谨守礼法的朝臣，可能还有不少，不过相反者亦不在少数，害得皇帝们也有寝食不安的时候，有时免不了亲自过问一下。例如《宋史·礼志十九》便提到，宋太宗淳化三年（992年），曾令有司"申举十五条"，对朝官上朝失礼行为进行了批评，其中就提及"廊下食、行坐失仪"之事，并声明对再犯者要严厉惩处，"犯者夺奉一月；有司振举，拒不伏者，录奏贬降"。违犯禁条，要罚没一月的俸禄，如不服从，甚至还有贬职的危险。朝中食礼的严肃性，由此可以看得明明白白了。当然，朝中散漫现象不会因一两次整肃而完全消失，还得三令五申，不断敲警钟。所以十多年后，宋真宗下诏批评朝中筵宴仪容不端的现象，事见《宋史·礼志十六》的记述：

景德二年（1005年）九月，诏曰："朝会陈仪，衣冠就列，将以训上下、彰文物，宜慎等威，用符纪律。况屡颁于条令，宜自顾于典刑。稍历岁时，渐成懈慢。特申明制，以儆具僚。自今宴会，宜令御史台预定位次，各令端肃，不得喧哗。违者，殿上委大夫、中丞，朵殿委知杂御史、侍御史，廊下委左右巡使，察视弹奏；内职殿直以上赴起居、入殿庭行私礼者，委阁门弹奏；其军员，令殿前侍卫司各差都校一人提辖，但亏失礼容，即送所属勘断讫奏。……"

在朝中参加一次宴会，在如此严密的监视下饮酒吃肉，确实很不自在。这时的礼与法已等同起来，不遵礼便是违法，谁都知道还是谨慎为妙。

朝中筵宴，与宴者动辄成百上千，免不了会生出一些混乱，所以组织和管理显得非常重要。史籍上有关这方面的记载并不太多，我们可以由《明会典·诸宴通例》上读到相关的文字，想见古代的一般情形：

（筵宴）先期，礼部行各衙门，开与宴官员职名，画位次进呈，仍悬长安门示众。宴之日，纠仪御史四人，二人立于殿东西，二人立于丹墀。锦衣卫、鸿胪寺、礼科亦各委官纠举。

凡午门外，钦赐筵宴，嘉靖二十五年（1546年）题准光禄寺，将与宴官员各照衙门官品，开写职衔姓名贴注席上。务于候朝处所整齐班行，俟叩头毕，候大臣就坐，方许以次照名就席，不得预先入坐及越次失仪。

嘉靖二十五年题准光禄寺专掌贴注该宴职名，鸿胪寺专掌序列贴注班次。每遇筵宴，先期三日，光禄寺行鸿胪寺查取与宴官班次贴注。若贴注不明，品物不备，责在光禄寺；若班次或混，礼度有乖，责在鸿胪寺。

宴会三日之前，座次即已排好，而且画成座位分布图悬挂在醒目处，每个与宴官员在图上可以寻找到自己的席位。每个席位上也贴注着与宴官员的姓名职衔，入座时列队而行，不致发生混乱。

我们现在的盛大国宴，则是在请柬上注明应邀者的姓名和席位号码，简单明了。与宴者只要按照席号入位，一般是不会发生差错的。

三、待客之礼

如何以酒食招待客人，"三礼"中已有明细的礼仪条文，现在就让我们来看看这些礼仪的具体内容。

安排筵席时，肴馔的摆放位置要按规定进行，要遵循一些固定的法则。《礼记·曲礼上》说："凡进食之礼，左殽右胾。食居人之左，羹居人之右；脍炙处外，醯酱处内；葱渫处末，酒浆处右。以脯脩置者，左朐右末。"这些规定是说，带骨肉要放在净肉左边，饭食放在用餐者左方，肉羹则放在右方；脍炙等肉食放在稍外处，醯酱调味品则放在靠近面前的位置；酒浆要放在右边，葱末之类可放远一点；如有肉脯之类，还要注意摆放的方向，左右不能颠倒。这些规定都是从用餐实际出发的，并不是虚礼，主要还是为了取食方便。

食器饮器的摆放，仆从端菜的方式，重点菜肴的位置，也都有陈文规定。如《礼记·少仪》说，"尊壶者面其鼻"，"洗、盥、执食饮者勿气，有问焉，则辟咡而对"，"羞濡鱼者进尾，冬右腴，夏右鳍"。这是说仆从摆放酒壶酒尊，要将壶嘴面向贵客。端菜上席时，不能面向客人和菜肴大口喘气，如果此时客人正巧有问话，必须将脸侧向一边，避免呼气和唾沫落到盘中或客人脸上。上带汁熬鱼时，一定要使鱼尾指向客人，因为鲜鱼肉由尾部易与骨刺剥离；上干鱼则正好相反，要将鱼头对着客人，干鱼由头端更易于剥离；冬天的鱼腹部肥美，摆放时鱼腹向右，便于取食；夏天则背鳍部较肥，所以将鱼背朝右。主人的情意，就是要由这细微之处体现出来，仆人若是不知事理，免不了会闹出不愉快来。

待客宴饮，并不是等仆从将酒肴摆满就完事了，主人还有一个很重要的事情要做，即要做引导和陪伴，主客必须共餐，尤其是老幼尊卑共席，那麻烦就多了。《礼记·曲礼上》说："侍饮于长者，酒进则起，拜受于尊所。长者辞，少者反席而饮。长者举未釂，少者不敢饮。长者赐，少者贱者不敢辞。"《礼记·少仪》说："燕侍食于君子，则先饭而后已，毋放饭，毋流歠，小饭而亟之，数噍，毋为口容。"《礼记·玉藻》说："凡食果实者后君子，火孰者先君子。"《曲礼上》又说："赐果于君前，其有核者怀其核。御食于君，君赐余，器之溉者不写，其余皆写。"

以上这些礼文包含了这样几层意思：陪侍长者饮酒时，酌酒时须起立，离开座席面向长者拜而受之。长者表示不必如此，少者才返还入座而饮。如果长者举杯一饮未尽，少者不得先干。长者如有酒食赐予少者和僮仆等低贱者，他们不必推辞。

侍食年长位尊的人，少者要先吃几口饭，谓之"尝饭"。虽先尝食，却又不能自己先吃饱完事，必得等尊者吃饱后才能放下碗筷。少者吃饭时还得小口小口地吃，而且要快些咽下去，随时要准备回复尊者的问话，谨防发生喷饭的事。

凡是熟食制品，侍食者都得先尝一尝。如果是水果之类，则必让尊者先食，少者不可抢先。古时重生食，尊者若赐你水果，如桃、枣、李子等，吃完这果子，剩下的果核不能扔下，须怀而归之，否则便是极不尊重的了。如果尊者将没吃完的食物赐给你，若盛器不易洗

汉代宴饮百戏图，河南密县出土

汉代夫妇宴饮图，河南密县出土

涤干净，就得先都倒在自己所用的餐具中才可享用，否则于饮食卫生有碍。

尊卑之礼，历来是食礼的一个重要内容，子女对父母，下属对上司，少小对尊长，要表现出尊重和恭敬。对此，不仅经典立为文，朝廷著为令，家庭亦以为训。《明史·礼志十》有"庶人相见礼"，提到明太祖朱元璋时曾两度下令，都是为了申明餐桌上的尊卑座次的排列礼仪：

> 洪武五年（1372年）令，凡乡党序齿，民间士农工商人等平居相见及岁时宴会谒拜之礼，幼者先施。坐次之列，长者居上。十二年令，内外官致仕居乡，惟于宗族及外祖妻家序尊卑，如家人礼。若筵宴，则设别席，不许坐于无官者之下。与同致仕官会，则序爵；爵同，序齿。

宴会时，要让长者坐上席。官员退休后，即便年龄与辈分低于同宴者，也不能坐在无官者之下，要另设专席。几个同是退休的官员相聚，则看谁曾任的职衔最高，谁就坐上首；职衔相当，则论年龄大小。这规定够具体的了，又是以礼为法的一例。

古代的许多家庭，少不了以食礼作为家训训条，教导子孙谨守。清人张伯行《养正类编》卷三引《屠羲英童子礼》，就提到这样的训条：

> 凡进馔于尊长，先将几案拂拭，然后双手捧食器，置于其上。器具必干洁，肴蔬必序列。视尊长所嗜好而频食者，移近其前。尊长命之息，则退立于傍。食毕，则进而彻之。如命之侍食，则揖而就席，食必随尊长所向。未食，不敢先食。将毕，则急毕之，俟其置食器于案，亦随置之。

《养正类编》卷七又引《学海津梁》说：

> 凡侍严慈之侧……如同饮食，不得先举箸，不得先放
> 箸。……毋隔盘取物，毋放饭齿决。

同席的尊长未动筷子，你可一定别抢先。看到尊长将要吃饱，你
不论吃饱与否，都不能再大嚼下去，等尊长一放下碗筷，你也要停止
进食，要注意也不能先放下筷子。这些礼仪与《仪礼》的陈文一脉相
承，可见儒家的影响已具体到每一个人的举手投足，中国饮食文化传
统深印着儒家经典留下的烙印。

四、进食之礼

饮食活动本身，由于参与者是独立的个人，所以表现出较多的个
体特征，每个人都可能有自己长期生活中形成的不同习惯。但是，饮
食活动又表现出很强的群体意识，它往往是在一定的群体范围内进行
的，在家庭内，或在某一社会团体内，所以还得用社会认可的礼仪来
约束每一个人，将个体的行为都纳入正轨。

进食礼仪，按《礼记·曲礼上》所述，先秦时已有了非常严格的
要求，在此条陈如下：

（1）虚坐尽后，食坐尽前。

进食时入座的位置很有讲究，汉代以前无椅凳，席地而坐。"虚坐
尽后"，是说在一般情况下，要坐得比尊者长者靠后一些，以示谦恭；
"食坐尽前"，是指进食时要尽量坐得靠前一些，靠近摆放馔品的食案，
以免不慎掉落的食物弄脏了座席。

（2）食至起，上客起。……让食不唾。

宴饮开始，馔品端上来时，客人要起立；在有贵客到来时，其他客人都要起立，以示恭敬。主人让食，要热情取用，不可置之不理。

（3）客若降等，执食兴辞。主人兴辞于客，然后客坐。

如果来宾地位低于主人，必须双手端起食物面向主人道谢，等主人寒暄完毕之后，客人方可入席落座。

（4）主人延客祭，祭食，祭所先进，殽之序，遍祭之。

进食之前，等馔品摆好之后，主人引导客人行祭。古人为了表示不忘本，每食之先必从盘碗中拨出馔品少许，放在案上，以报答发明饮食的先人，是谓之"祭"。食祭于案，酒祭于地，先吃什么就先用什么行祭，按进食的顺序遍祭。如果在自己家里吃上一餐的剩饭，或是吃晚辈准备的饮食，就不必行祭，称为"馂余不祭"。

（5）三饭，主人延客食胾，然后辩殽。主人未辩，客不虚口。

主人准备的美味佳肴，虽然都摆在面前，而客人却不可随便取用，须得"三饭"之后，主人才指点肉食让客人享用，还要告知所食肉物的名称，细细品味。所谓"三饭"，指一般的客人吃三小碗饭后便说饱了，须主人劝让才开始吃肉。实际上主要馔品还没享用，何得而饱？这一条实为虚礼。据《礼记·礼器》说："天子一食，诸侯再，大夫士三，食力无数。"这是说天子位尊，以德为饱，不在于食味，所以一饭即告饱，要等陪同进食的人劝食，才继续用看馔。而诸侯王是二饭，士和大夫是三饭而告饱，都要等到再劝而再食。至于农、工、商及庶人，便不受这礼仪的约束，所以没有几饭而告饱的虚礼，吃饱了才停止，合了"礼不下庶人"的道理。

宴饮将近结束，如果主人进食未毕，"客不虚口"。虚口指以酒浆荡口，使清洁安食。主人尚在进食而客自虚口，便是不恭。

（6）卒食，客自前跪，彻饭齐以授相者。主人兴辞于客，然后客坐。

宴饮完毕，客人自己须跪立在食案前，整理好自己所用的餐具及剩下的食物，交给主人的仆从。待主人说不必客人亲自动手，客人才住手，复又坐下。其他文献还说，如果用餐的是本家人，或是同事聚会，没有主宾之分，可由一人统一收拾食案。如果是较隆重的筵席，这种撤食案的事不能让妇女承担，怕她们力不胜劳，可以让年轻点的人来干。

进食时无论主宾，对于如何使用餐具，如何吃饭食肉，都有一系列的准则需要遵守。这些准则有二十条之多，让我们接着看《礼记·曲礼上》的记述。

（7）共食不饱。

同别人一起进食，不能吃得过饱，要注意谦让。

（8）共饭不泽手。

经学家们对此的解释是，古时吃饭没有匕箸，但用十指而已，而手摩挲，恐生汗污饭，为人所秽。这是一种误解。当指同器食饭，不可用手，食饭本来一般用匙。①

（9）毋抟饭。

吃饭时不可抟饭成大团，大口大口地吃，这样有争饱之嫌。

（10）毋放饭。

要入口的饭，不能再放回饭器中，别人会感到不卫生。或者将"放"解释为放肆而无所节制，那么这就是劝人不要放开肚皮吃饭。

（11）毋流歠。

不要长饮大嚼，让人觉得是想快吃多吃，好像没够似的。

（12）毋咤食。

咀嚼时，不要让舌在口中发出响声，不然主人会觉得你可能是在对他准备的饭食表现不满意。

（13）毋啮骨。

不要专意去啃骨头，这样容易发出不中听的声响，使人有不雅不

---

① 周代已经普遍使用食匙，专用于粒食，参见本书第八章。

敬的感觉；同时又会使主人做出是否肉不够吃的判断，使客人还要啃骨头致饱；此外啃得满嘴流油，会显可憎可笑。

（14）毋反鱼肉。

自己吃过的鱼肉，不要再放回去，应当接着吃完。已经染上唾液，别人会觉得不干净，无法再吃下去。

（15）毋投与狗骨。

客人自己不要啃骨头，也不要把骨头扔给狗去啃，主人会觉得你看不起他筹措的饮食，以为只配狗食而已。

（16）毋固获。

"专取曰固，争取曰获。"不要喜欢吃某一味肴馔便独取那一味，或者争着去吃，有贪吃之嫌。或又说"求之坚曰固，得之难曰获"，指必欲取之。食案上目标专一，也是不好的，这规定并非出自营养角度。

（17）毋扬饭。

不要为了能吃得快些，就用食具扬起饭粒以散去热气。

（18）饭黍毋以箸。

吃黍饭不要用筷子，但也不是提倡直接用手抓。食饭必得用匙，筷子是专用于食羹中之菜的，不能混用。

（19）羹之有菜者用梜，其无菜者不用梜。

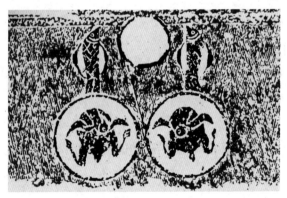

汉画上的盘中餐，山东济宁出土

汉代庖厨俑

　　梜便是筷子。羹中有菜，用筷子取食；如果无菜，筷子派不上用场，直饮即可。

　　（20）毋嚃羹。

　　饮用肉羹，不可过快，不能囫囵吞下，有菜必须用筷子夹取，不能直接用嘴吸取。

　　（21）毋絮羹。

　　客人不能自己动手重新调和羹味，否则会给人留下自我表现的印象，好像自己更精于烹调。

　　（22）毋刺齿。

　　进食时不要随意不加掩饰地大剔牙齿，如齿塞，一定要等到饭后再剔。东周墓葬中曾出土过一些精致的牙签，剔牙并不是绝对禁止的，但要掌握好时机。

　　（23）毋歠醢。

　　不要直接端起调味酱便喝。醢是比较咸的，用于调味，不是直接饮用的。客人如果直接喝调味酱，主人便会觉得酱一定没做好，味太淡了。看到客人饮醢，主人可能会说出自己太穷，穷得连盐都买不起的话来。

汉代宴饮图，四川成都出土

（24）濡肉齿决，干肉不齿决。

湿软的烧肉、炖肉，可直接用牙齿咬断；干肉则不能直接用牙去咬断，须用刀匕帮忙。

（25）毋嘬炙。

大块的烤肉和烤肉串，不要一口吃下去，要细嚼。如是狼吞虎咽，仪态不佳。

（26）当食不叹。

吃饭时不要唉声叹气，"唯食忘忧"，不可哀叹。

这些有关食礼的规定，不可谓不具体，不可谓不仔细。这样的细微之处，都划出了明确的是非界线，可见古人对此之重视了。同样，类似的仪礼也曾作为许多家庭的家训，代代相传。让我们还是以张伯行《养正类编》卷三《屠羲英童子礼》为例，以下的这些话自然还是由《礼记》演绎出来的：

> 凡饮食，须要敛身离案，毋令太迫。从容举箸，以次著于盘中，毋致急遽，将肴蔬拨乱。咀嚼毋使有声，亦不得恣所嗜好，贪求多食。安放碗箸，俱当加意照顾，毋使失误堕地。

当代的老少中国人，自觉不自觉地，都多多少少承继了古代食礼的传统。我们现代的不少餐桌礼仪习惯，都可以说是植根于《礼记》，植根于我们古老的饮食传统。

五、"会约"与"觞政"

儒家经典有关食礼的内容，既具体又丰富，后世不仅有发扬光大，更有补充和发展。尤其在清代，许多文人雅士为重整筵宴礼仪和消除非礼现象，做了很多努力。他们为此相互订立"会约"，设立"觞政"，不仅起到了彼此监督的作用，在社会上也产生了很大影响。现在让我们来介绍尤侗、沈存西和张苍几个人所订立的"会约"与"觞政"的具体内容，看看他们在几个世纪前所做的努力意义何在。

尤侗字同人，又更字展成，历官侍讲，著述甚丰，多达百余卷。在他的著作中，有一篇《真率会约》，是与同道好友所订的聚宴礼约，仿的是司马光的真率会，求俭求质。《真率会约》释"真率"云："大约真率有二意焉：人则宁质以救伪也，物则宁俭以砭奢也。"真率会于人的要求是质朴，对物的要求是俭素，为的是扫除浮华奢侈的社会弊端。

尤侗的《真率会约》，提及"会之人""会之期""会之地""会之具""会之事""会之礼",几方面都涉及宴礼的要求。

关于聚会之人,不一定要求凑足什么满数,如所谓"六逸七贤、八达九老",宁缺毋滥。陪客可有可无,"但不得邀贵人,嫌热也;不得挟伎人,嫌狎也"。

关于聚会之期,至多"浃旬一举",不能日日。"越宿单简一约,辰集酉散,不卜其夜。"既有约定,不得失期,遇风雨及意外,另当别论。

关于聚会之地,"暑宜长林,寒宜密室,春秋之际,花月为佳"。

关于聚会之具(饮馔),四簋足矣,"素一腥三,酒五行,中饭加羹汤一","薄晚小饮,设果一桦,杂蔬九合,加小点一"。小点便是点心之类。

关于聚会之事(佐饮),"或赋诗,或读书,或作字,或琴或棋,各从所好,独不许赌牌"。不赌的理由是:"赌牌三费:费时、费心、费财。"众人言语,"或谈史,或谈经,或谈禅,或谈山水","独不许谈者三耳:一不谈官长,二不谈阿堵,三不谈帏簿事"。也就是说,不说当官,不说挣钱,不说女人。

关于聚会之礼,主要讲的是主客迎送,所谓"后至不迎,先归不送,虽迎送,不远","客或静坐,或高卧,或更衣小便,主不陪"。

沈存西有《觞政》五十则,所述为酒筵礼仪,更多谈及的是饮食过程中的一些禁条,现在让我们摘其要者,分述于下:

(1)登眺不宜尽醉,舟次不宜尽醉,坐有荆棘不宜尽醉,次日有要紧事不宜尽醉,乏舆从不宜尽醉,病初愈不宜尽醉。

开怀畅饮,要看场合,不能在哪儿都"一醉方休"。登高远望和船中游赏,不能饮酒过多,主要是从安全角度考虑的,谨防发生失足的事,失足等于玩命。

(2)设席先料客之不来,不曾全设。临坐客多席少,遂致上下差移、东西挨搭,可鄙之甚。

主人宴客,本来请人不少,但估计来客不会太多,准备不充分,结果都来了，主人招架不住，免不了手忙脚乱，待客不周，恐怕会弄出一些不愉快的事来。

（3）宾主尽欢，期于彼此各适。倘一味倾倒，久坐不散，使主家各役伺候，无不嗟怨。隆冬酷暑，更为不堪。

做客还要为主人考虑，尤其在夏冬两季，不能久坐不散。当见好就收，别给主人添太多的麻烦。

（4）平日往还，绝无杯酒。一当有事相求，忽多闹热周全，及至事后又复冰冷，此等人不可与饮。

邻里和朋友，讲究礼尚往来，始终如一。不能有事相求就酒肉相待，事成之后便冷若冰霜，彼此全无真诚可言。

（5）客或路远，或遇雨雪，或值夜禁城门之隔，乃不约早坐，肴未全而星散，踉跄奔走。如此宴会，便不感激。

主人不考虑远客和交通不便的情况，开宴过迟，有些客人不等肴馔上齐就想着回家，宾主无从展怀，做客人的不仅不会感激，还会生出一些怨言来。

（6）客未齐集，先有人剥削水果、小菜，殊为不雅。但首席未到，主家不另为陪客点饥，枵腹坐待，毋怪乎渔猎以救荒也。

先到的客人坐等过久，空腹难耐，不得不想法子先找点东西充饥，固然不雅。但主人不考虑陪客们的肚皮，不主动上点点心，非等贵宾来到才摆席，也难怪客人们"渔猎救荒"了。

（7）席间有妙令，无解人；有大量，无对手，亦为缺陷。

饮酒行令，为一乐事，令出无人解得，也是无趣。能饮之人，却无酒量相当者陪饮，也是扫兴。

（8）客有量小不能奉令，寄酒一门，甚为两便。每见令官苛责，逼人呕吐狼籍，未免多事。

同席客人，总有不能饮酒的，也总有强劝人饮的，若不灌倒某某，不肯善罢甘休。对酒量小的人，如有人代饮，应当高抬贵手，大家都下得了台，不致弄得狼狈不堪。

（9）作客作主，不可太脱略，亦不必太拘泥。每有末座，犹然谦逊，使他客危立久候；更有肴馔甚薄，主人恣餐，使客无下箸处，大忌大忌。

作客人与作主人，过于随便或过于拘泥都不好。酒筵座次，不可过于谦让，要按主人安排尽快落座，别把其他客人晾在一旁。做主人的不能只顾自个儿大嚼，使客人下筷子的地方都没有，尤其在肴馔并不丰盛时。

（10）主人不能饮，须邀旁主大量，才不寂寞。倘华筵专设，坐中冷气逼人，亦无趣味。

主人自己酒量不大，可邀量大者代作主人，使酒筵热闹一些。否则，座中冷冷清清，有酒不能畅饮，酒再好菜再美，也无什么乐趣。

（11）有一等人，风生四座，索酒索肴。遇着爽口适意之物，请益无厌，皆当省察。

席上客人，对自己的嗜好应当有所约束，不能见某一味菜肴适口，便索要不止。

（12）联坐位次，须刻刻照顾界限。每有不亮左右之人，横开两臂，大肆牛饮，可憎也。

清代金漆木雕劝酒图花板

同桌共席，要照顾到左右的客人，光顾自己甩开膀子大吃大喝，一副饕餮模样，有失体面。

（13）酒后语言颠倒，丑态备呈；甚有残肴仍置盘中，剩酒乱捐壶内；多带仆从，不惜主家。有养君子，不宜蹈此。

剩菜不能放回盘中，残酒也不能返回壶中，这符合《仪礼》的精神。

（14）世情炎凉，当场逼露，如显贵同筵，趋承恐后；即多金村鄙，殷勤不怠；又有少年渺视父执，谈吐顾盼，绝不着意，均非明理人也。

筵宴上不要拍马屁，不要光知围着显贵和有钱人打转，也不要目无尊长，高谈阔论。

（15）席尊专客，天性不饮，须耐烦终席，庶陪客尽欢。

作为尊客，如果自己不喜饮不能饮，也要耐着性子坐到散席，让陪客们能尽兴。

（16）请客难，速客更难。自午迄暮，速者胫折，望者眼穿，陪者腹枵，远者欲去，主人不能为情，同席不便先坐，大可闷事。

客人应当按时按约到达，尤其是尊客。否则让主人望眼欲穿，陪客空腹久待，远客想告辞离去，大家心情都不畅快。

（17）治席请陪客，专赖帮助。主人乃有先期相订，客已至而陪客未来，甚有迎客欢，苛罚本家，此酒鬼不足道也。

尊客已到而陪客还不见影子，也是令主人心焦的事。

（18）昏暮客至，主人乏物，周旋掣肘，亦有一种说不出可厌处。

不速之客不好招待，傍晚的不速客更不好招待，一是没有准备，一是无法准备。这是教人晚上别去做不速之客，主人会讨厌。

（19）设席须称家有无，不可暴殄，不可落俗。设有应丰者而故俭之，不妨俭者而勉丰之，俱欠妥帖。

筵宴的丰俭，要视具体情形而定，过丰过俭，都不妥帖。

（20）酒后许人馈赠，或邀饮，相订凿凿，明旦尽成梦语。他日复尔，本人不觉，旁观意味索然。

散宴辞别，邀人来日相聚，到时早忘精光，失信于人，实在是不可取。

（21）偶尔茹素，默然赴席，及举箸虚拱，然后知为素客。众口苦劝，坚持不二，令主家措办不及，亦是作孽。

吃素之客，先不说明，待上席后，又不动筷子。主人明白后，措办不及，不准备素菜又不成，难以为情。

张荗有《彷园酒评》三章，曰《酒德》《酒戒》《饮酒八味》，都涉及为主人和为客人之道。其中《酒德》一章，我们在第六章已全文录引，在此不必复述。我看其中的用意，与上述尤侗、沈存西的文字颇有相近之处。张荗在《酒戒》一章，还以比较辛辣的文字，批评了酒筵上的诸多沉弊，很值得一读：

> 好做身分，屡邀不至；初饮推托，将散不休。
> 当坐不坐，入坐又嗔；明知量浅，故为苛罚。
> 招酒不饮，不招又干；要人遵令，人令不遵。
> 自己兴尽，轼促起身；说己心事，人皆不知。
> 啖肴不尽，复置俎中；行令不听，令到方问。
> 不学无术，妄参议论；余酒不干，倾入壶内。
> 一言不合，辩论到底；酒后借端，发泄宿怨。
> 放饭流歠，四座生厌；听人密语，穷究不已。
> 挑播醉客，以取己欢；坐席未暖，便欲喝拳。
> 逞斗机锋，此唱彼和；嫌肴粗粝，箸不沾唇。
> 频谭贵显，炫耀矜夸；对语未竟，又顾左右。
> 不知音律，妄加褒贬；酒政糊涂，反欲罚人。
> 对妓忘形，丑态毕露；坐侵邻席，只顾己安。

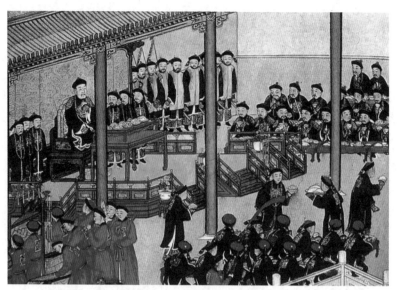

清代姚文瀚《紫光阁赐宴图》（局部）

> 每逢会饮，必打瞌睡；道听途说，宛如亲见。
> 强作知音，乱敲檀板；语言无忌，发人阴私。

这里批评的筵宴上的非礼现象，足有三十种之多。许多现象在现代筵宴中也有表现，可是现代人却不曾像张芪等人那样做些切实努力，净化筵宴环境，净化与宴者的言行。

筵宴是高雅的社交活动之一，没有高雅的言行，就无法造就筵宴高雅的气氛；如果没有一系列社会认可的饮食礼仪，与宴者的言行也就没有一统的准则，也就无从追求大众认可的高雅了。所以，我们也有必要在新的时代，订立新的"会约"和新的"觞政"来。

宋代石刻温酒女俑，四川泸县出土

第十一章 ——

古代饮食观

　　人们对饮食的态度，互相之间存在大小不同的差异。这差异的产生，是受了特定思想观念的支配，这些思想观念一经表现在饮食生活中，就形成了不同的饮食观。

　　每个人都会有自己的饮食观，人们每天都面对饮食这个现实问题，不可能没有自己的一套固定的观念。饮食观的形成，对每一个人来说，有传统的作用，有社会的作用，也有所受教育的作用，更有个人的经历和际遇方面的作用。

　　古代的饮食观，表现出很强的时代特征。一个特定时代大多数人所持的饮食观，也就是那个时代占统治地位的思想观。饮食观实际也是世界观在饮食活动中的表现，饮食活动是受着世界观的直接制约的。

　　安于清贫的，大吃大喝的，雅饮雅食的，辟谷不吃的，都是受不同饮食观支配而形成的不同的饮食态度。透过这些态度，我们可以窥见古代人不同的饮食观，由此也可以看到古代饮食观作为文化传统至今还在发挥的作用。

一、"嗟来之食"与食客三千

春秋时期，齐国发生了大饥荒，有个叫黔敖的人，做了饭食摆放在路边，等待那些饥民来吃。一天来了一个以衣袖蒙脸的饥人，跌跌撞撞的，看样子很长时间没吃东西了。黔敖左手端着饭食，右手举着浆饮，好像救世主的样子，很是轻蔑地对那饥人说："嗟，来吃吧！"饥人扬起头瞪着黔敖，十分高傲地回敬道："我就是因为不吃你们这号人的嗟来之食，所以才弄到今天这样的地步。"结果他看都没看一眼黔敖的饭食就走了，最终不食而死。这是《礼记·檀弓下》中记述的一个故事，饥人不受带侮辱性的"嗟来之食"，宁可饿死，也不失自己高尚的人格。

东周时代人们追求的这种人格，是一种传统的理想人格，有人认为这是一种"君子人格"。不同的人追求的理想人格是不同的，先秦不同学派就有不同的人格追求。如儒家的理想人格是圣贤，以贤能为行为规范；道家的理想人格是隐士，以无为为追求目标；墨家的理想人格是义侠，以兼爱为社会道德；法家的理想人格是英雄，以自强为处世态度。后来的佛家，其理想人格则是"超人"，以超尘绝俗为理论基础。① 齐国饥人在黔敖面前表现的是一种追求平等的行为——处境可以比你艰难，地位可以比你低下，但人格要求平等。这种要求人格平等的欲望，在东周时代的饮食生活中表现得特别强烈，让我们来看看下面这几个例子。

---

① 参见李宗桂《中国文化概论》，中山大学出版社，1988年。

商代青铜甗,江西新干出土

商代象牙杯,河南安阳出土

西周散氏盘,陕西宝鸡出土

春秋齐国青铜盆,山东沂水出土

　　《左传·宣公二年》说,郑公子归生受命于楚,前往攻打宋国。宋国华元领兵迎战,战前杀羊慰劳兵士,忘了给自己的御手羊斟吃肉。开战时,羊斟心怀不满地说:"前日给谁吃羊肉由你华元说了算,今日这打仗之事可轮到我说了算。"于是他驾着华元的战车直入郑国军阵,宋师因此惨败。

　　此事两年之后,还是与郑公子归生有关的一件事,发生在郑国,见于《左传·宣公四年》的记载。楚人献鼋于郑灵公,公子宋(子公)与子家(归生)知有这样的美味,很想一饱口福。灵公知道了子公的意思,有意刁难他。灵公把大夫们都召来,让他们一起尝尝鼋汤。同时也叫来了子公,却并不给他鼋吃。子公站立一旁,怒火中烧,跑上前去,将手指伸到鼎中,沾了一点鼋汤尝了尝,转身走出了大殿。这举动使灵公不能忍受，他下决心要除掉子公。子公与子家预谋在先，还没等灵公动手，他们先杀了这国君。一锅鼋汤，就这样酿成了一幕血淋淋的宫廷悲剧。

还有更严重的事情。《战国策·中山策》说，中山国国君有一次宴请他的士大夫们，有个叫司马子期的也在座。就因为有一道羊肉羹的菜没让子期吃到，他心里感到十分窝火，一气之下跑到了南方的楚国，请楚王派兵讨伐中山国。中山国国君只身逃脱，免于一死。逃亡中他发现身后总有两个人紧紧跟随，一问才知，他们是兄弟俩，早年他们的父亲饿得快要死了，是中山国国君送给他饭食吃，救了一命。二人救驾，正是为了报这救命之恩。中山国国君十分感叹地说："我因为一碗羊肉羹而亡了国，又因一壶饭食而得到两个勇士。"

不过就是一块羊肉，一口鳖汤，一碗羊羹，致使一场战事失败，一个国君丧命，一个国家灭亡。这说明了什么？用今天的眼光看，我们可以谴责当事者极度狭隘自私，他们是败国殄民的小人。不过以当时的社会背景论，还不能简单地下这样的结论。他们是在觉得自己的人格受到伤害时，才采取强烈的报复行为的。他们并不是为了争得那一口微不足道的食物，而是要用最激烈的方式证明自己存在的价值，哪怕是付出鲜血与生命也在所不惜。

春秋时代还有一个"二桃杀三士"的故事，见于《晏子春秋·内篇谏下》。说的是齐景公时的三个大将公孙接、田开疆、古冶子，三位勇猛无礼，闹得景公很不自在，想除掉他们，可又没有稳妥的办法。还是晏子设了一个圈套，以景公的名义给三人两个桃子，让他们比比功劳，功劳大的两个人可以吃桃子。公孙接和田开疆争先摆出了自己的功劳，说完就一人拿起了一个桃子。那古冶子曾救过景公的驾，按说这样的大功更有权吃桃，可他慢了一点，没有抢到桃子。公孙接和田开疆虽然拿到了桃子，心里却并不平静，他们突然想到：我的勇力不及古冶子，功劳也赶不上古冶子，可我却抢桃不让，这是贪功行为

汉代二桃杀三士图

呀！二人觉得无脸见人，当下拔出剑来刎颈而死。古冶子见状，也觉得活着没什么意思，同他二人一样，也刎颈而死了。两个桃子灭了三条命，齐景公的目的就这样轻而易举地达到了，利用的也正是当时人所追求的普遍人格心理，这自然就是一种君子风度。平日要保持这风度，一旦发现自己没有了这风度，便会觉得无地自容，甚至用结束生命的方式去维持那人格的完整。

一肉之恨必泄，一饭之恩必报，是东周时代理想人格表现出的典型品德。微不足道的恩恩怨怨，竟能使平地掀起波澜，多少惊心动魄的悲喜剧，都由这小小恩怨酿成。又有多少诸侯多少贵族，正是利用了这种社会心理，招客养士，编织着他们灿烂的梦。

齐桓公由于得到管仲的辅佐，首开春秋时代大国争霸局面，成为第一个盟主。他为了广泛搜罗人才，养游士八十人，供给他们车马衣食钱财，周游四方，招集天下贤士去齐国。后来列国都仿效这种做法，争相网罗人才，不仅国家养士，有权的卿大夫们也都争相养士。谁给的待遇高，这些士就为谁效力。于是又有了训练士的大师，孔子聚士讲学，教习"六艺"，他的士不少都做了官。所谓"弟子三千"，优良者有七十二人之众。到了战国时代，名望较高的学者没有不聚众讲学的，许多有识之士都把从师作为进入仕途的捷径。

士一般都受过良好的教育，能文能武，他们不由世袭，有的出身相当贫苦，完全靠后天的努力。这些士学成后，为了得到发挥作用的机会，四处游说。一旦得到赏识，便有可能被提拔为国家大臣，甚至能升到卿相的位置，起到左右政局的作用。如商鞅本是魏相国公叔痤的家臣，他到秦国说动了秦孝公，一下子被任为大良造，得到了秦的最高官职。张仪也是通过游说而得到重任的，成为显赫一时的风云人物。

战国中期以后，诸侯国中有权势的大臣也常常养士为食客，为个人既定的目的服务。战国四君——齐国孟尝君田文、赵国平原君赵胜、魏国信陵君魏无忌、楚国春申君黄歇，还有秦国文信侯吕不韦，他们收养的食客都达三千人之多。这些食客主要包括不同学派的士，有罪犯、奸人、侠客，甚至有鸡鸣狗盗之徒。食客们帮主人出谋划策，奔走游说，以至代为著书立说，无所不能为。

齐国孟尝君田文，为宗室大臣田婴之后，袭封于薛（今山东滕州东南）。他"招致诸侯宾客及亡人有罪者……舍业厚遇之，以故倾天下之士"。他养的食客多达数千人，而且能平等相待，不论贵贱高低，都同他吃一样的饭，穿一样的衣。孟尝君在与食客们聊天时，屏风后有侍史记下他们谈话的内容，特别记下的一项是食客亲戚的住所。食客告辞时，孟尝君早已派人探望食客的亲戚，并且要送上一份厚礼，以此笼络人心。正如我们在前文提到的那个故事，孟尝君招待食客，一视同仁，一名侠士在宴会上误以为自己所食不美，但最终发现是自己错怪了孟尝君，十分惭愧，竟提起剑来自刎谢罪。因为这个侠士的自尽，又有许多士赶来投到孟尝君门下，孟尝君统统收下，不分优劣，都尽心款待，这使得他的威望越来越高，影响也越来越大。

孟尝君后来先后为秦、齐、魏三国之相，在艰难之时，都有食客相助，左右逢源，以至鸡鸣狗盗之徒，都能挽救他的性命。秦昭王召孟尝君为相，后来把他囚禁起来，准备杀害他。孟尝君使人求昭王幸姬解救，而幸姬却要孟尝君的狐白裘衣为谢。此衣先已献给昭王，早已不属孟尝君。恰好食客中有能为狗盗者，夜里扮狗进入秦宫库房，硬是盗出了那宝贵的狐白裘。幸姬得了宝衣，就到昭王面前说情，昭王在美人面前没了主意，竟糊里糊涂地释放了孟尝君。孟尝君出了秦都，赶紧东逃，及至函谷关，关门紧闭，一时出不去。守关有法，规定鸡鸣才开门放人通行，而孟尝君食客中正有一位能学鸡叫的，他一叫而百鸡齐鸣，鸡鸣声中关门大开。孟尝君刚刚脱逃出关不久，只不过是一顿饭工夫，后悔了的秦王已派兵追到关口，真够危险的。孟尝君此后的决策行为，多得力于他门下的食客，如苏代、冯驩之流，有如左膀右臂。（《史记·孟尝君列传》）

赵国平原君赵胜，为赵惠文王之弟，任赵相。平原君喜好宾客，也有食客数千人。平原君家有座高楼邻近民居，邻居有一跛足者蹒跚汲水，平原君有一美人在楼上见了，哈哈大笑。跛足者第二天找到平原君告状，并请求得到讥笑他的美人的头颅。平原君当然没有杀掉美人，没想到门下食客有半数因此而离开了他，以为他爱女色而贱贤士。平原君为重新赢得天下之士的信任，不得不狠心斩下美人头，亲自送到邻居家谢罪。结果，食客们又纷纷回到他的身边。

一次秦军包围了赵都邯郸，情势紧急，赵君让平原君去搬救兵，平原君的门客毛遂自荐，与其他食客一起一共二十人赶到楚国求援。毛遂以他善辩之才，说得楚王唯唯喏喏，愿意赔上老本出兵，最终解除了邯郸被围困的状态。援兵到来之前，平原君挑选出三千敢死之士，与秦军拼死搏斗，硬是逼得秦军后撤了三十里。平原君事后夸赞毛遂说："毛先生一至楚，而使赵重于九鼎大吕。毛先生以三寸之舌，强于百万之师。"照这么说来，养士胜于养兵了，花多少资本也是值得的。（《史记·平原君虞卿列传》）

魏国信陵君魏无忌，是魏昭王的少子。他为人仁义而不耻下交，不论贤与不贤的士，他都能以礼相待，不敢自恃富贵而看不起他们。所以数千里之外的士都来投到他门下，使他也有了食客三千人。诸侯因魏无忌贤能，门客又多，十多年间不曾对魏国发起战争。信陵君常指派自己的食客去别国进行间谍活动，收集军事情报。秦军围邯郸，他的姐夫平原君向魏告急，信陵君紧急中用门客侯嬴之计，窃得兵符；又使门客屠户朱亥刺杀魏将晋鄙，代之而为将军，领兵救赵，解了邯郸之围。信陵君在赵国时，又与博徒毛公、卖浆者薛公相善，深得赵士人心，连平原君门客半数都转而依附于他。信陵君归魏后任上将军，又率五国联军破秦军，威震天下。各地来投奔他的门客争进兵法，于是辑为《魏公子兵法》二十一篇，可惜已散佚不存。（《史记·魏公子列传》）

春申君黄歇，为楚国大臣。当年楚兵解邯郸之围，便是春申君统帅。他与上列三君一样，力争游士，招致宾客，拥权辅国。平原君曾派使者访问春申君，使者为了在楚国炫耀，以玳瑁为簪，刀鞘以珠玉为饰。而春申君食客三千余人，其上客都穿着饰有珍珠的鞋接待赵使，赵使感到十分羞愧。春申君后来不如三君明智，他由于没听从门客朱英的劝诫，"当断不断，反受其乱"，最终死于楚国的宫廷内讧。（《史记·春申君列传》）

文信侯吕不韦，出身富商，受任为秦相，食邑十万户，有家僮万人。他见四君礼贤下士，自叹不如，也设法招致宾客，至有食客三千人。门客为之著《吕氏春秋》一书，"以为备天地万物古今之事"，洋洋二十余万言。书成后，在咸阳城旁公布于众，悬千金于上，扬言诸侯之游士有能增损一字者，赏予千金，可见吕不韦食客中确有不少当时第一流水平的人才。吕不韦还荐举嫪毐给太后，嫪毐谋反，事连吕不韦，秦王本想诛杀之，但念其有功，再加上宾客辩士都替他说情，才没忍心正法。那嫪毐是个生拔须眉的伪扮宦者，门下也养着食客千余人，有家僮数千，权倾一时。（《史记·吕不韦列传》）

被各国权势者当食客收养的士，到了战国时代，成为社会上最活跃的一个阶层。他们接受主子的衣食，为主子效力。这些食客有时能

战国刻纹宴乐杯　　　　　　战国错金银鼎，陕西咸阳出土

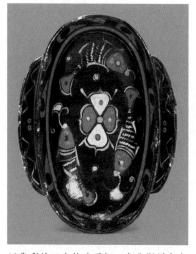

汉代彩绘三鱼纹漆耳杯，湖北荆州出土　　　汉代蒜头口铜壶

　　起到决策性作用，有时还会成为左右政局的关键人物。士的思想很明确，你瞧得起我，善待我，我可以为你赴汤蹈火，东周时代流行的"士为知己者死"的话，正是士们人生观的概括写照。

　　这种人生观到后来演化为影响深远的报恩传统，成为封建时代做人的准则之一。如汉代淮阴侯韩信，早年在流浪时，有漂母为他救饥送饭，他后来封楚王，为报恩找到漂母，赐以千金。当初韩信封齐王，"齐人蒯通知天下权在韩信"，假借相面劝说韩信，希望他能与楚汉成三足鼎立之势，得王天下。韩信听了，觉得这么做无仁无义，他的回答是这样的：

> 汉王遇我甚厚，载我以其车，衣我以其衣，食我以其食。吾闻之，乘人之车者载人之患，衣人之衣者怀人之忧，食人之食者死人之事，吾岂可以乡利倍义乎！

　　为了感恩戴德，他没有背叛刘邦。后被诬告谋反，这时真的要反时，已经晚了，结果被夷灭三族。被斩之时，韩信才后悔没听从蒯通之计。(《史记·淮阴侯列传》)

　　这种报恩思想，在某些帝王身上也有体现。如东汉光武帝刘秀，曾在危难中接受过冯异送的豆粥和樊晔送的烧饼，这使他铭记在心。刘秀当了皇帝后，为了报答，赐以冯异珍宝、衣服和钱帛；设御筵招待樊晔，赐以乘舆、衣物等，封他做都尉。刘秀还同樊晔开玩笑说："你一筐子烧饼换了一个都尉，你说值不值？"说得樊晔反要顿首谢恩了。(《后汉书·冯异传》《后汉书·樊晔传》)

二、诸子食教

　　饮食作为一种物质生活，是受着精神思想的制约的，所以饮食活动常常表现有精神活动的特征。指导饮食活动的理论很多，起源也很早，关于它们的形成时代，可以追溯到先秦时期。

　　在东周时代的社会大动荡大变革中，涌现出许多学派，各学派的代表人物，从不同的阶层和集团的利益出发，著书立说，阐释哲理，开展争辩，形成百家争鸣的局面。其中影响较大的一些学派，大都有与学术思想相关联的饮食理论，这些理论直接影响到当时和后来的社会生活。在饮食理论上有代表性的学派主要有墨家、道家和儒家三家，学术代表人物是墨子、老子和孔子。

墨子名翟，宋国或鲁国人。他曾自称为"贱人"（《墨子·贵义》），做过木匠。墨子自己的生活十分俭朴，提倡过"量腹而食，度身而衣"（《墨子·鲁问》）的节俭理论。他的学生，吃的也是藜藿之羹，穿的则是短褐之衣。为了解决社会上"饥者不得食""寒者不得衣""劳者不得息"（《墨子·非乐上》）的"三患"问题，墨子提倡社会互助，还提出积极生产和限制消费的办法，反对人们在物质生活上追求过高的享受，认为能吃饱穿暖就可以了。

《墨子·辞过》说："其为食也，足以增气充虚、强体适腹而已矣。"在《墨子·节用中》也有类似说法："古者圣王制为饮食之法，曰：'足以充虚继气，强股肱，使耳目聪明，则止。'不极五味之调，芬香之和，不致远国珍怪异物。"墨子认为这一套饮食思想才是正宗的和符合传统的，所以要人们照此实行。看来，墨家是不求食味之美、烹调之精的，饮食生活维持在较低的水准。墨家还以夏禹为榜样，昼夜不息，自愿吃苦，反对不劳而食，还攻击儒家的"贪于饮食，惰于作务"（《墨子·非儒下》），可见格调似乎还比较高雅。

老子姓老名聃，或说名李耳，楚国人，曾任周守藏室之史。老子提出"无为而治"和"小国寡民"的理想，认为要"常使民无知无欲"（《老子·三章》）。如果社会能回到结绳记事的远古时代就太好了，他欣赏国与国之间虽鸡犬之声相闻，人却老死不相往来的境界。（《老子·八十章》）老子以为发达的物质文明不会带来好结果，主张永远保持极低的物质生活水平。他认为应当节俭，清心寡欲，与世无争，知足而止，一切祸乱就无从发生，天下可得太平。他说："五色令人目盲，五音令人耳聋，五味令人口爽，驰骋畋猎令人心发狂，难得之货令人行妨。是以圣人为腹不为目，故去彼取此。"（《老子·十二章》）所谓"五味令人口爽"，是说过于追求滋味，反倒会伤害人的味口。所以老子又有"为无为，事无事，味无味"（《老子·六十三章》）的说法，以无味即是味，也算是一种独到的饮食理论。

老子还明确提到饮食对人的修养的重要意义，有"治身养性者，节寝处，适饮食"（《文子·符言》）的议论。老子的饮食思想，比起墨家来，有些似乎倒退得更远。老子学派的门徒末流，有变而为法家的，也有变为阴谋家的，更有变为方士的。方士讲究清虚自守，服食求仙，梦想长生，这一点我们放到下一节去谈。

孔子名丘，字仲尼，鲁国人。出身没落贵族，少时贫贱，官至司寇。孔子的饮食理论同他的政治主张一样著名，他把礼教思想与饮食实践融汇一体，其中许多教条法则直到今天还有一定的影响。这是因为，就广泛的程度来说，儒家的食教比起道家和墨家的刻苦自制更易于为常人所接受，尤其易为统治者所利用。后世"罢黜百家，独尊儒术"的事之所以发生，也有着相似的原因。人们认为，儒学就是礼学，孔子所创立的儒学，主要内容为礼乐与仁义两部分。礼实际是统治阶级所规定的一切秩序，亲亲、尊尊、长长、男女有别，是礼的根本，由此制定出无数礼文，用以区别人与人之间的复杂关系，确定每一个人应受的约束，不得逾越。乐则是从感情上求得人与人相互间的妥协中和，使各安本分。"礼用以辨异，分别贵贱的等级；乐用以求同，缓和上下的矛盾。礼使人尊敬，乐要人亲爱。"①这就是儒家倡导礼乐制度的实质。礼既始于饮食，那么饮食发达了，礼仪也会有所变更，但更多还是表现出传统的烙印，所以我们可以从现代饮食观念中找出两千多年前的渊源来。

典籍中关于孔子饮食观及饮食实践的内容，比起先秦其他学派的代表人物来，既丰富且具体。《论语》一书是孔子言行的记录，其中包括不少食教内容，尤以《乡党》一篇，阐述最是精辟。墨家攻击儒家

---

① 范文澜：《中国通史》，人民出版社，1978 年。

为贪食之徒，其实不能一概而论，孔子就不一定是这样。从孔子曾说过"君子食无求饱，居无求安，敏于事而慎于言"（《论语·学而》），可以看出，他并没有将美食作为第一追求。孔子还说："士志于道，而耻恶衣恶食者，未足与议也。"（《论语·里仁》）对于那些有志于追求真理，但又过于讲究吃喝的人，采取不予理睬的态度。可是对苦学而不追求享受的人，则给予高度赞扬，他的大弟子颜回被他认为是第一贤人，他说："颜回要算是最贤的了！一点食物，一点水，身居陋巷，别人都忍受不了，可颜回却毫不在意，乐在其中。贤哉，颜回！"①孔子自己所追求的也是一种平凡的生活，他说："饭疏食饮水，曲肱而枕之，乐亦在其中矣。不义而富且贵，于我如浮云。"（《论语·述而》）

从另一方面讲，孔子的饮食生活也确有讲究之处，只要条件允许，他还是不赞成太草率太随便的。饮食注重礼仪礼教，讲究艺术和卫生，成为孔子重要的行为准则之一。归纳起来，孔子的饮食教条有以下近二十项。

（1）齐，必变食，居必迁坐。

平日三顿饭，一般早晨吃新鲜饭，中晚餐则是温剩饭。斋戒之日则要变更常规，每顿都吃新鲜的。也有的人解释"变食"为不饮酒醴、不食鱼肉。

（2）食不厌精，脍不厌细。

要求饭菜做得越精细越好，并不指一味追求美食。

（3）食饐而餲，鱼馁而肉败，不食。

不吃腐败变质的食物，这应当是由健康出发的议论。

（4）色恶，不食。臭恶，不食。

菜肴颜色不正，气味不正，都不吃它。

（5）失饪，不食。

---

① 《论语·雍也》："贤哉，回也！一箪食，一瓢饮，在陋巷。人不堪其忧，回也不改其乐。贤哉，回也！"

食物烹饪不当，不吃。

（6）不时，不食。

如果不是进餐时间，不吃。

（7）割不正，不食。

切割不得法，不吃。《韩诗外传》说孟子母亲怀胎有胎教之法，也有席不正不坐、割不正不食的原则。"不正"并不是说一定要方方正正，而是泛指刀工的优劣。

（8）不得其酱，不食。

各类肉食按传统配有规定的酱汁调味，如食鱼脍要用芥酱，鱼脍端出来之前，先要把芥酱准备好。孔子主张没有所需的酱就不吃鱼肉，要求很是严格。以上这几条颇显出一点贵族风度，孔子也因此受到后人的不少责难。

（9）肉虽多，不使胜食气。

席上肉虽多，但食之不能超过饭食，须以谷米为主食。

（10）惟酒无量，不及乱。

只有酒不限量，但不能狂饮致醉。

（11）沽酒市脯不食。

不要随便到市肆上买食物，不逛酒肆，不下饭馆。这大概也是为了卫生起见。《礼记·王制》也说"衣服饮食不粥于市"。

（12）祭于公，不宿肉。祭肉不出三日。出三日，不食之矣。

当时大夫、士都有陪同国君参与祭仪的机会，祭祀当天清晨宰牲，次日有时再祭，祭毕便让各人把自己带来参加祭仪的肉拿回去，这种肉不能留到第二天，因为在带回家之前，已经放了一两天了。其他的祭肉自宰杀之日起，存放不能超过三日，超过三日便不再食用。三日一过，恐怕已臭败不堪了。

（13）食不语，寝不言。

吃饭睡觉不能说话，为的是吃得卫生，睡得安稳。饭桌上高谈阔论，唾沫横飞，非但不雅，更为不洁。

（14）虽疏食菜羹，瓜祭，必齐如也。

尽管吃的是粗糙的饭菜，但也要十分虔诚地分出部分食物，用以祭祀发明熟食的先圣。

（15）乡人饮酒，杖者出，斯出矣。

行乡饮酒礼，必得让年长者先出，然后自己才出，以示尊老。

（16）君赐食，必正席先尝之；君赐腥，必熟而荐之；君赐生，必畜之。侍食于君，君祭，先饭。

如果国君赐给食物，一定要坐端正了再吃，不可造次，以示敬重；如果所赐为生食，要做熟了先给祖先进供；如果所赐为活物，应当圈养起来，以资纪念。陪侍国君吃饭，国君亲自祭食，陪者不祭，但须先于国君吃饭，叫作"尝饭"。

（17）朋友之馈，虽车马，非祭肉，不拜。

朋友间馈赠的礼物不管多么贵重，如大到车马之类，但如果不是祭肉，都不须行正规的谢礼。祭肉为通神明所用，所以被看得高于一切。（以上各条均出自《论语·乡党》）

（18）子食于有丧者之侧，未尝饱也。

孔子坐在服丧的人旁边吃饭，从未吃饱过。要发点恻隐之心，因为服丧者不会饱食，所以与他们在一起时也不能狼吞虎咽。（《论语·述而》）

被后世尊为"圣人"的孔子，对于自己的这一套饮食说教，大部分是身体力行的，只是在异常情况下稍有违越。如有时赴宴，主人不按礼仪接待他，他便以无礼制非礼。不合礼法，给鱼肉他也不吃。若以礼行事，蔬食也当美餐。[①]如据《说苑·反质》所述，鲁国有一位生活俭朴的人，用瓦鬲做了一顿饭，吃起来觉得很香美。于是他把饭盛

---

① 《礼记·玉藻》："孔子食于季氏，不辞，不食肉而飧。"《礼记·杂记下》："孔子曰：'吾食于少施氏而饱，少施氏食我以礼。'"

东周陶鬲。平民食器

在一个土碗内，拿去送给孔子吃。孔子很高兴地接受了这碗饭，"如受太牢之馈"，就好像是接受了猪牛羊肉一样。他的弟子很纳闷，问他："这土碗不过是低贱的物件，这饭食也不过是粗糙的食物，先生为何显得如此之高兴？"孔子回答说："吾闻好谏者思其君，食美者念其亲。吾非以馔为厚也，以其食美而思我亲也。"说并不是因为他送来的饭好，而是因为他吃了觉得味美而想到了我，所以才感到如此高兴。又见《吕氏春秋·孝行览·遇合》说："文王嗜昌蒲菹，孔子闻而服之，缩颈而食之，三年然后胜之。"为了那完善全美的周礼，孔子听说周文王爱吃菖蒲菹，自己也皱着鼻子吃那味道极不宜人的东西，三年之后才习惯了那滋味。就这样为体会周礼的精髓，孔子不惜受三年的苦熬，去吃那并不美味的食物，他也真是够实在的。

可以认为，儒学是中国古代文化发展的核心，以孔子为代表的儒家的饮食思想与观念，也可以说是古代中国饮食文化的核心，它对中国饮食文化的发展起着不可忽视的指导作用。儒家所追求的平和的社会秩序，也毫不含糊地体现在饮食生活中，这也就是他们所倡导的礼乐的重要内涵所在。

随着社会的发展，儒家学说也经历了渐次改造与发展的过程，始终是中国古代传统文化的主干，它始终对中国饮食文化的发展产生着重大影响。在以下的有关章节中，我们还将谈到这一点。

对中国古代饮食文化的发展产生影响的，还有佛教，我们在前文已经提及，在此就不必重复了。

三、梦想长生与追求不朽

在文明人中，不论在什么时代，总有一些人生活在长生的梦界，神仙家便是这梦界的筑造者。我们不知史前人有没有这样的梦，确凿的证据表明，周人追求长生的愿望已很强烈，但不知周代是不是最早萌发长生愿望的时代。在周代金文中，尤其在《诗经》中，"万寿无疆""万寿无期"的祝辞反复出现，① 高高在上的贵族们对这些词怀有特殊的感情。

人们知道，为求得健康，固然要靠饮食，但若追求长生不死，吃凡人常吃的五谷杂粮，显然是办不到的，常人都免不了一死。于是就生出了这样的传说：远方有长生的神仙，神仙有不死的仙药。心头躁动了，再也坐不住了，那些最希望得到长生的人便行动起来，要去会神仙，去求仙药，无谓的探险就这样拉开了大幕。梦想长生和追求不朽，大约在秦汉之际，在统治阶层中形成一股前所未有的大潮流。希望生时见到神仙，死后升仙不朽，甚至包括皇帝们在内，都带头做着这种神奇的美梦。

秦始皇刚即帝位，就开始征役七十余万人为自己修建陵墓，准备身后之事。尽管陵墓规划得相当宏伟，但这中国历史上的第一位皇帝，他本心是不愿意睡到那里面去的，他希望能够长生不死。所以在筑墓的同时，他又听信方士们的蛊惑，几次派人到远方求取仙药。公元前

---

① "万寿无疆"等见于《豳风·七月》《小雅·天保》《小雅·南山有台》《小雅·楚茨》《小雅·信南山》和《小雅·甫田》等。

219 年，即位二十八年的秦始皇东巡至琅玡，齐人徐市等上书，说东海上有三座神山，名曰"蓬莱""方丈""瀛州"，有仙人居之，请皇帝允许他斋戒，率领童男童女前去寻觅。秦始皇听信此言，立即派徐市率童男童女数千人，真的入海求仙去了。四年之后，秦始皇又一次东巡，又派韩终、侯公、石生去东海求仙，寻觅不死之药。自然这两次的探求，是一点结果也没有的。

后来，有个叫卢生的人，劝秦始皇隐居起来，说是非如此则得不到那不死之药。为此还立下一条严格的规矩，凡泄露皇帝居处的人都要处以死刑，弄得群臣不知上哪儿朝见他们的圣上。试了这么多的法子，最终还是没有得到什么不死之药，那出谋划策的卢生等人早已逃之夭夭。这可惹恼了秦始皇，于是便有了焚书坑儒而招致千古骂名的举动，四百六十余名学者因此在咸阳断送了宝贵的生命。即便是这样，秦始皇也还是没有死心，长生不死的诱惑实在太大了。他在公元前210 年又一次出游到了琅玡，见到了先前的那位徐市。徐市害怕极了，花钱以巨万计，历时数年，始终没找回不死之药，不得已编了个谎话说："蓬莱仙药并非不可得，主要是海中有大鲛鱼阻拦，如果有厉害的射手跟随，那就好办了。"秦始皇信以为真，大概觉得自己的箭法不错，居然决定亲操弓矢，要去同鲛鱼较量。秦始皇跟着徐市沿海岸走了很远，在之罘真的射杀了一条大鱼，这时的他也已经累得筋疲力尽了，不久就一病不起，终于把那高贵的性命丢在了寻找不死之药的旅途中。尽管如此虔诚，求仙足足十年，还是一无所获，这位声称"功盖五帝"的始皇帝，没有想到死亡来得如此突然，仅仅只活了五十岁，便长眠于骊山脚下了。(《史记·秦始皇本纪》)高大的皇陵下埋藏着的，就是这样一颗求仙的心，一个不死的梦。

无独有偶，汉武帝亦步秦始皇蓬莱求仙的后尘，更有饮露餐玉之举，同样受尽方士的欺骗。花费的钱财十倍于秦始皇，依然是仙人未见，仙药未得，最终还是免不了一死。(《史记·孝武本纪》)神仙家们大概是感到东海仙境太遥远了，于是又抬出一个西王母，说在西方昆仑山居住的她也拥有不死之药。相传这药取自昆仑山上的不死之树，由玉兔捣炼而成。可惜的是昆仑不死药也是可想而不可即，昆仑山下不仅有深不见底的大河环绕，还有熊熊火山作屏障，凡人谁也别想过去。

　　西方的仙药也没指望，神仙家们又说南方有美酒，饮之也可不死，也可成仙。汉武帝听说后斋居七日，遣人带领童男童女数十人去寻找。此行还算顺利，没有那么多的艰难险阻，果然弄到一些酒回到长安。仙酒摆到大殿上，还没等武帝尝尝是什么滋味，站在一旁的东方朔抢先喝了个干净。武帝大怒，要杀了东方朔，诙谐滑稽的他却不慌不忙地说："如果这果真是仙酒，杀为臣也不会死，我已是仙人了。如果并不灵验，一下就把我杀死了，要这样的酒又有什么用呢？"武帝听了，一笑了之。(《太平御览》引《汉武帝故事》)后世有人说东方朔饮的当是龟蛇酒，天酿而成，当是一种附会。

汉代昆仑西王母图。图上有捣仙药的玉兔

东方朔饮仙酒的故事不一定可信，有可能是后人演绎出来的。其实在更早的先秦时代，就有类似的故事在流传。如《韩非子·说林上》说，某个楚王也曾到处寻求不死之药，一天，来了一个献药的人，谒者将这药送到内宫，准备让楚王享用。王宫侍卫见了药，问谒者说："是能吃的东西吗？"谒者说："当然能吃。"侍卫抢过药，赶紧吞下肚里。楚王知道后，大发雷霆，命军士斩杀侍卫。侍卫托人到楚王面前辩解，说："我是听了谒者说'能吃'的话才吃的，要治罪只能治谒者。再说既是不死药，臣下一吃下大王就要杀臣，说明这是催死药，那献药的人不是想欺骗大王吗？大王要杀无罪之臣，这不是要让天下人笑话大王吗，人家会说大王是甘于受骗的，这样的话，还不如放了我。"楚王听了这话，觉得有理，也就不再计较了。

任凭下多大功夫，不死药还是无从获得，于是方士们又说，即使得不着不死药也不要紧，照样可以成仙，只不过必须做到不吃人间烟火食，称作"绝粒"。要"绝粒"，必得以气充作食物，仙人都是以气为食的，所以要炼气。只有这样，才能羽化长出翅膀来，就能身轻如鸿毛，自由自在地飞天了。《论衡·道虚》说："闻为道者，服金玉之精，食紫芝之英。食精身轻，故能神仙。"不少人都相信不食五谷可以成仙，那个被汉高祖刘邦夸赞为"运筹帷幄之中，决胜千里之外"的留侯张良，功成名就之后，晚年也向往成仙之道，学辟谷，道引轻身。后来还是吕太后强迫他进食，说："人生一世间，如白驹过隙，何至自苦如此乎！"叫他不要这样自找苦吃，张良不得已才放弃了成仙的追求。（《史记·留侯世家》）

实际上，尽管古人对辟谷成仙的说法深信不疑，但真正愿意空着肚皮试一试的人并不太多。按理穷苦百姓最有机会成仙了，他们用不着忍受有饭也不吃的痛苦，直到饿死，还是与仙道无缘。那些身居高位、既富且贵的统治者，总觉得美味佳肴具有更大的吸引力，他们所希望的是既能享尽人间荣华，又能自在地当神仙，转而把升仙的希望寄托在死后。东汉人所作《古诗十九首》之一的《驱车上东门》，恰到好处地表达了这种心境：

> 浩浩阴阳移，年命如朝露。
>
> 人生忽如寄，寿无金石固。
>
> 万岁更相送，贤圣莫能度。
>
> 服食求神仙，多为药所误。
>
> 不如饮美酒，被服纨与素。

　　遇仙不能，求药不得，术士们转而自制丹药，名士则服用五石散，都还是为了一个目的：长生。曹魏正始年间的何晏，早年为曹操收养，后官至吏部尚书。他与夏侯玄、王弼等人不仅以清谈著名，而且也以服五石散著名，称为"正始名士"。何晏好女色，精房中术，以至爱穿女式服装，为长生而服五石散。五石散又称寒食散，其"五石"的组

汉墓壁画羊酒图

成说法不一，《抱朴子内篇·金丹》载为丹砂、雄黄、白矾、曾青、磁石。五石散药方本出汉代，但当初服用的人并不多，因为弄不好长生无望，反要丧命。而何晏摸索出了一套比较保险的方法，获得神效，于是大行于世。按何晏的说法，"服五石散，非唯治病，亦觉神明开朗"（《世说新语·言语》），当有提神之功。服五石散的人，饮食极有讲究，饭菜必须吃凉的，衣服不能穿厚的，但饮酒必得微温，否则后果不堪设想。五石散到头来也并没保住何晏得长生，他也没能摆脱尘世间的烦恼，因谋反而被诛杀，一说甚至没有活足五十岁。

人们一方面梦想长生不死，可另一方面还要追求死而不朽，因为无论做什么努力，任何人都是免不了一死的。死而不朽的追求，早在东周时已成趋势，到汉初则发展到新的高峰。1978 年初夏，湖北省随州市发掘出一座战国早期的大墓，墓主人为曾国国君曾侯乙。墓深十三米，墓穴面积二百二十平方米。椁室高达三米，外壁和隔墙均用六块长方木料垒成。整个木椁共用成材木料约三百八十立方米，顶部和四周铺有六万多公斤的防潮木炭，木炭上再以青膏泥密封，上面又盖上厚重的大石板。采取如此严密的措施，自然是为了死而不朽，遗憾的是这个目的并没有达到，埋在墓中的包括曾侯乙在内的二十二位死者，当他们的木棺被打开时，全都是白骨一具了。

到了汉代，不朽的追求又有升格，方法也有了发展。1968 年，在河北满城发掘到两座西汉墓，墓主为汉景帝刘启之子刘胜及其妻窦绾。刘胜生前被立为中山王，所以他的葬礼有较高的规格。两墓随葬各类器物一万余件，最引人注目的是死者双双装殓的"金缕玉衣"。汉代皇帝及宗室死后以玉衣为葬服，为的就是追求不朽。玉衣做成人的模样，由头罩、上衣、裤筒、手套和鞋子五部合成。刘胜的玉衣由二千四百九十八块玉片缀成，所用金丝重约一千一百克；窦绾的玉衣由二千一百六十块玉片缀成，用去金丝约七百克。汉代贵族们相信，有玉衣封护，尸体便能永不腐朽。不过刘胜夫妇的尸体却并没有保存

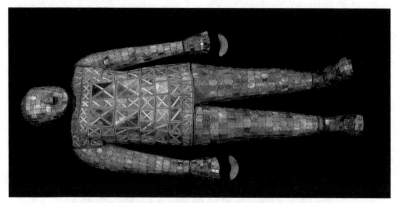

汉代刘胜金缕玉衣，河北满城出土

下来，早已化作了泥土。其他一些出土玉衣的墓葬中，也都不曾发现过保存完好的尸体。

不过汉代人追求不朽的理想并没有彻底破灭。考古学家 20 世纪 70 年代在湖南和湖北进行了两次重要的发掘，先后发现了保存完好的一女一男两具西汉尸体，这表明两千多年前的古人虽然没能实现不死的梦想，却完成了不朽的追求，这不能不说是一个辉煌的成就。

出土女尸的湖南长沙马王堆一号汉墓，随葬的千余件物品大多也完好无损。它们都是送给死者在冥间使用的日常器具物件，主要有漆器、陶器、竹木器、乐器、丝织品，还有许多农畜产品、瓜果等。墓中还出土了记载随葬品名称和数量的竹简三百一十二枚，其中约半数书写的都是食品名称，主要有肉食类馔品、调味品、饮料、主食、小食、果品和种子等。以下便是竹简记载的主要食物品类：

（1）肉食类馔品

羹二十四鼎。羹有五种，即大羹、白羹、巾羹、逢羹、苦羹。大羹为不调味的淡羹，讲究本味，共九鼎，原料分别为牛、羊、豕、豚、狗、鹿、兔、雉、鸡。白羹即用米粉调和的肉羹，或称为"糁"，共七鼎，分别为牛白羹、鹿肉鲍鱼笋白羹、鹿肉芋白羹、小菽鹿肋白羹、

汉代漆杯盒，湖南长沙出土

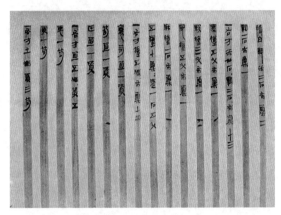

食简，湖南长沙出土

盛有蛋壳的竹筒，湖南长沙出土

鸡瓠菜白羹、鲭白羹、鲜鳇藕鲍白羹,主料为肉鱼,分别配有笋、芋、豆、瓠、藕等素菜。巾羹共三鼎,为狗巾羹、雁巾羹、鲭藕肉巾羹,不知为何名之为"巾"。逢羹可能指用芜菁做的肉羹,也是三鼎,主料为牛、羊、豕。苦羹指加有苦菜的肉羹,共两鼎,主料为牛和狗。

鱼肤一笥。鱼肤指从鱼腹部割取的肉。此外还有鲤、鲭、杂鱼制成串的干鱼。

脯腊五笥。脯与腊均为干肉,有牛脯、鹿脯、弦(牛百叶)脯、肮脯、羊腊、兔腊。

炙八品。炙为烤肉,原料为牛、牛肋、牛乘、犬肋、犬肝、豕、鹿、鸡。

濯五种。分别为牛胃、牛脾、牛心肺及豚、鸡。濯,即鬻,是将肉菜放入汤锅涮一下即食用的方法,与近代火锅食法相似。

脍四品。为牛、羊、鹿、鱼。

火腿八种。分别为牛、羊、犬、豕的腿上肉。

熬十一品。为豚、兔、鹄、鹤、凫、雁、雉、炙姑、鹌鹑、鸡、雀,以野禽为主。熬为古代八珍之一,是一种干煎的肉。

(2)调味品

主要有脂、䱒、酱、饧、豉、醢、盐、菹和齑,共九类十九种,以咸味为主,五味俱全。

(3)饮料

有酒四种:白酒、温酒、肋酒、米酒。温酒指多次反复精酿之酒,肋酒当指滤糟清酒,米酒指醪糟。

(4)主食

主要为饭和粥,用稻、麦、粟烹成。同时还见有未烹的粮食和酒曲等,盛在麻袋中。

(5)小食

小食即今之点心,有糗糒七种,即枣糗、蜜糗、荸荠糗、白糗、稻蜜糈、稻糗、黄糗。还有粔籹一笥，用蜜和米面煎成；餢飳一笥，为一种油煎饼。

（6）果品

有枣、梨、楠李、梅、笋、元梅、杨梅等。

（7）种子

有冬葵、藕、葱、大麻、五谷。

上列肉食类馔品按烹饪方法的不同，可分为十七类，七十余款。墓中随葬的饮食品类根据竹简的记载统计，约有一百五十种。出土实物与竹简文字基本吻合，盛装各类食物的容器很多都经缄封，并挂有书写食物名称的小木牌。有的食物直接盛在盘中，好像正要待墓主人享用。

本来汉代人以为死后也是能升仙的，不过从随葬如此丰富的人间烟火食看，他们对死后升仙可能也不抱什么希望，否则又何必那么破费地去厚葬呢，这不明明是要死者安于地下冥间的享乐吗？

帝王大概没有不想长生和不朽的，有许多都像始皇帝和汉武帝一样，到死执迷不悟。不过也有稍微清醒一些的，个别的甚至还相当明智。明人余继登所撰《典故纪闻》卷二记述了明太祖朱元璋对不死药及神仙术的看法，应当说是十分明智的，较之秦皇汉武，可谓有天壤之别了。朱皇帝是这样说的：

> 神仙之术，以养生为说，又缪为不死之药以欺人，故前代帝王及大臣多好之，然卒无验，且有服药以丧其身者。盖由富贵之极，惟恐一旦身殁，不能久享其乐，是以一心好之。假使其术信然，可以长生，何故四海之内，千百年间，曾无一人得其术而久住于世者？若谓神仙混物，非凡人所能识，此乃欺世之言，初不可信。人能惩忿窒欲，养以中和，自可延年。有善足称，名垂不朽，虽死犹生。何必枯坐服药，以

求不死，况万无此理，当痛绝之。

这是明代开国皇帝听说当时公侯中有人好神仙术后，为禁绝此事而下的一道谕旨。话是说得再明白不过了，不死之药不会有，神仙之术不可信。制怒寡欲，可得延年；德行高尚，名垂不朽。这么说来，长寿也好，不朽也罢，相对来说还是可以办到的，但不能依靠什么仙术，办法在每一个人自己手中。

四、"食必方丈"的贵族派头

与神仙家的不吃饭不同，享乐至上的贵族有自己特有的派头。酒池肉林，殽旅重叠，食必方丈，浆酒藿肉，这些词都是用于描述贵族阶层的饮食生活的，贵族们的穷奢极欲，在不断翻新的筵宴上充分体现出来。

贵族是随着文明时代的到来而出现的，在阶层社会中，这是一个最奢侈的阶层，它享受着最好的宫室、车马、衣冠和饮食，这是历史赋予的一种特权。就饮食而论，贵族们有大吃大喝的传统，这传统在夏商时代即已形成。《太平御览》引《帝王世纪》说夏桀为"肉山脯林"，大概可以算作这传统的开端。商纣时也有"肉林""肉圃"之类，[①]大量的牲肉委之于地，悬挂如山林，贵族们肉食量消耗之大，可以想象得出来。

到了周代，贵族们的饮食生活讲究一种固定的格式，强调"礼食"。例如周王的饮食，礼制规定实际是以丰盛为原则，有"八珍百羞"之说，我们在前文已经述及，一顿饭庶羞有百二十品，配酱亦是

---

① 《韩非子·喻老》说"纣为肉圃"；《史记·殷本纪》说殷纣"县肉为林"。

商代陈放肉食类祭品的青铜俎，辽宁锦州出土

百二十品，不可谓不丰盛了。

贵族们的享乐，也受着社会经济发展程度的制约，西汉初年的情形就很能说明问题。秦王朝的酷政，再加上秦末八年战争的破坏和大饥荒，导致经济凋敝，西汉王朝正是在这种基础上建立起来的。"自天子不能具钧驷，而将相或乘牛车，齐民无藏盖"（《史记·平准书》），连皇帝都配不齐同一色的马匹来驾车，一些将相大臣只能坐牛车，由此可以想见一般平民生活之窘迫了。汉高祖刘邦在位七年，规定与民休息的政治方针，尤其是经过后来文帝和景帝两代三十九年的治理，终于达到超过战国时代的经济繁荣。到武帝时，那情形按司马迁在《史记·平准书》上的描述，是好得不能再好了：

> 汉兴七十余年之间，国家无事，非遇水旱之灾，民则人给家足，都鄙廪庾皆满，而府库余货财。京师之钱累巨万，贯朽而不可校。太仓之粟陈陈相因，充溢露积于外，至腐败不可食。众庶街巷有马，阡陌之间成群，而乘字牝者傧而不得聚会。守闾阎者食梁肉，为吏者长子孙，居官者以为姓号。故人

人自爱而重犯法，先行义而后绌耻辱焉。当此之时，网疏而民富，役财骄溢，或至兼并豪党之徒，以武断于乡曲。宗室有土公卿大夫以下，争于奢侈，室庐舆服僭于上，无限度。

上层统治者上自宗室、封君、公卿、大夫以至一般官吏，大肆挥霍，没有什么限度，整个统治阶级过着极其饶富的生活。打天下的高祖没有这样的福分，没有赶上这好时光。

经济发达了，还要继续向更高水准发展，怎么办呢？于是就出现了用高消费促进高发展的经济理论。被认为成书于战国至西汉时期的《管子》一书，在其《侈靡》篇中提出了"莫善于侈靡"的消费理论，提出"上侈而下靡"的主张，叫人们从上到下尽情吃喝，尽情享乐，只有尽情消费，才能刺激经济进一步发展。如何变着法子侈靡呢？可举"雕卵"和"雕橑"为例，叫作"雕卵然后瀹之，雕橑然后爨之"，让人在鸡蛋壳上美美地画上图画再煮着吃，在木柴上刻上花纹再拿去烧火。这样无聊的消费，说明再也无法更侈靡了。

汉代富贵人家的饮食，与前代相比确过于侈靡。《盐铁论·散不足》将汉代同汉以前的饮食生活做了对比，说过去行乡饮酒礼，老者不过面前摆几碗肉，少者连席位都没有，站着吃一肉一酱而已，即便有宾客和结婚的大事，也只是"豆羹白饭，綦脍熟肉"。而在汉时动不动有钱人家就大摆筵席，"觳旅重叠，燔炙满案，臑鳖脍鲤"。又说汉以前非是祭祀飨会而无酒肉，即便诸侯也不杀牛羊，士大夫不杀犬豕；而到汉时即便并无什么庆典，也往往大量杀牲，豪富们经常是"列金罍，班玉觞，嘉珍御，太牢飨"（《东都赋》），"穷海之错，极陆之毛"（《七命》），过着天堂般的生活。宴飨在汉代上流社会是一种普遍的风气，对帝王公侯来说，祭祀、庆功、巡视、待宾、礼臣，都是大吃大喝的好机会。各地的大小官吏、世族豪强、富商大贾也常常大摆酒筵，迎来送往，媚上骄下，宴享宾客和宗亲子弟。正因为官越大，食越美，所以封侯和鼎食成为一些士人进取的目标。《后汉书·梁竦传》就说：
"大丈夫居世，生当封侯，死当庙食。"汉武帝时的主父偃也从小就抱
定"丈夫生不五鼎食，死则五鼎亨"的决心，勤学不辍，武帝相见恨
晚，竟在一年之中连升他四级，如其所愿。(《汉书·主父偃传》)

封侯之后，无疑就是高级贵族了，饮食水准会大大提高。汉成帝
封其舅王谭为平阿侯、王商为成都侯、王立为红阳侯、王根为曲阳
侯、王逢时为高平侯，五人同日而封，世谓之"五侯"。(《汉书·元后
传》)不过这五侯太过于意气用事，竟至于互不往来，有一个叫娄护的
人，能说会道，"传食五侯间，各得其欢心"。五侯经常送来奇珍异膳，
使娄护饱尝各家美味。有时几家一起送来美食，娄护不知吃哪一样好，
犹豫中想出一个办法，将所有馔品倒在一起，回锅一炒，"合以为鲭"，
没想到味道更足了，世人称之为"五侯鲭"。(《西京杂记》)将各种美
味烩合一处，这该是最早的杂烩了，味道究竟是否特别好，我们不必
过多猜测，然而它的珍贵无比却是不言而喻的。娄护当然是个极有手
段的人，他也因此创出了一种新的烹饪方式，"五侯鲭"不仅成了历史
上美食的代名词，有时还被作为官俸的代名词。

汉代的诗赋对于当时的饮食生活也有生动的描述，如左思的《蜀
都赋》，描述成都豪富们的生活时这样写道：

> 终冬始春，吉日良辰。置酒高堂，以御嘉宾。金罍中坐，
> 肴榭四陈。觞以清醥，鲜以紫鳞。羽爵执竞，丝竹乃发。巴
> 姬弹弦，汉女击节。起西音于促柱，歌江上之飀厉；纡长袖
> 而屡舞，翩跹跹以裔裔。

又有汉时《古歌》说：

> 上金殿，著玉樽。延贵客，入金门。入金门，上金堂，

东厨具肴膳，椎牛烹猪羊。主人前进酒，弹瑟为清商。投壶
对弹棋，博弈并复行。朱火飏烟雾，博山吐微香。清樽发朱
颜，四坐乐且康。今日乐相乐，延年寿千霜。

　　出土的汉代画像石上有许多热闹、庞大的庖厨场面，可以想见筵
宴之盛大，这些都是十分珍贵的饮食文化史料。

汉代庖厨图（摹本），河南密县出土

汉代庖厨图（摹本），山东诸城出土

汉代庖厨图（摹本），河南密县出土

汉代庖厨图，山东嘉祥出土

　　当权的贵族有权有势，有钱有闲，可以尽情享乐，这在西晋时代表现得最为突出。这是一个腐朽的王朝，晋武帝司马炎是当时奢侈之风的倡导者，他的大臣和亲信有许多便是因奢侈而著名的。《晋书·何曾传》说，位至三公的何曾，生活最为豪奢，他的生活水平远在帝王之上，日食万钱之费，他还说没有下筷子的地方。何曾每次赴晋武帝的御筵，根本不吃太官准备的膳食，武帝也拿他没有办法，只得让他取自家的饭食吃。他的儿子何劭，官至司徒，任太子太师，骄奢更甚，远远超过了他。何劭吃起饭来，"必尽四方珍异，一日之供以钱二万为限"，超出老子一倍多。皇上的御膳，也无法同何劭的相比，何氏父子在饮食上让皇上丢了不少面子。

　　石崇与王恺，是西晋时一对爱生事的巨富。官至太仆的石崇，在地方任刺史时，因拦劫远方贡使和过往商客而成巨富。晋武帝帮助母舅王恺与他斗富，始终没能胜过他。王恺家里洗锅用糖浆而不用水，以此炫耀富有。石崇则以蜡烛当柴烧，以示更富。（《晋书·石崇传》）王恺请客人饮酒时，会命美女在一旁奏乐，乐声稍有失韵走调，美女即刻便被拉出去杀掉。他还会让美女为客人劝酒，如果客人不饮或饮得不畅快，美女也会遭杀害。有一次王恺的贵宾是晋武帝的女婿王敦，这王敦也着实无一点人性，竟故意不饮酒，结果致使三个劝酒的美女成了酒筵前的刀下鬼。（《晋书·王敦传》）在《世说新语·汰侈》的记载中，后一个故事发生在石崇宴客时。但不管是谁，晋时重豪奢、轻

魏晋砖画庖厨图，甘肃嘉峪关出土

人命的做派都可见一斑。

到南北朝时，奢侈之风更是刮遍朝野，上上下下，无不以侈靡相尚。南齐东昏侯萧宝卷是一个荒淫皇帝，他以汉灵帝游乐西园为榜样，在芳乐苑中建市做买卖，让宫女当酒保，游玩取乐。他还让宠妃潘氏为市令，自任市魁，纠察市中。(《南齐书·东昏侯本纪》)

南北朝富贵者之流的饮食又有新的发展，菜肴不仅注重味美，而且注重形美，当时就有人谈到这种情况，说"所甘不过一味，而陈必方丈，适口之外，皆为悦目之费"(《宋书·孔琳之传》)。一个人的胃容量总是有限的，可一顿饭动辄摆出许许多多盘盏，仅仅为悦目而已，所谓"积果如山岳，列肴同绮绣""未及下堂，已同臭腐"(《梁书·贺琛传》)。

大型花式拼盘菜肴，也是这个时期的发明。我们前文提到的北齐光禄大夫元孝友的一段话，正是讲述此事。他说："夫妇之始，王化所先，共食合瓢，足以成礼。而今之富者弥奢，同牢之设，甚于祭糅，累鱼成山，山有林木之像，鸾凤斯存。徒有烦劳，终成委弃。"(《北齐书·元孝友传》)把鱼块摆成山丘之形，山有林木，又有雕刻的鸾凤位于其中。这不是山石盆景，却胜似盆景，把吃变成了艺术欣赏，这是最早的花色拼盘，可称为"山林鸾凤盘"。元孝友对这个吃法是持否定态度的，到了今天，对食品雕刻持否定态度的仍大有人在，过了一千多年，认识还没统一。

南北朝时一般的富贵人家，也要变着法子享乐。《宋书·周朗传》提及刘宋风雅参军周朗的说法是：

> 一体炫金，不及百两，一岁美衣，不过数袭，而必收宝连椟，集服累笥……逮至婢竖，皆无定科，一婢之身，重婢以使，一竖之家，列竖以役。涂金披绣，浆酒藿肉者，故不可称纪。……商贩之室，饰等王侯，佣卖之身，制均妃后。凡一袖之大，足断为两，一裾之长，可分为二，见车马不辨贵贱，视冠服不知尊卑。

富豪们将美酒当水浆，把肉鱼当菜叶，这在那个乱世也许屡见不鲜。有些人看到时运不济，朝不保夕，所以"唯事饮啖，一日三羊，三日一犊"（《魏书·济阴王小新成传》），能得乐时且得乐。

为富者浆酒藿肉，肆意挥霍，其中也包括一些出身贫困的官吏。刘宋人刘穆之就是个典型的由贫而富的官吏，他年轻时家里很穷，但很好酒，常跑到妻兄弟家乞食，每每见辱，从不以为耻。有一次刘穆之往妻家赴宴，食毕求取槟榔，妻兄弟羞辱他说："槟榔是用来消食的，你老兄常常连饭都吃不饱，怎么还要嚼这玩意儿？"妻子为他感到受了莫大的侮辱，回家后将长发截去卖了，买来肴馔给丈夫解馋。后来刘穆之当上了丹阳太守，并不记恨妻兄弟，还设宴招待，特地吩咐厨人用金盘盛槟榔一斛给妻兄弟消食。刘穆之当官后，逐渐滋长起奢侈作风，食必方丈，动辄令厨人一下子做十多人吃的饭菜。他倒是个喜好宾客的人，自己从不一人独餐，总要邀请十人来陪吃。大概舆论对他有些非议，所以他还曾上书宋武帝刘裕，说自己的本心是想节俭一些的，平日享用只是

"微为过丰"，比一般人稍稍丰盛一点而已。(《南史·刘穆之传》)

中国南北分裂的局面，到隋唐时又得到大统一，历史进入一个辉煌的发展时期。政局比较稳定，经济空前繁荣，皇室、官僚、富豪、士大夫们的宴饮活动越来越频繁，规模也越来越大。

巧立的宴会名目，翻新的饮食花样，也装点了那个时代。隋代那个杀父而登上皇帝宝座的炀帝杨广，凭借他父亲积累起来的巨大民力与财富，随心所欲地安排自己的奢侈生活。被史家们称为历史上"著名的浪子，标准的暴君"的杨广，常常在游玩之中打发日子。他由大运河乘船出游扬州，庞大的船队首尾相衔，逶迤两百余里。挽船的壮丁八万多人，两岸另有骑兵夹岸护航，威之武之。杨广下令船队所过州县，五百里内的居民都得来给贵人献食。要知道这船队载人多达一二十万，该需要多少饭食才够？有的州县一次献食多到一百多舆，妃嫔侍从们吃不完，开船时把食物埋入土坑里就走。杨广游玩所经之处，遇到献食精美的官吏，马上加官晋爵；对那些表现不大热情，献食不中意的官吏，则随意惩处，闹得人心惶惶。这样一来，许多百姓倾家荡产，生计断绝。(《资治通鉴》《隋书·炀帝纪》)

杨广在宫中也是花天酒地，饮馔极丰。他食用过的馔品，部分名目保存在谢讽《食经》中。不过现在我们已无法完全弄清它们的配料及烹法，有些馔品甚至令人不知究竟为何物，想要再现当年的风味也许是永远办不到了。

盛世为帝王将相们带来了更大的欢乐，李白《行路难》中"金樽清酒斗十千，玉盘珍羞直万钱"的诗句，正是他们腐朽生活的写照。中唐时的一位宰相裴冕，性极豪侈，衣服与饮食"皆光丽珍丰"。每在大会宾客时，食客们都叫不出筵席上馔品的名字，见所未见，食所未食，太丰盛了。(《新唐书·裴冕传》)另一个差一点也当上宰相的韦陟，每顿饭吃完之后，"视厨中所委弃，不啻万钱之直"，扔掉的残羹剩馔都有万钱之多，这恐怕会使西晋日食万钱的何曾都自叹不如。这

隋代镶金边白玉杯，陕西西安出土　　　唐代鎏金银耳杯，陕西西安出土

韦陟有时赴公卿们的筵宴，虽然是"水陆俱陈"，珍味应有尽有，却连筷子都不动一下，他看不上眼，比起他自己家里差得太远了。(《酉阳杂俎》)宰相李吉甫的儿子李德裕，后来也做了宰相，他也是穷奢极欲，有钱不知如何花费才好。李德裕吃一杯羹，费钱三万之巨，羹中杂有珠玉宝贝、雄黄朱砂，只煎三次，便把它们的渣滓倒掉。(《太平广记》引《独异志》)这有点像何晏之流服的五石散，没有花不完的钱是干不出这种事的。

　　唐代还有一个任和州刺史的穆宁，据《资暇集》说，他的吃法有些特别，为此制定有严格的家法，命几个儿子分班值馔，为他策划每日的饮食。穆宁标准很高，须得经常变换花样才能满足其要求，弄得几个儿子总是战战兢兢过日子，稍不遂意，可能招致一顿棍棒。每个儿子在轮到自己值馔之前，"必探求珍异，罗于鼎俎之前，竞新其味，计无不为"。看馔一味比一味新，办法一个比一个好，然而还是免不了受笞叱。有时弄来特别好吃的东西，穆宁饱餐之后，大声喊道："今天谁当班？可与棍棒一起到我这里来！"结果当班的儿子还是挨了棍棒，原因是"如此好吃的东西，怎么这么晚才给我吃？"这样的主子，不论如何侍候，都不会有满意的时候。

五、宋人食观

贵族有食必方丈的派头，但历史上并非所有贵族都是如此。还有
不少有资格追求这种派头的人，出于各种原因不去追求，反以俭素为
饮食生活的重要原则。这种俭素同前述墨家和道家的理论并无直接联
系，有时表现出较复杂的社会文化背景，值得提一提。

古代国君有以俭治国的，如《尹文子》说："晋国苦奢，文公以俭
矫之，乃衣不重帛，食不异肉。无几时，人皆大布之衣，脱粟之饭。"
国君带头过素朴的日子，平民也不再追求大鱼大肉了。《韩非子》提到
楚国令尹孙叔敖的日常饮食是"粝饭菜羹，枯鱼之膳"。《晏子春秋》
提及晏子相齐三年，"中食，而肉不足"。作为相国能做到这样，应当
说是不易的，这除了有秉性的原因，恐怕也都与晋文公一样，是治国
的方略。

汉代的丞相公孙弘，也是一个自奉节俭的人，他认为作为人臣最
怕的是"不俭节"，所以他自己盖的是布被，"食不重肉"。他当了丞相
之后，也是"食一肉脱粟之饭"。公孙弘明言自己是以晏子为榜样，也
是为了治国富民，当时有这样的说法："治国之道，富民为始；富民之
要，在于节俭。"太皇太后在公孙弘死后，还下诏对他进行表彰，说：
"维汉兴以来，股肱宰臣身行俭约，轻财重义，较然著明，未有若故丞
相平津侯公孙弘者也。位在丞相而为布被，脱粟之饭，不过一肉。故
人所善宾客皆分奉禄以给之，无有所余。"有一个叫高贺的旧相识，在
公孙弘当了丞相后来投靠他，公孙弘"食以脱粟饭，覆以布被"，也算
平等相待了。高贺对这样的待遇自然是十分不满，说这样的吃的我并
不是没有，要是为了这个谁会投奔你丞相呢？高贺还处处散布谣言，
说公孙弘"内服貂蝉，外衣麻枲，内厨五鼎，外膳一肴"，是十足的表
里不一，他的俭朴都是假象。公孙弘得知此事，连连叹息说："宁逢恶
宾，无逢故人。"(《史记·平津侯主父列传》《西京杂记》) 公孙弘当然

不是表里不一的人，不过从高贺的话看，当时社会显然有以俭素为美德的风尚，自然也有以假俭素欺世盗名的。

历史上不论在哪个时代，都可以找出一些节俭自奉的人，有权势显赫的大臣，也有高高在上的帝王。不过比较而言，宋代显得更为突出，形成了一种普遍的社会风尚，很多人在饮食生活上都崇尚俭朴，这是前所未有的。尤其在士大夫阶层，淡泊素雅在一段时期内成为标准，这在历史上的其他时期并不多见。

唐宋时，将穷秀才戏称为"措大"。《东坡志林》记有一个关于措大的寓言故事。说有两位措大碰到一起，谈起各人的抱负，其中一人说："我平生最不足的是吃饭和睡觉，他日如得志，一定要吃饱了就睡，睡醒了又吃。"另一位则更出奇言："我与你老兄略有不同，我要是得志，就得是吃了又吃，哪还有闲空睡觉？"这两位措大的哲学是，人生除了吃，别无他求，以为滋味享受是唯一的需要。他们的这种哲学，在宋代是受批判的哲学。当时有一个自称措大的相爷叫杜衍，却并不是只惦记吃喝的人，他在家中平日只用一面一饭，有人称赞他的俭朴，他说："我本是一个措大，我所享用的都是朝中给的，所得俸禄多余的都不敢贪用，送给了亲戚朋友中的穷困者，我常担心自己会成为白吃百姓的罪人。要是一旦失了官位，没有了俸禄，还不依然是个措大么？现在若是纵情享受，到那时又怎么过下去呢？"（《自警编·俭约》）

宋代一些身居高位的人都立身俭约，有着与杜衍相同的饮食观，有的可能与出身贫苦有一定的关系。北宋文学家兼书法家黄庭坚，在朝中任秘书丞兼国史编修官，也曾在外做过知州，屡遭贬谪。他虽非措大出身，却有着与杜衍相似的观点。他曾写过一篇《食时五观》的短文，表达了自己对饮食生活的态度。他认为士君子都应本着这"五观"精神行事，其具体内容如下：

（1）计功多少，量彼来处。

想到食物要经过耕种、收获、春碾、淘洗、炊煮等许多劳动，还有畜养杀牲等事，自己一人饮食，须得十人劳作。在家吃的是父祖积攒的钱财，当官吃的是民脂民膏。食物来之不易，一定要懂得这一点，否则就不可能有正确的饮食观。

（2）忖己德行，全缺应供。

要检讨自己德行的高下，具体表现在对亲人的孝顺、对国家的忠贞、对自身的修养，如果这三方面都尽到了努力，那就可以对所用的饮食受之无愧。如果有所欠缺，则应感到羞耻，不能放纵食欲，无休止地追求美味。

（3）防心离过，贪等为宗。

一个人修身养性，须先防备饮食"三过"，即不能过贪、过嗔、过痴。见美食则贪，恶食则嗔，终日食而不知食之所来则痴，是为"三过"之谓。《论语·学而》有"君子食无求饱"之说，背离这一条，就大错特错了。

（4）正是良药，为疗形苦。

要懂得五谷五蔬对人体的营养作用，了解饮食养生的道理。身体不好的人，饥渴是主要病症所在，所以要以食当药，做到"举箸常如服药"。

（5）为成道业，故受此食。

孔子说过，"君子无终食之间违仁"（《论语·里仁》），原意是说君子即使在一顿饭的时间里也不会背离仁德。引用在这里，是说任何时候都应有远大抱负，使自己所做的贡献与所得的饮食相称。《诗经·魏风·伐檀》所说的"彼君子兮，不素餐兮"，表达的也是这个意思。

难得黄庭坚有如此高论，通篇劝导士人积极上进，建功立业，不要一味追求饮食的丰美。他的思想在当时有一定的代表性，放到今天也不失可取之处。南宋时曾任礼部尚书的倪思，也极赞赏黄庭坚的观点，他说：

鲁直作《食时五观》，其言深切，可谓知惭愧者矣。余尝入一佛寺，见僧持戒者，每食先淡吃三口。第一，以知饭之正味，人食多以五味杂之，未有知正味者；若淡食则本自甘美，初不假外味也。第二，思衣食之从来。第三，思农夫之艰苦。此则《五观》中已备其义。（《遵生八笺》）

黄庭坚出自苏东坡门下，苏东坡的饮食思想也有独到之处，可能对黄庭坚产生过一定的影响。东坡是个诗文书画无所不能、聪敏异常的文艺全才，也算得是一位美食家。不过，这位美食家并不怎么追求奇珍异味，更多追求的是食中的情趣。他豪放洒脱，不求富贵，不合流俗，他的饮食生活故事就像是一首首妙不可言的诗章，读来令人回味无穷。

例如，《后山诗话》提到了这样一个故事：有人馈送东坡六壶酒，结果送酒人在半路跌了一跤，六壶酒全都洒光。东坡虽然一滴酒没尝到，却风趣地以诗相谢，诗云："不谓青州六从事，翻成乌有一先生。"其中"青州从事"是美酒的代名。东坡从早年起就不喜饮酒，自称是个看见酒盏就会醉倒的人。后来虽也喜饮，而饮亦不多。他写过一篇《书〈东皋子传〉后》的文字，十分生动地描述了自己对饮酒的态度。他说："我虽有时整日饮酒，但加起来也不过五合而已。在天下不能饮酒的人当中，他们都要比我强。不过我倒是极愿欣赏别人饮酒，一看到人们高高举起酒杯，缓缓将美酒倾入口腔，自己心中便有如波涛泛起，浩浩荡荡。我所体味到的舒适，自以为远远超过了那饮酒的人。我闲居时，每天都有客人。客人来了，我没有一天不摆酒。如此看来，天下喜爱饮酒的人，恐怕又没有超过我的了。我一直认为人生最大的快乐，莫过于身无病而心无忧，我就是一个既无病且无忧的人。……我常储备一些优良药品，有人索求就会给他，并且尤其喜欢酿酒供客人饮用。有人说：'你这人既无病又不善饮，备药酿酒又是为何？'我笑着对他说：'病者得药，我也随之体轻；饮者醉倒，我也一样酣适。'"

东坡不爱饮酒，但爱吃肉。佛印烧好猪肉邀他去吃，等他到场时，肉已被人偷吃，他戏作小诗记其事："远公沽酒饮陶潜，佛印烧猪待子瞻。采得百花成蜜后，不知辛苦为谁甜。"（《戏答佛印》）东坡自己也会烹肉，他在黄州写过一首《食猪肉》诗，谈到了自己独到的烹调技巧："黄州好猪肉，价钱如粪土。富者不肯吃，贫者不解煮。慢著火，少著水，火候足时他自美。"后人将他创制的这道菜名为"东坡肉"，现在不少饭馆也能见到它。

宋代在江南流行"拼死吃河豚"的说法，东坡先生虽不是江南人，也不怕冒此风险。宋人孙奕的《示儿编》记有这样一事：东坡谪居常州时，极好吃河豚，有一士人家烹河豚极妙，准备让东坡来尝尝他们的手艺。东坡入席后，这士人的家眷都藏在屏风后面，想听听他究竟如何品题。只见这客人只顾埋头大嚼，并无一句话出口，大家都十分失望。失望之中，忽听东坡大声赞道："也值得一死呀！"吃了这美味，死了也值得，可见实在太美了。因为河豚有毒，所以一些人不大敢吃它；又因滋味绝美，许多人馋涎欲滴。"拼死吃河豚"，正是河豚诱惑力极大的证据。

东坡先生爱猪肉、爱河豚，但他并不是一个一心追求美味的人。他曾捶萝卜为玉糁羹，不用多的佐料，只以白米粉为糁，以为味道超过醍醐，吃了一半，放下筷子赞叹道："若非天竺酥酏，人间决无此味！"（《山家清供》）后改用山芋作料，写诗赞曰："香似龙涎仍酽白，味如牛乳更全清。莫将南海金虀脍，轻比东坡玉糁羹。"

东坡先生晚年力倡蔬食养生的学说，他的《送乔仝寄贺君》诗，有两句是这样写的，"狂吟醉舞知无益，粟饭藜羹问养神"，拿着自己的经验劝说别人。东坡先生还写过一篇《菜羹赋》，非常真实地表达了他倡导蔬食的主张：

东坡先生卜居南山之下，服食器用，称家之有无。水陆之味，贫不能致，煮蔓菁、芦菔、苦荠而食之。其法不用醯酱，而有自然之味。盖易具而可常享。乃为之赋，辞曰：

嗟余生之褊迫，如脱兔其何因？殷诗肠之转雷，聊御饿而食陈。无刍豢以适口，荷邻蔬之见分。汲幽泉以揉濯，搏露叶与琼根。爨鉶锜以膏油，泫融液而流津。汤蒙蒙如松风，投糁豆而谐匀。覆陶瓯之穹崇，谢搅触之烦勤。屏醯酱之厚味，却椒桂之芳辛。水初耗而釜泣，火增壮而力均。滃嘈杂而麋溃，信净美而甘分。登盘盂而荐之，具匕箸而晨飧。助生肥于玉池，与吾鼎其齐珍。鄙易牙之效技，超伊傅而策勋。沮彭尸之爽惑，调灶鬼之嫌嗔。嗟丘嫂其自隘，陋乐羊之匪人。先生心平而气和，故虽老而体胖。计余食之几何，固无患于长贫。忘口腹之为累，以不杀而成仁。窃比予于谁欤？葛天氏之遗民。

东坡先生的饮食观，还体现在《东坡志林·养生说》中。他说："已饥方食，未饱先止。散步逍遥，务令腹空。当腹空时，即便入室，不拘昼夜，坐卧自便，惟在摄身，使如木偶。"要在腹空时安静地待在室内，数它八万四千下，这样就能"诸病自除，诸障渐灭"。东坡先生提倡止欲养生法，该书的另一篇小记题目即为《养生难在去欲》。在《赠张鹗》一篇中，东坡开列了养生"四味药"："一曰无事以当贵，二曰早寝以当富，三曰安步以当车，四曰晚食以当肉。夫已饥而食，蔬食有过于八珍，而既饱之余，虽刍豢满前，惟恐其不持去也。"强调清心寡欲，做适量运动以养生。其中还有一篇《记三养》说：

东坡居士自今日以往，不过一爵一肉。有尊客，盛馔则三之，可损不可增。有召我者，预以此先之，主人不从而过

是者，乃止。一曰安分以养福，二曰宽胃以养气，三曰省费
以养财。

看来到了晚年，东坡先生越发感到养生的重要，下决心在平日一
顿不过一杯酒一盘肉，来了客人盛馔不过三盘，可少不可多；有人邀
请，先把自己的用餐标准告诉主人，主人不听而筵宴过于丰盛，宁可
罢宴。东坡先生养福、养气、养财的三养论，是他六十四岁时才悟出
的道理。不知他这个节食制欲的决心是否下晚了一点，次年，他于常
州去世。

像苏东坡这样提倡节俭养生的人，在宋代还有不少。在宋人的著
作中，也常常可以读到与东坡先生相似的论点。如沈作喆的《寓简》
说："以饥为饱，如以退为进乎！饥非馁也，不及饱耳。已饥而食，未
饱而止，极有味，且安乐法也。"将食不过饱，作为一种安乐法来施
行。张耒也反对饱食，他在晚年务平淡，口不言贫，所著《明道杂志》
一书列举了当时少食得长生的例子。说他看到不少老人食量很小，如
内侍张茂则，每餐不过粗饭一盏许，浓腻食物绝不沾口，老而安宁，
活了八十多岁。张茂则还常常劝告别人：且少食，无大饱。还有翰林
学士王皙，他是食必求精，但不求多，一次吃不足一碗，吃包子也不
过一两个，结果也活了八十岁。还有秘监刘几，食物淡薄，仅饱即止，
也活了八十岁。这刘几不同之处是他喜欢饮酒，饮完酒就不再用饭食，
只吃一点水果而已。

宋人还认为，不仅食不求多，也不必强求精细。周辉在《清波杂
志》中说："食无精粝，饥皆适口。故善处贫者，有'晚餐当肉'之
语。"林洪在《山家清供》中记有这样一件事，宋太宗问翰林学士承旨
苏易简："食物中最为珍美的，究竟是什么？"苏易简回答说："食无
定味，适口者珍。臣的体会是，齑汁最美。"太宗听了，不甚明白，苏
易简接着又做了进一步的解释："臣在一个寒冷非常的夜里，抱着暖炉

温酒，几杯下肚，大醉而卧。半夜忽然醒来，觉得口中干渴得很，于是乘着月光走到庭院中。我一眼看到，在残雪中立着一个装齑的罐子，顾不上唤来侍童，自己用雪洗了手，倒出酸酸的齑汁就喝下几大碗。臣在当时，自以为天上仙厨的鸾脯凤脂，也比不上那齑汁的滋味。"林洪将这齑汁称为"冰壶珍"，不过是以清面菜汤渍菜叶制作而成，但有止醉渴的功效，所以苏易简醉后会觉得它味美无比。

宋代不仅一般的士大夫能以养生为要，自持节俭，一些高居相位的官僚，也能以节俭相尚，十分难得。撰《资治通鉴》的文学家司马光，哲宗时擢为宰相，此前他曾辞官在洛阳居住十五年，也就是撰写《资治通鉴》的那个时期。其间他与文彦博、范纯仁等这些后来都身居相位的同道相约为真率会，每日往来，不过脱粟一饭，清酒数行。相互唱和，亦以俭朴为荣。文彦博有诗曰："啜菽尽甘颜子陋，食鲜不愧范郎贫。"范纯仁和曰："盍簪既屡宜从简，为具虽疏不愧贫。"司马光又和："随家所有自可乐，为具更微谁笑贫？"（《比事摘录》）这些诗句充分表达了他们兴俭救弊的大志。司马光居家讲学，也是奉行节俭，不求奢靡，"五日作一暖讲，一杯、一饭、一面、一肉、一菜而已"，这就是他所接受的招待。司马光为山西夏县人，他在归谒祖坟期间，父老们为之献礼，用瓦盆盛粟米饭，瓦罐盛菜羹，他"享之如太牢"，觉得味美过猪牛羊。（《江行杂录》）司马光的俭朴与家教有关，他自己曾说他父亲为群牧判官时，来客人置酒，或三行五行，不过七行。吃的果品只有市上买来的梨栗枣柿，肴馔则只有脯醢菜羹，器用皆为瓷器漆器，无有金银。据司马光说，当时的士大夫差不多都是如此，所以"人不相非"。人们更多讲究的是礼和情，所谓"会数而礼勤，物薄而情厚"。（《比事摘录》）

与司马光约为真率会的范纯仁，就是那个"先天下之忧而忧，后天下之乐而乐"的文学家范仲淹的儿子，他的俭朴也是承自父辈的家法。范仲淹官拜参知政事，为副相，贵显之后，"以清苦俭约著于世，

宋徽宗《文会图》(局部)

子孙皆守其家法"(《曲洧旧闻》)。范仲淹曾对别人说,他"每夜就寝,即窃计其一日饮食奉养之费,及其日所为何事,苟所为称所费,则摩腹安寝;苟不称,则一夕不安眠矣,翌日求其所以称之者"(《随手杂录》)。由此看来,前述黄庭坚的《食时五观》,与范仲淹的理论很有些关系。儿子范纯仁做了宰相,也不敢违背父辈的家法。《曲洧旧闻》讲述了这样一个故事,有一次范纯仁留下同僚晁美叔一起吃饭,美叔后来对人说:"范丞相可变了家风啦!"别人问何以见得,他答道:"我同他一起吃饭,那盐豉棋子面上放了两块肉,岂不是变了家风吗?"人们听了都大笑起来,范纯仁待客既如此,平日生活之淡泊可想而知了。

宋人以俭素为家法家训,可能还是较常见的。诗人陆游有《放翁家训》,训条也相当严明:

> 人与万物,同受一气,生天地间,但有中正偏驳之异尔,
> 理不应相害。圣人所谓"数罟不入污池""弋不射宿",岂若

今人畏因果报应哉？上古教民食禽兽，不惟去民害，亦是五谷未如今之多，故以补粒食所不及耳。若穷口腹之欲，每食必丹刀几，残余之物，犹足饱数人。方盛暑时，未及下箸，多已臭腐，吾甚伤之。今欲除羊豕鸡鹅之类，人畜以食者（牛耕犬警，皆资其用，虽均为畜，亦不可食），姑以供庖，其余川泳云飞之物，一切禁断，庶几少安吾心。凡饮食但当取饱，若稍令精洁，以奉宾燕，犹之可也。彼多珍异夸眩世俗者，此童心儿态，切不可为其所移，戒之戒之！

俭朴蔚为风气后，时论对奢侈的士人免不了生出一些非议。有些饮食稍丰的人，还可能被宣布为不受欢迎的人。陈继儒的《读书镜》说，宋代四明太守仇泰然，与自己手下的一个官员十分要好，一日他问这小官员"日用多少"，那人回答说"十口之家，日用一千"。仇太守听了，觉得很是意外，又问为何一天要花费这么多的钱，回答是，"早餐吃一点点肉，晚餐用菜羹"。太守听了，极不高兴地说："我身为太守，平日里都不敢吃肉，只是用菜。你老兄一个小小芝麻官，还敢天天弄肉吃，一定不是廉洁之士！"自此，太守便与那官员疏远了。明代龙遵叙《食色绅言》也提及仇泰然太守以吃肉为非廉的话，并且还发表了一通议论，他说：

予尝谓节俭之益，非止一端，大凡贪淫之过，未有不生于奢侈者。俭则不贪不淫，是可以养德也。人之受用，自有剂量，省啬淡泊，有久长之理，是可以养寿也。醉浓饱鲜，昏人神志，若疏食菜羹，则肠胃清虚，无滓无秽，是可以养神也。奢则妄取苟求，志气卑辱，一从俭约，则于人无求，于己无愧，是可以养气也。

宋代定窑印花双鱼纹盘

　　节俭之益，可以养德、养寿、养神、养气，可谓"四养"，较之东坡先生说的"三养"，有相似的意境，值得贪恋滋味者深思。

　　宋代的思想家们研究了天理与人欲的对立，形成了占统治地位的哲学思想——理学。宋代理学家以封建伦理纲常为"天理"，将人的物质生活欲望说成"人欲"，天理为善，人欲是恶，所以要"存天理，灭人欲"。人欲有一个具体的表现："口则欲味"。口腹之欲是会伤害天理的，所以要"窒欲"。宋代以后的节俭观念不可避免地受到理学家们的干扰，当然也未必一定就有那么紧密的联系，至少司马光和文彦博、范纯仁等人，不至于是受到过理学家们的指点。俭约只要不入了吝啬的范畴，恐怕还是应当提倡的，艰难时世还得大力提倡才是。

六、袁枚如是说

　　饮食生活上过于奢和过于俭，都失之偏颇，难得饮食之正道。饮食之道，似乎并无什么奇巧可言，一般人都会说出点套路来，尤其是那些"吃盐比别人吃饭还多"的人，更有丰富的经验之谈。即便这样的人，也未必完全弄通了饮食上的道理，他们的饮食观念、饮食态度与饮食方式，未必完全正确和得当。

《礼记》中的《中庸》一篇，相传是孔子的孙子孔伋所作。其中引述了孔子的一句话，说："人莫不饮食也，鲜能知味也。"谁人不吃不喝？但真正懂得饮食之道的人却少得可怜。《随园食单》引魏文帝曹丕的《典论》也说"三世长者知服食"，有三代积淀的老者才真正懂得吃饭穿衣的学问，可见饮食之道非三两日所能悟得。宋代张耒的《明道杂志》引述了"三世仕宦，方会着衣吃饭"的说法，后来又有"三辈子作官，学会吃喝穿"的俗语，看来吃的学问确实还很深奥繁杂，非有长久的实践而不可得。

历史上有许多为官者、为学者，都曾研究过饮食之道，不过多数研究都或多或少受到传统思想和历史学派的影响，或者直接就是为传播某学派思想服务的，因此多少会有些欠缺。就拿比较公允的儒家学派来说，尽管它所包纳的饮食思想对中国饮食文化的发展产生过决定性的影响，但它也并非完美无缺，比如它过多地强调礼化的饮食，而并不怎么看重科学的饮食，这不能不说是一个大缺憾。至于佛教与道教的饮食观，偏颇之处就更明显了。科学的饮食观，是随着社会科学与自然科学的不断发展逐步完善起来的，科学还要发展，饮食观念也将进一步完善。一个人不可能完全依赖自己的饮食实践形成完善的饮食观，还需要依靠社会文化的积累和历史传统的教化，要以他人的教训和古人的经验丰富自己。

以中国古代的情况而言，饮食之道至清代应当说已经比较完善了。这是成千上万年经验积累的结果，如果仅从神农氏的时代算起，这经验的摸索花费了数千年。清代有关饮食烹饪的著作很多，我以为表达比较正确的饮食观，以李渔的《闲情偶寄》和袁枚的《随园食单》最为重要，尤其是后者，可算是最系统的集大成之作。

李渔，字笠鸿、谪凡，号"笠翁"，是清代著名戏剧理论家、作家。他的《闲情偶寄》下半部分含饮馔、种植、颐养三部，饮馔部所述几乎全是他自己的见识，而不同于一般的食谱类烹饪著作。他写的饮馔部分，分为蔬食、谷食、肉食三节，他把蔬食放在最前，而将肉食放在最后，表达了他提倡清淡饮食的主张。他说："吾谓饮食之道，脍不如肉，肉不如蔬。"远肥腻，甘蔬素，是他养性修身的重要内容。

李渔论蔬，将笋列为第一。他说："论蔬食之美者，曰清，曰洁，曰芳馥，曰松脆而已矣。不知其至美所在，能居肉食之上者，只在一字之鲜。"笋的特点，正在于鲜，所以说"此蔬食中第一品也，肥羊嫩豕，何足比肩"。李渔认为，"《本草》中所载诸食物，益人者不尽可口，可口者未必益人，求能两擅其长者，莫过于此"。李渔以为至鲜至美之物，除笋之外便是蕈了，"食此物者，犹吸山川草木之气，未有无益于人者也"。其他如瓜、茄、葱、韭、芥辣汁，李渔都有独到的认识，不少都是与他人不同的感受。

李渔论羹汤，道理很是精彩，为其他书所不言，且将他的妙语转录于下：

> 饭犹舟也，羹犹水也；舟之在滩，非水不下，与饭之在喉，非汤不下，其势一也。且养生之法，食贵能消；饭得羹而即消，其理易见。故善养生者，吃饭不可无羹；善作家者，吃饭亦不可无羹。宴客而为省馔计者，不可无羹；即宴客而欲其果腹始去，一馔不留者，亦不可无羹。何也？羹能下饭，亦能下馔故也。近来吴越张筵，每馔必注以汤，大得此法。吾谓家常自膳，亦莫妙于此。宁可食无馔，不可饭无汤。有汤下饭，即小菜不设，亦可使哺啜如流；无汤下饭，即美味盈前，亦有时食不下咽。予以一赤贫之士，而养半百口之家，有饥时而无馑日者，遵是道也。

谈及肉食，虽论列猪、羊、牛、犬，但李渔没有像谈蔬菜时那么津津乐道，他相信"肉食者鄙"的说法，又有一颗慈悲善心，所以不太赞成大吃特吃。不过谈到食鱼食蟹，他又有了许多道理，说来也很深刻。他说：

> 食鱼者首重在鲜，次则及肥，肥而且鲜，鱼之能事毕矣。……鱼之至味在鲜，而鲜之至味又只在初熟离釜之片刻，若先烹以待，是使鱼之至美，发泄于空虚无人之境；待客至而再经火气，犹冷饭之复炊，残酒之再热，有其形而无其质矣。

李渔嗜蟹，以蟹为命，所以写起食蟹的境界，更是生动自然：

> 予于饮食之美，无一物不能言之，且无一物不穷其想象，竭其幽渺而言之；独于蟹螯一物，心能嗜之，口能甘之，无论终身一日皆不能忘之，至其可嗜、可甘与不可忘之故，则绝口不能形容之。此一事一物也者，在我则为饮食中之痴情，在彼则为天地间之怪物矣。予嗜此一生，每岁于蟹之未出时，即储钱以待；因家人笑予以蟹为命，即自呼其钱为"买命钱"。自初出之日始，至告竣之日止，未尝虚负一夕，缺陷一时。同人知予癖蟹，招者饷者，皆于此日，予因呼九月十月为"蟹秋"。虑其易尽而难继，又命家人涤瓮酿酒以备糟之醉之之用。糟名"蟹糟"，酒名"蟹酿"，瓮名"蟹甓"，向有一婢勤于事蟹，即易其名为"蟹奴"，今亡之矣。蟹乎！蟹乎！汝于吾之一生，殆相终始者乎？

李渔如此嗜蟹，还有一套食蟹的学问。他说蟹不宜为羹，羹则美质不存；亦不可为脍，脍则真味不存；也不必调以油盐，致使色香味全失。他这样写道：

> 蟹之鲜而肥，甘而腻，白似玉而黄似金，已造色香味三者之至极，更无一物可以上之。和以他味者，犹之以爝火助日，掬水益河，冀其有裨也，不亦难乎？凡食蟹者，只合全其故体，蒸而熟之，贮以冰盘，列之几上，听客自取自食。剖一筐，食一筐，断一螯，食一螯，则气与味纤毫不漏。出于蟹之躯壳者，即入于人之口腹，饮食之三昧，再有深入于此者哉？凡治他具，皆可人任其劳，我享其逸，独蟹与瓜子、菱角三种，必须自任其劳。旋剥旋食则有味，人剥而我食之，不特味同嚼蜡，且似不成其为蟹与瓜子、菱角，而别是一物者。此与好香必须自焚，好茶必须自斟，童仆虽多，不能任其力者，同出一理。讲饮食清供之道者，皆不可不知也。

在李渔说来，食蟹之妙，妙在不可言传；食蟹之趣，趣在自任其劳。不信饮食之道有深奥学问的人，由李渔说蟹应当看出些道道了。

袁枚字子才，号"简斋"，晚年号"随园老人"，清代著名文学家、诗人兼美食家。他年轻时做过几县知县，三十多岁时退隐于南京小仓山随园，潜心著述。《随园食单》是他大量著述中的一种，书中不仅介绍了清代流行的三百余种南北菜肴饭点及名茶名酒，还在须知单中提出了二十条厨事原则，在戒单中提出了十四条饮食原则，这在当时来说，可谓尽善尽美了。

让我们先来读读袁枚所写的须知单，实际上是为厨师们总结出来的烹饪规则。

（1）先天须知

首先要了解食物原料的本来特性，取其精良而用之。"物性不良，虽易牙烹之，亦无味也。指其大略：猪宜皮薄，不可腥臊；鸡宜骟嫩，不可老稚；鲫鱼以扁身白肚为佳，乌背者必崛强于盘中；鳗鱼以湖溪游泳为贵，江生者槎丫其骨节；谷喂之鸭，其膘肥而白色；壅土之笋，其节少而甘鲜；同一火腿也，而好丑判若天渊；同一台鲞也，而美恶分为冰炭。"物料选择是十分重要的："大抵一席佳肴，司厨之功居其六，买办之功居其四。"

（2）作料须知

作料或称佐料，也就是调味品。"厨者之作料，如妇人之衣服首饰也。虽有天姿，虽善涂抹，而敝衣蓝缕，西子亦难以为容。善烹调者，酱用伏酱，先尝甘否；油用香油，须审生熟；酒用酒娘，应去糟粕；醋用米醋，须求清冽。且酱有清浓之分，油有荤素之别，酒有酸甜之异，醋有陈新之殊，不可丝毫错误。其他葱、椒、姜、桂、糖、盐，虽用之不多，而俱宜选择上品。"

（3）洗刷须知

烹饪原料的清洗，要看具体原料，抓住关键所在。"燕窝去毛，海参去泥，鱼翅去沙，鹿筋去臊。"原料的处理，有一定的窍门，如果掌握不好，往往会出岔子："肉有筋瓣，剔之则酥。鸭有肾臊，削之则净。鱼胆破，而全盘皆苦。鳗涎存，而满碗多腥。韭删叶而白存，菜弃边而心出。"类似的经验，都是在实践中摸索出来的，有些教条还非遵循不可。

（4）调剂须知

肴馔的烹调方法，要视具体原料的特点而定，灵活多变。"有酒水兼用者，有专用酒不用水者，有专用水不用酒者；有盐酱并用者，有专用清酱不用盐者，有用盐不用酱者；有物太腻，要用油先炙者；有气太腥，要用醋先喷者；有取鲜必用冰糖者；有以干燥为贵者，使其味入于内，煎炒之物是也；有以汤多为贵者，使其味溢于外，清浮之物是也。"

（5）配搭须知

许多菜肴除主料外，还要配以相宜的辅料，这种搭配方法，也有不少学问。袁枚引述谚语"相女配夫"来说明这个问题的重要性，认为配菜同搞对象一样，也要才貌相宜。"要使清者配清，浓者配浓，柔者配柔，刚者配刚，方有和合之妙。"袁枚还举了一些具体的配菜例子，他说："可荤可素者，蘑菇、鲜笋、冬瓜是也；可荤不可素者，葱、韭、茴香、新蒜是也；可素不可荤者，芹菜、百合、刀豆是也。"袁枚还谈到搭配不当的例子，如"置蟹粉于燕窝之中，放百合于鸡猪之肉"，这就像是让两个生活在不同时代的人对坐，应了关公战秦琼那话，满不是一回事。

（6）独用须知

还有些菜肴是无须搭配的，用不着使用辅料。一些味道本来就浓重的食物，"只宜独用，不可搭配"，这就像某些精明强悍的人才一样，"须专用之，方尽其才"，否则还会造成内耗。袁枚举例说："食物中，鳗也，鳖也，蟹也，鲥鱼也，牛羊也，皆宜独食，不可加搭配，何也？此数物者，味甚厚，力量甚大，而流弊亦甚多，用五味调和，全力治之，方能取其长，而去其弊。"如果不加考虑而随意搭配，可能达不到取其长而去其弊的目的，若以海参配甲鱼、鱼翅配蟹粉，那么便会带来抑长扬短的结果："甲鱼、蟹粉之味，海参、鱼翅分之而不足；海参、鱼翅之弊，甲鱼、蟹粉染之而有余。"

（7）火候须知

烹饪的关键在火候，有武火、文火之分。"有须武火者，煎炒是也，火弱则物疲矣；有须文火者，煨煮是也，火猛则物枯矣；有先用武火而后用文火者，收汤之物是也，性急则皮焦而里不熟矣。有愈煮愈嫩者，腰子、鸡蛋之类是也；有略煮即不嫩者，鲜鱼、蚶蛤之类是也。"火候要足，但也忌过，过了也烧不出好菜："肉起迟，则红色变黑；鱼起迟，则活肉变死。屡开锅盖，则多沫而少香；火息再烧，则走油而味失。"一个厨师只有熟练掌握了火候技巧，才算得上是地道的厨师。

（8）色臭须知

菜肴讲究色彩和气味，眼睛和鼻子就是用于欣赏色彩和气味的。眼和鼻还是嘴巴的近邻，也是一个媒介。佳肴到了眼中鼻中，色味有不同的区别，"或净若秋云，或艳如琥珀，其芬芳之气亦扑鼻而来，不必齿决之、舌尝之而后知其妙也"。菜肴的品味如何，有时用眼一看、用鼻一嗅就知道了，可见色彩和气味是必须讲究的。袁枚反对用香料提味，以为"求香不可用香料，一涉粉饰，便伤至味"。过分使用香料，会伤了食物本来所具有的美味。

（9）迟速须知

一般人家因事请客，三日之前发出邀请，有比较充裕的时间准备好各种菜肴。不过有时会有不速客突然到来，主人手忙脚乱，难以准备一顿像样的饭菜。要避免这种局面，平日里应当有所准备，可以"预备一种急就章之菜，如炒鸡片、炒肉丝、豆腐及糟鱼、茶腿之类，反能因速而见巧者"。

（10）变换须知

各种食物都有独特的味道，不能搞一锅煮，"一物有一物之味，不可混而同之。……今见俗厨，动以鸡、鸭、猪、鹅一汤同滚，遂令千手雷同，味同嚼蜡"。厨师只要勤谨一点，这个问题很好解决，"善治菜者，须多设锅、灶、盂、钵之类，使一物各献一性，一碗各成一味"。这样，食者的舌头对各种美味应接不暇，心里自然会感到十分满足。

（11）器具须知

袁枚引古语说："美食不如美器。"他认为这话很有道理。但也不是一味讲求食器的高贵，要雅而合宜，"宜碗者碗，宜盘者盘，宜大者大，宜小者小，参错其间，方觉生色。若板板于十碗、八盘之说，便嫌笨俗"。菜肴装盘，也有一定的规律，"大抵物贵者器宜大，物贱者器宜小；煎炒宜盘，汤羹宜碗；煎炒宜铁铜，煨煮宜砂罐"。后面这一句，指的是炊具，炊具的质料也会影响到菜肴的好坏。

（12）上菜须知

上菜的顺序，也是含糊不得的，菜有咸淡酸辣，"咸者宜先，淡者宜后；浓者宜先，薄者宜后；无汤者宜先，有汤者宜后"。上菜的顺序，有时还要依客人进食的情况决定，"度客食饱则脾困矣，须用辛辣以振动之；虑客酒多则胃疲矣，须用酸甘以提醒之"。

（13）时节须知

饮食有很强的季节性，食料的选用、佐料的配置，都要注意时令特点。"夏日长而热，宰杀太早，则肉败矣；冬日短而寒，烹饪稍迟，则物生矣。冬宜食牛羊，移之于夏，非其时也；夏宜食干腊，移之于冬，非其时也。辅佐之物，夏宜用芥末，冬宜用胡椒。"食料会因季节的变换而改变价值，平常之物也会变成宝物："当三伏天而得冬腌菜，贱物也，而竟成至宝矣。当秋凉时，而得行鞭笋，亦贱物也，而视若珍羞矣。有先时而见好者，三月食鲥鱼是也；有后时而见好者，四月食芋奶是也。"当然有些食物过时以后，就没法再吃了，如"萝卜过时则心空，山笋过时则味苦，刀鲚过时则骨硬"，类似过时的东西，精华已竭，吃起来完全是另一码事了，非但不美，反觉难受。

（14）多寡须知

选料与烹调，用料的多少也有文章。"用贵物宜多，用贱物宜少。"从烹调角度而论，取煎炒之法时，用料要少；取烹煮之法时，用料宜多。"煎炒之物多，则火力不透，肉亦不松。故用肉不得过半斤，用鸡、鱼不得过六两。"不够吃怎么办？宁可吃完再炒。"以多为贵者，白煮肉非二十斤以外，则淡而无味；粥亦然，非斗米，则汁浆不厚，且须扣水，水多物少，则味亦薄矣。"

（15）洁净须知

原料要净治，厨具也要清洁，厨人要卫生。"切葱之刀，不可以切笋；捣椒之臼，不可以捣粉。闻菜有抹布气者，由其布之不洁也；闻菜有砧板气者，由其板之不净也。"作为一个好的厨师，在卫生方面，袁枚认为要做到"四多"："良厨先多磨刀、多换布、多刮板、多洗手，然后治菜。至于口吸之烟灰，头上之汗汁，灶上之蝇蚁，锅上之烟煤，一玷入菜中，虽绝好烹庖，如西子蒙不洁，人皆掩鼻而过之矣。"再好的菜肴，不干不净，就等于在西施脸上抹灰，会大大影响菜肴的质量。

（16）用纤须知

纤即芡粉，做菜用芡，如同拉船用纤。"因治肉者，要作团而不能合，要作羹而不能腻，故用粉以牵合之；煎炒之时，虑肉贴锅必至焦老，故用粉以护持之。"用芡要恰当，分寸要掌握好，"否则乱用可笑，但觉一片糊涂"。满锅是芡，当然是一片糊涂了。

（17）选用须知

物料的选择，在品种、部位上有更深的学问。"小炒肉用后臀，做肉圆用前夹心，煨肉用硬短勒。炒鱼片用青鱼、季鱼，做鱼松用鲥鱼、鲤鱼。蒸鸡用雌鸡，煨鸡用骟鸡，取鸡汁用老鸡。鸡用雌才嫩，鸭用雄才肥。莼菜用头，芹、韭用根，皆一定之理。"物料选用不妥，菜肴的质量也会受到明显的影响。

（18）疑似须知

在菜肴的味型上，要处理好几种矛盾，如浓厚与油腻、清鲜与淡薄之间，分寸不易把握好。"味要浓厚，不可油腻；味要清鲜，不可淡薄。"弄不好就是"差之毫厘，失以千里"。"浓厚者，取精多，而糟粕去之谓也。若徒贪肥腻，不如专食猪油矣。清鲜者，真味出而俗尘无之谓也。若徒贪淡薄，则不如饮水矣。"

（19）补救须知

名厨烹调，轻车熟道，不会出什么岔子，所以也用不着补救之法。

不过对于经验不足的厨师来说，还是谨慎为妙。"调味者宁淡毋咸，淡可加盐以救之，咸则不能使之再淡矣；烹鱼者，宁嫩毋老，嫩可加火候以补之，老则不能强之再嫩矣。"下佐料，看火候，都要用心，经验多了，也就不会出问题了。

（20）本分须知

各种菜肴，有流派的不同，"满洲菜多烧煮，汉人菜多羹汤。童而习之，故擅长也。汉请满人，满请汉人，各用所长之菜，转觉入口新鲜，不失邯郸故步。今人忘其本分，而要格外讨好。汉请满人用满菜，满请汉人用汉菜，反致依样葫芦，有名无实，画虎不成反类犬矣"。这道理是不错的，就像我们今天招待外宾，大宴上还是以中餐为佳，如果用西餐，那效果一定差多了。

袁枚写的戒单，有为厨师写的，也有为食者写的，目的是"除饮食之弊"，让我们接着读读这十四条戒单。

（1）戒外加油

平庸的厨师做菜，动不动就熬上一大锅猪油，在上菜时浇上一勺，以为这样能色美味香。食者全然不知，以为多吃些油水进肚有好处，于是狼吞虎咽，如饿鬼投生。

（2）戒同锅熟

同锅熟的弊病，前文须知单的"变换须知"已提及，可见袁枚很反感这样的烹法。

（3）戒耳餐

只求名声好听，"贪贵物之名，夸敬客之意"，这叫耳餐而不是口餐，弄不巧有名无实。"豆腐得味远胜燕窝，海菜不佳不如蔬笋"。袁枚对鱼肉和海错有自己的评价，读起来很有道理，他说："鸡、猪、鱼、鸭，豪杰之士也，各有本味，自成一家。海参、燕窝，庸陋之人也，全无性情，寄人篱下。"好听好看不好吃，那就没什么意思了。

（4）戒目食

所谓"目食"，袁枚指的是贪多的弊病。"今人慕食前方丈之名，多盘叠碗，是以目食，非口食也。"袁枚以为菜肴不必求多，多必不精，而且还会出纰漏，他打了两个比方说："名手写字，多则必有败笔；名人作诗，烦则必有累句。极名厨之心力，一日之中所作好菜，不过四五味耳，尚难拿准，况拉杂横陈乎？"袁枚还认为，看馔横陈，累碗叠盘，熏蒸腥秽，不仅肚子喂不饱，"目亦无可悦也"。

（5）戒穿凿

违背物性，过于工巧，袁枚视为穿凿。"燕窝佳矣，何必捶以为团？海参可矣，何必熬之为酱？"袁枚反对矫揉造作，原则上应该说是对的，不过从他举出的例子看，也显得有些绝对化，适当的变通应当是允许的，不能一概视为穿凿。

（6）戒停顿

菜要随做随吃，做与吃之间，不能停顿。因为"物味取鲜，全在起锅时，及锋而试。略为停顿，便如霉过衣裳，虽锦绣绮罗，亦晦闷而旧气可憎矣！"这饮食的道理，与穿衣也有相通之处。袁枚说曾见有这么一个主人，每招客布菜，必一齐摆出，于是厨人为图省事，将一席之菜，先行做好，统统放在蒸笼之中，待主人催取，一齐搬出。这样一来，菜肴还哪得有佳味可言？菜肴要得鲜美，必现杀、现烹、现熟、现吃，不能停顿。

（7）戒暴殄

饮食要避免铺张浪费，"暴者不恤人功，殄者不惜物力"，所以要戒暴殄。暴殄者有时运用物料不完全，取一部分而弃其大半。"烹甲鱼者，专取其裙，而不知味在肉中；蒸鲥鱼者，专取其肚，而不知鲜在背上。"取之不当，不仅浪费，也于食者无益，这是袁枚最反对的。他对吃活物的特别烹法，也极不赞成。"至于烈炭以炙活鹅之掌，剸刀以取生鸡之肝，皆君子所不为也。何也？物为人用，使之死，可也；使之求死不得，不可也。"

（8）戒纵酒

酒筵上饮酒不可过度，饮得醉醺醺的，再好的肴馔也吃不出什么味道了。"事之是非，惟醒人能知之；味之美恶，亦惟醒人知之。"酗酒的人，是不知菜肴滋味的，他们吃佳肴如咬木屑，心不在焉，想到的只是酒，别的一概视而不见，使"治味之道扫地矣"。袁枚也为酒徒想出了一个两不误的法子："万不得已，先于正席尝菜之味，后于撤席逞酒之能，庶乎其两可也。"这办法应当说是可行的，酒徒们不妨试一试。

（9）戒火锅

在很多人看来，火锅中有美味，吃起来热热闹闹，很有意思。袁枚反对吃火锅，以为这违背了烹饪与饮食的一些基本原则。"冬日宴客，惯用火锅。对客喧腾，已属可厌，且各菜之味，有一定火候，宜文宜武，宜撤宜添，瞬息难差，今一例以火逼之，其味尚可问哉？"

（10）戒强让

所谓"强让"，就是过分殷勤劝菜，袁枚以为强劝是一种很不好的做法。"治具宴客，礼也。然一看既上，理宜凭客举箸，精肥整碎，各有所好，听从客便，方是道理，何必强勉让之？"有的主人生怕客人吃不好，拿起筷子频频夹菜，都堆到客人面前。来客又不是没长手眼的人，又不是小儿或新媳妇，不会怕羞忍饿，用不着强劝。有时劝得太邪乎了，夹来一堆菜，照例客人得把菜吃光，这就太难为人了，吃不了怎么办？难怪还发生客人给主人下跪的事，请求主人再宴客不要邀请他。赴这种宴会，不仅不是享受，简直就是一种惩罚了。

（11）戒走油

这是对厨师烹技的一个基本要求。"凡鱼、肉、鸡、鸭，虽极肥之物，总要使其油在肉中，不落汤中，其味方存而不散。若肉中之油半落汤中，则汤中之味反在肉外矣。"这是烹调不当造成的，是火候和用水出了问题，袁枚提出了具体解决办法，也是经验之谈。

（12）戒落套

宴请一般沿用传统的俗套，有一些固定的程式，在官场尤其如此。"官场之菜名号有'十六碟''八簋''四点心'之称，有满汉席之称，有'八小吃'之称，有'十大菜'之称。"袁枚以为这些套路用于娶亲和敷衍上司还凑合，用于家居欢宴和文酒开筵，就不成了。"必须盘碗参差，整散杂进，方有名贵之气象。"

（13）戒混浊

菜肴须清鲜，即便浓厚，也不可混浊，"同一汤也，望去非黑非白，如缸中搅浑之水。同一卤也，食之不清不腻，如染缸倒出之浆。此种色味，令人难耐"。挽救这类混浊的办法，"总在洗净本身，善加作料，伺察水火，体验酸咸，不使食者舌上有隔皮隔膜之嫌"。

（14）戒苟且

做什么事都不能马虎，饮食更是如此。有的厨师也有怠惰的时候，须要经常提醒。"火齐未到，而姑且下咽，则明日之菜必更加生；真味已失，而含忍不言，则下次之羹必加草率。"还要经常帮助厨师总结经验教训，不断提高技艺。"其佳者，必指示其所以能佳之由；其劣者，必寻求其所以致劣之故。咸淡必适其中，不可丝毫加减；久暂必得其当，不可任意登盘。"厨者怠惰，食者随便，这样凑凑合合，皆饮食之大弊。袁枚用为学和作师的道理看待饮食，主张认真行事，不能苟且。"审问、慎思、明辨，为学之方也。随时指点，教学相长，作师之道也。于味何独不然？"

袁枚的说法，大多应当是可取的，因为合乎道理，影响是积极的。读张起钧的《烹调原理》，他写了"十二戒条"，可看出传统影响的痕迹。我们将这"十二戒条"略述如下：

第一戒，金砖砌墙。物尽其用，以贵重菜料代替廉价菜料实无必要，不但费钱，效果也不一定好。

第二戒，沧海卖水。要懂得物以稀为贵的道理，有些菜在稀少之处视为珍贵，但在产地却一钱不值，反之便是沧海卖水，珍贵之物也会变得平常了。

第三戒，班门弄斧。待客要扬长避短，请洋人如用西餐，可能会弄巧成拙。

第四戒，白水清汤。菜肴要有滋有味，白水清汤就没什么取头了。

第五戒，漫无章法。许多菜料乱放一起，既无目的，也无构想，杂乱无章，没什么用。

第六戒，煮鹤焚琴。不能拿高贵的菜料，去做低味道的馔品，不可用好吃的东西去做不好吃的菜。

第七戒，扞格不通。有的味道本身不错，但不宜与别的味道调配在一起，否则会美味全失而生出另外的怪味，甚至怪到难以下咽。

第八戒，棘手催花。鲜美娇嫩的味道，除非有特别目的，绝不可乱放味道太强烈或太怪的东西，否则便是棘手摧花。

第九戒，浮云遮月。添加佐料辅料不慎，虽不致棘手摧花，却可能会将菜味声光遮掩。

第十戒，自相水火。有些菜料，原本味道不错，可以做出极好的菜。可如果把这些菜料随便合放一起，美味可能会抵消。

第十一戒，面目全非。每一菜料都有自身特点，要注意把特点烘托或美化出来，如乱加配料可能会将它的特点摧毁。

第十二戒，千篇一律。菜要做得各尽其妙，绝不能千篇一律，如果都少不了酱油、味精，菜的个性也就都丧失了。[①]

---

① 张起钧：《烹调原理》，中国商业出版社，1985 年。

清代郎世宁等《万树园赐宴图》

第十二章

食功论

饥求食,渴思饮,为人之常情,也是作为动物的人的本能。对于文明时代的人类来说,饮食的功能并不能仅用果腹充虚概而言之,它有在解饥止渴之外的更为深邃的内涵。

饮食的作用,可以在十分广泛的范围内体现出来。祭先、礼神、期友、会亲、报上、励下,安邦、睦邻,养性、健身,这些重要的事情有时主要是通过饮食活动办到的。人们通过饮食活动,调节人与神、人与祖、人与人、人与自然、身体与心性之间的关系,饮食就是这样一种万用的润滑剂。

从更高的层次看,人类的进化、文化的发达、哲理的积淀、传统的扬弃,也都离不了饮食活动。饮食不仅是一切社会活动的基本保障,也是所有人类成就的重要泉源。

钱锺书先生写的《吃饭》一文,对饮食的功用,做过深入浅出的剖析,他是这样写的:

> 吃饭还有许多社交的功用,譬如联络感情、谈生意经等等,那

就是"请吃饭"了。社交的吃饭种类虽然复杂，性质极为简单。把饭给有饭吃的人吃，那是请饭；自己有饭可吃而去吃人家的饭，那是赏面子。交际的微妙不外乎此。反过来，把饭给与没饭吃的人吃，那是施食；自己无饭可吃而去吃人家的饭，赏面子就一变而为丢脸。①

　　钱先生的话似乎显得有些尖刻，但却是再明白不过了。在现代社会生活中，人们都自觉不自觉地利用"请吃"这个方式，来调节彼此之间的关系，维系一种心理上的平衡。

　　以饮食之礼来调和人际关系，也并不是现代人的新发明，自古以来，都是如此。读读《礼记》，一切也就明白了。《礼记·乐记》说：

> 食飨之礼，非致味也。……大飨之礼，尚玄酒而俎腥鱼，大羹不和，有遗味者矣。是故先王之制礼乐也，非以极口腹耳目之欲也，将以教民平好恶而反人道之正也。

　　这是说盛大的筵宴，并不是单纯为了好吃好喝一饱口福，相反还要吃些凉水生鱼淡羹之类，以此教化民心，返璞归真。又《礼记·仲尼燕居》说：

> 子曰："郊、社之义，所以仁鬼神也。尝、禘之礼，所以仁昭穆也。馈、奠之礼，所以仁死丧也。射、乡之礼，所以仁乡党也。食、飨之礼，所以仁宾客也。"子曰："明乎郊、社之义，尝、禘之礼，治国其如指诸掌而已乎！"

　　又见《礼记·经解》说：

---

① 钱锺书：《吃饭》，收入聿君编《学人谈吃》，中国商业出版社，1991 年。

汉代场面盛大的宴饮图

朝觐之礼，所以明君臣之义也。聘问之礼，所以使诸侯相尊敬
也。丧祭之礼，所以明臣子之恩也。乡饮酒之礼，所以明长幼之序
也。昏姻之礼，所以明男女之别也。……故昏姻之礼废，则夫妇之道
苦，而淫辟之罪多矣。乡饮酒之礼废，则长幼之序失，而争斗之狱繁
矣。丧祭之礼废，则臣子之恩薄，而倍死、忘生者众矣。聘、觐之礼
废，则君臣之位失，诸侯之行恶，而倍畔、侵陵之败起矣。

这是说与饮食相关的一系列礼仪规范，一点都忽略不得，否则
人际关系失调，天下将会大乱。这是关系到治国安民的大事，这些被
认为是孔子所曾讲过的道理，并不是危言耸听。吃饭问题，关系到口
腹，关系到身外，关系到亲邻友善，也关系到家国生存，还有种族的
繁衍，文化的延续……

一、祭先礼神

礼祭神灵和祖先，是史前时代起创立的传统。鬼神从何而来？是人类自己臆造出来的，人类在创造自己的世界之时，也创立了一个鬼神世界。一系列的自然崇拜仪式，都是建立在这个鬼神世界之上的。较之自然崇拜晚出的祖先崇拜，这倒是一种比较实在的崇拜，因为祖先是确确实实的。不论是祖先崇拜或是自然崇拜，都有一些虔诚的礼拜仪式，其中最重要的是献祭，而献祭的最贵重且实惠的祭品是食物。人要吃喝，自然以为神和祖先也最需要食物，所以要将自己的果腹之物毫不吝啬地分给神灵与先人一份，以求得福寿，求得护祐。所以《诗经·小雅·楚茨》上有"神嗜饮食，卜尔百福""神嗜饮食，使君寿考"这样的句子。之所以那样诚惶诚恐，那样谦卑虔诚，祈求回报是一个重要目的。人与神灵、与祖先的关系，主要就是通过献祭食物，变得越来越密切，越来越牢固。

中国新石器时代，已经开始筑造神庙和祭坛，红山文化和良渚文化遗址，都发现过具有相当规模的祭坛遗迹。史前人献祭的食物主要是"牲"，杀牲时既杀兽也杀人，在发现的祭坛遗迹周围，既见有人骨，也见有兽骨，这些应是当时一次次献祭的牺牲。农耕部落崇拜地母，史前人认为对地母最大的敬意就是祭献人牲，以人血灌地，以求农作物能有好收成。仰韶文化的一些遗址发现过不少非正常死亡者的埋葬坑，不规则的土坑中埋着没有常规葬式的死者，有的还与牲畜共埋一处，这很可能就是杀祭人牲的遗迹。到龙山时代，这种杀祭更为普遍，发现不少无头死者和多人丛葬坑，可能大多属于杀祭遗存。齐家文化见到一些用河

仰韶文化鹰形陶鼎，陕西华州出土　　　龙山文化黑陶罐，山东胶州出土

卵石围筑的石围圈，圈内外有砍头的怀胎母牛、完整的羊、砍残的牛羊肢体的骨殖，还有钻灼的卜骨和灰烬，这也无疑属于一种献祭遗存。向神灵祖宗献上自己豢养的牲畜乃至亲人的生命，人们相信是会有作用的，以为用这样的方式能实现那些不易实现的愿望。

　　进入殷商时代，以牺牲为献祭的风气愈演愈烈，贵族阶级表现出一种前所未有的热情，简直到了一种疯狂的境界。在商代早期都城，即河南偃师二里头遗址，在一座大型宗庙基址周围，发现了属于五六十个个体的人骨架，应是祭祀宗庙杀死的人牲，有的人牲与牲畜同埋在一起。在郑州商代城墙上，发掘到一些狗骨坑，发现的狗骨多达近百具，狗坑中也见有人骨，这些也都是献祭的牺牲。在安阳殷墟王陵区发现了公共祭祀场，近半个世纪的间断发掘中揭露人牲坑九百二十七个，采集人牲标本多达三千四百五十五个个体。如果把这批人牲作为祭祀王陵区已发现的十四座大墓的人牲，那么平均每个墓主人所用的牲人数达近二百五十人。[①]

---

① 参见黄展岳《中国古代的人牲人殉》，文物出版社，1990 年。

甲骨文所记的占卜祭祀，常常将人和牛、羊、豕、犬并提，都是祭品。根据现有近两千条相关卜辞的记述，祭祀用人牲一次有一千人之多，共计耗去一两万人的生命！卜辞中提到的动物牺牲数量也很大，一次杀死的牲畜也可多达一千头。殷商墓葬中经常发现整狗、整马、整猪、整鸡、整鱼，或是狗头、羊头、猪头、牛头，或是牛腿、羊腿、马腿、猪腿，大都是祭牲。这些祭牲有的是煮熟后盛于陶质铜质器皿中，有的则置于棺椁周围，这是送给死者的食物。

从远古时代传导下来的"万物有灵"观念，驱使人们心甘情愿将自己辛辛苦苦得来的劳动果实，奉献给那数也数不清的神仙。殷商时代繁复的祀典，就是这种观念的产物。天地星辰、风雨雷电，都可以是祭祀的对象，因为都有神灵主宰，对于祖先的祭祀就更不用提了。这也正是《礼记·表记》所说的"殷人尊神，率民以事神，先鬼而后礼"。殷商礼神祭先的祭品，主要是牺牲，已如上述。到了周代，祭品主要还是牺牲，以牛、羊、豕三牲为最重要，但也用农作物、果蔬乃至昆虫之类作祭品。正如《礼记·祭统》提到周人所用祭品时所说的那样："水草之菹，陆产之醢，小物备矣。三牲之俎，八簋之实，美物备矣。昆虫之异，草木之实，阴阳之物备矣。"献给神灵和先祖的祭品，到了周代已是无所不包了，包括所有的食物在内。看来神灵并不那么挑剔，更主要的是人不通神意，献祭时才会如此的全备，也是如此的不知所措。

商周时代王室成员及上层贵族，以青铜铸成许多精美庄重的器皿，来盛放各种祭品。这些礼仪重器，有的可谓是传国之宝，或者是传家之宝，前文已经谈到。礼器有不同的名称，祭品也有特定的名称。周代用"笾豆簠簋""大羹玄酒"，用法特殊，名称也特殊，今人会觉着费解，那个时代毕竟太遥远了。

大约自周代开始，不少祭典已具备较强的季节性特征。《礼记·祭统》说：

商代青铜鸮尊，河南安阳出土　　　　商代青铜神树，四川广汉出土

凡祭有四时。春祭曰礿，夏祭曰禘，秋祭曰尝，冬祭曰烝。……禘、尝之义大矣，治国之本也，不可不知也。明其义者，君也。能其事者，臣也。不明其义，君人不全；不能其事，为臣不全。

周人祭品的名称，其特别之处见于《礼记·曲礼下》的记述：

天子以牺牛，诸侯以肥牛，大夫以索牛，士以羊豕。……凡祭宗庙之礼，牛曰一元大武，豕曰刚鬣，豚曰腯肥，羊曰柔毛，鸡曰翰音，犬曰羹献，雉曰疏趾，兔曰明视；脯曰尹祭，槁鱼曰商祭，鲜鱼曰脡祭；水曰清涤，酒曰清酌，黍曰芗合，梁曰芗萁，稷曰明粢，稻曰嘉蔬，韭曰丰本，盐曰咸鹾；玉曰嘉玉，币曰量币。

后代的祀典及祭品，我们这里仅以唐宋清三代为例。唐代朝中的祭祀，也用笾豆簠簋之属，所用祭品，与周代大体相仿。《新唐书·礼乐志二》这样写道：

> 笾以石盐、槁鱼、枣栗榛菱芡之实、鹿脯、白饼、黑饼、糗饵、粉糍。豆以韭菹醓醢、菁菹鹿醢、芹菹兔醢、笋菹鱼醢、脾析菹豚胉、饘食、糁食。……凡簠、簋皆一者，簋以稷，簠以黍。用皆二者，簋以黍、稷，簠以稻、粱。实甄以大羹，钘以肉羹。

宋代的宫廷祀典，一年有近五十个。《宋史·礼志一》云：

> 五礼之序，以吉礼为首，主邦国神祇祭祀之事。凡祀典皆领于太常。岁之大祀三十：正月上辛祈谷，孟夏雩祀，季秋大享明堂，冬至圜丘祭昊天上帝，正月上辛又祀感生帝，四立及土王日祀五方帝，春分朝日，秋分夕月，东西太一，腊日大蜡祭百神，夏至祭皇地祇，孟冬祭神州地祇，四孟、季冬荐享太庙、后庙，春秋二仲及腊日祭太社、太稷，二仲九宫贵神。

此外，又有中祀、小祀各九种，分祭五龙、风师、先农、先蚕、雨师、文宣王、武成王、马祖、先牧、马社、马步、中溜、灵星、寿星、司命、司禄、司寒等。

清代的祀典亦是十分繁复，据《清史稿·礼志一》的罗列，大祀、中祀、群祀共有七十多项：

> 大祀十有三：正月上辛祈谷，孟夏常雩，冬至圜丘，皆祭昊天上帝；夏至方泽祭皇地祇；四孟享太庙，岁暮袷祭；

春、秋二仲，上戊，祭社稷；上丁祭先师。

中祀十有二：春分朝日，秋分夕月，孟春、岁除前一日祭太岁、月将，春仲祭先农，季祭先蚕，春、秋仲月祭历代帝王、关圣、文昌。

群祀五十有三：季夏祭火神，秋仲祭都城隍，季祭炮神。春冬仲月祭先医，春、秋仲月祭黑龙、白龙二潭暨各龙神，玉泉山、昆明湖河神庙、惠济祠，暨贤良、昭忠、双忠、奖忠、褒忠、显忠、表忠、旌勇、睿忠亲王、定南武壮王、二恪僖、弘毅文襄勤襄诸公等祠。

清代祀典常用的祭品，仍仿《周礼》的制度，基本没有什么变更，据《清史稿·礼志一》的记述是：

祭品，凡笾、豆之实各十二，笾用形盐、藳鱼、枣、栗、榛、菱、芡、鹿脯、白饼、黑饼、糗饵、粉糍，豆用韭菹、醓醢、菁菹、鹿醢、芹菹、兔醢、笋菹、鱼醢、脾析、豚拍、酏食、糁食。……登一，太羹。铏二，和羹。簠二，稻、粱。簋二，黍、稷。

当文明较为发达之后，古人对祖先的祭祀明显重于对神灵的礼拜，反映在对先人的葬仪之隆和祭仪之勤两个方面。无论葬仪和祭仪，古代都很重视食物的祭奠，用作随葬品和祭品。我们只须列举几个例证，便可窥见古人怀念先人的良苦用心。

战国时代伟大的悲剧诗人屈原，带着满腔的委屈与悲愤沉江自尽了，他的品格与诗章遗留后世，成了中国古代文化中的瑰宝。相传由他所作的《招魂》，是模仿民间招魂习俗写成，如泣如诉、情悲意切。全篇道尽天地四方之凶怪，声声呼唤"魂兮归来"；极力崇扬楚地之美，既有堂室馆舍之美、川原高山之美，也有游观张设之美、妾媵饮食之美，还有歌舞音乐之美、娱戏燕饮之美，诱导亡灵回归故土，不要远去。其中关于饮食烹饪之美的描写，译成现代汉语是这样的：

> 宗族家人摆上精美馔品祭飨亡灵，
> 稻米小米新麦做的饭食掺有黄粱。
> 还有苦咸酸辛甘五味调和的嘉肴，
> 炖得烂熟的肥牛蹄筋散发着芳香。
> 陈上那酸中微苦的吴国风味肉羹，
> 清炖甲鱼全烤羔羊配上甘蔗甜浆。
> 醋熘天鹅红烧野鸭煎炸大雁嫩肉，
> 卤子鸡烧大龟香味扑鼻无比清爽。
> 再有蜜煎米糕粉饼和甜美的饴糖，
> 如玉的美酒加兑蜂蜜斟满了羽觞。
> 滤糟的冰凉酒饮起来既醇又清凉，
> 华美的酒斗已摆好等待酌饮琼浆。
> 快回到故居吧亲人们在恭敬等待！
> ……
>
> 尽情地畅饮使先辈灵魂得以安息，
> 魂啊快快归来返回你生活的故乡！ ①

一篇《招魂》，和盘托出战国楚人的美味佳肴，这里有五谷饭食和点心，有牛、羊、鳖、鸡、鸭、鹄、雁等馔品。招魂时不仅仅是口头

---

① 《招魂》原文如下："……室家遂宗，食多方些。稻粢穱麦，挐黄粱些。大苦咸酸，辛甘行些。肥牛之腱，臑若芳些。和酸若苦，陈吴羹些。胹鳖炮羔，有柘浆些。鹄酸臇凫，煎鸿鸧些。露鸡臛蠵，厉而不爽些。粔籹蜜饵，有餦餭些。瑶浆蜜勺，实羽觞些。挫糟冻饮，酎清凉些。华酌既陈，有琼浆些。归来反故室，敬而无妨些。……酎饮尽欢，乐先故些。魂兮归来！反故居些。"

上如此呼唤，所言美味都是实实在在准备好了的，一同葬入死者墓穴中，供死魂灵享用。

古代的人认为，先人的肉体虽死，但灵魂却还活着，照例对衣食住行有必需的要求。帝王们在死亡前便开始营造地下宫殿，为的就是要将殊荣带到冥间。古来事死如事生，生者十分仔细地为死者准备好一切物品，同死者埋葬在一起，其中食品和食具便是随葬品中的一个主类。出土女尸的湖南长沙马王堆一号汉墓，随葬器物达千余件之多，有漆器、丝织品、陶器、竹木器、木俑、乐器和兵器，还有许多农畜产品、瓜果等，大都保存完好。墓中还出土了记载随葬品名称和数量的竹简三百一十二枚，其中约半数书写的都是食品名称，主要有肉食类馔品、调味品、饮料、主食、小食、果品和种子等，这些竹简的具体内容，我们在上一章已经述及。在汉代前后，作为随葬品放入墓中的，不仅有成套的餐具，甚至还有炊具和厨房设备，有粮仓和水井的模型。一般是用陶土将井、仓、灶做成模型，这是为了让死者死得其所，死得其食。

历史上常有厚葬风气兴起，但记录葬埋食物的文献并不算丰富，

楚墓中随葬的饮食器具

西汉墓葬出土的陶井

从一些片断文字可以略知，有钱有势者往往不惜一切，以厚葬食物的方法慰藉死者。如宋代钱易《南部新书》癸卷所记，一个王族死去，"凡圹内置千味食"，"尚食所料水陆等味一千余种，每色瓶盛，安于藏内，皆是非时瓜果及马牛驴犊獐鹿肉，并诸药酒三十余色"。这样的排场，如此的花销，平民百姓自然是不可望也不能即的了。

　　一般的人家，都是在家庙内祭先祖，没有家庙也有神龛之类。《大学衍义补·家乡之礼》引程颐语曰："家必有庙，庙必有主。月朔必荐新，时祭用仲月。冬至祭始祖，立春祭先祖。"又说："凡事死之礼，当厚于奉生者。"清人阮葵生《茶余客活·庶人家祭》也提到，官有家庙，庶人则仅有神龛，"凡庶人家祭之礼，于正寝之北为龛，奉高曾祖祢神位，岁逢节序荐果蔬新物。……月朔望日献茶，燃香镫"。老百姓敬祖，再恭敬也不过如此了。

　　庶人必作神龛，为官必作家庙，似乎是一种习惯法。《新唐书·王珪传》说，王珪"薄于自奉。独不作家庙，四时祭于寝，为有司所劾"。王珪官至礼部尚书，疏于建筑家庙，结果遭到弹劾。太宗皇帝并

清代孙温《宁国府除夕祭宗祠》

没怪罪他，而是"立庙愧之"。可见在古人看来，你再节俭，祭祀先祖是含糊不得的。袁山松《后汉书·韩卓传》说，韩卓有家奴在腊日"窃食祭其先人"，韩卓没有怪罪，还表示理解。贫穷之人，如此表达对先祖的怀念与景仰，也是没有法子的事。

有许多人虽穷困得无以为生，但总要按期祭奠先人，既不懈怠，也不草率，对祭品甚至还要美中求精。例如北朝人胡叟，年轻时父母双亡，"每言及父母，则泪下，若孺子之号。春秋当祭之前，则先求旨酒美膳。……时敦煌汜潜，家善酿酒，每节，送一壶与叟"。(《魏书·胡叟传》) 自己无饮无食，乞讨也要旨酒美膳，似乎非如此不能一展情怀。

先祖是不能饿肚子的，古代的中国人对此有很牢固的记忆。如果偶尔得到什么好吃的，也不会独自享用，要象征性地献给先祖尝一尝。明代于慎行《谷山笔麈》卷十就提到："御赐颁及，无问服食时鲜，即一鱼一蔬，皆顿首拜受，焚香献之祖考，乃敢尝尔。"记不清的人间事，忘不得的是祖宗。

夏丏尊有《谈吃》一文，比较了中外礼祭祖先的方式，写出了一段很值得玩味的话：

> 不但活着要吃，死了仍要吃。他民族的鬼，只要香花就满足了，而中国的鬼，仍依旧非吃不可。死后的饭碗，也和活时的同样重要，或者还更重要。……中国民族的文化，可以说是口的文化。[①]

所谓"口的文化"，即"吃的文化"——饮食文化。这话很有些尖刻，揭示了中国古代饮食文化独特内涵的一个方面，确也很值得玩味。

[①] 夏丏尊:《谈吃》，收入聿君编《学人谈吃》，中国商业出版社，1991 年。

二、期友会亲

亲友相聚，无酒食不能成其礼、融其情。《周礼·春官·大宗伯》说，"以饮食之礼，亲宗族兄弟；以昏冠之礼，亲成男女；以宾射之礼，亲故旧朋友；以飨燕之礼，亲四方之宾客"。天子用壮观的排场，平民则用雅俗兼取的方式，同样地期友会亲，也同样地热热闹闹。

谁人没有三亲四故，谁家无有兄弟老幼？亲友往来，生育婚嫁，做寿尽孝，年节团聚，乃至日常相处，饮食活动便成了一种最好的方式。

婚嫁是人生大事，古代有一套讲究的仪式。例如在宋代，据《东京梦华录》和《梦粱录》等书记载，婚嫁礼仪已是套路固定、严格得很了。男女之间，先须媒人通帖，定帖以后，男方择日备酒礼拜访女家。这时要选择湖舫、园圃之地，两亲相见，谓之"相亲"。男用酒四杯，女则添备双杯，以示男强女弱之意。如女子对男子中意，便以金钗插在头上，名为"插钗"。如不中意，就送彩缎二匹"压惊"，见了彩缎，婚事就算告吹了。"插钗"已定，男方便以金银首饰、缎匹茶品、金瓶酒尊等为定礼，送往女方。①以后凡遇节令，男方都要以羊酒送女家，女方照例也有一定的回礼。举行婚礼时，新人入洞房，用两个酒盏结彩相连，互饮一盏，谓之"交杯酒"。交杯饮毕，将酒盏掷于床下，一仰一合，以为"大吉"。

盛大的婚筵，亲朋聚饮，共祝新人和和美美，白头到老。三日之后，女家送冠花、彩缎、鹅蛋，以金银缸盛油蜜煎饼，并有茶饼鹅羊果物，送至婿家，称为"送三朝礼"。数日之内，亲家迎来送往，广设华筵，夫妻名分就这样确立起来。

---

① 订婚送茶为礼，取吉祥之意。明代许次纾《茶疏·考本》说："茶不移本，植必子生。"古人结婚必以茶为礼，取其不移置子之意也。今人犹名其礼曰"下茶"，亦曰"吃茶"。

清代玉合卺杯

男女礼成，生儿育女，又有一番热闹。生子仪礼，自然也少不了要用食物作道具，一切都是为了吉祥平安。还在新婚时，食物内就有大枣、花生之类，寓意"早生贵子"。孕妇临产，外舅姑家会送来一些特别的物件，其中有彩画鸭蛋一百二十枚、膳食、羊、生枣、栗果等，称为"催生礼"。分娩之后，亲朋争送细米炭醋。三七日时，娘家和亲朋都送来膳食，如猪腰肚蹄脚之物。以后小儿百日、周岁，均要开筵宴请亲朋，以示庆贺。这类礼节大都保存到了现代，尤其在乡村，是世代相传的规范。

儿孙的成长，受到长辈的精心哺育。老辈的健康与幸福，儿孙也时常牵挂在心。古代提倡孝道，敬孝的主要方式是供奉衣食之需，使疾有所治，老有所养。养老孝亲，自天子及平民，为做人最基本的一个道德准则。《礼记·文王世子》提到太子侍奉父王的规矩，可以说到了谨小慎微的地步：父王进食之先，"必在视寒暖之节"，要亲自查验食物是否太冷太热；父王吃完了，要问清吃了些什么，并安排好下一餐的食谱。"膳宰之馔，必敬视之；疾之药，必亲尝之。尝馔善，则世子亦能食，尝馔寡，世子亦不能饱。"平民百姓，这些规矩也是可以做到的，社会上有敬老的传统，家族内有孝亲的成规。

　　且不说历史上知名度很高的"二十四孝"，传统的孝道故事糅进了许多神话色彩，让现代人相信那都是事实，显然是不可能的。不过古人尽孝的传统却是实在的，通过其他许多故事也能充分体现出来。天下最重的情感莫过于男女爱情和母子亲情，这是艺术上的两个永恒的主题，无论东方西方都是如此。我们在这里要着重谈及的仅限于中国古代饮食生活中体现出来的母子亲情，而且只论及赤子孝母的传统，这也是传统孝道的核心内容之一。

清代《慈宁燕喜图》（局部），乾隆皇帝为崇庆太后上寿

人类作为富于情感的高级动物，最早懂得的情感应当就是母子亲情。这给予生命并精心哺养的养育之恩，只要是思维正常的人，都不会忘了尽心报答。在饥餐渴饮之时，孝子都会自然地想起母亲，春秋晋国人灵辄便是一个典型的例子。他的故事见于《左传·宣公二年》的记载：

> 初，宣子田于首山，舍于翳桑，见灵辄饿，问其病。曰："不食三日矣。"食之，舍其半。问之。曰："宦三年矣，未知母之存否，今近焉，请以遗之。"使尽之，而为之箪食与肉，置诸橐以与之。

想起久别的老母，灵辄食不甘味、不饱腹。即便并无久别的思念，人子也会时刻将母亲挂在心怀。《左传·隐公元年》就记述了这样一个故事：

> （颍考叔）有献于（郑庄）公。公赐之食。食舍肉。公问之。对曰："小人有母，皆尝小人之食矣；未尝君之羹，请以遗之。"

国君赐食，想起老母不曾有过这口福，自己也不忍下咽。明代陆容《菽园杂记》卷九记宋代画家陈宗训事母尽孝，与颍考叔可相提并论。陈宗训"每饮食亲友家，遇时新品味，母未尝，必托以疾忌，不一下箸。翌旦，必入城市，买以奉母。或远方难得之物，可怀者必怀归"。

颍考叔在国君面前讨赐奉母，后世还有在筵宴上窃食孝母的故事，如我们前文也提到过的《陈书·徐孝克传》所记：

> 孝克每侍宴，无所食啖，至席散，当其前膳羞损减，高

汉代赵盾食灵辄图

> 宗密记以问中书舍人管斌，斌不能对。自是斌以意伺之，见
> 孝克取珍果内绅带中，斌当时莫识其意，后更寻访，方知还
> 以遗母。斌以实启，高宗嗟叹良久，乃敕所司，自今宴享，
> 孝克前馔，并遣将还，以饷其母，时论美之。

徐孝克大孝大胆，所以窃到了御筵上。高宗，即陈宣帝不仅没有
责怪，反倒给予他最大方便，成全了这一片孝心。到了唐代，窃食御
筵已成风气，谁也不将做出这种行为的人当贼看待。皇上也乐得做个
人情，不仅下了可以怀归余食的御旨，而且还让太官专门备有两份食
物，让百官带回家去孝敬自己的父母。明代陆深的《金台纪闻》，述及
此事时这样写道：

> 廷宴余物怀归，起于唐宣宗时。宴百官罢，拜舞遗下果
> 物。怪问，咸曰："归献父母及遗小儿。"上敕太官，今后大

宴，文武官给食两分与父母，别给果子与男女，所食余者听以帕子怀归。今此制尚存，然有以怀归不尽而获罪者。

按陆深的说法，明代御筵上的食物，你要吃不了还非得兜着走，不然要治你一个罪名，也许就是"不孝"之罪吧。

人一旦到了年高时候，不仅形象上老态龙钟，心理上也有一些不同寻常的变化，甚至变得与孩童一般。宋人袁采《袁氏世范》卷一对此曾有论说："年高之人，作事有如婴孺，喜得钱财微利，喜受饮食果实小惠，喜与孩童玩狎。为子弟者能知此，而顺适其意，则尽其欢矣。"老辈能尽欢，晚辈的孝心就算全备了。明代于慎行《谷山笔麈》卷五，提到了这样一个"纯孝"之人，在古代中国大概具有一定的代表性：

> 海丰太宰杨公巍，天性纯孝，母夫人年百余岁，食啖犹健，杨公朝夕上食，躬尝以进，即有不乐，辄拍手歌舞，作小儿态，以娱母意。母夫人当冬月病，思食西瓜，走使四方觅致，至则不及饭含，杨公以此大痛，终身不思西瓜，暑月渴甚，但饮水而已。一日诸公会坐，左右以西瓜进，见杨公不食，询故，乃得其详，后问公门下亲识，馈送无以西瓜入门者。

杨巍字伯谦，官至万历吏部尚书，他因老母临死时未及吃上西瓜，自己终身再不尝西瓜一口。如此尽孝，可谓尽善尽美了。不过，有时这种孝道难免会走向极端，如《刘宾客嘉话录》记唐人袁德师，父为给事中袁高，一年重阳节食糕，他对客人们说："我不忍食糕，因为父亲的名讳是'高'。"父名高而不忍食糕，这忌讳有些太离奇了。

亲情的表露，除了母子之情，还有兄弟姊妹之情。常言"亲如兄弟"，指的并非兄弟之间；真是兄弟，就该情同手足，有福同享，有难同当。《北史·裴安祖传》说："（裴）安祖，少聪慧，年八九岁，就师讲《诗》，至《鹿鸣篇》，语诸兄云：'鹿得食相呼，而况人乎。'自此未曾独食。"这倒也不全是《诗经》的启示，实际生活中，兄弟友恭，也是人之常情。《魏书·杨椿传》记有杨播之弟杨椿训诫子孙的一段话，说明了南北朝时有兄弟同餐共食的传统：

> 吾兄弟，若在家，必同盘而食，若有近行，不至，必待其还，亦有过中不食，忍饥相待。吾兄弟八人，今存者有三，是故不忍别食也。又愿毕吾兄弟世，不异居、异财，汝等眼见，非为虚假。如闻汝等兄弟，时有别斋独食者，此又不如吾等一世也。

杨氏一家，为历史上著名的高门望族，至杨播时为八兄弟，播为长兄，次为椿、颖、顺、津、舒、昚，《魏书》仅述及七人。据陕西华阴出土《杨阿难墓志》，知阿难为杨氏兄弟之一，排行第七。①兄弟这么多，能如此亲密无间，同盘而食，实属难得。难怪清代张伯行在《养正类编》卷九中还要对此事津津乐道："杨津、杨椿，兄弟义让，相事如父子。……有一美味，不集不食。……椿每近出，或日斜不至，津不先饭，椿还，然后共食。初，津在肆州，椿在京，每四时佳味，辄因使次附之，若或未寄，不先入口。"

同胞情谊，有时会随着年龄的增长，愈老愈笃。唐代贵为尚书左仆射的李勣，为他的同胞姐姐亲自熬粥，便是一个很好的例子。此事载于《大唐新语》：

---

① 杜葆仁、夏振英：《华阴潼关出土的北魏杨氏墓志考证》，《考古与文物》1984 年第 5 期。

> 李勣既贵，其姊病，必亲为煮粥，火燕其须。姊曰："仆
> 妾幸多，何为自苦若是？"勣对曰："岂无人耶，顾姊年长，
> 勣亦年老，虽欲长为姊煮粥，其可得乎？"

煮粥不用仆妾，非要亲自动手，为的就是要尽那一份手足亲情。

家庭是个经济单位，也是一个会食单位，年节与日常的饮食活动，会使家庭成员间的纽带拉得愈来愈紧。纽带联结的不仅有母子、兄弟，而且包括所有的家庭乃至家族成员。古今都讲究大团圆，家人在年节乃至平日都欢聚一堂，饮之食之，共享天伦之乐。曹雪芹的《红楼梦》描述了贾府正月十五元宵节的热闹情景，表现出一种团圆气氛，既浓且烈。元宵傍晚，贾母命人在花厅上摆了十来席，与宴者当有百十来人，一旁还有戏班助兴。先是晚辈敬酒，又是一起干杯，上汤，食元宵。凤姐在席间又兴起击鼓传梅的游戏，鼓停梅住，便要罚酒说笑。饮足了酒，放烟火爆竹。这时已是深夜，饿了的又吃鸭子肉粥、枣儿粳米粥、杏仁茶和各种精致的小菜。在贾府内，中秋节也有击鼓传花的乐趣，老少一堂，欢欢笑笑，也算团圆之喜。

贾府算得上是一大家子了，四世同堂。不过比起下面谈到的几个例子，贾家人数又不值一提了。读宋人戴复古《岁旦族党会拜》诗，曰："衣冠拜元日，樽俎对芳辰。上下二百位，尊卑五世人。"这是春节族人的团拜，人数虽不少，但平日未必同堂同饮。在唐代有七百人同食的家族，那场面一定非常壮观，请看张伯行《养正类编》卷十的述说：

> 江州陈氏，族七百口，每食设广席，长幼以次坐，而共
> 食之。有畜犬百余，共一牢食，一犬不至，诸犬为之不食。

人伦教化，竟能感化畜类，这又有些太玄乎了。七百人同食，不

可谓不多，可还有五世三千人共食的记述，更是壮观了。鲁迅先生辑隋代成书的《录异传》说：

> 周时尹氏，贵盛，五世不别，会食数千人。遭饥荒，罗鼎作糜，啜之，声闻数十里。

啜粥之声，传及数十里之外，当是夸张之辞。五世千人会食，平时天天如此，实在不易。一般的家庭，不会有如此大的规模，四世同堂在古代却是常事。老幼同食，尊老爱幼的品德就在饭桌上代代相传下来。

家庭圈子之外，人际交往还有一个更广阔的天地，可以有挚友，可以有知己。友朋之间，时有往还，期会、聚饮，送别、重逢，一般是少不了酒肴的。美酒热泪，断肠快语，交织成一幅幅色彩斑斓的画卷。

古人期友，以柬为约，所谓"日中为期""鸡黍之约"是也。文人墨客，常折柬邀友，以为雅集。如清人万代尚约友人柬："庭月可中，壶冰入座。豆花雨歇，正宜挥麈之谭；桑落杯深，愿续弄珠之句。敢告前驺，布席扫室以俟。"触景生情，邀友联句畅饮，亦人生一快事。又如梁以樠致纪伯紫柬："弟方自外归，偶有斗酒，雨中无事，窗外青梅一株，梅子累累，正堪与道兄一论当世也。相去咫尺，幸着屐过我为望。"（《尺牍新钞》）有酒就想起朋友，不只是为酒，尝青梅、论当世，该是多么惬意。

清代送柬，或一日前，或三日前。汉代有一例约会，提前两年相约，这是个例外。谢承《后汉书》说："范式字巨卿，山阳金乡人。少游太学，与汝南张劭为友。劭字元伯，二人并告归乡里。春别京师，式谓元伯曰：'后二年当还，将过拜尊亲，见孺子焉。'乃共克，以秋为期。至九月十五日，杀鸡作黍，二亲笑曰：'山阳去此几千里，何必

元代请柬，内蒙古额尔古纳出土

至？'元伯曰：'巨卿信士，不失期者。'言未绝而巨卿果到。"（亦见《后汉书·独行列传》）挚友不怕山水阻隔，真情不因天长失期。

还有不期而至的、盼候即至的，那种时刻的感受一定很美妙。近代夏敬观有一首题为《设酒候散原翁，及夜果至，赋此戏赠》的诗，就描写了这种时刻的感受：

> 欲待翁来醉一觞，座中有酒戒先尝。
> 李痴饥渴能坚耐，郑老眠餐改故常。
> 已苦索居留盍久，果酬望岁喜应狂。
> 入门删尽寒暄语，卜昼何如卜夜长。

此刻盼到嘉宾，喜之欲狂，何必赘语寒暄！

朋友之间，心心相印，有时一点异常的感觉，会让你对朋友牵肠挂肚，以至于坐立不安。《庄子·大宗师》中就有这样一个故事："子舆与子桑友，而霖雨十日。子舆曰：'子桑殆病矣！'裹饭而往食之。"
十日不见，想到朋友一定是病了，所以带上饭食去看望，这是真把友
人放在了心上。

想念友人，有时情感奔涌，令人难以抑制。有时会身不由己，一
定要去见友人一面，立时便要策马扬鞭而去。《晋书·王徽之传》记王
徽之夜访戴逵，就很真实地记录了这种心情：

> （徽之）尝居山阴，夜雪初霁，月色清朗，四望皓然，独
> 酌酒咏左思《招隐诗》，忽忆戴逵。逵时在剡，便夜乘小船诣
> 之，经宿方至，造门不前而反。人问其故，徽之曰："本乘兴
> 而行，兴尽而反，何必见安道邪！"

戴逵字安道，隐剡不仕。王徽之字子猷，为著名书法家王羲之之
子。王徽之的行为有些放诞不羁，"时人皆钦其才而秽其行"，但他对
朋友的真诚却是难得的。夜访戴逵，行船一宿，造门而又不见，确非
平常人所为。无独有偶，北齐高季式比起王徽之，可谓有过之而无不
及，《北齐书·高季式传》说：

> （高）季式豪率好酒，又恃举家勋功，不拘检节。与光州
> 刺史李元忠生平游款，在济州夜饮，忆元忠，开城门，令左
> 右乘驿持一壶酒往光州劝元忠。朝廷知而容之。

济州治所在今山东茌平附近，而光州治所在今河南南部，相距千
里之遥，岂止是为了一壶酒，还是为了那一份情谊。

朋友之间，既重离别，又喜重逢，都是真情表露的时刻。这样的
时刻，能诗者吟，善酒者饮，多少千古佳句，也就诞生出来。唐代王
维《送元二使安西》诗，便是佳中之佳：

渭城朝雨浥轻尘，客舍青青柳色新。

劝君更尽一杯酒，西出阳关无故人。

久别重逢，欢娱胜于愁苦，与离别气氛大有不同，但却是同样的情真意切。战国时代的军事家吴起，一次外出遇到旧时的朋友，想请这位老朋友吃饭，而朋友当时有事不能脱身，于是约好稍晚些一起吃饭。吴起左等右等，朋友一直没来，而他自己也一直没吃饭，就这样等了一夜。第二天，吴起专门派人去将朋友寻来，然后同他一起进餐。（《韩非子·外储说左上》）如此真诚，朋友一定会十分感动。

老友相逢，举觞叙旧，感慨万端。杜甫的《赠卫八处士》诗，十分生动地表达了此景此情：

人生不相见，动如参与商。

今夕复何夕，共此灯烛光。

少壮能几时，鬓发各已苍。

访旧半为鬼，惊呼热中肠。

焉知二十载，重上君子堂。

昔别君未婚，儿女忽成行。

怡然敬父执，问我来何方。

问答乃未已，驱儿罗酒浆。

夜雨剪春韭，新炊间黄粱。

主称会面难，一举累十觞。

十觞亦不醉，感子故意长。

明日隔山岳，世事两茫茫。

并非旧友，陌路相遇，也少不了要开怀畅饮。王维《少年行四首（其一）》中，写到了一种初逢的情景，由于意气相得，于是下马进酒：

战国青铜器刻纹宴乐图

新丰美酒斗十千，咸阳游侠多少年。

相逢意气为君饮，系马高楼垂柳边。

交友要慎重，不能没有选择，否则只是酒肉往来，没什么意义。南朝谢谭不妄交接，门无杂宾，宁可自酌自饮，他有名言曰："入吾室者但有清风，对吾饮者唯当明月。"（《南史·谢谭传》）虽难免有自视清高之嫌，但这精神未必不可取。在清人王晫《今世说》卷八中，更记有一个眼里容不得沙子的人物：

> 燕人梁公狄瘠立嶔崎，远客万里。初至鄞，客于梵舍……里中荐绅闻梁至，置酒相迎。梁强一过，见席中客有非类，即命人取水洗两目，良久，立上车去。

好一个梁狄，全无世俗气，不与污浊同流，不许非类入目。

文友聚会，倡导"真率"，不容委琐之态，不讲铺张排场。明代焦竑《玉堂丛语》卷七，记少师杨士奇倡七老真率会，文曰：

正统五年，杨公士奇求归未遂，与馆阁同志者七人倡真率会，叙略曰："世以文学仕，而得入馆阁者鲜，馆阁而得其侪之德同志合又相与，壮老不相违离，尤鲜也。今学士七人，在馆阁或二三十年，或四十年，皆历事四朝，德同志合而以自幸，于是皆老矣。正统戊午，士奇年七十有四，建安杨公六十有八，南郡杨公六十有七，文江钱公六十有六，安成李公六十有五，临川王公六十有三，泰和王公六十。遂仿唐宋洛中诸老真率之会，约十日一就阁中小集，酒各随量，殽止一二味，蔬品不拘取，为具简而为欢数也。……顾在坐者，文雅风流，道义相发，如群玉交映，可谓盛矣。"

这种几老会，为风雅之会，许多唐宋间著名诗人都有过类似聚会，白居易就先后倡导过七老会和九老会，并有诗记其事。古稀宴集，虽少不了酒肉，但绝非为了酒肉，这是一种宣泄与沟通的机会，人人都可在这机会中得到极大满足。

宋代李公麟《会昌九老图》（局部）

交友不在酒肉，而在情谊。唐代杜甫《客至》一诗，正表达了这样一种意境：

> 舍南舍北皆春水，但见群鸥日日来。
>
> 花径不曾缘客扫，蓬门今始为君开。
>
> 盘飧市远无兼味，樽酒家贫只旧醅。
>
> 肯与邻翁相对饮，隔篱呼取尽余杯。

旧友造访，摆几盘家蔬，斟一杯陈酿，亲切之情，跳荡在字里行间。

君子之交，淡如水。这话说起来容易，实行起来却难。不过这种精神和传统，在中国古代本是一贯的，而且是从孔子那里开始提倡起来的，《礼记·表记》有云："子曰：'……君子之接如水，小人之接如醴。君子淡以成，小人甘以坏。'"交友重情，乃真君子也。

三、报上励下

在古代社会，还有一种很重要的人际关系，即君臣关系，有时这种关系会表现得远远重于亲情或友情。不论君对臣，或是臣对君，都很重视这种关系，要想调节和改善这种关系，饮食活动就成了重要的润滑剂之一。由君臣关系扩展到一般的上下关系，上对下，下对上，也都有一个调节和改善关系的问题，而联络感情的常规方式，往往就是饮食活动。我们这里主要谈谈君臣关系，谈谈饮食在发展这种关系上所起的作用，我们更会感受到特定场合下的吃吃喝喝所具有的特殊意义。

帝王的御宴，首要在明君臣之义，次则在优遇文武、厚待近臣，鼓励他们为国家出力，为君王效命。《礼记·燕义》说：

故曰：燕礼者，所以明君臣之义也。席，小卿次上卿，大夫次小卿，士、庶子以次就位于下。献君，君举旅行酬；而后献卿，卿举旅行酬；而后献大夫，大夫举旅行酬；而后献士，士举旅行酬；而后献庶子。俎豆、牲体、荐羞，皆有等差，所以明贵贱也。

御筵上的等级秩序就是这样明确，地位稍低，你吃到的食物品类就不会全备。当然，与宴者并非为解馋而去的，谁都知道这筵宴用意之所在。《大学衍义补·王朝之礼》这样说道：

人君赐宴于臣，人臣受宴于君，非徒饮之食之而已也。内则以广恩惠，外则以观威仪。施恩者固当以礼，受赐者尤当以敬。苟进退拜起之无节，固臣之罪矣；若夫酒殽之或亏精洁，礼度之或至简略，亦岂人君礼待其下之道哉？

这样的场合，君以礼，臣以敬，关系会比平日显得融洽一些。《大学衍义补·王朝之礼》并引朱熹的话说："《鹿鸣》，燕飨宾客之诗也。[1] 盖君臣之分，以严为主；朝廷之礼，以敬为主。然一于严敬，则情或不通，而无以尽其忠告之益。故先王因其饮食聚会，而制为燕飨之礼，以通上下之情。"燕饮的目的，这里说得已相当明白了。读《后汉书·礼仪志》，提及汉武帝改用夏正，"百官贺正月。二千石以上上殿称万岁。举觞御坐前。司空奉羹，大司农奉饭，奏食举之乐。百官受赐宴飨，大作乐"。在那个时刻，你的俸禄不到二千石，官位不到高度，你连上殿举杯三呼万岁的资格都没有。至于享用的看馔，那自然还得依照《礼记》的说法，以等级贵贱来区别。到后来，御筵上明确

---

[1] 《大学衍义补·王朝之礼》还提到："《诗序》曰：'《鹿鸣》，燕群臣嘉宾也。既饮食之，又实币帛筐篚，以将其厚意，然后忠臣嘉宾得尽其心矣。'"

划分有"上桌""下桌",由桌面看官位,一目了然。我们这里只举一个明代的例子。

据《明会典》所载,明代"凡立春、元宵、四月八、端阳、重阳、腊八等节,永乐间俱于奉天门通赐百官宴"。我们来看看节日里有权在"上桌"入座的官员享用的是些什么美味:

·正旦节永乐间上桌:"茶食、像生小花果子五般、烧炸五般、凤鸡、双棒子骨、大银锭、大油饼、按酒五般、菜四色、汤三品、簇二大馒头、马牛羊胙肉饭、酒五钟。"

·立春节永乐间上桌:"按酒四般、春饼一楪、菜四色、汤一碗、酒三钟。"

·元宵节永乐间上桌:"按酒四般、果子、茶食、小馒头、菜四色、粉汤圆子一碗、酒三钟。"

·四月八节永乐间上桌:"按酒二般、不落荚一楪、凉糕一楪、小点心一楪、菜四色、汤一碗、酒三钟。"

·端午节永乐间上桌:"按酒五般、果子、小馒头、汤三品、糕一楪、粽子一楪、菜四色、酒五钟。"

·重阳节永乐间上桌:"按酒二般、糕二楪、小点心一楪、菜四色、汤一碗、酒三钟。"

·冬至节永乐间上桌:"按酒五般、果子五般、茶食、汤三品、双下馒头、马羊肉饭、酒五钟。"

·腊八节永乐间上桌:"按酒四般、菜四色、腊面一碗、酒三钟。"

酒食的作用,最明显地表现在战场上。在战事频仍的东周时代,诸侯王公都懂得这个道理,也很长于此道。《左传·襄公二十一年》有"庄公为勇爵"一语,注云:"设爵位以命勇士。"清人桂馥在《札朴》卷二中说"勇爵"是"以爵酒奖励勇士,如二桃也"。"二桃"即"二桃杀三士"事。春秋时刑赏有定期,如《左传·襄公二十六年》所说:"赏以春夏,刑以秋冬。是以将赏,为之加膳,加膳则饫赐,此以知其劝赏也。"赏时加膳，赐下酒食，无不餍足。

　　赏赐如在战前，上下同甘共苦，可以起到鼓舞士气的特别效果。越王勾践失败后，卧薪尝胆，十年生聚。他积聚力量的方法，见于《国语·越语上》："勾践载稻与脂于舟以行，国之孺子之游者，无不铺也，无不歠也，必问其名。"你吃了喝了，留下姓名，日后有用你的时候。结果，勾践成功了。他攻打吴国时，有人献来一袋子干粮，他把干粮分给军士们吃，虽然塞牙缝都不够，可士气却因此高涨十倍。（《太平御览》引《列女传》）又有献一壶酒的，勾践命令自上游倒入江中，与士卒共饮江水，战气高涨数倍。（《水经注》引《吕氏春秋》）这办法不仅越王用过，秦穆公伐晋也用过，而且还成了良将用兵的经验之谈。汉代兵书《黄石公三略》，将这办法列为兵法之一：

> 昔者良将之用兵，有馈箪醪者，使投诸河，与士卒同流而饮。夫一箪之醪不能味一河之水，而三军之士思为致死者，以滋味之及己也。

　　带兵的如果不懂得这个道理，只顾自己饱吃饱喝，不顾士兵面带饥色，要打胜仗是不可能的。楚庄王攻打宋国，最开始就忽略了这个问题。《太平御览》引《王孙子新书》说：

> 楚庄王攻宋，厨有臭肉，樽有败酒。将军子重谏曰："今君厨肉臭而不可食，樽酒败而不可饮，而三军之士皆有饥色，欲以胜敌不亦难乎？"庄王曰："请有酒投之士，有食馈之贤。"

　　子重说得在理，庄王不得不听从劝告。只有甘苦与共，才能换来三军一心。

在前线不能含糊，在朝中也有成规。百官每日入朝，按现在的说法叫上班，早朝时间很早，很多人难免要饿肚子。《遵生八笺》记录了这样一个故事：唐代有个叫刘晏的，"五鼓入朝，时寒，中路见卖蒸胡处，热气腾辉，使人买，以袍袖包裙褐底，啖谓同列曰'美不可言'"。刘晏官至宰相，不知此事是否发生在当宰相之时。宋代还有怀揣羊肉去上朝的故事，见宋人朱彧《萍洲可谈》卷一：

> 朝，辨色始入，前此集禁门外。……朝时自四鼓，旧城诸门启关放入，都下人谓"四更时，朝马动"。朝士至者，以烛笼相围绕聚首，谓之"火城"。宰执最后至，至则"火城"灭烛。大臣自从官及亲王驸马，皆有位次，在皇城外仗舍，谓之"待漏院"，不与庶官同处"火城"。每位有翰林司官给酒果，以供朝臣。酒绝佳，果实皆不可咀嚼，欲其久存。先公与蔡元度尝以寒月至待漏院，卒前白有羊肉、酒，探腰间布囊，取一纸角，视之，齑也。问其故，云"恐寒冻难解，故怀之"。自是止令供清酒。

看来，早朝是件苦差事，特别是冬季，要挨冻受饿，带点熟羊肉，还得揣在怀中暖着，否则冻结了咬都咬不动。史籍中还有带午饭上朝办公的事，如《北齐书·崔瞻传》记崔瞻在御史台任职时，"恒于宅中送食，备尽珍羞，别室独餐，处之自若"。又据其他史籍的记述看，有些朝代每日为高级官员供应饮食，可以称为"工作午餐"，这实际是一种奖励，有时会相当丰盛，规格很高。

唐代就实行过这种高规格的工作午餐制度，享用者是宰相一级的高级官员。这午餐有时过于丰盛，丰盛到宰臣们不忍心动筷子的地步。高宗时的张文瓘，官拜参知政事，他和其他宰臣一样，每天都能在宫中享用到一餐美味。与张文瓘同班的几位宰臣，见宫内提供的膳食过于丰盛，提出稍稍减损一些。张却坚决不同意，而且认为是理所应得，他振振有辞地说："这顿饭是天子用于招待贤才的，如果我们自己不能胜任这样的高职位，可以自动辞职，而不应当提出这种减膳的主意，以此来邀取美名。"这么一说，旁人还能再说些什么呢？一项邀名的帽子扣下来，众人减膳的提议不得不作罢。(《新唐书·张文瓘传》)

无独有偶，唐代宗时有一位"求清俭之称"的宰相常衮，看到内厨每天为宰相准备的食物太多，一顿馔品可供十几人食用，几位宰臣肚皮再大也不可能吃完，于是他请求减膳，甚至还准备建议免去这供膳的特殊待遇。结果呢，还是无济于事，"议者以为厚禄重赐，所以优贤崇国政也，不能，当辞位，不宜辞禄食"(《旧唐书·常衮传》)。这说法与张文瓘的一模一样，意思是咱们到了这个位子上，就该心安理得地饱饱吃下这一顿饭。你若是推辞，反倒会被认为是一种不正常的举动。

唐代称这工作午餐为"堂馔"，以后又称为"廊餐"，要论这制度的起源，最早可追溯到东周时代。《国语·楚语下》说：

（楚）成王闻子文之朝不及夕也，于是乎每朝设脯一束、糗一筐，以羞子文。至于今秩之。

子文官至令尹，相当于后来的宰相。令尹子文上早朝，饿着肚子坚持不了一天，楚成王每天都为他预备点熟肉干粮，好让他吃了打起精神办公。从此后，这就成了一项制度，后来的宰相也就都享有这一种权利。但发展到唐代那样，楚成王大概是没有料想到的。

唐代以后，廊餐的范围明显扩大了，这权利不仅仅属于宰相。宋代钱易《南部新书》丁卷说，唐"两省谏议，无事不入。每遇入省，有厨食四孔炙"。何为四孔炙，不得而知，味道大概是不错的。据《册府元龟》记后唐后周的情形，廊餐已不仅是四孔炙了。同光元年（923年），十二月，中书门下奏："每日常朝，百官皆拜，独两省官不拜。准本朝故事，朝退，于廊下赐食，谓之'廊餐'。百寮遂有谢食拜。唯两省官本省有厨，不赴廊餐，故不拜。……"

又见显德四年（957 年），

二月辛酉，诏文武百官，今后凡遇入阁日，宜赐廊餐。……赐百官廊餐，时帝御广德殿西楼以观焉。命中黄门阅视，酒馔无不精腆。

明代的廊餐，规模也很可观，在朱国帧的《涌幢小品》卷一的《视朝赐食》一节中，有比较详细的记述：

太祖每旦视朝，奏事毕，赐百官食。上御奉天门，或华盖殿、武英殿，公侯一品官侍坐于门内，二品至四品及翰林院等官坐于门外，其余五品以下于丹墀内。文东武西，重行列位。赞礼赞拜叩头，然后就坐。光禄寺进膳案后，以次设馔。食罢，百官仍拜，叩头而退，率以为常。二十八年（1395 年），礼部言"职事众多，供亿为难，请罢"，从之。盖是时元功宿将俱尽，积日所费不赀，思有以裁之矣。

这场面弄得太大，朝廷甚至感觉财力支持不下去了，不得不废止了文武百官的廊餐。

别看堂馔廊餐那么精致，但也有不屑一顾的人。《晋书·何曾传》说，何曾奢华过度，"厨膳滋味，过于王者。每燕见，不食太官所设，帝辄命取其食"。他赴御筵，连筷子都不动一下，晋武帝只好让他取自家的饭食吃。不吃御筵和廊餐，历史上这例子虽不太多，但远非绝无仅有。据《新五代史·汉臣传》说，苏逢吉高居相位之后，"益为豪侈，谓中书堂食为不可食，乃命家厨进羞，日极珍善"。苏逢吉同何曾可以相提并论了。类似例子还可举出一个，明代赵善政《宾退录》卷四说：

> 夏贵溪言之再相也，每阁中会馔，不食大官所供，而自携酒肴甚丰，器用皆极巧丽，与严分宜共案而食。严时修饬，但食大官供，寥寥草具。而夏傲然自得，不以一匕及之，严以是恨之甚深。

同代焦竑《玉堂丛语》卷八也记录了此事。夏言官居宰相，自己带着膳食进宫，不吃堂馔。他后来为严嵩杀害，主要是政见不同，不会是因为没有给严嵩尝一口他带去的饭菜。

皇上办起筵席来，有时是很慷慨的，大臣酒足饭饱之后，还可以带回没吃完的食物，或者加带两份预备好的食物，这就是我们上面已提到的"怀归"。有时怀归的不仅有食物，甚至还有当时使用的餐具。如清人孙承泽《春明梦余录》谈到明代的情形说："朝庭每赐臣下筵宴，其器皿俱各领回珍贮之，以为传家祭器。"皇上的慷慨不仅在于允许"怀归"，高兴了散筵时还要赐钱，让大臣们回去办家宴。《旧唐书·武宗本纪》就提到过这样的事，说会昌二年（842年）五月，"敕庆阳节百官率醵外，别赐钱三百贯，以备素食合宴"。

对于那些有特别原因没有参加筵宴的人，或是地位太低不能赴宴的官员，皇帝也没有忘记，还要专门赏钱给他们，让他们自己去家里吃喝，或者派人将酒肉送到他们家里去。有时大宴因故没有举行，预定与宴的官员也用不着遗憾，他们都能得到一笔赏金来补偿损失。如《宋史·礼志十六》说：

> 凡大宴有故而罢，则赐预宴官酒馔于阁门朝堂，升殿官虽

假故不从游宴，亦遣中使就第赐焉。亲王、中书、枢密、宣徽、三司使副、学士、步军都虞候以上、三师、三公、东宫三师三公以下、曾任中书门下致仕者，亦同。

又如明代余继登《典故纪闻》卷十四所说：

祖宗以来，凡遇圣节、正旦、冬至，皆赐群臣宴。官卑禄薄者免宴，赐以钞，谓之"节钱"，俾均惠其家属。自正统以来，内臣用事者畏侍宴，上立，遂罢宴，皆给以钞，因而成例。

又据《明会典》说：

凡正旦、冬至、万寿圣节，洪武、永乐间大宴，并如庆成仪。宣德、正统间，朝官不与宴者，给赐节钱钞锭。各处进表官，亦令与宴，免宴则通赐节钱。

宣德、正统以后遇节令，文武官及外夷人员并国师以下，除有宴外，其余官吏人等，俱照例关支节钱，官并监生钞一锭，儒士、知印、吏典、僧道、乐工二贯。若奉旨免宴，关与节钱，大小官员各钞一锭，遂为定例。

对于那些服务于筵宴的军士、乐工等，有时要给赐钱钞，或者直接领取食料。《明会典》即说：

隆庆四年（1570年），题准领宴规则：殿内将军，每名猪肉二斤、白面一斤、酒三钟；乐舞生，每名猪肉一斤、羊肉一斤、白面一斤、酒三钟；教坊司乐工，每名猪肉四两、白米八合、酒三钟；其殿外将军金枪甲士旗校等，行礼科查给钞锭。

这里皇帝表现出的不仅是慷慨，还有谨慎，他似乎是有一种顾虑，怕慢待了谁会闹出乱子来。一般情况下，官员们是很愿意赴御筵的，名分内有资格赴宴的，自然一定要去，若是没被邀请，可能会大大影响情绪。宋太宗的长子赵元佐，就因没让他赴御筵而气得放火焚宫，结果被由王子废为庶人，事见《宋史·宗室汉王元佐传》：

> 重阳日内宴，元佐疾新愈不与，诸王宴归，暮过元佐第。曰："若等侍上宴，我独不与，是弃我也。"遂发忿，被酒，夜纵火焚宫。诏遣御史捕元佐，诣中书劾问，废为庶人，均州安置。

显然，赴御筵是一种很高的待遇，这位王子自然很看重，否则他不会发这么大的火。正因为吃御筵机会难得，尤其是那些官品并不太高的人，机会就更难得，所以又有了大着胆子浑水摸鱼的人，竟会去混吃御筵。《典故纪闻》卷十一就记述了这样一件事："庆成宴，带俸官不得坐。正统九年（1444 年）春宴，带俸指挥使李春、指挥佥事王福不应与宴，入席搀坐，为礼部所劾，下法司论罪。"混吃御筵，这个罪名实在是不怎么光彩。

虽然御筵有极大的吸引力，许多官员都将与宴看作一种莫大的荣耀，甚至发生了混吃御筵的事，但也有一些例外。有的官员借故请假，拒绝赴宴，他们对皇上的邀请不感兴趣。这自然是大不恭，驳了皇上的面子。皇上不会置之不理，他不允许发生这样的事，于是下诏劾举这些不忠的官员。《宋史·礼志十六》说：

大中祥符元年（1008年）十二月……诏臣僚有托故请假不赴宴者，御史台纠奏。

熙宁元年（1068年）四月，御史中丞滕甫言："臣闻君命召，不俟驾，此臣子所以恭其上也。今锡宴而有托词不至者，甚非恭上之节也。请自今宴设，群臣非大故与实有疾病，无得托词，仍令御史台察举。"

不赴御筵，与混吃御筵一样，也要治你一个罪名。

对于儒官学士，朝廷也有优遇，经常有专门的筵宴，有特殊的食俸。据《后汉书》说，东汉时官至南阳太守的药崧，当初在朝中任郎官时，家境贫寒，常常独自在尚书台值宿，没有被子，以几案为枕，以糟糠为食。汉明帝见到后，诏令赐尚书以下早晚两顿餐食，并赐予衣被。不过帝王用食物作为奖罚臣下的手段的例子，却并不少见。如《魏书·崔浩传》说，魏太宗（拓跋嗣）引崔浩论事，"语至中夜，赐浩御缥醪酒十觚，水精戎盐一两。曰：'朕味卿言，若此盐酒，故与卿同其旨也。'"崔浩官至司徒，受此盐酒之赐，似乎不值一提，但拓跋嗣却是用心良苦，这比起赐一回丰盛的御筵，意义自然要深远得多。崔浩还因"恭勤不怠"，有时忙得整日不能回家，皇帝特命"赐以御粥"，以为褒奖。

儒臣有时会因文字之功而受赏。如明代焦竑《玉堂丛语》卷一说："宪宗一日于内得古帖，断烂不可读。命中使持至内馆，适傅瀚在，且即韵为二诗以复。上大悦，有珍馔法酝之赐。"对于功臣，不仅赏赐饮食之物，还要赐以食器和钱钞等。如《宋史·魏仁浦传》说："宋初，（魏仁浦）进位右仆射，以疾在告。太祖幸其第，赐黄金器二百两、钱二百万。……开宝二年（969年）春宴，太祖笑谓仁浦曰：'何不劝我一杯酒？'仁浦奉觞上寿。……宴罢，就第，复赐上尊酒十石、御膳

羊百口。"又如西晋任尚书的郭奕病了，晋武帝命日赐酒米各五升，猪羊肉各一斤，以示关怀。(《太平御览》引《太康起居注》)

惩罚的例子也有。在明代王锜《寓圃杂记》卷一中，就有一个有趣的以食物作罚的故事。有个被皇帝称为"小人中小人"的甄容，一次元宵观灯，皇帝命大臣赋诗，诗成有钞币之赏，甄容也想得几个赏钱，于是也作了一首。不承想皇帝将他的诗稿扔在一旁，看都不看一眼，说："你本来就不会作诗。"皇帝顺手拿给甄容几个烧饼，以此来羞辱他。

有些赏赐是定期定时的，行赏的日子以年节为多。如汉代在腊日，皇帝下诏赐博士一人一头羊。东汉初北海人甄宇征拜博士，正赶上腊日赐羊，可是羊有大小肥瘦，不好分配。当时受赐的博士们想出一个绝招，要将所有的羊杀了平分羊肉，甄宇不同意。又有人提议以类似抓阄的方式分羊，甄宇也觉不妥，他话没多说，自己先牵了一头最瘦最小的羊走了。甄宇因此被皇上称为"瘦羊博士"，后来官至太子少傅。(《东观汉记·甄宇传》)年节赏赐在宋代被称为"时节馈廪"，是比较固定的制度。《宋史·礼志二十二》对此有记载：

> 大中祥符五年（1012年）十一月，以宰相王旦生日，诏赐羊三十口、酒五十壶、米面各二十斛，令诸司供帐，京府具衔前乐，许宴其亲友。旦遂会近列及丞郎、给谏、修史属官。俄又赐枢密使副、参知政事羊三十口、酒三十壶、米面各三十斛。其后，以废务非便，奏罢会，而赐如故。又制仆射、御史大夫、中丞、节度、留后、观察、内客省使、权知开封府，正、至、寒食，并客省贵签赐羊、酒、米、面；立春，赐春盘；寒食，神餤、饧粥；端午，粽子；伏日，蜜沙冰；重阳，糕，并有酒；三伏日，又五日一赐冰。

元祐二年（1087 年）十一月冬至，诏赐御筵于吕公著私
第，遣中使赐上尊酒、香药、果实、缕金花等，以御饮器劝
酒，遣教坊乐工，给内帑钱赐之。及暮赐烛，传宣令继烛，
皆异恩也。

宋人钱易的《南部新书》丁卷，记唐代也有类似“时节馈廪”的
制度，但只是赐钱钞而不是食料：

贞元四年（788 年）九月二日敕：“今海隅无事，蒸庶小
康。其正月晦日、三月三日、九月九日，宜任文武百僚择胜
地追赏为乐。仍各赐钱，以充宴会。”

所谓“择胜地追赏为乐”，就是放假去痛痛快快地郊游，而且还赐
钱野宴。皇上为臣下设想得十分周到，这周到还表现在迎来送往方面，
例如据《宋史·礼志二十二》，宋代还有“群臣朝觐出使宴钱之仪”：

太祖、太宗朝，藩镇牧伯，沿五代旧制，入觐及被召、
使回，客省赍签赐酒食。节度使十日，留后七日，观察使五
日。代还，节度使五日，留后三日，观察一日，防御使、团
练使、刺史并赐生料①。节度使以私故到阙下，及步军都虞候
以上出使回者，亦赐酒食、熟羊。群臣出使回朝，见日，面
赐酒食，中书、枢密、宣徽、使相并枢密使伴；三司使、
学士、东宫三师、仆射、御史大夫、节度使并宣徽使伴；两
省五品以上、侍御史、中丞、三司副使、东宫三少、尚书丞
郎、卿监、上将军、留后、观察防御团练使、刺史、宣庆宣

---

① 未烹熟的食料是为生料。

政昭宣使并客省使伴；少卿监、大将军、诸司使以下任发运转运提点刑狱、知军州、通判、都监、巡检回者即赐，并通事舍人伴；客省、引进、四方馆、阁门使并本厅就食。群臣贺，赐衣；奉慰，并特赐茶酒，或赐食。外任遣人进奉，亦赐酒食，或生料。自十月一日后尽正月，每五日起居，百官皆赐茶酒，诸军分校三日一赐。冬至、二社、重阳、寒食，枢密近臣、禁军大校或赐宴其第及府署中，率以为常。

皇上的接风、饯行筵宴，一摆就是几天。酒食之赐，那是常事。以请吃的方式调节君臣关系，这是皇帝的拿手戏。

隋唐开始以科举会考方式选拔人才，优选出来的人才会受到朝廷的优待。唐代盛行的一种以红罗包裹的饼餤，最初就是朝廷用于奖掖新科进士的。《古今图书集成》引《洛中纪异》说，唐"僖宗幸兴庆池泛舟，方食饼餤，时进士在曲江有闻喜宴，上命御厨各赐一枚，以红绫束之"。明代陈继儒《避暑录话》也说："唐御膳以红绫饼餤为重。昭宗光化中，放进士榜，得裴格等二十八人。以为得人，会燕曲江，乃令大官特作二十八饼餤赐之。"卢延让也是这二十八进士之一，他后来有诗写到这曲江宴，说"莫欺零落残牙齿，曾吃红绫饼餤来"①。吃到御膳红绫饼餤，自然是一件终生引以为豪的事。

据唐代李肇《翰林志》说，唐代对翰林学士是比较关照的，对初迁的学士有赐宴，每年内府逢节令要供给食料，如寒食节"酒饧、杏酪、粥屑、肉餤"，清明二社"蒸餶"，端午"角粽三服、秒蜜"，"重阳酒糖、粉糕，冬至岁酒、兔、野鸡，其余时果、新茗、瓜"。

对于新科进士，唐宋时代都按例赐宴，称为"闻喜宴"。宋代在琼林苑赐宴，所以又称为"琼林宴"，或称"恩荣宴"。唐宋以后，这种

---

① 宋人秦再思《洛中纪异》以此诗为徐演所作。

赐宴已成通例。筵宴所用馔品，可以明代进士恩荣宴为例。据《明会典》所记，天顺元年（1457年）的定例是：

> 每卓炸鱼、大银锭、堆花、双棒子骨、宝妆云子麻叶、甘露饼、大油酥、凤鸡、熿猪肉、熿羊肉、小银锭、笑靥儿、椒醋猪肉、椒末牛马、椒醋鸡并鱼、汤三品、果子五般、小馒头、双下大馒头、牛羊肉饭、酒五钟。

新进士入翰林，善于文学书法者为庶吉士，继续读书，日用饮食由朝廷供给。阮葵生《茶余客话·庶吉士读书供给》说："庶吉士到馆读书，旧例行工部修理房屋，具器用。每员每月工部给纯毫水笔五枝、香墨一笏；每日户部给呈文纸二张、食米三合五勺，工部给木炭二斤、酒三斤、肉一斤、盐五钱。"庶吉士读书三年，御试授职，就不再享受这些待遇，因为他们可以领到可观的俸禄了。《茶余客话》还引述《玉堂杂记》一书说，宋代翰林供给较为丰足，每日食钱三千，还有酒钱三百，另赐冰一担。如果轮到上朝当班，还增给餐钱一千。麻烦的是，这些钱必须是当时领取，预支或次日都不行。

人才要靠平时的教育培养，国有国学，乡有学校。国学称国子监或太学，设在京城，专门招收高级官吏的子弟。宋代太学食物中有肉包子，当时称为馒头，见《茶余客话·宋太学馒头》所述：

> 岳珂《玉楮集》有《馒头》诗："几年太学饱诸儒，薄伎犹传笋蕨厨。公子彭生红缕肉，将军铁杖白莲肤。芳馨正可资椒实，粗泽何妨比瓠壶。老去齿牙辜大嚼，流涎才合慰馋奴。"《上庠录》云：两学公厨，例于三、八课试二日，别设馔。春秋炊饼，夏冷淘，冬馒头，馒头尤有名，士子往往携归馈亲识。元丰初，神宗留心学校，一日令取学生所食以进，

是日适用馒头，神宗食之曰："以此养士，可无愧矣。"

这叫作"馒头"的包子，味道一定很美，皇帝吃了都感觉那么良好。岳珂的诗，将这包子描述得很形象，值得回味。

对太学如此，对地方学校，也有相应的优待政策，即由地方政府供给学生膳食。例如明代便是如此，据余继登《典故纪闻》卷四说："洪武十三年（1380年）八月，制天下学校师生廪膳，米人日一升，鱼肉盐醯之类，皆官给之。"两年之后，廪膳又有增加："洪武十五年（1382年）四月，诏天下通祀孔子，又赐学粮，增师生廪膳。……师生月给廪膳米一石，教官俸如旧。"

历代帝王们不厌其烦地赐宴赐食，其目的应当是清楚的，主要是调节君臣关系。像《酉阳杂俎》所记唐玄宗对安禄山的赏赐，则明显是为了笼络人心了。让我们来看看安禄山得到了什么：

安禄山恩宠莫比，锡赉无数。其所赐品目有：桑落酒，阔尾羊窟利，马酪，音声人两部，野猪鲊，鲫鱼并鲙手刀子，清酒，大锦，苏造真符宝舆，余甘煎，辽泽野鸡，五术汤，金石凌汤一剂及药童昔贤子就宅煎，蒸梨，金平脱犀头匙箸，金银平脱隔馄饨盘，平脱著足叠子，金花狮子瓶，熟线绫接鞾，金平脱大马脑盘，银平脱破方八角花鸟屏风，银凿镂铁锁，帖白檀香床，绿白平细背席……八斗金渡银酒瓮，银瓶平脱掏魁织锦筐，银笊篱，银平脱食台盘，油画食藏。又贵妃赐禄山金平脱装具玉合，金平脱铁面碗。

除了唐王江山，该给的都给了他，可安禄山的心还是没笼住，最终称起王来，反了。

明代于慎行在他所著《谷山笔麈》卷三中，谈到了历代赏赐情况，

四鸾衔绶金银平脱镜，陕西西安出土　　　元代瓷盘，河北磁县出土

同时还发表了一些议论。他说：

> 古时，将相大臣禄赐甚厚，与今相去辽绝，如汉时，将
> 相封侯皆有国土，而人主赐予动至千万，即如赐黄金百斤，
> 将相之常也。

> 唐制，百官于春月旬休，选胜以乐，自宰相至员外郎，
> 凡十二筵，各赐钱五千缗，玄宗或御花萼楼邀其归骑，留饮
> 尽欢，此虽非三代之法，亦太平之象，君臣相悦之风也。一
> 张一弛，文武之道，人臣奉官修职，夙夜在公，而以一日之
> 逸，偿十日之劳，圣人不费焉。

于氏看来是赞成劳逸平衡的，他反对刻薄呆板的统治方法，所以
他接着又说：

> 近年以来，上以文法束吏，下以刻核取名，今日禁宴会，
> 明日禁游乐，使阙廷之下，萧然愁苦，无雍容之象，而官之

怠于其职，固自若也。辟之天道，有煦姁和熙之气游于两间，而后万物发生，百昌皆遂，必使慭栗迫惨，无乐生之心，此近于秋冬敛藏之气矣，岂所以调六气之和，养熙皞之福哉！

君臣相悦，以逸待劳，调六气之和，养熙皞之福，这可以看作帝王们举筵的宗旨所在。但帝王的用意还并不仅仅在于这些方面，他还要以这种方式激励臣下，收取人心，以巩固自己的统治。古代中国人素有知恩图报的传统，用时下一句不大雅驯的话来说，叫作"吃人家的嘴短"，你得找机会报答圣恩，虽不一定是赴汤蹈火，但至少要尽忠尽力。元代萨都剌《赐恩荣宴》一诗，当为他进士及第赴恩荣宴后所作，诗中表达的正是一种知恩图报的心境：

内侍传宣下玉京，四方多士被恩荣。
宫花压帽金牌重，舞妓当筵翠袖轻。
银瓮春分官寺酒，玉杯香赐御厨羹。
小臣涓滴皆君赐，惟有丹心答圣明。

酒足饭饱之后，需要你捧出的正是这一颗丹心！唐代乔知之《梨园亭子侍宴》诗，表达的也是这种心境，可与萨都剌诗并读：

年光陌上发，香辇禁中游。
草绿鸳鸯殿，花红翡翠楼。
天杯承露酌，仙管杂风流。
今日陪欢豫，皇恩不可酬。

"皇恩不可酬"，是说皇恩"浩荡""深重"，无法酬报，但不是不报，一定得报。这里且不说那种披肝沥胆的报答，臣下向皇上的献食贡食，也是一种报答。帝王也是爱酒食的，当然他更爱的还是臣下献食时表现的忠诚之心。君臣之间，会因这献食受食的程序，关系又密切几分。

唐代献食风盛，皇帝大都也乐于接受献食。打了胜仗，文武官要向皇帝献食，如《太平御览》引《唐书》云："高宗朝，文武官献食，贺破高丽。上御玄武门之观德殿，奏九部乐，极欢而罢。"这是总章元年（668年）的事。大臣初迁，也照例向皇帝献食，这种献食还有一个极怪僻的名称，叫作"烧尾"。宋代钱易《南部新书》丁卷说："景龙以来，大臣初拜官者，例许献食，谓之'烧尾'。开元后，亦有不'烧尾'者，渐而还止。"新进士揭榜后，凑份子与皇上同宴曲江，也是一种献食，也称为"烧尾"。明代朱国帧《涌幢小品》卷十四说："唐进士宴曲江，曰'烧尾'；而大臣初拜官，献食天子，亦曰'烧尾'。"他称其为"两烧尾"。

中了进士，凑钱钞在曲江亭宴请皇上，还有专主收钱的人。此事见载于钱易《南部新书》乙卷：

唐墓壁画上的献食图

进士春关，宴曲江亭，在五六月间。一春宴会，有何士参者，都主其事，多有欠其宴罚钱者，须待纳足，始肯置宴。盖未过此宴，不得出京，人戏谓"何士参索债宴"。士参卒，其子汉儒继其父业。

进士出京、大臣初迁，都要献食，都要"烧尾"，为何称之"烧尾"？有人说，出于鱼跃龙门的典故。传说黄河鲤鱼跳龙门，跳过去即有云雨随之，天火自其后烧其尾，从而转化为龙。不过，据唐人封演所著《封氏闻见记》的《烧尾》一节，其意别有所云：

> 士子初登荣进及迁除，朋僚慰贺，必盛置酒馔音乐以展欢宴，谓之"烧尾"。说者谓虎变为人，惟尾不化，须为焚除，乃得成人；故以初蒙拜授，如虎得为人，本尾犹在，体气既合，方为焚之，故云"烧尾"。一云新羊入群，乃为诸羊所触，不相亲附，火烧其尾，则定。贞观中，太宗尝问朱子奢烧尾事，子奢以烧羊事对。中宗时，兵部尚书韦嗣立新入三品，户部侍郎赵彦昭假金紫，吏部侍郎崔湜复旧官，上命烧尾，令于兴庆池设食。

看来，热心于烧尾的皇帝，自己也委实不知这烧尾的来由，一般的大臣只当是给皇帝送礼谢恩，谁还去理会烧的是羊尾、虎尾或是鱼尾呢？

烧尾献食，要献上各种美味馔品。究竟献上的是什么，我们从宋代陶谷所撰《清异录》中可见一斑。书中说，唐代韦巨源官拜尚书令（尚书左仆射），照例上献烧尾食，以谢隆恩。所献食物的清单保存在他家的旧籍中，这就是著名的《烧尾宴食单》。食单所列馔品名目繁多，《清异录》仅摘录了其中的"奇异者"，也有五十八种之多。如果加上平常一些的，也许有不下百种之多哩！让我们将这五十八种烧尾食排列在下面，其丰盛一望而知：

· 单笼金乳酥。是用独隔通笼蒸成的酥油饼。

· 曼陀样夹饼。在烤炉上烤成的形如曼陀罗果形的夹饼。

· 巨胜奴。用酥油、蜜水和面炸成，然后敷上胡麻。巨胜，指黑芝麻。

· 婆罗门轻高面。用古印度烹法制的笼蒸饼。

· 贵妃红。味重而色红的酥饼。

· 七返膏。做成七卷圆花的蒸糕。

· 金铃炙。做成金铃状的酥油烤饼。

· 御黄王母饭。浇盖各种肴馔的黄米饭，如现在的快餐盒饭。

· 通花软牛肠。用羊骨髓作拌料的牛肉香肠。

· 光明虾炙。油煎鲜虾。

· 生进二十四气馄饨。二十四种花形、馅料各异的馄饨。

· 生进鸭花汤饼。做成鸭花形状的汤饼，为面条一类的水煮面食。

（这两款面食只能现吃现煮，所以献食时要"生进"，如果煮熟了送去，就没法吃了，只有请宫廷内厨代为下汤煮熟了。）

· 同心生结脯。将生肉打成同心结样后风干的干肉。

· 见风消。糯米面皮煿熟后当风晾干，食用时以猪油炸成。

· 金银夹花平截。剔出蟹肉、蟹黄卷入面内，再横切开，呈现出黄白色花斑的点心。

· 火焰盏口馉。上部为火焰形，下部似小盏样的蒸糕。

· 冷蟾儿羹。冷食蛤蜊肉羹。

· 唐安餤。数张饼合成的一种拼花饼。唐安为县名，在今四川崇州市东南，这种饼是那里的地方特产。

· 水晶龙凤糕。红枣点缀的米糕。

· 双拌方破饼。拼合为方形的双色饼。

·玉露团。印花酥饼。

·汉宫棋。做成双钱形印花的棋子面。

·长生粥。未详烹法。献食只进粥料，不必煮熟。

·天花饆饠。香味夹心面点。今人有说饆饠为"抓饭"，未为定论。

·赐绯含香粽子。淋蜜染成红色的粽子。

·甜雪。以蜜浆淋烤的甜而脆的点心。

·八方寒食饼。八角形面饼，不必煮熟。

·素蒸音声部。全用面蒸成的歌人舞女，如蓬莱仙人飘飘然，共计七十件。音声部，本指唐代宫廷的乐人歌女。

·白龙臛。鳜鱼片羹。

·金粟平馂。鱼子糕。

·凤凰胎。用鱼白（胰脏）蒸成的鸡蛋羹。

·羊皮花丝。拌羊肚丝，肚丝切成一尺长。

·逡巡酱。鱼肉酱和羊肉酱。

·乳酿鱼。乳酪腌制的全鱼，不用切块，整条献上。

·丁子香淋脍。淋上丁香油的鱼脍。

·葱醋鸡。鸡腹纳葱醋等佐料，笼蒸而成。

·吴兴连带鲊。吴兴原缸腌制的鱼鲊，不要开缸，整缸献上。

·西江料。粉蒸猪肉末。西江为地名。

·红羊枝杖。可能即烤全羊。

·升平炙。羊舌、鹿舌烤熟拌合一处，定三百舌为限。

·八仙盘。剔骨鹅，共八只。

·雪婴儿。青蛙剥净，裹上精豆粉，贴锅煎成。白如雪，形似婴。

·仙人脔。乳汁炖鸡块。

·小天酥。鸡肉和鹿肉拌米粉油煎而成。

·分装蒸腊熊。蒸熊肉干。

·卵羹。兔肉羹。

·青凉臛碎。狸猫肉凉羹。

·箸头春。切成筷子头大小的油煎鹌鹑肉。

·暖寒花酿驴蒸。烂蒸糟驴肉。

·水炼犊。清炖幼牛肉。

·五生盘。羊、猪、牛、熊、鹿五种牲肉拼成的花色冷盘。

·格食。羊肉、羊肠拌豆粉煎烤而成。

·过门香。薄切各种原料入沸油急炸而成。

·缠花云梦肉。云梦肘花,将腌好的肘肉卷缠好,放在酱汤中煮熟,切片凉食。

·红罗钉。网油煎血块。

·遍地锦装鳖。用羊脂和鸭蛋清炖甲鱼。

·蕃体间缕宝相肝。装成宝相花形的冷肝拼盘,拼堆七层为限。

·汤浴绣丸。浇汁大肉丸,如今之"狮子头"。

这些美味,真是五花八门,其中很多如果不加注释,单看名称,我们很难弄清楚究竟是些什么样的馔品。这里包纳有二十种面食点心,品种十分丰富。点心实物在新疆吐鲁番阿斯塔那唐墓中有出土,馄饨、饺子、花色点心至今还保存相当完好,实在难得。阿斯塔那还出土了一些表现面食制作过程的女俑,塑造得十分生动。韦巨源所献馔品究竟味道有多美,只能推而想之,我们今天是难得品尝到了。

一口气进献这么多的精美食物,如果是一般的富贵之家,难免有倾家荡产之虞,然而对大官僚来说,这不仅是一个讨好皇帝的绝妙手段,而且也是一个炫耀实力的难逢良机。再说,这也是桩一本万利的美事,那又何乐而不为呢?

当然,有时也有例外,苏瓌就对献食天子的烧尾事不感兴趣。苏瓌累拜尚书右仆射、同中书门下三品,进封许国公,照常规应当烧尾,但他却毫无行动。有一次赶上赴御筵,有些大臣拿苏瓌的行为取笑,

唐代面点，新疆吐鲁番出土

唐代面食女俑，新疆吐鲁番出土

中宗李显心里老大不高兴，一声不吭。苏瓌不慌不忙地向中宗解释说："现在正遇上大饥之年，粮价飞涨，百姓衣食不足，禁中卫兵有时连着三天吃不上一顿饭。这都是为臣的失职，所以不敢在这当口烧尾。"这话里有话，显然是在用自己不烧尾的行为，劝谏皇上体恤民情，不要过于靡费。

拜得高官者，要给皇上烧尾，没有机会做官的皇室公主们，也仿效烧尾的模式，寻找时机给皇上献食，以求取恩宠。为了适应这烧尾献食的风潮，唐玄宗时还专有官员负责接受献食的事务，美其官名曰"检校进食使"。《明皇杂录》说：

> 天宝中，诸公主相效进食，上命中官袁思艺为检校进食使，水陆珍羞数千，一盘之贵，盖中人十家之产。中书舍人窦华尝因退朝，遇公主进食，方列于通衢，乃传呵按辔，行于其间。宫苑小儿数百人奋梃而前，华仅以身免。

数千盘水陆珍羞，一一排列在大街通衢，这办法按现代饮食卫生观点看并不那么高妙，但当时非如此不能有那种气势，不能显示出那种排场。至于到时候皇上究竟能吃几口，那是用不着考虑的，只要皇上能领情也就够了。看样子，唐玄宗时烧尾风极盛，这在有唐一朝恐怕是绝无仅有的。就是这个唐明皇，尽管他自己是如此之奢侈，却还要装扮成一个节俭君王。也据《明皇杂录》，有一次他坐在步辇上，看见一个卫士食毕后将剩下的饼饵扔到水沟里，于是怒从心起，命高力士用乱棒将这卫士杖死。还是旁人从中劝阻，说"陛下志在勤俭爱物，恶弃于地，奈何性命至重，反轻于残飧乎？"这话使玄宗"蹶然大悟"，赦免了那个卫士。

唐代以后，献食与烧尾的名称没有了，但有资格宴请皇上的臣子，只要有机会，还是要向皇上发邀请的。或单独，或合伙，都可设宴招待皇上。五代时，大臣聚资请皇上，称之为"买宴"。据《册府元龟》，后汉乾祐三年（950年）三月甲寅，"入朝侯伯高行周已下，以皇帝初举乐，献银缣千计，请开御筵，谓之'买宴'"；后唐天成二年（927

年）三月壬子朔，"幸奉节园。宰相、枢密使及节度使在京者，共进钱绢请宴"（亦见《旧五代史·唐书·明宗纪》）；后唐清泰二年（935年）三月辛酉，"宰臣、学士、皇子、枢密宣徽使、侍卫、马部都指挥使共进钱五十万、绢五百匹请开宴。六月己卯，镇州董温其献绢千匹、银五百两、金酒器、供御马，请开宴"。如此的买宴，改献食为献钱，与唐代烧尾的用意相差不多。五代的买宴一般同大臣初迁和士子登科没有什么关系，臣子们觉得皇上高兴了，或者觉得该让皇上高兴了，都可以合伙献钱买宴。

如果有足够大的面子，还可以把皇上请到自己家里来，我们这里举一个宋代的例子。宋人周密《武林旧事》卷九，记述了宋高宗亲临张俊府邸，接受进奉御筵的事。张俊是一个弓箭手出身的大将，汴京陷落后，他力劝赵构即位，并随驾南逃临安。他是与岳飞、韩世忠并称的三大将军，后升至枢密使，成为权奸秦桧的忠实追随者。绍兴二十一年（1151年）十月，宋高宗亲临这位"安民靖难功臣"的府第，接受张俊进奉的御筵，以示恩宠之至。

宋墓壁画夫妇宴饮图

张俊专为高宗准备的果食馔品多达一百多款，由此可见宋代御膳之丰盛。正宴之前，两番奉上的水果、干果、香药、蜜饯就有近百种之多。干鲜果品主要有香圆、真柑、石榴、鹅梨、荔枝、圆眼、香莲、榛子、松子、银杏、梨肉、枣圈、大蒸枣；雕花蜜饯有梅球、红消花、笋、金橘、青梅荷叶儿、木瓜方花儿；砌香果品有椒梅、樱桃、葡萄、梅肉饼、姜丝梅，其他还有番葡萄、大金橘、小橄榄、榆柑子、春藕、甘蔗、红柿、绿橘、新椰，等等。果品中还夹带一些脯腊之类的熟肉，如虾腊、酒醋肉、云梦犯儿等。

御筵馔品主要有"下酒十五盏"、"插食"七种、"劝酒果子库十番"、"厨劝酒十味"等，在此仅录"下酒十五盏"名目于次：

第一盏：	花炊鹌子	荔枝白腰子
第二盏：	奶房签	三脆羹
第三盏：	羊舌签	萌芽肚胘
第四盏：	肫掌签	鹌子羹
第五盏：	肚胘脍	鸳鸯炸肚
第六盏：	沙鱼脍	炒沙鱼衬汤
第七盏：	鳝鱼炒鲎	鹅肫掌汤斋
第八盏：	螃蟹酿枨	奶房玉蕊羹
第九盏：	鲜虾蹄子脍	南炒鳝
第十盏：	洗手蟹	鲟鱼假蛤蜊
第十一盏：	五珍脍	螃蟹清羹
第十二盏：	鹌子水晶脍	猪肚假江鳐
第十三盏：	虾枨脍	虾鱼汤斋
第十四盏：	水母脍	二色茧儿羹
第十五盏：	蛤蜊生	血粉羹

陪同高宗赴宴的，还有包括宰相秦桧在内的大臣、将军、侍从官等，他们也都按等级高低得到多少不同的一份馔品。筵宴结束后，张俊还进奉给高宗大量文物、宝器、书画、匹帛等，在皇上面前，简直是要倾其所有、一无保留了。

明代时也有献食例证，见于当时人陈洪谟《继世纪闻》卷一："正德元年（1506 年）丙寅，上嗣位，尚在童年。左右嬖幸内臣，日导引以游戏之事。……内侍献酒食，不择粗细俱纳。"正德皇帝，即明武宗朱厚照，十四岁登基，正是贪玩的年龄，大概也很贪吃，所以内侍献上的酒食，从不选择，美不美都统统收下。

正德皇帝之后的嘉靖皇帝朱厚熜，做得就更有些过分了。他根本不吃太官为他制办的御膳，而是要他左右的宦官为他轮流献食，他觉得这样更清洁、更可口一些。此事见载于明代于慎行《谷山笔麈》卷二：

> 世庙久在西内，朝夕御膳，不用大官所供，皆以左右贵珰输直供应，取其精洁便适也。诸珰以此市宠，务为丰华。穆庙以来，相沿为例。已而赐予日减，诸珰匮竭，而供膳之费，不减旧时，无论其他，即司礼之长，日役内使百余，以供厨传，所费可知也。诸珰力不能供，无以为资，往往请托诸司，以佐其费。蠹政之源，亦有在焉。尝谓此事极为不雅，以万乘之主，玉食万国，而受左右私养，是何体统？及考唐玄宗时，诸贵戚以进食相尚，每进水陆千盘，一盘费中人十家之产，乃知此风自古已然。彼或偶一进献，非以为常，故能极其侈靡若此。

那么多的太监，养不起一个皇上，皇上的口味高，太监的心也高，难怪会入不敷出了。太监们的财力有限，于是还得向朝中伸手，申请补贴，好继续侍奉他们的皇上。嘉靖皇帝创下的这吃宦官的规矩，一直传了好几代，按于慎行的说法，明穆宗、神宗都欣赏这个吃法，这法子可能沿用了百年以上。

于慎行认为皇帝吃宦官"极为不雅"，不成体统。皇上要何体统，又求什么雅呢？他想吃谁不就可以吃谁吗？他可以吃四面八方，各地每年都有进贡的成例，膳品便是主要的贡物之一。年代久远的且不论，就说清代皇宫所收各地风味贡物，那品目着实不算少。章乃炜《清宫述闻·述外朝》引述《钦定总管内务府现行则例》，其中提及内廷"膳房库"存放的各处岁例进贡膳用品，大略如下：

> 盛京：鱼肚、炙鱼、鲤鱼、扁花鱼、花鲜鱼、白鱼、腌鱼、獐、狍、鲜鹿、鹿肉、干腌鹿、干鹿筋、各种鹿味、熊、野猪、腊猪、东鹅、东鸭、东鸡、树鸡、野鸡、虾油、山菜、山葱、韭菜子。吉林：鲟鳇鱼、白鱼、鲫鱼、炸鱼、细鹿条、晾鹿肉、鹿尾、野猪、野鸡。黑龙江：赭鲈鱼、细鳞鱼、野猪、野鸡、树鸡、白面。湖北：香蕈。山西：银盘蘑。四川：茶菇、笋把。湖南：笋片。广东：南华菇。广西：葛仙米。福建：番薯。河东：小菜。湖广：蛏干、银鱼、干木耳、虾米。安徽：琴笋、青螺、问政笋。杭州：小菜、糟小菜、豆豉、糟鹅蛋、糟鸭蛋、笋尖、冬笋。江西：石耳。江苏：各色小菜。山东：鱼翅、万年青。两淮：风猪肉。五台：台蘑。打牲乌拉：燕窝、鲟鳇鱼、鱼条、炸赭鲈鱼、鳟鱼、茶腿、冬笋、板鸭、小菜等。

这些膳品，以野味为主，而且不少并非很珍贵的品类，但突出了地方风味，这一点是很难得的。皇帝在京城可以享用到远方进贡的各种膳品，他们出巡时接受的御膳也丰盛极了。如清代乾隆皇帝在位六十年间，曾率皇室成员先后六次南下江浙巡视，即所谓六次南巡、六下江南。现存中国第一历史档案馆的清内务府"御茶膳房"档案中，有《江南节次照常膳底档》，详细记述了乾隆皇帝第四次南巡的膳食情况，这里将其中一日的御膳底单抄录于下：

（乾隆三十年，1765 年）二月十五日卯初一刻，请驾，伺候，冰糖炖燕窝一品。

卯正一刻，游水路，船上进早膳，用折叠膳桌摆：炒鸡家常杂烩热锅一品，燕窝鸭丝一品，羊肉片一品，清蒸鸭子煳猪肉攒盘一品，匙子饽饽红糕一品，竹节卷小馒首一品。上传春笋炒肉一品。苏州织造普福进糯米鸭子一品，万年青炖肉一品，燕窝鸡丝一品，春笋糟鸡一品，鸭子火熏馅煎粘团一品（系普福家厨役做）；银葵花盒小菜一品，银碟小菜四品；随送粳米膳一品，菠菜鸡丝豆腐汤二品（系普福家厨役做）。额食二桌：饽饽六品，内管领炉食四品，盘肉二品，十二品一桌；盘肉二品，羊肉二方，四品一桌。上进毕，赏用。总管马国用奉旨，赏织造普福家厨役张成、宋元、张东官，每人一两重银锞二个。

二月十五日未正，崇家湾大营马头，进晚膳，用折叠膳桌摆：肥鸡徽州豆腐一品，燕笋糟肉一品（此二品系张成、宋元做），肥鸡攒丝汤一品；后送火熏摊鸡蛋一品，蒸肥鸡油串野鸡攒盘一品，果子糕一品（系张东官做），猪肉馅包子一品，象眼棋饼小馒首一品；总督尹继善进肉丝饷鸭子一品，燕笋火熏白菜一品，腌菜花炒面斤一品，火腿一品（此二品五寸盘），小菜二品，银葵花盒小菜一品，银碟小菜二品；随送粳米膳一品，鸡肉攒丝汤一品。额食五桌：奶子四品，饽饽十二品，十六品一桌；饽饽四品，二号黄碗菜四品，内管领炉食六品，十四品一桌；盘肉八品，一桌；羊肉四方，二

清宫五成金双龙耳奠盅　　　　　　清宫珐琅彩盖碗

桌。上进毕，赏皇后徽州豆腐一品，庆妃饷鸭子一品，令贵妃果子糕一品，容嫔攒盘片一品。

晚晌伺候，酸辣羊肚一品，腌菜炒燕笋一品，燕窝炒鸭丝一品（此二品系宋元做）。总督尹继善进糖醋萝卜干一品，火腿一品。上进毕，赏皇后羊肚一品，庆妃炒鸭丝一品，令贵妃炒燕笋一品，容嫔萝卜干一品。[①]

这虽不算是烧尾，却是名副其实的献食。在地方做官，这是接近皇上最好的办法。

自称"钟鸣鼎食"之家的孔府，自明代开始，演成定期向皇帝、皇室进贡的成例。在一些特别重要的日子，如帝后寿节，则要由"衍圣公"亲率家人晋京朝贺。进贡的主要贡品，还是吃的东西，包括土特产和风味食品等。寿节往往要进贡整桌的筵席，如光绪二十年（1894年），慈禧太后六十岁生日，第七十六代"衍圣公"孔令贻携妻随母上京贺寿，孔母彭氏和妻陶氏于十月初四日各上寿席一桌，据《孔府档案》的记载，彭氏所上寿席是这样的：

---

① 转引自林永匡、王熹《清代饮食文化研究》，黑龙江教育出版社，1990年。

十月初四日，老太太进圣母皇太后早膳一桌

海碗菜二品：八仙鸭子、锅烧鲤鱼。中碗菜四品：清蒸白木耳、葫芦大吉翅子、"寿"字鸭羹、黄焖鱼骨。大碗菜四品：燕窝"万"字金银鸭块、燕窝"寿"字红白鸭丝、燕窝"无"字三鲜鸭丝、燕窝"疆"字口蘑肥鸡。怀碗菜四品：熘鱼片、烩鸭腰、烩虾仁、鸡丝翅子。碟菜六品：桂花翅子、炒茭白、芽韭炒肉、烹鲜虾、蜜制金腿、炒黄瓜酱。片盘二品：挂炉猪、挂炉鸭。克食二桌、蒸食四盘、炉食四盘、猪食四盘、羊食四盘。饽饽四品："寿"字油糕、"寿"字木樨糕、百寿桃、如意卷。燕窝八仙汤、鸡丝卤面。①

四、安邦睦邻

国有大小，民有多寡，有民就有吃饭的嘴，民无饭吃，国家就会发生祸乱，甚至有颠覆的危险。民为国之本，民若无食，国家自然不会安定，历来治国安民者大都懂得这个道理。辅佐齐桓公九合诸侯而首开春秋时代大国争霸局面的管仲，在公元前 7 世纪就曾说过："王者以民为天，民以食为天，能知天之天者，斯可矣。"（见司马贞《史记索隐》引管子语，转引自《史记·郦生陆贾列传》）民以食为天，国以民为天，"天之天"，便是饮食，可见，饮食对民对国重要无比。

篡夺西汉政权而当上皇帝的王莽，有一道"诏书"中也有这样的话："民以食为命，以货为资，是以八政以食为首。"（《汉书·王莽传》）所谓"八政"，见于《尚书·洪范》。在周文王受命十三年，武王问政于殷商遗老、纣王的叔父箕子，箕子便说出了据说是上帝传授给夏禹

---

① 见《孔府档案》五四七六号之九。转引自林永匡《孔府的菜单与食谱》，收入《中国烹饪》编辑部汇编《烹饪史话》，中国商业出版社，1986 年。

的九种治国安民的大法，包括五行、五事、五纪、三德等，"八政"即为九大法之一。"八政"一曰食，二曰货，三曰祀（祭祀），四曰司空（民政），五曰司徒（教育），六曰司寇（司法），七曰宾（礼宾），八曰师（军队），以食为第一。八政中的食，主要指的是农政，即农业生产。《尚书大传》说："八政何以先食？传曰：'食者万物之始，人事之本也。'"战国前后的许多思想家，都曾用浅显的语言，阐述过同一个道理。《韩非子·解老》记韩非子的话说："（人）上不属天，而下不著地，以肠胃为根本，不食则不能活。"《汉书·食货志》引晁错的话说："腹饥不得食，肤寒不得衣，虽慈母不能保其子，君安能以有其民哉！"民得足食，则国安无虞，民心安定，天就塌不下来。

这里且不说古代一些统治者如何重视发展农业生产，使国库丰足，人民安居乐业，仅以救灾救荒这一点来说，从中央政府到地方官吏，明识者是绝不会懈怠的。这类事例历史上还是不少的，我们在这里只能略略提及。

例如南北朝时代，兵荒马乱，人祸天灾，百姓深陷水深火热之中，公私赈施抚恤，每每有之。这样的事在其他朝代并非没有，但以这个时代显得尤为突出。北齐有位卢叔武，后来官做到刺史，迁太子詹事。他生活俭约，一般常食为粟饭葵菜，齐灭国后他竟冻饿而死。大概是受他父亲卢文伟轻财爱客德行的影响，他"在乡时有粟千石，每至春夏，乡人无食者令自载取，至秋，任其偿，都不计校。然而岁岁常得倍余"（《北齐书·卢叔武传》）。春夏之交，青黄不接，虽无灾荒，有时也会饿死人。卢叔武并不计较得失，而且每年所得还回的粮食，竟是借出去的一倍有余，可见民风之淳朴。还有北魏官至都官尚书、骠骑大将军的卢义僖，家乡连遭水旱，他以数万石谷子接济平民。结果收成还是不好，他不仅没有让乡人偿还债谷，还当众烧了借契。（《魏书·卢义僖传》）北齐李士谦也曾"出粟万石以贷乡人，属年谷不登，债家无以偿，皆来致谢。士谦曰：'吾家余粟，本图赈赡，岂求利哉！'于是悉召债家，为设酒食，对之燔契，曰：'债了矣，幸勿为念也。'各令罢去。明年大熟，债家争来偿，士谦拒之，一无所受"。李士谦这种无私的行为深深感动了乡亲，在他死后，会葬者多达万余人，人们争着为他立碑颂德。（《北史·李士谦传》）历史上这样的富豪虽不是太多，不过想到那"为富不仁"的话，显然是说得太绝对了。

遇到严重灾害时，政府要开仓赈灾，有时还会强制富人协助政府救助贫民。北魏宣武帝元恪，在延昌元年（512年）五月，"诏天下有粟之家，供年之外，悉贷饥民"。令天下有粟之家，除留下自家维持生活的口粮外，将粮食全部贷给饥民。那一年灾荒太严重，不久皇上又下了一道诏书，"诏出太仓粟五十万石，以赈京师及州郡饥民"。（《魏书·世宗纪》）地方官吏有时也仿照皇帝的做法，在不得已时命富人接济贫人。据《魏书·樊子鹄传》说，樊子鹄为殷州刺史，"属岁旱俭，子鹄恐民流亡，乃勒有粟之家分贷贫者"。贷粟之后，局势还真的得到了控制。

也有一些富民会主动协助官府，帮助平民度过饥荒。如刘宋人徐耕，曾在大旱之年到县衙陈词，以米千斛助官赈贷。结果受到皇上的称赞，还任命他当平原县令。（《宋书·孝义传》）陈时出身贫苦的吴明彻，好不容易积攒了三千斛粟麦的家业，他看到邻里乡亲饥荒无食，于是同兄长们商议，把自家的粮食计口分给了乡亲，"计口平分，同其丰俭"（《陈书·吴明彻传》）。又如刘宋大明八年（464年），"东土饥旱，东海严成、东莞王道盖各以谷五百斛助官赈恤"（《宋书·孝义传》）。五百斛虽不为多，但救人救命之心可嘉，史籍上还特为记上了一笔。

还要提到的是，一些高贵的王子也参加到这个行列中，也以接济贫苦为荣。齐武帝的太子萧长懋和次子萧子良，两兄弟笃信佛教，怀有一颗慈悲之心，他们建了一座"六疾馆"，专门收养穷苦百姓，有点像现代的难民收容所。（《南齐书·文惠太子传》）梁文帝第八子萧伟，也即梁武帝的弟弟，"性多恩惠，尤愍穷乏。常遣腹心左右，历访间里人士，其有贫困吉凶不举者，即遣赡恤之。……每祁寒积雪，则遣人载樵米，随乏绝者即赋给之"（《梁书·南平元襄王伟传》）。萧伟如此趋贤重士，使他获得了很高的声名，四方知名之士纷纷投到他的门下。

萧梁时的王子们很惯于做这种访贫问苦的事，他们有许多都学着萧伟的样子，好像一个个都是大慈大悲的圣人。武帝长子昭明太子萧统，也就是那位曾辑《文选》三十卷，未即帝位而早夭的皇太子，"每霖雨积雪，遣腹心左右周行闾巷，视贫困家及有流离道路，以米密加振赐，人十石"（《南史·昭明太子传》）。昭明太子已是萧伟皇子的子侄辈，此外，其他子侄也不乏学样的。梁文帝第十一子萧憺之子萧暎，在任北徐州刺史时，"常载粟帛游于境内，遇有贫者，即以振焉"（《南史·梁宗室列传》）。

王子们的用心，恐怕并不仅仅是发一下慈悲。他们的真正目的，在收取民心上。王子的施舍与前面提到的赈施行为，多少还是有些区别的。

政府的救灾，古时有人做过专门的研究，如宋人董煟有《救荒活民书》三卷，追述三代至宋时的救荒史实，也列举了一些重要历史人物的有关言论，比如前文提到过的晁错的话："人情，一日不再食则饥，终岁不制衣则寒。腹饥不得食，肤寒不得衣，虽慈母不能保其子，君安能以有其民哉！明主知其然，故务农桑，薄赋敛，广蓄积，以实仓廪，备水旱，故民可得而有也。"又如："陆贽尝谓，国家救荒，所费者财用，所得者人心。"

得人心即得天下，放粮赈灾，施粥救民，正为安邦。明代钟化民，官太常少卿，他根据自己在河南地区救助灾民的实践，写成《赈豫纪略》一书。书中详记官府设立"粥厂"济贫的做法，应当属于较为完备的一种方式。钟化民是这样写的：

中州贫民，半无家室，公念惟粥可以赈极贫，救垂亡之命。谕各府州县正官，遍历乡村，集保甲里老，举善良以司粥厂。就便多立厂所，每厂收养饥民二百。不拘土著流移，分别老幼妇女，人以片纸图貌，明注某厂就食，印封以油纸，护系于臂。汇立一册，州县正官，不时查点，使不得东西冒应。其在城市，即因公馆及寺观立厂，量大小居饥民多寡。在乡僻，则鳞次建厂五大间，一贮米，及为司厂煮粥四处，食粥人各画地方二尺五寸坐焉。日两飧，米八合，食于辰未二时。飧各二盂，期至麦熟止。煮粥务洁且熟，严禁搀水。食粥者不得携粥他往，供粥者不得减浅盂数。

政府的救助，须有得力的官吏实施，否则私囊中饱，饥民一无所得，毫无用处。据《后汉书·独行列传》记载，陆续就是一位得力的小吏，"（陆续）仕郡户曹史。时岁荒民饥，太守尹兴使续于都亭赋民馈粥。续悉简阅其民，讯以名氏。事毕，兴问所食几何。续因口说六百余人，皆分别姓字，无有差谬"。一个小吏，要做到这样是极不易的。同是在东汉时代，献帝兴平元年（194年）大灾，帝命侍御史侯汶"出太仓米豆，为饥人作糜粥"，结果百姓依然大量死亡，献帝怀疑赋恤有虚，"乃亲于御坐前量试作糜，乃知非实"，侯汶可能贪污了皇粮，结果被责打了一顿大板。（《后汉书·孝献帝纪》）

人民遭受的灾难，有不测的天灾，也有恼人的兵灾，战乱之苦也须抚恤。有关这方面的记载不是太多，明人于慎行《谷山笔麈》卷十六谈到了宋代的一些情况，他说："宋时，诸路被兵之后，必有一番优恤。田有践伤者，或赐之粟，民有被掠者，或赐之米，或除其积逋，或收其遗骸，种种抚摩，不一而足。深仁厚泽，固结于人心，良有以也。"于慎行很赞赏宋代的做法，但对明代不重视这一点感到很遗憾，说："今世诚考其法，于边境中虏之地仿而行之，于公家无费，而可以收拾人心，培养元气，惜乎无举而行之者。"

动乱年代，人民需要安抚；太平盛世，抚慰也时而有之，但方式不同。救灾有粮有粥就行了，太平欢饮则非有酒肉不可，帝王一道诏令，举国同庆，称为大酺。国体意识、皇权意识，就在一次次"天下大酺"的诏令中得到强化。

一般以为，最早下诏号令天下大酺的是汉文帝。《史记·孝文本纪》提到汉文帝下诏书令大酺："朕初即位，其赦天下，赐民爵一级，女子百户牛酒，酺五日。"当了皇帝，高兴了，大赦天下，让人民大饮大嚼五天。《史记集解》说："文颖曰：'汉律，三人已上无故群饮，罚金四两。今诏横赐得令会聚饮食五日。'"《史记索隐》曰："《说文》云：'酺，王者布德，大饮酒也。'出钱为醵，出食为酺。又按：赵武灵王灭中山，酺五日，是其所起也。"打了胜仗，大吃大喝，以示庆贺，当是很早就有了的事，说起于战国也不算早。不过，"大酺"本是有背景的，汉承秦法，禁三人以上群饮，只有得了大酺令，民众才可聚饮。有意思的是，大酺令与大赦令往往是同时颁布的，畅饮酒醴也如同得了大赦一般，民众当时的心情应当是很高兴的，人们在大酺令中又领受到了皇恩的浩荡。当然民众客观上也在难得的大酺活动中联络了感情，发展了友谊，这就正如《礼记·坊记》中所引述的孔子的话："因其酒肉，聚其宗族，以教民睦也。"

大酺的机会虽不是常有，但也时而有之。诏令大酺的原因可以有很多，皇帝登基、册立皇后、皇子满月、出师大捷等，都可以使皇帝激动起来，颁下大赦令和大酺令。偶尔得了一件宝器，也有大酺的可能。《汉书·文帝纪》说，汉文帝十六年（前164年）"秋九月，得玉杯，刻曰'人主延寿'。令天下大酺"。虽然后来弄清楚玉杯是奸人诈献的，并不是什么古董宝器，但大酺令已经颁布了。

凤鸟偶尔在皇宫内的树枝上歇落，也要大酺。《汉书·宣帝纪》说，五凤三年（前55年）"三月辛丑，鸾凤又集长乐宫东阙中树上，飞下止地，文章五色，留十余刻，吏民并观。……赐民爵一级，女子百户

汉代鎏金青铜尊　　　　　　汉代玉卮，江苏徐州出土

牛酒。大酺五日"。

　　册立皇后，按例要天下大酺，大家都要为皇帝庆贺一番。《晋书·惠帝纪》说，永康元年（300年）十一月"甲子，立皇后羊氏，大赦，大酺三日"。

　　立皇太子，也是一件大事，也要大酺。《晋书·惠帝纪》说，太安元年（302年）五月"癸卯，以清河王遐子覃为皇太子，赐孤寡帛，大酺五日"。

　　晋惠帝大概是下大酺令较多的皇帝之一，他立皇后、皇太子下了大酺令，立皇太弟时也下了大酺令。《晋书·惠帝纪》说，永兴元年（304年）三月戊申，诏成都王颖为皇太弟，大赦，大酺五日。

　　从汉代起皇帝有年号，年号常常因各种原因改变，称为"改元"，改元也要大酺。《晋书·成帝纪》说，咸和元年（326年）春二月"丁亥，大赦，改元，大酺五日"。

　　巡幸了宫殿，也要诏令为此大酺。《魏书·明元帝纪》说，泰常五年（420年）秋七月"丁未，幸云中大室，赐从者大酺"。

　　皇太子纳妃，也有大酺的可能。《新唐书·高宗本纪》说，咸亨四年（673年）十月"乙未，以皇太子纳妃，赦岐州，赐酺三日"。

皇孙满月，举国要为之庆贺，也要大赦大酺。《新唐书·高宗本纪》说，永淳元年（682年）二月"癸未，以孙重照生满月，大赦，改元，赐酺三日"。

大酺一般为三日，或五日、七日，也有酺九日的，都是取单数。大酺也有用十日的，只是极少用，唐代武则天就曾用过。《新唐书·则天皇后本纪》说，万岁通天元年（696年）腊月"甲申，封于神岳。改元曰万岁登封。大赦，免今岁租税，赐酺十日"。

赐酺的具体情形，唐代及唐以前史籍记载并不多。《宋史·礼志十六》是这样写的：

> 赐酺。自秦始，秦法，三人以上会饮则罚金，故因事赐酺，吏民会饮，过则禁之。唐尝一再举行。

唐墓壁画侍女图

太宗雍熙元年（984年）十二月，诏曰："王者赐酺推恩，与众共乐，所以表升平之盛事，契亿兆之欢心。累朝以来，此事久废，盖逢多故，莫举旧章。今四海混同，万民康泰，严禋始毕，庆泽均行。宜令士庶之情，共庆休明之运。可赐酺三日。"二十一日，御丹凤楼观酺，召侍臣赐饮。自楼前至朱雀门张乐，作山车、旱船，往来御道。又集开封府诸县及诸军乐人列于御街，音乐杂发，观者溢道，纵士庶游观，迁市肆百货于道之左右。召畿甸耆老列坐楼下，赐之酒食。

又见《金史·章宗本纪》说，承安元年（1196年）七月"庚辰，御紫宸殿，受诸王、百官贺，赐诸王、宰执酒。敕有司，以酒万尊置通衢，赐民纵饮"。这里虽未明言大酺，实际上就是大酺，由政府供酒，纵民畅饮。大酺也有赐酒钱的，如《巳疟编》记明代"三山门外……乐民楼，以春时赐民花酒钱传杯浪盏得名"。赐酺以乐民，帝王也因此而得乐，所谓"观酺"，观吏民纵饮，也算是一种满足。

有时赐酺并非"天下大酺"，而是有一定的范围，或赐宰臣，或赐侍从，或赐耆老。赐耆老的例子，如《宋史·真宗本纪》所说，景德四年（1007年）二月"甲申，御五凤楼观酺，召父老五百人，赐饮楼下"。

赐酺老人，在清代特别重视，举办的筵宴相当隆重，与宴老者多达数千人，所以又有"千叟宴"之称。康熙、乾隆时举行过四次千叟宴，是场面最盛、规模最大、准备最久、耗费最巨的清宫大宴。清人阮葵生《茶余客话·康熙诞辰宴会》说：

康熙五十二年（1713年），圣祖六旬万寿。三月□□日，[①]赐宴在京之各省现任致仕汉官员及士庶等年六十五岁以上者，

---

① 当为三月二十五日。

版画《乾清宫千叟宴》

共四千二百四十人。越三日，又赐宴满洲、蒙古、汉军官员及护军兵丁等二千六百五人。上谕诸老人云："今日之宴，朕遣皇子皇孙宗室，执爵授饮，分颁食品。尔等入宴时，勿得起立，以示朕优待老人至意。"

这一年为玄烨六旬大庆，康熙自谓"屈指春秋，年届六旬矣！览自秦汉以下，称帝者一百九十有三，享祚绵长，无如朕之久者"（《清实录·康熙朝实录》）。[1]当时，各地耆老为庆贺皇帝生辰，新春伊始，便纷纷自发进京祝寿，康熙于是决定在畅春园宴赏众叟，而后送归乡里，这是第一次千叟宴。筵宴分两次举行，与宴者据阮葵生的说法有六千八百多人。康熙六十一年（1722 年），又举行了第二次这样的老

---

[1] 有关"千叟宴"的研究，参见刘桂林《千叟宴》，《故宫博物院院刊》1981 年第 2 期；林永匡、王熹：《清代饮食文化研究》，黑龙江教育出版社，1990 年。

人宴，与宴者有千余人。康熙在筵宴上作七言律诗，名《千叟宴》，与宴满汉大臣也纷纷唱和，以纪其盛，飨宴耆老也因此名之为"千叟宴"。

到乾隆时，又于五十年（1785年）和六十一年（1796年）举行过两次千叟宴，与宴者前次为三千余，后次为五千余。清代四次千叟宴，有三次是在正月举行的。如最后的一次，乾隆六十年（1795年），因各省收成不错，年逾八旬的乾隆皇帝决定，在来年春正举行"归政大典"，于宁寿宫、皇极殿再举千叟宴。与宴的大都是在任或离任的满汉官员，年龄按官品分别规定以六十、六十五、七十以上为度，所有拟定与宴人等均须由皇帝钦定，然后由军机处分别行文通知届期入宴。身在边远地区的须提前两月启程，才能赶得上参加这次御筵。

千叟大宴的排场和入宴程序，按林永匡、王熹在《清代饮食文化研究》第五章的叙述，大体如下：

开宴之前，在外膳房总理大人的指挥下，依照入宴耆老品位的高低，预先摆设宴席。除宝座前的御筵外，共摆宴桌八百张。宴桌分东西两路相对排列，每路六排，每排二十二至一百桌不等。如乾隆六十一年摆在宁寿宫、皇极殿的最后一次千叟宴，宝座前设乾隆和嘉庆御筵，外加黄幕帷罩。殿内左右为内外王公一品大臣席，殿檐下左右为二品大臣和外国使臣席，丹墀甬路上为三品官员席，丹墀下左右为四品、五品和蒙古台吉席。其余低等人员，俱布席于宁寿宫门外两旁。东西两旁各席，设蓝幕帷罩。

宴席分一等桌张和次等桌张两级设摆，餐具和膳品都有区别。一等桌张摆在殿内和廊下两旁，入宴者为王公和一二品大臣以及外国使臣。每席设火锅二个（银制、锡制各一）、猪肉片一个、煺羊肉片一个、鹿尾烧鹿肉一盘、煺羊肉乌叉一盘、荤菜四碗、蒸食寿意一盘、炉食寿意一盘、螺蛳盒小菜二个、乌木箸二只，另备肉丝烫饭。次等桌张摆在丹墀甬路和丹墀以下，入宴者为三至九品官员及兵民等。每桌摆火锅二个（铜制）、猪肉片一个、煺羊肉片一个、煺羊肉一盘、烧狍肉一盘、蒸食寿意一盘、炉食寿意一盘、螺蛳盒小菜二个，乌木箸二只，另备肉丝烫饭。

除设摆宴桌外，为表现皇帝的威仪，增加宫廷大宴的气氛，还在殿门檐下陈设中和韶乐和丹陛大乐，设摆反坫，陈放八大玉器。此外，各种赐赏御物，也都预先设摆齐备。

宴桌摆设完毕，即由外膳房总理大人率员引导与宴官员、外国使臣以及众叟入席恭候。在殿内和檐下入席的王公大臣等，则在殿外左右阶下按翼序立。此刻宫殿内外八百宴席，数千老人一片肃静，就等皇帝驾到了。

只听中和韶乐高奏，鼓乐齐鸣。在乐声中皇帝步出暖轿，升入宝座，乐止。然后赞礼官高声宣读行礼项目，奏丹陛大乐。这时管宴大臣二人，导引殿外左右两边阶下序立的内外大臣、蒙古王公等，由两旁分别走至丹墀正中。接着鸿胪寺赞礼官赞行三跪九叩礼。伴随着乐曲，数千耆老一同向皇帝叩拜，乐止。接着，管宴大臣又引导着王公大臣步入殿内，与耆老于座次再行一叩礼之后入座就席。

宴会开始，在丹陛清乐声中，茶膳房大臣向皇帝进红奶茶一碗。皇帝饮毕，大臣侍卫等分赐殿内及东西檐下王公大臣茶，饮后茶碗赏归。茶毕，乐止。被赏茶的官员接茶后均行一叩礼，以谢赏茶之恩。这叫作"就位进茶"。

进茶之后，茶膳房首领二人请进金龙膳桌一张，放在宝座前面。茶膳房总管首领太监等送呈皇帝黄盘蒸食、炉食、米面奶子等果宴十五品，同时展揭宴幕。执事官也撤下王公等人席幕。御宴上毕，便在丹墀两边摆放梨木桌两张，桌上安放银盂、金杓、银杓、玉酒钟。斟酒之后，执壶内管领和御前侍卫将酒放在皇帝的膳桌上。接着，皇帝召一品大臣和九十岁以上者至御座前下跪，亲赐卮酒。同时，命皇子、皇孙、曾孙为殿内王公大臣进酒，并分赐食品。饮毕，酒钟赐赏。然后，内务府护军人等执盒上膳，分赐各席肉丝烫饭。群臣耆老开始进馔，乐声停止。这时宫内升平署歌人进入，群臣在曲词颂歌声中宴毕。歌人退出，赞礼官谢宴，群臣耆老各行一跪三叩礼，谢赏赐酒馔之恩。皇帝在中和韶乐声中起座，乘舆回宫。最后还有诗刻、如意、寿杖、朝珠、缯绮、貂皮、文玩、银牌等赏赐。

有幸入宫赴千叟宴的老者，纵有千数，可放到整个国家范围内看，毕竟不算太多。未能吃到筵宴的老者，也有机会得到皇上的赏赐。阮葵生《茶余客话·康熙赏赐老民》说，康熙六旬寿辰，"恩诏赏老民，户部奏销各省七十以上至百岁外者，共一百四十二万一千六百二十五人，赏布绢等价银八十九万两，米十六万五千余石"。这种以养老方式安民的做法，并不始于康熙，可以看作历代统治者的一个传统。《礼

乾隆千叟宴御赐养老金牌　　　　　　　　乾隆千叟宴御赐养老银牌

乾隆千叟宴御赐养老铜牌

记·王制》说："凡养老：有虞氏以燕礼，夏后氏以飨礼，殷人以食礼，周人修而兼用之。"三代以后的历代统治者，在社会较为安定的情况下，都不会忘记"养老"这件事。正如《大学衍义补·躬孝弟以敦化》所说："王者之养老，所以教天下之孝也。……一礼之行，所费者饮食之微，而所致者治效之大也。"这也是《礼记·王制》的说法，谓"养耆老以致孝"，这也算是一种"德政"，只需费一点酒肉，便可收到安邦定国的功效。历代养老的实例，还可以举出以下一些。

据《后汉书·肃宗孝章帝纪》，章和元年（87年）秋七月，"令是月养衰老，授几杖，行糜粥饮食。其赐高年二人共布帛各一匹，以为醴酪"。养老之礼，一般在秋季举行，以赐酒食衣物为主。又据《后汉书·孝顺帝纪》，阳嘉三年（134年）五月戊戌诏曰，"赐民年八十以上米，（人）一斛，肉二十斤，酒五斗；九十以上加赐帛，人二匹，絮三斤"。这次不在秋季，而在春夏之交，这并不多见。东汉时也有在年节行养老礼的，如《后汉书·孝桓帝纪》说，建和二年（148年）"春正月甲子，皇帝加元服。庚午，大赦天下。……年八十以上赐米、酒、肉，九十以上加帛二匹，绵三斤"。

汉代以后的例子也不少见，如《新唐书·太宗本纪》说，贞观三年（629年）四月"戊戌，赐孝义之家粟五斛，八十以上二斛，九十以上三斛，百岁加绢二匹"。又见《明会典》说，天顺八年（1464年）诏曰，"凡民年七十以上者免一丁差役，有司每岁给酒十瓶，肉十斤；八十以上者加与绵二斤、布二匹，九十以上者给与冠带，每岁设宴待一次；百岁以上给与棺具"。明代的养老有比较固定的章程，定时定量供给衣食，这在古代还不多见。这里也提到设宴招待九十老者的事，只是没有清代千叟宴那样大的规模。

赐酺也好，养老也罢，都是以酒食之礼收民心，达到安邦的目的。封建统治者并不以为这样就能高枕无忧了，他们时时提防着会有人造反，甚至对近臣、功臣都不放心，于是又用酒筵演出了另外一幕幕不融洽不和谐的历史活剧。有一部电视连续剧《淮阴侯韩信》，其中有一个刘邦为韩信敬酒的镜头，就在这当口刘邦解除了韩信的兵权。这个镜头在史籍中本来是没有的，不过编导者们的演绎并不是毫无道理。后来的宋代有"杯酒释兵权"的史实，见于《宋史·石守信传》，与剧中刘邦的做法是类似的：

> 乾德初，帝因晚朝与守信等饮酒，酒酣，帝曰："我非尔曹不及此，然吾为天子，殊不若为节度使之乐，吾终夕未尝安枕而卧。"守信等顿首曰："今天命已定，谁复敢有异心，陛下何为出此言耶？"帝曰："人孰不欲富贵，一旦有以黄袍加汝之身，虽欲不为，其可得乎。"守信等谢曰："臣愚不及此，惟陛下哀矜之。"帝曰："人生驹过隙尔，不如多积金、市田宅以遗子孙，歌儿舞女以终天年。君臣之间无所猜嫌，不亦善乎。"守信谢曰："陛下念及此，所谓生死而肉骨也。"明日，皆称病，乞解兵权，帝从之，皆以散官就第，赏赉甚厚。

赵匡胤几乎是没费吹灰之力，就轻而易举地收回了兵权，这才使他可以"安枕而卧"了。

不过，历史上的统治者还知道，江山是否牢固，统治能否长久，民心军心的安定虽很重要，但并不能说就万事大吉了，还必须提防外来的威胁，于是邦交又作为一个很重要的问题提了出来。

虽然国与国的关系，主要决定于实力的对比上，经常会发生以大欺小乃至弱肉强食的事，但在大多数情况下，友好的睦邻关系仍然是外交活动的主要目标。礼尚往来，互相尊重，就是敦睦友邦的最好方式。

在春秋时代，周王朝与诸侯之间、诸侯与诸侯之间的主要外交方式，是朝聘与盟会，这是明确彼此关系及解决纷争的平和方式，常常是战争的补充手段。《左传·昭公三年》说："今诸侯三岁而聘，五岁而朝，有事而会，不协而盟。"朝聘以礼物往来，会盟则须酒食相享。有人从《春秋》的记载统计，春秋时代的二百四十二年中，列国朝聘盟会达四百五十次，军事行动达四百八十三次，战争与和平方式采用的次数相差不多，列国间的关系由是得到一次次调整。[①]

《礼记·聘义》释朝聘之义说：

> 天子制诸侯，比年小聘，三年大聘，相厉以礼。使者聘而误，主君弗亲飨食也，所以愧厉之也。诸侯相厉以礼，则外不相侵，内不相陵。此天子之所以养诸侯，兵不用而诸侯自为正之具也。

这里说得很明白，聘问可以密切彼此关系，使侵陵不生。称其为"聘礼"，则还有一套很具体的内容。有客使来聘，讲究"轻财重礼"，不一定带许多贵重礼物，毕竟与"入贡"不同。主国待客使，殷勤备至，按《礼记·聘义》的说法是：

> 主国待客，出入三积。饩客于舍，五牢之具陈于内。米三十车，禾三十车，刍薪倍禾，皆陈于外。乘禽日五双，群介皆有饩牢。壹食再飨，燕与时赐无数。所以厚重礼也。

接待客使，有等级的区别，用不同的规格。据《左传·僖公二十九年》说，介国国君葛卢春季朝见鲁僖公，但当时鲁僖公正在参加诸侯会见，没有功夫接见他，派人馈他草料和粮食（刍、米），这被认为是合乎礼仪的事。因没见着鲁僖公，介葛卢当年冬天又来朝见，

---

① 参见黄瑞云《无为而无不为——论老子之道（二）》，《学术论坛》1993 年第 3 期。

鲁僖公特别以礼相待，设燕礼相飨，并赠以财物。又据《左传·僖公三十年》说："冬，王使周公阅来聘，飨有昌歜、白、黑、形盐。辞曰：'国君，文足昭也，武可畏也，则有备物之飨，以象其德；荐五味，羞嘉谷，盐虎形，以献其功。吾何以堪之？'"周天子派周公阅到鲁国访问，鲁僖公用招待国君的食物宴请他，如用菖蒲菹、白稻米、黑黍米、虎形盐等。周公阅觉得自己不属那个级别，所以不敢领受这番盛情。

诸侯间的盟会，本来也是实力的较量，盟主是当然的强者，他要通过盟会表现实力。有些盟会就是在大军压境时举行的，是赤裸的强权政治的表现。《左传·僖公四年》记述，周王室用酒祭神，通常要用包茅滤酒，包茅生长在南方，要靠楚国贡献。楚国强大后，不愿继续进贡，因此招来非议，周王室议行征伐。虽然周王室无力进行讨伐，却另有人"替天行道"，齐桓公就打着"尊王攘夷"的旗号，组织起齐、鲁、宋、陈、卫、曹、郑、许"八国联军"，浩浩荡荡南下讨伐楚国。等到楚国同意恢复进贡包茅以后，联军才与楚订立盟约，退兵北还。

楚国也有欺人之甚的时候。楚宣王盟会诸侯，鲁与赵两国有酒献与楚王，鲁酒薄而赵酒厚。楚国的主酒吏贪酒，想得到一点赵国的好酒，赵国没应允。这使主酒吏极不愉快，就用赵国的厚酒偷换成鲁国的薄酒，楚王觉得赵酒难饮，很不高兴，就派兵去攻打赵都邯郸。这就是"鲁酒薄而邯郸围"的故事，一个近乎寓言的故事。（转引自《庄子·胠箧》）

盟会自然有酒有肉，要大摆筵席，筵宴间弄不好也会生出一些变故，危及国体安全。《史记·齐太公世家》说，齐桓公举兵伐鲁，鲁军有些招架不住了，鲁庄公打算割地献城请降，于是齐鲁会盟于柯（东阿）。正准备举行签字仪式时，陪同鲁庄公赴宴的曹沫突然手持匕首劫持齐桓公，要他当即归还侵占的鲁地，齐桓公不得已同意照办。就这样在会盟的筵宴上，解决了战场上不能办到的事。

还有一件与此相类似的事，就是有名的"渑池会"。据《史记·廉颇蔺相如列传》说，赵惠文王得到楚国的和氏璧，秦昭王知道后有些眼红，假言要以十五座城池换取那一件小宝贝。赵人不信这话，秦王因此很不高兴，接连两次讨伐赵国。拔一城杀两万人。后来，秦又假意与赵和好，于是会于渑池。秦王在会盟筵宴上多饮了几杯酒，借着酒兴说："寡人听说赵王善于音律，请为鼓瑟助兴。"这当然是一种侮辱，赵王不得已而鼓瑟。这件事当时便被秦御史记载下来，说"某年某日，秦王与赵王会饮，令赵王鼓瑟。"跟随赵王赴会的上大夫蔺相如不甘屈辱，于是以牙还牙，走上前说："我们赵王听说秦王精通秦国音乐，就请敲敲瓦盆让我们欣赏一下吧！"秦王不答应，十分不快。蔺相如抱起一个瓦盆，跪在秦王面前，一定要他演奏。秦王不肯，相如要挟说："五步之内，要你脖颈溅血！"秦王左右不敢轻举妄动，秦王虽然满心不高兴，不得已还是拍打了几下瓦盆。于是，相如得意地回头叫赵国御史也记上了一笔。秦国的大臣又说"请以赵十五城为秦王寿"，相如回答说："可以办到，不过也请把你们的都城咸阳献给我们赵王祝寿吧！"两相僵持，不欢而散。五十多年之后，秦国最终灭掉赵国。

　　东周时代，列国割据，战事不断，但和平的外交还是有的，彼此的关系在战争、会盟、聘问中不断得到调整。秦汉大一统以后，中央王朝与周边少数族部落政权，与邻近的一些国家，也有一个调整关系的问题。历代统治者在处理这个问题时，有时也很注重和平方式，礼尚往来，尽力巩固睦邻关系。这方面我们只谈谈中央王朝招待来使的例子，既言招待，当然少不了盛宴款待，迎来送往。

　　《后汉书·乌桓鲜卑列传》提到，建武二十五年（49年），"四夷朝贺，络驿而至，天子乃命大会劳飨，赐以珍宝"。朝贡与赏赐，一来一往，可以化干戈为玉帛。一些游牧部落与少数族政权经常威胁到中央王朝的安全，征伐并不能完全解决问题，所以才有"和亲"等一些平和的方式。对待归附的游牧部落首领，更是热情相待，厚礼相遇。

《册府元龟》记载说，贞观二十一年（647年）正月，唐太宗在天成殿宴遣归附的北方游牧部落首领，陈十部乐，"设高坫于殿前，置银瓶于坫上，自左内阁潜流酒泉通坫脚而涌入殿前瓶中。又置大银盆，其实百斛，倾瓶注于盆中。铁勒数十人，不饮其半。……又诏文武五品已上，令外厨给酒馔，于尚书都堂以饯之"。这是一次盛大的"自来酒会"，仅由这场面来看，唐太宗是很善于使用"饮食睦邻"手段的。又据《宋史·礼志十六》记述："景德二年（1005年）十二月五日，宴尚书省五品诸军都指挥使以上、契丹使于崇德殿。……时契丹初来贺承天节，择膳夫五人赍本国异味，就尚食局造食，诏赐膳夫衣服、银带、器帛。"契丹来使访问，还带来厨师与食料，当场为大宋皇帝烹饪菜肴，这样的饮食外交还不多见。

中央王朝接待周边少数族部落与政权的来使，由明代规定的仪礼可以看出有一些程式化的做法。《明史·礼志十》记有"蕃王朝贡礼"：

> 其宴蕃使，礼部奉旨锡宴于会同馆。馆人设坐次及御酒案，教坊司设乐舞，礼部官陈龙亭于午门外。光禄寺官请旨取御酒，置龙亭，仪仗鼓乐前导。至馆，蕃使出迎于门外。执事者捧酒由中道入，置酒于案。奉旨官立于案东，称有制，使者望阙跪。听宣毕，赞再拜。奉旨官酌酒授使者，北面跪饮毕，又再拜。各就坐，酒七行，汤五品，作乐陈戏如仪。宴毕，奉旨官出，使者送至门外。皇太子锡宴，则遣宫官礼待之。省府台亦置酒宴会，酒五行，食五品，作乐，不陈戏。

这些仪礼基本都是前朝传承下来的，比较规范。明代招待"番夷人等"的宴会，"上桌"馔品的规格，按《明会典》的记载是：

> 按酒，用牛羊等肉，共五楪，每楪生肉一斤八两。茶食

辽墓壁画备茶图

五楪，每楪一斤。果五楪，核桃、红枣、榛子每楪一斤，胶
枣、柿饼每楪一斤八两。

这是常宴所食，如果遇大宴，自然就丰盛多了，大宴"上桌"的
规格是：

高顶茶食、云子麻叶、大银锭油酥八个、棒子骨二块、凤
鹅一只、小银锭笑靥二楪、茶食果子按酒各五般、米糕二楪、
小馒头三楪、菜四色、花头二个、汤三品、大馒头一分、羊背
皮一个，添换小馒头一楪、按酒一般、茶食一楪、酒七钟。

用什么样的馔品，上几道菜，规定得仔仔细细。不过实行起来，
也未必十分严格，毫不走样。针对举行这种宴会的接待部门，清代规
定了明确的责任范围，为的就是避免出大的差错，造成麻烦。《大清会
典》说：

凡请安进贡公主、王等，外藩……及朝鲜、琉球、安南、荷兰、暹罗、土鲁番、俄罗斯等国，分送猪口、鲜菜（大官署供）；鹅、鸡、鱼、茶、面（珍羞署供）；羊只、羊肉、牛肉、牛乳、乳油、烧酒、黄酒（良酝署供）；干鲜果品、腌菜、干菜、黄蜡、油盐、酱醋等物（掌醢署供）。俱照礼部来文办给。

宴会由礼部安排，大官署、珍羞署、良酝署、掌醢署分别供办。安排虽是细致，也未必不出纰漏，有时弄得皇上还要亲自过问。《金史·世宗本纪》说，大定二年（1162年）四月"辛巳，宴夏使贞元殿。故事，外国使三节人从皆坐庑下赐食。上察其食不精腆，曰：'何以服远人之心。'掌食官皆杖六十"。招待国外使臣，食官没有尽心，坏了帝王要"服远人之心"的大事，所以要受到严厉的杖责。类似的事件在明代不止出现过一次，《春明梦余录》说：

宣德五年（1430年）二月，行在光禄寺厨士告言光禄窃减外夷供给之弊。上命行在刑部侍郎施礼执而罪之，且谕礼曰："光禄寺之弊不止此。祖宗以来，饮食供给皆有定规，比闻擅自增减，应给之人率不能得，得者率非应给之人。惟虚立案牍，掩人耳目，宜究治之。"因顾侍臣曰："毋谓饮食细故，不干大体。华元杀羊享士，羊斟不与，遂致丧师；勾践投醪于江，与众共饮，士心感悦，遂成伯业。以此而论，所系非轻。"

饮食并非小事，不要以为无关国体，宣德皇帝这个纲上得够高的，也是实事求是的，并非夸大之词。不过光禄寺官员大概吃惯了报销假账的甜头，并没有完全革除"虚立案牍，掩人耳目"的招式，所以在成化年间故技重施，惹得皇帝又动了肝火。余继登《典故纪闻》卷十五讲述了这件事：

> 成化时，礼部覆整饬边备。兵部侍郎马文升奏："光禄寺筵宴夷人，酒饭菲薄。"宪宗曰："宴待诸夷，本柔远之道，所以尊隆国体，起其瞻仰，非但饭食之而已。必器具整齐、品物丰洁始称。今后筵宴并酒饭处，令光禄寺堂上官视之，仍以礼部官一员督察。有不遵者，并治以罪。"

又上了一次纲，申明还要治罪，但未必能从根本上解决问题。明代的光禄寺可以说是胆大包天，克扣使官的酒钱不说，甚至还要对皇上下手，从御膳中大打主意，从皇帝的饭碗中大发其财，弄得一国之尊为伙食不好而叫苦连天。《春明梦余录》提到，明嘉靖中，光禄寺一年为御膳要花费银子三十六万两，嘉靖皇帝怀疑这里面有人捣鬼，为此下了一道谕旨，其中提到："宫中罢宴设二十年矣。朕日用膳品，悉下料无堪御者，十坛供品，不当一次茶饭。朕不省此三十余万安所用也？"弄得皇帝也是这么狼狈，还得亲自查问伙食账，那些营私舞弊者还怎么会考虑国体的稳固、邦交的友好呢？

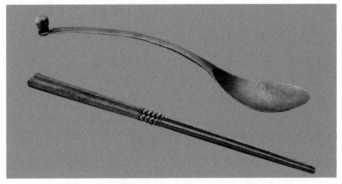

明代金箸与金匙，北京定陵出土

五、养性健身

饮食活动有广泛的社会性，它的社会功用我们在以上几节已经谈到。饮食活动又具有明显的个性，它要实实在在地作用于每一个独立的人，作用于他的身体、他的精神。所以在谈论食功时，我们还得注意饮食的这种养性健身的作用。如果仍然将这作用看作一种调整关系的过程的话，它调整的主要是身体内部的关系以及生理与心理的关系，达到颐性与健身的目的。

要强身健体，就要饮食，吸取营养。同样是一个饮食过程，人与人之间却存在各种差别。人们对饮食所取的态度，决定了他们在饭桌上的表现方式。清代有学者对此进行过研究，很有见地。传为朱彝尊所著的《食宪鸿秘》，其上卷食宪总论将人的吃分为三个类别，书中说：

> 饮食之人有三：
>
> 一、饕餮之人。食量本弘，不择精粗，惟事满腹。……
>
> 一，滋味之人。尝味务遍，兼带好名。或肥浓鲜爽，生熟备陈；或海错陆珍，夸非常馔。……此养口腹而忘性命者也。……
>
> 一、养生之人。饮必好水（宿水滤净），饭必好米（去砂石谷稗，兼戒馇而饐）。蔬菜鱼肉，但取目前常物，务鲜、务洁、务熟、务烹饪合宜。不事珍奇，而自有真味；不穷炙煿，而足益精神。……调节颐养，以和于身。

同时代的顾仲，在他所撰《养小录》的序言中，也有类似的说法：

> 饮食之人，大约有三：一曰饕餮之人，秉量甚宏，多多益善，不择精粗。一曰滋味之人，求工烹饪，博及珍奇；又

兼好名，不惜多费，损人益人，或不暇计。一曰养生之人，务洁清，务熟食，务调和，不侈费，不尚奇。食品本多，忌品不少，有条有节，有益无损，遵生颐养，以和于身。日用饮食，斯为尚矣。

　　将人对饮食的态度划分为这三种类型，还是比较符合实际的。这种现象的存在，当然首先有社会的原因，如所谓"滋味之人"，当是有权有势阶级的人，不会是平民百姓。而所谓"养生之人"，大多应属文化知识阶层，他们有钱有闲，更有一定的科学知识，有较高的文化素养，他们更讲究饮食科学，注重饮食养生之道。朱彝尊和顾仲是反对"馂馅之人"和"滋味之人"的做法的，提倡饮食养生。他们的"养生"，标准很具体，如用好水吃好粮，取寻常食物，不追求山珍海味；食物求鲜、洁、熟，求烹饪得法；饮食有节、有忌，追求有益无损；等等。这应当是当时知识阶层的代表性观点，也是中国古代饮食文化中的一种优良传统。

清代欢饮图杯

早在先秦时代，人们就已总结出"肥肉厚酒，务以自强，命之曰烂肠之食"（《吕氏春秋·孟春纪·本生》）的教训。《黄帝内经·素问》也有类似论说："嗜欲无穷，而忧患不止，精气弛坏，荣泣卫除，故神去之而病不愈也。"吃得太多太好，身体接受不了，不仅无益，反倒有害。竹林七贤之一的嵇康，写过一篇《养生论》，阐述了他对养生的看法，其中对饮食养生，他是放在第一位的。他说：

> 滋味煎其府藏，醴醪煮其肠胃，香芳腐其骨髓；喜怒悖其正气，思虑消其精神，哀乐殃其平粹。夫以蕞尔之躯，攻之者非一涂，易竭之身而外内受敌，身非木石，其能久乎？其自用甚者，饮食不节，以生百病；好色不倦，以致乏绝。风寒所灾，百毒所伤，中道夭于众难，世皆知笑悼，谓之不善持生也。

嵇康还作过一篇《答〈难养生论〉》，说："古之人知酒肉为甘鸩，弃之如遗；识名位为香饵，逝而不顾。"嵇康的话包含比较过激的成分，受仙道思想影响较深，但他所讲的养生之道还是很可取的，有不少合理的内容。

饮食要有节制，这是古代饮食养生的主要内容之一。五代何光远《鉴诚录》卷三写道："大凡视听至烦，皆有所损。心烦则乱，事烦则变，机烦则失，兵烦则反。五音烦而损耳，五色烦而损目，滋味烦而生疾，男女烦而减寿，古者君子莫不诫之。"明言过于追求滋味享受，弄不好适得其反，给身体带来危害，这其中包含的辨证道理十分明白。唐代处士张皋有"养身之要"，见于宋代周辉的《清波杂志》，所谓"神虑澹则血气和，嗜欲胜则疾疹作"，可以视为至理之言。古代有些长寿老人，总结的养生经验也极可贵，如明代徐充的《暖姝由笔》说，明代号"竹鹤老人"的太守何澄，享年九十有九，可算当时难得的高寿了。有人问他："老大人有何修养之道而致寿若此？"他很干脆地回答道："无，只是好吃的不要多吃，不好吃的全不吃。"话语虽是平淡，却自有动人之处，追求长寿的人，对这"好吃的不要多吃，不好吃的全不吃"的妙语，不可不知，不可不解，不可不铭记在心。

节制饮食的劝诫，可以在许多养生类古籍中读到。唐人司马承祯《天隐子》说："斋戒者，非蔬茹饮食而已，澡身者，非汤浴去垢而已。盖其法在节食调中、磨擦畅外者也。……食之有斋戒者，斋乃洁净之务，戒乃节身之称。有饥即食，食勿令饱，此所谓调中也。百味未成熟勿食，五味太多勿食，腐败闭气之物勿食，皆宜戒也。"明代沈仕《摄生要录》则说："善养性者，先渴而饮，饮不过多，多则损气，渴则伤血；先饥而食，食不过饱，饱则伤神，饥则伤胃。"同代人高濂著《遵生八笺》，卷十有一篇《饮食当知所忌论》，详细论述了饮食养生的一些理论和方法，多有可取之处，他说：

> 饮食所以养生，而贪嚼无忌，则生我亦能害我，况无补于生，而欲贪异味以悦吾口者，往往隐祸不小。意谓一菜、一鱼、一肉、一饭，在士人则为丰具矣……吾意玉瓒琼苏，与壶浆瓦缶，同一醉也；鸡跖熊蹯，与粝饭藜蒸，同一饱也，醉饱既同，何以侈俭各别？……养性之术，尝使谷气少，则病不生矣。谷气且然，矧五味屡饫，为五内害哉？

高濂提倡饮食从俭，不必贪多贪好，吃多了反会妨害身体健康。他还谈到饮食卫生方面的一些问题，细致而具体：

> 凡食先欲得食热食，次食温暖食，次冷食。食热、暖食讫，如无冷食者，即吃冷水一两咽，甚妙。若能恒记，即是养生之要法也。凡食，欲得先微吸取气，咽一两咽乃食，主

无病。……饱食勿大语。大饮则血脉闭，大醉则神散。……

食宜尝少，亦勿令虚。不饥强食则脾劳，不渴强饮则胃胀。冬则朝勿令虚，夏则夜勿令饱。饱食勿仰卧，成气痞。食后勿就寝，生百疾。凡食，色恶者勿食，味恶者勿食，失饪不食，不时不食。

话说了这么多，让人可以明白这样一个道理：不是吃饱了就能有个好身体，饮食养生的内涵非常丰富，稍一大意，就可能出岔子。当然这道理的悟出，也并不是轻而易举的事，魏文帝曹丕的《典论》说"三世长者知服食"，言有三代积淀的老者才真正懂得穿衣吃饭，这是古人的经验。后来的"三辈子作官，学会吃喝穿"的俗语，也当是由曹丕的话引申而成。

饮食弄得不好，不仅会坏了人的身体，也会坏了人的性情。一味追求滋味，会助长人的贪欲。清人李渔在《闲情偶寄》中，谈及人的口腹之累，很有些意理：

吾观人之一身，眼耳鼻舌，手足躯骸，件件都不可少。其尽可不设而必欲赋之，遂为万古生人之累者，独是口腹二物。口腹具，而生计繁矣；生计繁，而诈伪奸险之事出矣；诈伪奸险之事出，而五刑不得不设。……既生以口腹，又复多其嗜欲，使如溪壑之不可厌。多其嗜欲，又复洞其底里，使如江海之不可填。以致人之一生，竭五官百骸之力，供一物之所耗而不足哉！吾反复推详，不能不于造物是咎。

确实如此，人受口腹之累，会生出许多事端来。所以就有了那么多的学问家，创立了那么多的学说，劝导人们加强道德修养，树立美善情操。有研究认为："从先秦到宋明，儒家思想有一个渐进的、复杂的演变，但仁义礼智、修身养性始终是其学说的基调。与此相联系，儒家有一个始终不渝、愈到后来愈内容充实、体系严密的理想人格。"这理想人格就是"圣贤"。王者以圣王为典范，民者以贤人为楷模。对道德修养的强调，儒、释、道大体是一致的，"无论是儒家的诚意、正心、格物、致知、修身、齐家、治国、平天下，明德、新民、止于至善，还是道家的修道积德，佛家的去恶从善，无不以道德实践为第一要义。至于宋明理学家讲的'存天理，去人欲'，则更是以道德理想的践履为目的"。①有意思的是，饮食本是一种生存的方式，也被巧妙地引入道德修养的轨道上，在古代甚至成为实施人伦教化的主要方式之一。

古代知识阶层提倡过淡泊的生活，除了认为这样有利于身体健康外，还觉得这是励志养性的一个重要途径。孔子曾热情称赞他的弟子颜回以苦为乐的精神，那个贤德的颜回，每餐一碗饭一瓢水就满足了，住在一个破巷子里，一般人是忍受不了这清苦的，可他却能自得其乐。春秋时代的鲁人曹沫有一句名言，叫作"肉食者鄙"，说大肉吃多了的人脑袋壅塞，一个个都笨透了，不如吃菜蔬的人聪明。清代顾仲的《养小录》甚至还说，"凡父母资禀清明，嗜欲恬淡者，生子必聪明寿考"，把这观点引入遗传学的领域，可能有些言重了。不过，他们所讲的道理，并不纯是营养学上的。他们的意思是说，富足的生活容易使人产生惰性，不求进取，胸无大志，自然也就无所作为了。

明清人比较注意饮食养性的问题，甚至包括有些帝王在内。《春明梦余录》说，明太祖朱元璋，曾反对大祀斋日"宰犊为膳，以助精神"。按古礼规定，致斋三日，要宰三头牛犊为皇上改善御膳。朱皇帝觉得这太奢侈，不让这样做，还发表了"俭可以制欲，澹可以颐性"的议论，实属难得。那些提倡素食的人，更是强调"淡泊明志"的道

---

① 李宗桂：《中国文化概论》，中山大学出版社，1988 年。

理，如清末薛宝辰《素食说略》的例言所云："肉食者鄙，夫人而知之矣；鸿材硕德，未有不以淡泊明志者也。士欲措天下事，不能不以咬菜根者勉之。""咬菜根"是以淡泊励志的代名词，非常形象，与现在说的"艰苦奋斗"应属同义。

咬菜根，还有更早的出典。明代人姚舜牧的《药言》有云："人常咬得菜根，即百事可做。骄养太过的，好看不中用。"同代自号"还初道人"的洪应明，专门研究过待人接物、修身养性的学问，撰成《菜根谭》一书。据说这书在日本极为畅销，洪道人书的各种版本都可见到。我们在他的书中，可以读到下面的这些句子："向三时饮食中谙练世味，浓不欣，淡不厌，方为切实工夫。""簪缨之士，常不及孤寒之子可以抗节致忠；庙堂之士，常不及山野之夫可以料事烛理。何也？彼以浓艳损志，此以淡泊全真也。""麦饭豆羹淡滋味，放箸处齿颊犹香。""备尝世味，方知淡泊之为真。""藜口苋肠者，多冰清玉洁；衮衣玉食者，甘婢膝奴颜。盖志以淡泊明，而节从肥甘丧矣。""神酣布被窝中，得天地冲和之气；味足藜羹饭后，识人生澹泊之真。"

洪应明显然是提倡以淡泊明志的，难怪他这书要以"菜根香"为名了。"菜根"之说，也不是明代人的发明，它本出自北宋人汪革的名言。汪革字信民，进士出身。因不愿与奸臣蔡京为伍，朝廷征召不就。时人吕本中《东莱吕紫微师友杂志》引述了他咬菜根的高论，云："汪信民尝言：'人常咬得菜根，则百事可做。'"这话又写作："咬得菜根断，则百事可做。"这个说法很容易使人联想起"吃得苦中苦……"的古训来，但境界无疑要高得多，具有更积极的意义。

具有居贫经历的人，心志的磨砺会强于那些纨绔子弟。这也绝不是说，有吃有穿的人就一定不会成为英才了。有钱人也有自己的理论，讲求人要做得正，饭也要吃得好。清人王卓《今世说》卷八提到："旧有相国堂联：'放开肚皮吃饭，立定脚跟做人。'或议首句不佳，徐野君曰：'彼小人常戚戚者，震雷常在匕箸间，那能放开肚皮吃饭？'"

各有各的理论，这显然是富有者的理论。有很多机会"放开肚皮吃饭"的人，要"立定脚跟做人"，可能比吃菜根者更费心力。

饮食养性，主要依靠一种自觉精神。我们想用古人食鱼的几个事例，看一看这种精神在古时是如何表现出来的。《韩非子·外储说左下》说："孙叔敖相楚，栈车牝马，粝饭菜羹，枯鱼之膳。"孙叔敖三次出任楚相（令尹），是个贤相，自奉俭节，饮食不过是粗粮做的饭、菜叶煮的羹，还有干鱼之膳。干鱼自然不如鲜鱼味美，价钱也会低得多。孙叔敖正因为严于克己，所以能有效地施教导民，使楚国吏无奸邪、盗贼不起。

关于枯鱼，还有两个雷同的故事很值得玩味。其一见于谢承的《后汉书》："羊续为南阳太守，好啖生鱼。府丞焦俭以三月望饷鲤鱼一尾，续不违意，受而悬之于庭，少有皮骨。明年三月，俭复馈一鱼。续出昔枯鱼以示俭，以杜其意，遂终身不复食。"其二见于《南史·傅昭传》，傅昭历任左户尚书、安成内史，"郡溪无鱼，或有暑月荐昭鱼者，昭既不纳，又不欲拒，遂馁于门侧"。傅昭与羊续，用了同一种委婉的方式，使鲜鱼枯馁，来表示自己的洁身之志，用心可谓良苦。[①]

还有两个类似的故事，也很值得玩味。《三国志·吴书·三嗣主传》注引《吴录》说，三国吴人孟仁为盐池司马，他自能结网捕鱼，做鱼鲊寄去孝敬母亲。母亲将鱼鲊还回，说你作为鱼官，却送鱼来给我吃，这会引起非议，应当避嫌。《世说新语·贤媛》说，晋人陶侃年轻时曾做过管理鱼塘的官吏，他托人送了一坛鱼鲊给他母亲，母亲老大不高兴地封还了鱼鲊，还写信责怪儿子的这种行为，称其作损公肥私。一坛子鱼鲊虽然算不上什么，但两位母亲却很谨慎，严格要求儿子忠于职守，实属难得。

---

① 这样的德行，可能学自战国鲁相公仪休。《淮南子·道应训》云："公仪休相鲁，而嗜鱼。一国献鱼，公仪子弗受。其弟子谏曰：'夫子嗜鱼，弗受何也？'答曰：'夫唯嗜鱼，故弗受。夫受鱼而免于相，虽嗜鱼，不能自给鱼。毋受鱼而不免于相，则能长自给鱼。'"此明于为人为己者也。

古人对晚辈的教育，常常以日常饮食为突破口，且能收到比较好的效果。这种教育主要是在家庭范围内进行的，能保持恒常。最常见的教育方式，是以饮食为奖惩手段。《北齐书·杨愔传》说，杨愔幼时很受他季父杨昱赞赏，后者经常当着客人的面夸奖他。杨昱在宅内竹林旁专门修建了一座漂亮的小房子，让杨愔一个人住在里面，用铜盘盛好吃的饭菜供他享用。这不仅是奖励杨愔一个人，也是为了督励家庭内的其他孩子。杨昱对其他孩子说：如果你们都像杨愔一样听从教诲，做好孩子，那么你们也能"自得竹林别室、铜盘重肉之食"。这是一种物质刺激方式，多少能起到一些作用。

惩罚的例证，见于《旧唐书·儒学列传》。唐高宗时，孝敬皇太子久在内不出，"罕与宫臣接见"，不大关心国事。太子典膳丞邢文伟决定减太子膳，也就是将伙食标准降低，以示惩戒。邢文伟为此还给皇上打了一个请示报告，他写道：

> 臣窃见《礼·戴记》曰："太子既冠成人，免于保傅之严，则有司过之史，彻膳之宰。史之义，不得不司过；宰之义，不得不彻膳，不彻膳则死。"……近日已来，未甚延纳，谈议不狎，谒见尚稀，三朝之后，但与内人独居，何由发挥圣智，使睿哲文明者乎？今史虽阙官，宰当奉职，忝备所司，未敢逃死，谨守礼经，辄申减膳。

太子恋内，典膳丞有权干预，以减膳的方式进行惩罚。高宗对邢文伟敢说敢做很欣赏，还提拔他担任更重要的官职，高宗说："邢文伟事我儿，能减膳切谏，此正直人也。"遂擢拜右史。唐代对皇太子管教较严，似乎是一个传统。《太平御览》引《唐书》云："太宗谓侍臣曰：'朕自皇太子立也，遇物必诲。见其将饭，告稼穑艰难，不夺农时，乃可常有。'"唐太宗要皇太子懂得"粒粒皆辛苦"的道理，等于也告诉

唐墓壁画侍女图

了他治国安民的法子。还有唐李德裕编《次柳氏旧闻》说：

> 肃宗为太子，尝侍膳。尚食置熟俎，有羊臂臑。上顾使
> 太子割，肃宗既割，余污漫在手，以饼洁之，上熟视不怿。
> 肃宗徐举余饼啖之，上甚悦，谓太子曰："福当如是爱惜。"

太子用饼揩手上油污，明皇看了很是不高兴，觉得太子不珍惜饼。等到太子把有油污的饼吃下去后，高兴地夸赞了他。

有些身在福中不知福的富家子弟，不知苦是什么滋味。有心的家长还人为地制造出苦味，用以督励子弟上进。宋代钱易《南部新书》丁卷说："柳子温家法：常命粉苦参、黄连、熊胆和为丸，赐子弟永夜习学含之，以资勤苦。"这样的"茹苦含辛"，虽是象征性的，作用倒也明显。这方式与越王勾践的卧薪尝胆用意相同，人在苦时容易保持奋发精神，安逸时反倒不能。

教化除了家庭范围内的，也有社会性的。古时流行的"乡饮酒礼"，便是施行教化的一种重要方式。这礼仪始于周代，乡学三年大比，按学生德行选其贤能者，向国家推荐。正月推荐学生之时，乡里大夫以主人身份，与中选者以礼饮酒而后荐之。整个乡饮酒秩序，大约分二十七个步骤进行，相当严密，见于《仪礼·乡饮酒礼》的记述。

首先，乡大夫请乡学先生按学生德能分为宾、介、众宾三等，宾为最优。大夫主持大礼，告诫宾、介互行拜答之礼。

接着是陈设。为主人及宾、介铺垫座席，众宾座席稍远，以示德行有所区别。在房户间摆上两大壶酒，还有肉羹等。摆设完毕，主人召引宾、介入席，入席过程中，宾主不时揖拜。

饮酒开始，主人端起酒杯，亲自在水里盥洗一过，将杯子献给宾，宾拜谢。主人为宾酌酒，宾又拜。酒肉之先要祭食，席上设俎案，上置肉食，宾左手执爵杯，右手执脯醢，祭酒肉，然后尝酒，拜谢主人。主人劝宾饮酒，宾一饮而尽，又拜谢安座。

接着，主人又献介饮酒，礼仪与宾相同。介回敬主人饮酒。主人又劝众宾饮，众宾也回敬主人。

席间有乐工四人，二人鼓瑟，二人歌唱，所歌为《诗经·小雅》之《鹿鸣》《四牡》《皇皇者华》。三曲歌毕，主人请乐工饮酒。接着又是吹笙击磬，演奏的都是为《诗经》谱写的乐曲。整个饮酒过程中，歌声、乐声不断。最后还有合乐，即合奏合唱，所歌也都是《诗经》中的篇章，如《周南·关雎》《召南·鹊巢》等。

宾主应酬礼和笙歌礼毕，大概主宾已有些厌倦懈怠了，于是主人指使一人为"司正"，作为监察，以防发生失礼的事。接着进行的是相互比较随意的祝酒，宾、介和众宾之间也可互相祝酒，这时的礼节已显活泼一些，不像起初那样一本正经。末了，主人请撤去俎案。宾主又是互相揖让，升坐如初。燕坐时，主人命进着馔如狗肉之类，以示敬贤尽爱之意。最后，宾、介等起身告辞，乐工奏乐，主人送宾于门外，拜别。

到了此时，这乡饮酒礼还不能说已经结束。第二天，宾还要穿着礼服前往拜谢主人的恩惠。这时又要举行一次简单一点的宴会，礼仪规范也不甚严格。如饮酒不限量，将醉而止；奏乐不限次数，合欢而已。有时也不必特为杀牲，有什么就吃什么，不必大操大办。另外，与会者还可带亲友同饮，没什么特别的限制。

如此乡饮酒礼，主要是用于优待德才兼备的青年，对鼓励年轻人勤学上进，具有一定的积极意义。周代以后，大凡太平之时，乡饮酒礼照例是要举行的。《礼记·乡饮酒义》对乡饮酒礼的用意进行了阐释，礼仪的每一个细节都有特定的意义，谓"立宾以象天，立主以象地，设介、僎以象日月，立三宾以象三光。古之制礼也，经之以天地，纪之以日月，参之以三光，政教之本也"。还特别指出，乡饮酒礼有"正身安国"的作用。唐人佚名的《乡饮赋》，将乡饮酒的仪式及意义说得简明极了，让我们仔细读它一读：

乡饮之制，本于酒食，形于樽俎；和其长幼，洽其宴语；象以阴阳，重以宾旅。此六体者，礼之大序。至如高馆初启，长筵初肆，众宾辟旋而入门，主人稽首而再至，则三揖以成礼，三让以就位。贵贱不共其班，少长各以其次。然后肴粟具设，酒醴毕备；鼙鼓递奏，工歌咸萃。以德自持，终无至醉。夫观其拜迎拜送，则人知其洁敬，察其尊贤尚齿，则我欲其无竞。君若好之，实曰邦家之庆；士能勤之，必著乡曲之行。今国家征孝秀，辟贤良，则必设乡饮之礼，歌《鹿鸣》之章，故其事可得而详。立宾立主，或陛或堂，列豆举爵，鼓瑟吹簧。

《明史·礼志十》述及的乡饮酒的意义，是为"敦崇礼教"，并不是为饮食，达到的目的是"为臣竭忠，为子尽孝，长幼有序，兄友弟恭。内睦宗族，外和乡里"。实际上是以乡饮酒的形式，造成一种严肃的环境气氛，让人们的性情得到陶冶，使彼此的关系得到明确，得到调整。

乡饮酒礼还强调惩恶扬善，将礼教落到实处。《明史·礼志十》记载，洪武二十二年（1389年），在乡饮酒礼中，"命凡有过犯之人列于外坐，同类者成席，不许杂于善良之中，著为令"。以法律形式做出这种规定，可见要求是很严格的。这样做的目的，是引导人心趋善，否则良莠混杂，教化又如何能有效施行呢？

《三字经》开篇说道："人之初，性本善。"一些研究者认为，人心趋善是中国文化的本质特征之一。在中国古代，"宗法制的形成以及宗法观念在社会上的弥漫，孕育了一整套的行为规范。君惠臣忠、父慈子孝、兄友弟悌，成为人们共同遵守的行为准则，并泛化为普遍的社会心理。与此相应，每一个独立的个人，都要有视人如己的胸怀，严格地约束自身，反求诸己，克制、礼让、谦卑，处处时时事事表现出彬彬君子之风，以伦理道德的内在修养来排拒外界的名缰利锁的羁绊。因此，在以自然经济为基础的宗法社会的土壤里，道德之花开放得特别茂盛而艳丽"[1]。还有人由文化传统进行研究，认为东西方文化传统有明显的不同。西方注重认识论，讲究探求事物本质，注重人与自然的关系，促使科学技术得到稳步发展。东方则注重伦理学，提倡人际关系的协调，对个体强调主体人格的完善。[2]这些认识是很有道理的，古代中国的饮食生活，一直就被纳入道德修养的范畴，既讲究养身，也强调养性，二者不能偏废。清代医学家王士雄，著有《随息居饮食谱》，在前序中他写了下面这些话，讲的也是这样的道理：

> 呜呼！国以民为本。而民失其教，或以乱天下。人以食

---

① 李宗桂：《中国文化概论》，中山大学出版社，1988年。
② 邹广文：《东西方文化传统与人的现代化》，《学习与探索》1986年第4期。

为养，而饮食失宜，或以害身命。卫国卫生，理无二致，故圣人疾与战并慎，而养与教并重也。《中庸》曰："人莫不饮食也，鲜能知味也。"夫饮食为日用之常，味即日用之理。勘进一层，善颐生者，必能善教民也。教民极平易，修其孝、弟、忠、信而已。颐生无玄妙，节其饮食而已。食而不知其味，已为素餐。若饱食无教，则近于禽兽。

古人之所以寓教于食，是中国传统文化这个大背景决定的。传统文化中许多深层的东西，也都一一在饮食活动中明确地显现出来。

后记

新年伊始，携妻省亲，回到阔别多年的故里，领受到浓浓的亲情，也品尝了难忘的乡味。待离开生我养我的那片故土时，我的行囊中盛着的是两包炒米，几样咸菜。隆盛的家宴，使得二十多年未曾聚首的兄弟们得以共同举杯，使得老父幼侄尽开颜。故乡的一饮一食，都让我觉着亲切，觉着香美。这次短暂的归省，也留下了一点点遗憾：我幼时常常享用的乌白菜粥，竟未能得以一饱，它实在让我难以忘怀。

与妻走在田间小路，辨识着霜雾中还在生长的庄稼与菜蔬，不时地提及这部《饮食与中国文化》的书稿，不知它何日能得以出版。待到匆匆回京，校样竟是已经出来了，于是夜以继日校读起来。

这部稿子还随着我外出考察，到过许多地方，有雪域西藏，有天府成都，绵阳，还有春城昆明和长江三峡。写作是在间断中进行的，所以就有了些没能避免的纰漏，校改后依然也会留下不少错误，只有请读者谅解了。真诚地感谢出版社，编辑先生为拙稿的完善付出了辛勤的劳动。也感谢古代创造了灿烂饮食文化的先人，他们留下了那么多的可用于研究的资料。读者可以相信，本书撷取的不过是一粟或数粟，资料还有待进一步发掘，认识也有待进一步深化。

本书就要出版了，不知怎的，我现时的感觉并不轻松，也不像以往有书稿出版时那样兴奋。我有一种担心，不知道书中的文字有多少说到了点子上，倒不是害怕误人子弟，而是怕耽误读者诸君的宝贵时间。会读书的读者，如果先读了我的"后记"，就请您不必太费神了，粗略翻一翻就行了，注意看看每一章节的开头几句，本书就可算是读完了。特此敬告。

作者

1994 年 1 月 20 日于北京王府井大街 27 号

参考文献

（汉）班固撰，（唐）颜师古注《汉书》，中华书局，2013 年。

（汉）贾谊：《新书》，收入《丛书集成初编》第 519 册，商务印书馆，1937 年。

（汉）孔安国传，（唐）孔颖达正义，黄怀信整理《尚书正义》，上海古籍出版社，2007 年。

（汉）刘向编著，石光瑛校释，陈新整理《新序校释》，中华书局，2017 年。

（汉）刘向集录《战国策》，上海古籍出版社，1985 年。

（汉）刘向撰，向宗鲁校证《说苑校证》，中华书局，1987 年。

（汉）刘歆撰，（晋）葛洪集，向新阳、刘克任校注《西京杂记校注》，上海古籍出版社，1991 年。

（汉）刘珍等撰，吴树平校注《东观汉记校注》，中华书局，2008 年。

（汉）史游撰，（唐）颜师古注，（宋）王应麟补注《急就篇》，收入《丛书集成初编》第 1052 册，商务印书馆，1936 年。

（汉）司马迁撰，（宋）裴骃集解，（唐）司马贞索隐，（唐）张守节正义《史记》，中华书局，2013 年。

（汉）许慎：《说文解字》，中华书局，1963 年。

（汉）应劭撰，王利器校注《风俗通义校注》，中华书局，1981 年。

（魏）王弼注，楼宇烈校释《老子道德经注校释》，中华书局，2008 年。

（蜀）谯周：《古史考》，《平津馆丛书》本。

（晋）陈寿撰，（宋）裴松之注《三国志》，中华书局，2013 年。

（晋）陶潜撰，汪绍楹校注《搜神后记》，中华书局，1981 年。

（晋）张华撰，范宁校证《博物志校证》，中华书局，1980 年。

（南朝宋）范晔撰，（唐）李贤注《后汉书》，中华书局，2012 年。

（南朝宋）何法盛：《晋中兴书》，《广雅丛书》本。

（南朝宋）刘义庆撰，徐震堮著《世说新语校笺》，中华书局，1984 年。

（梁）沈约：《宋书》，中华书局，2013 年。

（梁）萧子显：《南齐书》，中华书局，2013 年。

（梁）宗懔撰，宋金龙校注《荆楚岁时记》，山西人民出版社，1987 年。

（北魏）贾思勰著，石声汉校释《齐民要术今释》，中华书局，2009 年。

（北魏）郦道元著，陈桥驿校证《水经注校证》，中华书局，2007 年。

（北魏）杨衒之撰，范祥雍校注《洛阳伽蓝记校注》，上海古籍出版社，
1978 年。

（北齐）魏收：《魏书》，中华书局，2013 年。

（唐）白居易著，顾学颉校点《白居易集》，中华书局，1979 年。

（唐）杜甫著，（清）仇兆鳌注《杜诗详注》，中华书局，1979 年。

（唐）杜佑撰，王文锦等点校《通典》，中华书局，1988 年。

（唐）段成式撰，许逸民校笺《酉阳杂俎校笺》，中华书局，2015 年。

（唐）房玄龄等：《晋书》，中华书局，2012 年。

（唐）封演撰，赵贞信校注《封氏闻见记校注》，中华书局，2005 年。

（唐）韩鄂：《岁华纪丽》，收入《丛书集成初编》第 172 册，商务印书
馆，1937 年。

（唐）皇甫枚：《三水小牍》，《抱经堂丛书》本。

（唐）康骈：《剧谈录》，古典文学出版社，1958 年。

（唐）李百药：《北齐书》，中华书局，2013 年。

（唐）李匡文：《资暇集》，收入《苏氏演义（外三种）》，中华书局，
2012 年。

（唐）李林甫等撰，陈仲夫点校《唐六典》，中华书局，1992 年。

（唐）李延寿：《北史》，中华书局，2012 年。

（唐）李延寿等：《南史》，中华书局，2011—2012 年。

（唐）李肇、（唐）赵璘：《唐国史补 因话录》，上海古籍出版社，1979 年。

（唐）李肇：《翰林志》，收入《翰苑群书》，《知不足斋丛书》本。

（唐）刘肃撰，许德楠、李鼎霞点校《大唐新语》，中华书局，1984 年。

（唐）孟诜、（唐）张鼎撰，谢海洲等辑《食疗本草》，人民卫生出版社，
1984 年。

（唐）苏鹗：《杜阳杂编》，收入《丛书集成初编》第 2835 册，商务印书馆，1939 年。

（唐）孙思邈著，李景荣等校释《备急千金要方校释》，人民卫生出版社，1998 年。

（唐）孙思邈著，李景荣等校释《千金翼方校释》，人民卫生出版社，1998 年。

（唐）韦绚：《刘宾客嘉话录》，收入《丛书集成初编》第 2830 册，商务印书馆，1936 年。

（唐）魏徵等：《隋书》，中华书局，2011 年。

（唐）徐坚等：《初学记》，中华书局，1962 年。

（唐）颜师古：《匡谬正俗》，收入《丛书集成初编》第 1170 册，商务印书馆，1936 年。

（唐）杨晔：《膳夫经手录》，清初毛氏汲古阁抄本，收入《续修四库全书》第 1115 册·子部，上海古籍出版社影印本。

（唐）姚思廉：《陈书》，中华书局，2013 年。

（唐）姚思廉：《梁书》，中华书局，2013 年。

（唐）郑处海、（唐）裴庭裕撰，田廷柱点校《明皇杂录 东观奏记》，中华书局，1994 年。

（后唐）冯贽：《云仙杂记》，《啸园丛书》本。

（后晋）刘昫等：《旧唐书》，中华书局，2013 年。

（五代）何光远：《宋重雕足本鉴诫录》，收入《中华再造善本·唐宋编·子部》，北京图书馆出版社，2004 年。

（五代）孙光宪撰，贾二强点校《北梦琐言》，中华书局，2002 年。

（五代）王定保撰，阳羡生校点《唐摭言》，上海古籍出版社，2012 年。

（五代）王仁裕、（唐）姚汝能撰，曾贻芬点校《开元天宝遗事 安禄山事迹》，中华书局，2006 年。

（宋）陈师道、（宋）朱彧撰，李伟国点校《后山谈丛 萍洲可谈》，中华书局，2007 年。

（宋）陈师道：《后山诗话》，收入（清）何文焕辑《历代诗话》，中华书局，1981 年。

（宋）陈元靓：《岁时广记》，收入《丛书集成初编》第 179—181 册，商务印书馆，1939 年。

（宋）陈直著，陈可冀、李春生订正评注《养老奉亲书》，上海科学技术出版社，1988 年。

（宋）董煟：《救荒活民书》，收入《丛书集成初编》第 964 册，商务印书馆，1936 年。

（宋）范成大：《吴郡志》，江苏古籍出版社，1999。

（宋）郭茂倩：《乐府诗集》，中华书局，1979 年。

（宋）洪兴祖：《楚辞补注》，中华书局，1983 年。

（宋）黄庭坚：《士大夫食时五观》，收入《丛书集成初编》第 2986 册，商务印书馆，1936 年。

（宋）乐史：《杨太真外传》，收入鲁迅编录，曹光甫校点《搜神记 唐宋传奇集》，上海古籍出版社，1998 年。

（宋）乐史撰，王文楚等点校《太平寰宇记》，中华书局，2007 年。

（宋）李昉等：《太平广记》，中华书局，1961 年。

（宋）李昉等：《太平御览》，中华书局，1960 年。

（宋）李廌、（宋）朱弁、（宋）陈鹄撰，孔凡礼点校《师友谈记 曲洧旧闻 西塘集耆旧续闻》，中华书局，2002 年。

（宋）林洪：《山家清供》，收入《丛书集成初编》第 1473 册，商务印书馆，1936 年。

（宋）陆游：《放翁家训》，收入《丛书集成初编》第 974 册，商务印书馆，1939 年。

（宋）陆游：《老学庵笔记》，中华书局，1979 年。

（宋）吕本中：《东莱吕紫微师友杂志》，收入《丛书集成初编》第 629 册，商务印书馆，1939 年。

（宋）孟元老等：《东京梦华录（外四种）》，古典文学出版社，1956 年。

（宋）孟元老撰，伊永文笺注《东京梦华录笺注》，中华书局，2006 年。

（宋）欧阳修、（宋）宋祁：《新唐书》，中华书局，2013 年。

（宋）欧阳修著，李逸安点校《欧阳修全集》，中华书局，2001 年。

（宋）欧阳修撰，（宋）徐无党注《新五代史》，中华书局，2013 年。

（宋）庞元英：《文昌杂录》，收入《丛书集成初编》第 2792 册，商务印书馆，1936 年。

（宋）钱易撰，黄寿成点校《南部新书》，中华书局，2002 年。

（宋）邵伯温撰，李剑雄、刘德权点校《邵氏闻见录》，中华书局，1983 年。

（宋）沈括著，胡道静校证《梦溪笔谈校证》，上海古籍出版社，1987 年。

（宋）沈作喆：《寓简》，收入《丛书集成初编》第 296 册，商务印书馆，1937 年。

（宋）司马光编著《资治通鉴》，中华书局，1956 年。

（宋）苏轼撰，王松龄点校《东坡志林》，中华书局，1981 年。

（宋）孙奕：《履斋示儿编》，收入《丛书集成初编》第 205—207 册，商务印书馆，1935 年。

（宋）陶谷：《清异录》，收入朱易安、傅璇琮等主编《全宋笔记》第一编，大象出版社，2003 年。

（宋）王巩：《随手杂录》，收入《清虚杂著三种》，《知不足斋丛书》本。

（宋）王明清：《挥麈录》，中华书局，1961 年。

（宋）王钦若等编《册府元龟》，中华书局，1960 年。

（宋）熊蕃：《宣和北苑贡茶录》，收入《景印文渊阁四库全书》第 844 册，台湾商务印书馆，1986 年。

（宋）薛居正：《旧五代史》，中华书局，2012 年。

（宋）叶梦得：《避暑录话》，收入《丛书集成初编》第 2786—2787 册，商务印书馆，1939 年。

（宋）叶梦得撰，（宋）宇文绍奕考异，侯忠义点校《石林燕语》，中华书局，1984 年。

（宋）尤袤：《全唐诗话》，收入《丛书集成初编》第 2556 册，商务印书馆，1936 年。

（宋）袁采：《袁氏世范》，收入《丛书集成初编》第 974 册，商务印书馆，1939 年。

（宋）张鉴：《赏心乐事》，收入《丛书集成初编》第 1339 册，商务印书馆，1939 年。

（宋）张耒：《明道杂志》，收入《丛书集成初编》第 2860 册，商务印书馆，1939 年。

（宋）赵令畤撰、（宋）彭口辑，孔凡礼点校《侯鲭录 墨客挥犀 续墨客挥犀》，中华书局，2002 年。

（宋）赵善璙：《自警编》，收入《中华再造善本·唐宋编·子部》，北京图书馆出版社，2006 年。

（宋）赵与时：《宾退录》，上海古籍出版社，1983 年。

（宋）周辉撰，刘永翔校注《清波杂志校注》，中华书局，1994 年。

（宋）朱熹：《四书章句集注》，中华书局，1983 年。

（元）忽思慧撰，刘玉书点校《饮膳正要》，人民卫生出版社，1986 年。

（元）贾铭：《饮食须知》，收入《丛书集成初编》第 1473 册，商务印书馆，1936 年。

（元）陶宗仪：《南村辍耕录》，中华书局，1959 年。

（元）脱脱等：《金史》，中华书局，2013 年。

（元）脱脱等：《辽史》，中华书局，2013 年。

（元）脱脱等：《宋史》，中华书局，2013 年。

（元）郑太和：《郑氏规范》，收入《丛书集成初编》第 975 册，商务印书馆，1939 年。

（明）陈洪谟：《继世纪闻》，收入《丛书集成初编》第 2823 册，商务印书馆，1937 年。

（明）陈继儒：《读书镜》，收入《丛书集成初编》第 2935 册，商务印书馆，1936 年。

（明）陈继儒：《辟寒部》，收入《丛书集成初编》第 2932 册，商务印书馆，1936 年。

（明）陈继儒：《养生肤语》，收入（元）李鹏飞编《三元延寿参赞书（外四种）》，上海古籍出版社，1990 年。

（明）冯惟讷：《古诗纪》，收入《景印文渊阁四库全书》第 1379—1380 册，台湾商务印书馆，1986 年。

（明）高濂著，赵立勋等校注《遵生八笺校注》，人民卫生出版社，1994 年。

（明）洪应明著，李伟编注《菜根谭全编》，岳麓书社，2006 年。

（明）焦竑：《玉堂丛语》，中华书局，1981 年。

（明）郎瑛：《七修类稿》，上海书店出版社，2001 年。

（明）李豫亨：《推篷寤语》，明隆庆五年李氏思敬堂刻本。

（明）刘侗、于奕正：《帝京景物略》，北京古籍出版社，1980 年。

（明）刘若愚：《酌中志》，北京古籍出版社，1994 年。

（明）龙遵叙：《食色绅言》，收入《丛书集成初编》第 1458 册，商务印书馆，1937 年。

（明）陆容撰，佚之点校《菽园杂记》，中华书局，1985 年。

（明）罗颀：《物原》，收入《丛书集成初编》第 182 册，商务印书馆，1937 年。

（明）丘濬：《大学衍义补》，收入《景印文渊阁四库全书》第 712—713 册，台湾商务印书馆，1986 年。

（明）瞿祐：《四时宜忌》，收入《丛书集成初编》第 1339 册，商务印书馆，1939 年。

（明）申时行等修《明会典》（万历朝重修本），中华书局，1989 年。

（明）史玄、（清）夏仁虎、（清）阙名：《旧京遗事·旧京琐记·燕京杂记》，北京古籍出版社，1986年。

（明）宋濂等：《元史》，中华书局，2013年。

（明）陶宗仪等编《说郛三种》，上海古籍出版社，2012年。

（明）田汝成辑撰，刘雄、尹晓宁点校《西湖游览志余》，上海古籍出版社，2018年。

（明）王锜、（明）于慎行：《寓圃杂记 谷山笔麈》，中华书局，1984年。

（明）无名氏：《比事摘录》，收入《丛书集成初编》第194册，商务印书馆，1937年。

（明）徐炬辑《新镌古今事物原始》，明万历二十一年自刻本。

（明）许次纾：《茶疏》，收入《丛书集成初编》第1480册，商务印书馆，1936年。

（明）许相卿：《许云邨贻谋》，收入《丛书集成初编》第975册，商务印书馆，1939年。

（明）姚舜牧：《药言》，收入《丛书集成初编》第976册，商务印书馆，1939年。

（明）余继登：《典故纪闻》，收入《丛书集成初编》第2814—2817册，商务印书馆，1936年。

（明）袁黄：《摄生三要》，收入《道藏精华录》第二册，浙江古籍出版社，1989年。

（明）张鼎思辑《琅邪代醉编》，明万历二十五年陈性学刻本。

（明）张溥辑《汉魏六朝百三家集》，收入《景印文渊阁四库全书》第1412—1416册，台湾商务印书馆，1986年。

（明）赵善政：《宾退录》，收入《丛书集成初编》第2821册，商务印书馆，1936年。

（明）钟化民：《赈豫纪略》，收入《丛书集成初编》第966册，商务印书馆，1939年。

（明）朱国帧：《涌幢小品》，上海古籍出版社，2012年。

（清）曹雪芹、（清）高鹗：《红楼梦》，人民文学出版社，1992年。

（清）曾懿撰，陈光新注释《中馈录》，中国商业出版社，1984年。

（清）查慎行：《人海记》，北京古籍出版社，1989年。

（清）陈立撰，吴则虞点校《白虎通疏证》，中华书局，1994年。

（清）董诰等编《全唐文》，中华书局，1983年。

（清）独逸窝退士编《笑笑录》，收入《笔记小说大观》第二十三册，江苏广陵古籍刻印社，1983年。

（清）顾禄撰，王迈校点《清嘉录》，江苏古籍出版社，1999年。

（清）顾仲：《养小录》，收入《丛书集成初编》第1475册，商务印书馆，1937年。

（清）桂馥：《札朴》，商务印书馆，1958年。

（清）胡培翚撰，段熙仲点校《仪礼正义》，江苏古籍出版社，1993年。

（清）李斗撰，汪北平、涂雨公点校《扬州画舫录》，中华书局，1960年。

（清）李光庭撰，石继昌点校《乡言解颐》，中华书局，1982年。

（清）李渔著，单锦珩点校《闲情偶寄》，收入《李渔全集》第三册，浙江古籍出版社，2014年。

（清）梁章钜：《浪迹丛谈 续谈 三谈》，中华书局，1981年。

（清）潘荣陛、（清）富察敦崇：《帝京岁时纪胜 燕京岁时记》，北京古籍出版社，1981年。

（清）彭定求编《全唐诗》，中华书局，1960年。

（清）皮锡瑞：《尚书大传疏证》，《师伏堂丛书》本。

（清）让廉：《京都风俗志》，清光绪二十年北平近代科学图书馆馆刊第一号单行本。

（清）阮葵生：《茶余客话》，中华书局，1959年。

（清）孙承泽：《思陵典礼纪》，收入《丛书集成初编》第3972册，商务印书馆，1939年。

（清）孙承泽著，王剑英点校《春明梦余录》，北京古籍出版社，1992年。

（清）孙希旦撰，沈啸寰、王星贤点校《礼记集解》，中华书局，1989年。

（清）孙诒让撰，王文锦、陈玉霞点校《周礼正义》，中华书局，1987年。

（清）孙橚：《余墨偶谈》，清同治十二年双峰书屋（饶氏）本。

（清）童岳荐编撰，张延年校注《调鼎集》，中国纺织出版社，2006年。

（清）汪汲编《事物原会》，江苏广陵古籍刻印社，1989年。

（清）王聘珍撰，王文锦点校《大戴礼记解诂》，中华书局，1983年。

（清）王士雄撰，周三金注释《随息居饮食谱》，中国商业出版社，1985年。

（清）王先谦、刘武撰，沈啸寰点校《庄子集解 庄子集解内篇补正》，中华书局，1987年。

（清）王先慎撰，钟哲点校《韩非子集解》，中华书局，1998年。

（清）王晫：《今世说》，收入《丛书集成初编》第2825册，商务印书馆，1935年。

（清）薛宝辰撰，王子辉注释《素食说略》，中国商业出版社，1984年。

（清）严可均校辑《全上古三代秦汉三国六朝文》，中华书局，1958年。

（清）伊桑阿等纂修《大清会典（康熙朝）》，收入《近代中国史料丛刊三编》第72辑，文海出版社，1992年。

（清）尤侗：《真率会约》，《檀几丛书》本。

（清）于敏中等编纂《日下旧闻考》，北京古籍出版社，1983年。

（清）俞敦培：《酒令丛钞》，清光绪四年艺云轩刻本。

（清）袁枚：《随园食单》，收入《丛书集成三编》第30册，台湾新文丰出版公司，1997年。

（清）张伯行纂辑《养正类编》，收入《丛书集成初编》第980册，商务印书馆，1936年。

（清）张茞：《仿园酒评》，《檀几丛书》本。

（清）张廷玉等：《明史》，中华书局，2013年。

（清）震钧：《天咫偶闻》，北京古籍出版社，1982年。

（清）周亮工辑《尺牍新钞》，岳麓书社，1986年。

（清）朱彝尊：《食宪鸿秘》，清雍正九年刻本。

（日）荣西等原著，王建注译《吃茶养生记：日本古茶书三种》，贵州人民出版社，2003年。

（日）圆仁：《入唐求法巡礼行记》，上海古籍出版社，1986年。

《北平指南》，北平民社，1929年。

《古代礼制风俗漫谈》，中华书局，1983年。

《古今图书集成》，中华书局影印本，1934年。

《汉魏六朝笔记小说大观》，上海古籍出版社，1999年。

《黄帝内经素问》，人民卫生出版社，2012年。

《黄石公三略》，收入（明）刘寅《景印明本武经七书直解》，军用图书社，1933年。

《明诗观止》，学林出版社，2015年。

《清实录》，中华书局，1985年。

《孙子十家注 吴子 尹文子 吕氏春秋》，世界书局，1935年。

《宣和画谱》，收入《丛书集成初编》第1652—1653册，商务印书馆，1936年。

《元诗选》，长洲顾氏秀野草堂本。

北京大学古文献研究所编《全宋诗》，北京大学出版社，1991年。

陈衍编辑《近代诗钞》，商务印书馆，1923年。

程俊英、蒋见元：《诗经注析》，中华书局，1991年。

杜贵晨选注《明诗选》，人民文学出版社，2003年。

费振刚、胡双宝、宗明华辑校《全汉赋》，北京大学出版社，1993年。

何宁：《淮南子集释》，中华书局，1998年。

何清谷校注《三辅黄图校注》，三秦出版社，1995年。

黄怀信：《鹖冠子校注》，中华书局，2014年。

黄晖：《论衡校释》，中华书局，1990年。

黄寿祺、梅桐生译注《楚辞全译》，贵州人民出版社，1984年。

黎翔凤撰，梁运华整理《管子校注》，中华书局，2004年。

李家瑞编《北平风俗类征》，商务印书馆，1937年。

鲁迅校录《古小说钩沉》，齐鲁书社，1997年。

逯钦立校注《陶渊明集》，中华书局，1979年。

钱仲联主编《清诗纪事》，江苏古籍出版社，1987—1989年。

上海师范大学古籍整理研究所校点《国语》，上海古籍出版社，1998年。

唐圭璋编《全宋词》，中华书局，1965年。

王利器：《文子疏义》，中华书局，2000年。

王利器：《颜氏家训集解》（增补本），中华书局，1993年。

王利器校注《盐铁论校注》，中华书局，1992年。

王明：《抱朴子内篇校释》，中华书局，1986年。

吴毓江撰，孙启治点校《墨子校注》，中华书局，1993年。

吴则虞编著《晏子春秋集释》，中华书局，1962年。

徐珂编撰《清稗类钞》，中华书局，1984年。

徐世昌编，闻石点校《晚晴簃诗汇》，中华书局，1990年。

许维遹撰，梁运华整理《吕氏春秋集释》，中华书局，2009年。

杨伯峻编著《春秋左传注》（修订本），中华书局，1990年。

杨明照：《抱朴子外篇校笺》，中华书局，1991年。

张志烈等校注《苏轼全集校注》，河北人民出版社，2010年。

章乃炜：《清宫述闻》，北京古籍出版社，1988年。

赵尔巽等撰《清史稿》，中华书局，1977年。

周天游辑注《八家后汉书辑注》，上海古籍出版社，1986年。